Python编程快速上手
——让繁琐工作自动化 第2版

AUTOMATE THE BORING STUFF WITH PYTHON 2ND EDITION

[美] 阿尔·斯维加特（Al Sweigart） ◎ 著　　王海鹏 ◎ 译

人民邮电出版社

北　京

图书在版编目（CIP）数据

Python编程快速上手：让繁琐工作自动化 /（美）阿尔·斯维加特（Al Sweigart）著；王海鹏译. -- 2版. -- 北京：人民邮电出版社，2021.3
 ISBN 978-7-115-55187-0

Ⅰ.①P… Ⅱ.①阿… ②王… Ⅲ.①软件工具－程序设计 Ⅳ.①TP311.561

中国版本图书馆CIP数据核字(2020)第210551号

版权声明

Simplified Chinese-language edition copyright © 2021 by Posts and Telecom Press.
Copyright © 2019 by Al Sweigart.Title of English-language original: Automate The Boring Stuff with Python, 2nd Edition, ISBN-13: 978-1-59327-992-9, published by No Starch Press.
All rights reserved.

本书中文简体字版由美国 No Starch 出版社授权人民邮电出版社出版。未经出版者书面许可，对本书任何部分不得以任何方式复制或抄袭。
版权所有，侵权必究。

♦ 著   ［美］阿尔·斯维加特（Al Sweigart）
  译   王海鹏
  责任编辑   武晓燕
  责任印制   王 郁   焦志炜
♦ 人民邮电出版社出版发行   北京市丰台区成寿寺路11号
  邮编 100164   电子邮件 315@ptpress.com.cn
  网址 https://www.ptpress.com.cn
  三河市君旺印务有限公司印刷
♦ 开本：800×1000 1/16
  印张：27.5   2021年3月第2版
  字数：618千字   2025年5月河北第30次印刷
  著作权合同登记号   图字：01-2020-2155 号

定价：89.00元
读者服务热线：(010)81055410 印装质量热线：(010)81055316
反盗版热线：(010)81055315

内容提要

本书是一本面向初学者的 Python 编程实用指南。本书不仅介绍了 Python 语言的基础知识,而且通过案例实践教读者如何使用这些知识和技能。本书的第一部分介绍了基本的 Python 编程概念;第二部分介绍了一些不同的任务,通过编写 Python 程序,可以让计算机自动完成它们。第二部分的每一章都有一些项目程序供读者学习。本书每章的末尾提供了一些习题,除第 1、2 章外,每章末尾还提供了深入的实践项目,帮助读者巩固所学的知识。

本书适合任何想要通过 Python 学习编程的读者,尤其适合缺乏编程基础的初学者。通过阅读本书,读者将能利用非常强大的编程语言和工具,并且体会到用 Python 编程的快乐。

作者简介

阿尔·斯维加特（Al Sweigart）是一名软件开发者和技术图书作者。Python 是他最喜欢的编程语言，他为 Python 开发了几个开源模块。他的其他著作都在他的网站 Invent with Python 上，以 Creative Commons 许可证的方式免费提供。

技术审校人简介

菲利普·詹姆斯（Philip James）在 Python 领域工作了 10 多年，经常在 Python 社区发表演讲。他的演讲主题覆盖了从 UNIX 基础到开源社交网络。菲利普是 BeeWare 项目的核心贡献者，与他的搭档尼克（Nic）一起住在旧金山湾区。

致谢

在封面上只写我的名字是一种误导。没有很多人的帮助，我不可能写出这样一本书。我想感谢我的出版人比尔·波洛克（Bill Pollock），我的编辑劳蕾尔·陈（Laurel Chun）、莱斯利·沈（Leslie Shen）、格雷格·普洛斯（Greg Poulos）、詹姆弗·格里菲斯-德尔加多（Jennifer Griffith-Delgado）和弗朗西斯·索克斯（Frances Saux），以及 No Starch Press 的其他工作人员，感谢他们非常宝贵的帮助。感谢我的技术审校奥里·拉森思基（Ari Lacenski）和菲利普·詹姆斯（Philip James），他们提供了极好的建议和支持。

非常感谢 Python 软件基金会的每个人，感谢他们了不起的工作。Python 社区是我在业界看到的最佳社区。

最后，我要感谢我的家人和朋友，以及在 Shotwell 的伙伴，他们不介意我在写这本书时非常忙碌的状态。

本书赞誉

"编程最美妙的地方在于看到机器去做一些有意义的事情。本书便是用一个个小小的任务来描绘编程，将枯燥的知识化作乐趣。"

——Hilary Mason，Fast Forward 实验室的创始人
Accel 合伙公司的数据科学家

"如果你想通过使用编程来自动化工作流程，那么本书是一个很好的起点。我强烈推荐。"

——Network World 网站

"本书易于理解、便于学习，是指导计算机完成繁琐工作的完美手册。"

——Games Fiends 网站

"本书非常适合那些不想在琐碎任务上花费大量时间的人。"

——GeekMom 网站

"无论你喜欢通过图书还是视频来学习，本书都能快速地让你使用 Python 进行高效的工作。"

——InforWorld 网站

"本书是学习 Python 的最优秀的图书之一。"

——FlickThrough 评论

"本书帮我从枯燥的审计任务中解脱出来。通过学习本书，我使用编程完成了我大部分的工作。本书是值得每个人都拥有的一本好书。"

——一名审计师的评论

前　　言

"你在两小时里完成的事，我们3个人要做两天。"21世纪早期，我的大学室友在一个电子产品零售商店工作。商店偶尔会处理一份电子表格，其中包含来自其他商店的数千种产品的价格。由3个员工组成的团队，会将这份电子表格打印在一叠厚厚的纸上，然后3个人分别处理一部分。针对每种产品，他们会查看自己商店的价格，并找出售价更低的所有竞争对手。这通常会花几天的时间。

"如果你有打印件的原始文件，我会写一个程序来做这件事。"我的室友告诉他们，当时他看到他们坐在地板上，周围都是散落、堆叠的纸张。

几小时后，他写了一个简短的程序，从文件中读取竞争对手的价格，在商店的数据库中找到相应产品，并记录竞争对手的价格是否更便宜。他当时还是编程新手，花了许多时间在一本编程书中查看文档。实际上程序运行只花了几秒时间。我的室友和他的同事们那天享受了超长的午餐时间。

这就是计算机编程的威力。计算机就像瑞士军刀，可以用来完成数不清的任务。许多人花上数小时单击鼠标和敲打键盘，执行重复的任务，却没有意识到，如果他们给机器正确的指令，机器就能在几秒内完成他们的工作。

本书的读者对象

软件是我们今天使用的许多工具的核心：几乎每个人使用社交网络进行交流，许多人有连接因特网的计算机，大多数办公室工作需要操作计算机来完成。因此，现在社会对编程人才的需求暴涨。无数的图书、交互式网络教程和开发者新兵训练营承诺将有雄心壮志的初学者变成软件工程师，让他们获得6位数的薪水。

本书不是针对这些人的，而是针对所有其他的人。

就本书来说，它不会让你变成一个职业软件开发者，就像学习几节吉他课程不会让你变成一名摇滚明星一样。但如果你是办公室职员、管理者、学术研究者，或其他任何使用计算机来工作或娱乐的人，通过本书，你将学到编程的基本知识，这样就能将下面这些简单的任务自动化。

- ❑ 移动并重命名几千个文件，将它们分类，并放入文件夹。
- ❑ 填写在线表单，但不需要打字。
- ❑ 在网站更新时，从网站下载文件或复制文本。

- ❏ 让计算机向客户发出短信通知。
- ❏ 更新或格式化 Excel 电子表格。
- ❏ 检查电子邮件并发出预先写好的回复。

对人来说，这些任务简单，但很花时间。它们通常很琐碎、很特殊，没有现成的软件可以完成。但是，拥有一点编程知识，就可以让计算机为你完成这些任务。

编程规范

本书没有设计成参考手册，它是初学者指南。编程风格有时候违反最佳实践（例如有些程序使用全局变量），但这是一种折中方式，可以让代码更简单，以便学习。本书的目的是让人们编写用完即抛弃的代码，所以不用花太多时间来关注风格和优雅。复杂的编程概念（如面向对象编程、列表推导和生成器）在本书中也没有出现，因为它们增加了复杂性。编程老手可能会指出，本书中的代码可以修改得更有效率，但本书主要考虑的是用最少的工作量得到能工作的程序。

什么是编程

在电视剧和电影中，我们常常看到程序员在闪光的屏幕前迅速地输入密码般的一串 1 和 0，但现代编程没有这么神秘。"编程"就是输入指令让计算机来执行。这些指令可能用于运算一些数字、修改文本、在文件中查找信息，或通过因特网与其他计算机通信。

所有程序都使用基本指令作为构件块。下面是一些常用的指令，是用自然语言的形式表示的。

- ❏ "做这个，然后做那个。"
- ❏ "如果这个条件为真，执行这个动作；否则，执行那个动作。"
- ❏ "按照指定次数执行这个动作。"
- ❏ "一直做这个，直到条件为真。"

你也可以组合这些构件块，以实现更复杂的功能。例如，下列所示的是一些编程指令，称为"源代码"，是用 Python 编程语言编写的一个简单程序。Python 软件从头开始执行每行代码（有些代码只有在特定条件为真时才执行，为假时 Python 会执行另外一些代码），直到代码结束。

```
❶ passwordFile = open('SecretPasswordFile.txt')
❷ secretPassword = passwordFile.read()
❸ print('Enter your password.')
   typedPassword = input()
❹ if typedPassword == secretPassword:
❺     print('Access granted')
❻     if typedPassword == '12345':
❼         print('That password is one that an idiot puts on their luggage.')
   else:
❽     print('Access denied')
```

你可能对编程一无所知，但读了上面的代码，也许就能够猜测它做的事了。首先，打开了文件 SecretPasswordFile.txt ❶，读取了其中的口令 ❷。然后，提示用户（通过键盘）输入一个口令 ❸。比较这两个口令 ❹，如果它们一样，程序就在屏幕上输出 Access granted ❺。接下来，程序检查口令是否为 12345❻，提示说这可能并不是最好的口令❼。如果口令不一样，程序就在屏幕上输出 Access denied ❽。

什么是 Python

　　Python 指的是 Python 编程语言（包括语法规则，用于编写被认为是有效的 Python 代码）；也指 Python 解释器软件，它读取源代码（用 Python 语言编写），并执行其中的指令。Python 解释器可以从 Python 的官方网站免费下载，有针对 Linux 操作系统、macOS 和 Windows 操作系统的版本。

　　Python 的名字来自超现实主义的英国喜剧团体，而不是来自蛇。Python 程序员被亲切地称为 Pythonistas。Monty Python 和与蛇相关的引用常常出现在 Python 的指南和文档中。

程序员不需要知道太多数学知识

　　我听到的关于学习编程的最常见的顾虑，就是人们认为这需要很多数学知识。其实，大多数编程需要的数学知识不外乎基本算术运算。实际上，善于编程与善于解决数独问题没有太大差别。

　　要解决数独问题，数字 1~9 必须填入 9×9 棋盘的每一行、每一列，以及每个 3×3 的内部方块。系统提供了一些数字来帮助你开始，然后你可以根据这些数字进行推算，从而找到答案。例如，在图 0-1 的数独问题中，既然 5 出现在了第 1 行和第 2 行，它就不能在这些行中再次出现。因此，在右上角的 3×3 方块中，它必定在第 3 行；由于整个网格的最后一列已有了 5，所以在右上角的 3×3 方块中，5 就不能在 6 的右边。每次解决一行、一列或一个方块，将为剩下的部分提供更多的数字线索。随着你填入一组数字 1~9，然后再填写另一组数字，整个网格很快就会被填满。

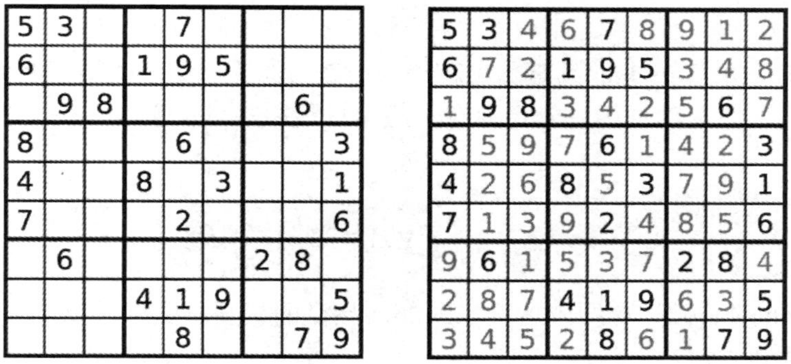

图 0-1　一个新的数独问题（左边）及其答案（右边）。尽管使用了数字，
但数独并不需要太多数学知识

　　数独虽然使用了数字，但并不意味着必须精通数学才能求出答案。编程也是这样。就像解决数独问题一样，编程需要将一个问题分解为单个的、详细的步骤。类似地，在"调试"程序（即寻找和修复错误）时，你会耐心地观察程序在做什么，找出出现错误的原因。像所有技能一样，编写的程序越多，你掌握得就越好。

你还没有老到不能学习编程

我听到的关于编程的第二常见的焦虑是，认为自己太老了，无法学习编程。我见到许多人在网上发表了评论，他们认为编程对自己来说为时已晚，因为他们已经 23 岁了。显然，这并不是因太"老"而无法学习编程：许多人在晚年生活也能学到很多东西。

要成为一名有能力的程序员，你不需要从小就开始。但是，程序员像神童一般的形象反复出现。不幸的是，当我告诉别人我从小学就开始编程时，我也为这个神话做出了贡献。

但是，如今的编程比 20 世纪 90 年代更容易学习。今天，有更多的书、更好的搜索引擎以及更多的在线问答网站。最重要的是，编程语言本身更加易于使用。由于这些原因，现在大约用 12 个周末，就可以了解我从小学到高中毕业学到的编程知识。我领先得并不是太多。

对编程抱有"成长心态"很重要，换言之，要明白人们是通过实践来培养编程技能的。他们不是生来就是程序员，现在不具备编程技能，并不表示永远无法成为专家。

编程是创造性活动

编程是一项创造性活动，就像绘画、写作、编织或用积木构建一个城堡。就像在一张空白画布上绘画，制作软件虽然有许多限制，但有无限的可能。

编程与其他创造性活动的不同之处在于，在编程时，你需要的所有原材料都在计算机中，你不需要购买额外的画布、颜料、胶片、纱线、积木或电子器件等。一台 10 年前的老旧计算机，对于编写程序来说已经足够强大，绰绰有余。在程序写好后，它可以被完美地复制无数次。编织的毛衣一次只能给一个人穿，但有用的程序很容易在线分享给整个世界。

本书简介

本书的第一部分介绍 Python 的基本编程概念；第二部分介绍一些不同的任务，你可以让计算机自动完成它们。第二部分的每一章都有一些项目程序，供你学习。下面简单介绍一下每章的内容。

第一部分：Python 编程基础

"第 1 章　Python 基础"介绍表达式、Python 指令的最基本类型，以及如何使用 Python 交互式环境来尝试运行代码。

"第 2 章　控制流"解释如何让程序决定执行哪些指令，以便代码能够智能地响应不同的情况。

"第 3 章　函数"介绍如何定义自己的函数，以便将代码组织成可管理的部分。

"第 4 章　列表"介绍列表数据类型，解释如何组织数据。

"第 5 章　字典和结构化数据"介绍字典数据类型，展示更强大的数据组织方法。

"第 6 章　字符串操作"介绍处理文本数据（在 Python 中称为"字符串"）的方法。

第二部分：自动化任务

"第 7 章 模式匹配与正则表达式"介绍 Python 如何用正则表达式处理字符串，以及查找文本模式。

"第 8 章 输入验证"解释程序如何验证用户提供的信息，确保用户数据到达时的格式不会在程序的其余部分引起错误。

"第 9 章 读写文件"解释程序如何读取文本文件的内容，并将信息保存到硬盘的文件中。

"第 10 章 组织文件"展示 Python 如何用比手动操作快得多的速度复制、移动、重命名和删除大量的文件，也解释如何用 Python 压缩和解压缩文件。

"第 11 章 调试"展示如何使用 Python 的 bug 查找和 bug 修复工具。

"第 12 章 从 Web 抓取信息"展示如何通过编程来自动下载网页，并解析它们，获取信息。

"第 13 章 处理 Excel 电子表格"介绍通过编程处理 Excel 电子表格的方法。如果你分析的文档很少，那么你不必阅读本章。如果你必须分析成百上千的文档，这章知识是很有帮助的。

"第 14 章 处理 Google 电子表格"介绍如何使用 Python 读取和更新 Google 表格（一种流行的基于 Web 的电子表格应用程序）。

"第 15 章 处理 PDF 和 Word 文档"介绍通过编程处理 PDF 和 Word 文档的方法。

"第 16 章 处理 CSV 文件和 JSON 数据"解释如何编程处理 CSV 文件和 JSON 数据。

"第 17 章 保持时间、计划任务和启动程序"解释 Python 程序如何处理时间和日期，如何安排计算机在特定时间内执行任务。这一章也展示 Python 程序如何启动非 Python 程序。

"第 18 章 发送电子邮件和短信"解释如何通过编程来发送电子邮件和短信。

"第 19 章 操作图像"解释如何通过编程来操作 JPG 或 PNG 等格式的图像。

"第 20 章 用 GUI 自动化控制键盘和鼠标"解释如何通过编程控制鼠标和键盘，自动化鼠标点击和按键。

"附录 A 安装第三方模块"展示如何利用有用的附加模块来扩展 Python。

"附录 B 运行程序"展示如何在代码编辑器之外，在 Windows 操作系统、macOS 和 Ubuntu Linux 操作系统上运行 Python 程序。

下载和安装 Python

可以从 Python 的官方网站免费下载针对 Windows 操作系统、macOS 和 Ubuntu Linux 操作系统的 Python 版本。如果你从该网站的下载页面下载了最新的版本，那么本书中的所有程序应该都能工作。

> 警告：请确保下载 Python 3 的版本（如 3.8.0）。本书中的程序将运行在 Python 3 上，有一部分程序在 Python 2 上也许不能正常运行。

你需要在下载页面上找到针对 64 位或 32 位计算机以及特定操作系统的 Python 安装程序，所以先要弄清楚你需要哪个安装程序。如果你的计算机是 2007 年及以后购买的，很有可能是 64 位的系统；否则，可能是 32 位的系统，下面是确认的方法。

- 在 Windows 操作系统上，选择开始▶控制面板▶系统。检查系统类型是 64 位还是 32 位。
- 在 macOS 上，进入 Apple 菜单，选择 About This Mac▶MoreInfo▶SystemReport▶ Hardware，然后查看 Processor Name 字段。如果是 Intel Core Solo 或 Intel Core Duo，则机器是 32 位的；如果是其他（包括 Intel Core 2 Duo），则机器是 64 位的。
- 在 Ubuntu Linux 操作系统上，打开命令行窗口，运行命令 `uname -m`。结果是 i686 表示 32 位，x86_64 表示 64 位。

在 Windows 操作系统上，下载 Python 安装程序（文件扩展名是.msi），并双击它。按照安装程序显示在屏幕上的指令来安装 Python，步骤如下。

1. 选择 Install for All Users，然后单击 Next。
2. 在接下来的几个窗口中，依次单击 Next，接受默认选项。

在 macOS 上，下载适合你的 macOS 版本的.dmg 文件，并双击它。按照安装程序显示在屏幕上的指令来安装 Python，步骤如下。

1. 当 DMG 包在一个新窗口中打开时，双击 Python.mpkg 文件。你可能必须输入管理员口令。
2. 单击 Continue，跳过欢迎部分，并单击 Agree，接受许可证。
3. 在最后的窗口中，单击 Install。

如果使用的是 Ubuntu Linux 操作系统，可以从命令行窗口安装 Python，步骤如下。

1. 打开命令行窗口。
2. 输入 `sudo apt-get install python3`。
3. 输入 `sudo apt-get install idle3`。
4. 输入 `sudo apt-get install python3-pip`。

下载和安装 Mu

"Python 解释器"是运行 Python 程序的软件，而"Mu 编辑器软件"则是你输入程序的地方，这与你在文字处理器中输入内容的方式非常相似。

在 Windows 操作系统和 macOS 上下载适合你的操作系统的安装程序，然后通过双击安装程序文件来运行它。如果你使用的是 macOS，那么运行安装程序时会打开一个窗口，你必须在其中将 Mu 图标拖动到 Applications 文件夹中才能继续安装。如果你使用的是 Ubuntu Linux 操作系统，那么需要将 Mu 安装为 Python 软件包。在这种情况下，请单击下载页面"Python Package"部分中的 Instructions 按钮。

启动 Mu

安装完成后，让我们启动 Mu。

- 在 Windows 7 操作系统或更高版本上，单击屏幕左下角的开始图标，在搜索框中输入

Mu，然后选择它。
- 在 macOS 上，打开 Finder 窗口，单击"应用程序"（Applications），然后单击 mu-editor。
- 在 Ubuntu Linux 操作系统上，选择 Applications▶Accessories▶Terminal，然后输入 `python3 -m mu`。

第一次运行 Mu 时，屏幕将显示一个"Select Mode"（选择模式）窗口，其中包含选项 Adafruit CircuitPython、BBC micro:bit、Pygame Zero 和 Python 3。选择 Python 3。以后，你就可以通过单击编辑器窗口顶部的 Mode 按钮来更改模式了。

> **注意：** 你需要下载 Mu 1.1.0 版本或更高版本，这样才能安装本书介绍的第三方模块。在编写本书时，Mu 1.1.0 是一个 Alpha 版本，在下载页面上作为单独链接列出，与主要下载链接分开。

启动 IDLE

本书使用 Mu 作为编辑器和交互式环境。但是，你可以使用各种编辑器来编写 Python 代码。"集成开发和学习环境"（IDLE）软件与 Python 一起安装，如果出于某种原因，你不能安装 Mu 或让它工作，那么 IDLE 可以作为另一个编辑器。现在让我们启动 IDLE。

- 在 Windows 7 操作系统或更新的版本上，单击屏幕左下角的开始图标，在搜索框中输入 `IDLE`，并选择 IDLE（Python GUI）。
- 在 macOS 上，打开 Finder 窗口，单击 Applications，单击 Python 3.8，然后单击 IDLE 的图标。
- 在 Ubuntu Linux 操作系统上，选择 Applications▶Accessories▶Terminal，然后输入 `idle3`（你也可以单击屏幕顶部的 Applications，选择 Programming，然后单击 IDLE 3）。

交互式环境

运行 Mu 时，出现的窗口称为"文件编辑器"窗口。你可以通过单击 REPL 按钮打开"交互式环境"。该环境是一个程序，可以让你在计算机中输入指令，就像在 macOS 和 Windows 操作系统上各自的"终端"或"命令提示符"中输入一样。使用 Python 的交互式环境，你可以输入指令，让 Python 解释器软件运行它们。计算机将读取你输入的指令并立即运行它们。

在 Mu 中，交互式环境是窗口下半部分的窗格，其中包含以下文本：

```
Jupyter QtConsole 4.3.1
Python 3.6.3 (v3.6.3:2c5fed8, Oct  3 2017, 18:11:49) [MSC v.1900 64 bit (AMD64)]
Type 'copyright', 'credits' or 'license' for more information
IPython 6.2.1 -- An enhanced Interactive Python. Type '?' for help.
In[1]:
```

如果运行 IDLE，则交互式环境是第一个出现的窗口。除了包含看起来像下面这样的文本外，大部分应该为空白：

```
Python 3.8.0b1 (tags/v3.8.0b1:3b5deb0116, Jun  4 2019, 19:52:55) [MSC v.1916
64 bit (AMD64)] on win32
Type "help", "copyright", "credits" or "license" for more information.
>>>
```

`In [1]:`和`>>>`称为"提示符"。本书中的示例将用`>>>`提示符表示交互式环境,因为它更常见。如果你在命令行窗口中运行 Python,它们也会使用`>>>`提示符。`In [1]:`提示符是另一种流行的 Python 编辑器——Jupyter Notebook 发明的。

例如,在交互式环境的提示符后输入以下指令:

```
>>> print('Hello, world!')
```

在输入该行并按下回车键后,交互式环境将显示以下内容作为响应:

```
>>> print('Hello, world!')
Hello, world!
```

你刚刚给计算机提供了一条指令,它完成了你要执行的操作。

安装第三方模块

一些 Python 代码要求你的程序导入模块。其中一些模块是 Python 附带的,而有些模块是 Python 核心开发团队之外的开发人员创建的第三方模块。附录 A 详细说明了如何使用 pip 程序(在 Windows 操作系统上)或 pip3 程序(在 macOS 和 Linux 操作系统上)安装第三方模块。当本书要求你安装特定的第三方模块时,请查阅附录 A。

如何寻求帮助

程序员喜欢通过在因特网上搜索问题的答案来学习。这不同于许多人习惯的学习方式,即通过一名亲自授课并可以回答问题的老师来进行学习。使用因特网作为教师的最大好处是,整个社区的人都可以回答你的问题。

实际上,你的问题可能已经有人回答了,答案已经在线,等待你找到它们。许多人都会遇到错误信息或代码无法正常工作的情况,你不会是第一个遇到这个问题的人,找到解决方案比你想象的要容易。

例如,让我们故意制造一个错误:在交互式环境中输入`'42' + 3`。你现在不需要了解这条指令的含义,但结果应如下所示:

```
>>> '42' + 3
❶ Traceback (most recent call last):
    File "<pyshell#0>", line 1, in <module>
      '42' + 3
❷ TypeError: Can't convert 'int' object to str implicitly
>>>
```

这里出现了错误信息❷,因为 Python 不理解你的指令。错误信息的 Traceback 部分❶显示了 Python 遇到困难的特定指令和行号。如果你不知道怎样处理特定的错误信息,就在线查找那条错误信息。在你喜欢的搜索引擎上输入"`TypeError: Can't convert 'int' object to str implicitly`"（包括单引号），你就会看到许多的链接解释了这条错误信息的含义，以及什么原因导致这个错误，如图 0-2 所示。

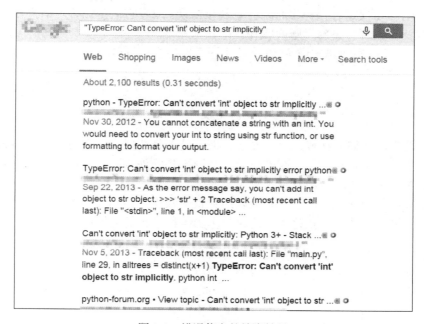

图 0-2　错误信息的搜索结果

你常常会发现，别人也遇到了同样的问题，而其他乐于助人的人已经回答了这个问题。没有人知道编程的所有知识，因此所有软件开发者的日常工作之一都是在寻找技术问题的答案。

聪明地提出编程问题

如果不能在线查找到答案，请尝试在 Stack Overflow 或 Reddit 子板块"learn programming"这样的论坛上提问。但要记住用聪明的方式提出编程问题，这有助于别人来帮助你。确保阅读这些网站的常见问题（Frequently Asked Question，FAQ），了解正确的提问方式。

在提出编程问题时，要记住以下几点。

- ❑ 说明你打算做什么，而不只是你做了什么。这会让帮助你的人知道你是否走错了路。
- ❑ 明确指出发生错误的地方。指出它是在程序每次启动时发生，还是在你做了某些动作之后发生。
- ❑ 将完整的错误信息和你的代码复制粘贴到 Pastebin 或 GitHub Gist 上。这些网站让你很容易地在网上与他人共享大量的代码，而不会丢失任何文本格式。然后你可以将贴出的代码的 URL 放在电子邮件或论坛帖子中。
- ❑ 解释你为了解决这个问题已经尝试了哪些方法。这告诉别人你已经做了一些工作来弄清楚状况。

- ❏ 列出你使用的 Python 版本（Python 2 解释器和 Python 3 解释器之间有一些重要的区别）。而且，要说明你使用的操作系统和版本。
- ❏ 如果错误在你更改了代码之后出现，准确说明你改了什么。
- ❏ 说明是否在每次运行该程序时都会重现该错误；或者它只是在特定的操作执行之后才出现，如果是这样，解释是哪些操作。
- ❏ 遵守良好的在线文明行为。例如，不要全用大写提问，或者对试图帮助你的人提出无理的要求。

小结

对于大多数人，他们的计算机只是设备，而不是工具。但通过学习编程，你就能利用现代社会中强大的工具，并且你会一直感到快乐。编程不是脑外科手术，业余人士是完全可以尝试和犯错的。

本书假定你编程的知识为零，并且会教给你很多知识，但你的问题可能超出本书的范围。记住如何有效地提问，如何寻找答案，这对于你的编程之旅是无价的。

资源与支持

本书由异步社区出品,社区(https://www.epubit.com/)为您提供相关资源和后续服务。

配套资源

本书提供如下资源:
- 本书源代码;
- 本书学习思维导图;
- 本书习题答案;
- Python 排障手册。

您可以扫描右侧二维码,添加异步助手为好友,并发送"55187"获取以上配套资源。

您也可以在异步社区本书页面中单击 配套资源 ,跳转到下载界面,按提示进行操作即可。注意:为保证购书读者的权益,该操作可能会给出相关提示,要求输入提取码进行验证。

扫码添加
异步助手

提交勘误

虽然作者和编辑尽最大努力来确保书中内容的准确性,但难免会存在疏漏。欢迎您将发现的问题反馈给我们,帮助我们提升图书的质量。

当您发现错误时,请登录异步社区,按书名搜索,进入本书页面,单击"提交勘误",输入勘误信息,单击"提交"按钮即可。本书的作者和编辑会对您提交的勘误进行审核,确认并接受后,您将获赠异步社区的 100 积分。积分可用于在异步社区兑换优惠券、样书或奖品。

扫码关注本书

扫描下方二维码,您将会在异步社区微信服务号中看到本书信息及相关的服务提示。

与我们联系

我们的联系邮箱是 contact@epubit.com.cn。

如果您对本书有任何疑问或建议,请您发邮件给我们,并请在邮件标题中注明本书书名,以便我们更高效地做出反馈。

如果您有兴趣出版图书、录制教学视频,或者参与图书翻译、技术审校等工作,可以发邮件给我们;有意出版图书的作者也可以到异步社区在线投稿(直接访问 www.epubit.com/selfpublish/submission 即可)。

如果您所在的学校、培训机构或企业,想批量购买本书或异步社区出版的其他图书,也可以发邮件给我们。

如果您在网上发现有针对异步社区出品图书的各种形式的盗版行为,包括对图书全部或部分内容的非授权传播,请您将怀疑有侵权行为的链接发邮件给我们。您的这一举动是对作者权益的保护,也是我们持续为您提供有价值的内容的动力之源。

关于异步社区和异步图书

"异步社区"是人民邮电出版社旗下 IT 专业图书社区,致力于出版精品 IT 技术图书和相关学习产品,为作译者提供优质出版服务。异步社区创办于 2015 年 8 月,提供大量精品 IT 技术图书和电子书,以及高品质技术文章和视频课程。更多详情请访问异步社区官网 https://www.epubit.com。

"异步图书"是由异步社区编辑团队策划出版的精品 IT 专业图书的品牌,依托于人民邮电出版社近 30 年的计算机图书出版积累和专业编辑团队,相关图书在封面上印有异步图书的 LOGO。异步图书的出版领域包括软件开发、大数据、AI、测试、前端、网络技术等。

异步社区

微信服务号

目　　录

第一部分　Python 编程基础

第 1 章　Python 基础 ·········· 2
- 1.1　在交互式环境中输入表达式 ······ 2
- 1.2　整型、浮点型和字符串数据类型 ·············· 4
- 1.3　字符串连接和复制 ·············· 5
- 1.4　在变量中保存值 ·············· 6
  - 1.4.1　赋值语句 ·············· 6
  - 1.4.2　变量名 ·············· 7
- 1.5　第一个程序 ·············· 7
- 1.6　程序剖析 ·············· 8
  - 1.6.1　注释 ·············· 9
  - 1.6.2　print() 函数 ·············· 9
  - 1.6.3　input() 函数 ·············· 9
  - 1.6.4　输出用户的名字 ·············· 9
  - 1.6.5　len() 函数 ·············· 10
  - 1.6.6　str()、int() 和 float() 函数 ······ 10
- 1.7　小结 ·············· 13
- 1.8　习题 ·············· 13

第 2 章　控制流 ·············· 15
- 2.1　布尔值 ·············· 16
- 2.2　比较操作符 ·············· 16
- 2.3　布尔操作符 ·············· 18
  - 2.3.1　二元布尔操作符 ·············· 18
  - 2.3.2　not 操作符 ·············· 19
- 2.4　混合布尔和比较操作符 ······ 19
- 2.5　控制流的元素 ·············· 20
  - 2.5.1　条件 ·············· 20
  - 2.5.2　代码块 ·············· 20
- 2.6　程序执行 ·············· 20
- 2.7　控制流语句 ·············· 21
  - 2.7.1　if 语句 ·············· 21
  - 2.7.2　else 语句 ·············· 22
  - 2.7.3　elif 语句 ·············· 22
  - 2.7.4　while 循环语句 ·············· 27
  - 2.7.5　恼人的循环 ·············· 29
  - 2.7.6　break 语句 ·············· 30
  - 2.7.7　continue 语句 ·············· 32
  - 2.7.8　for 循环和 range() 函数 ······ 34
  - 2.7.9　等价的 while 循环 ·············· 36
  - 2.7.10　range() 函数的开始、停止和步长参数 ·············· 36
- 2.8　导入模块 ·············· 37
- 2.9　用 sys.exit() 函数提前结束程序 ····· 38
- 2.10　小程序：猜数字 ·············· 39
- 2.11　小程序：石头、纸、剪刀 ······ 40
- 2.12　小结 ·············· 43
- 2.13　习题 ·············· 43

第 3 章　函数 ·············· 45
- 3.1　def 语句和参数 ·············· 46
- 3.2　返回值和 return 语句 ·············· 47
- 3.3　None 值 ·············· 48
- 3.4　关键字参数和 print() 函数 ······ 48
- 3.5　调用栈 ·············· 49

3.6 局部和全局作用域·············51
　3.6.1 局部变量不能在全局作用
　　　　域内使用·················52
　3.6.2 局部作用域不能使用其他
　　　　局部作用域内的变量·······52
　3.6.3 全局变量可以在局部作用
　　　　域中读取·················53
　3.6.4 名称相同的局部变量和
　　　　全局变量·················53
3.7 global 语句·················54
3.8 异常处理·····················56
3.9 小程序：Zigzag··············57
3.10 小结························59
3.11 习题························59
3.12 实践项目····················59
　3.12.1 Collatz 序列············60
　3.12.2 输入验证···············60

第 4 章 列表····················61
4.1 列表数据类型················61
　4.1.1 用索引取得列表中的
　　　　单个值···················61
　4.1.2 负数索引·················63
　4.1.3 利用切片取得子列表······63
　4.1.4 用 len()函数取得列表的
　　　　长度·····················64
　4.1.5 用索引改变列表中的值····64
　4.1.6 列表连接和列表复制······64
　4.1.7 用 del 语句从列表中删除值···64
4.2 使用列表····················65
　4.2.1 列表用于循环·············66
　4.2.2 in 和 not in 操作符········67
　4.2.3 多重赋值技巧············67
　4.2.4 enumerate()函数与列表
　　　　一起使用·················68
　4.2.5 random.choice() 和 random.
　　　　shuffle()函数与列表一起
　　　　使用·····················68

4.3 增强的赋值操作··············69
4.4 方法························69
　4.4.1 用 index()方法在列表中
　　　　查找值···················70
　4.4.2 用 append()方法和 insert()
　　　　方法在列表中添加值·······70
　4.4.3 用 remove()方法从列表中
　　　　删除值···················71
　4.4.4 用 sort()方法将列表中的值
　　　　排序·····················71
　4.4.5 使用 reverse()方法反转列表
　　　　中的值···················72
4.5 例子程序：神奇 8 球和列表····73
4.6 序列数据类型················74
　4.6.1 可变和不可变数据类型····74
　4.6.2 元组数据类型············76
　4.6.3 用 list()和 tuple()函数来
　　　　转换类型·················77
4.7 引用························77
　4.7.1 标识和 id()函数··········78
　4.7.2 传递引用·················79
　4.7.3 copy 模块的 copy()和
　　　　deepcopy()函数···········80
4.8 小程序：Conway 的生命游戏
　　·······························80
4.9 小结························84
4.10 习题························84
4.11 实践项目····················85
　4.11.1 逗号代码···············85
　4.11.2 掷硬币的连胜···········85
　4.11.3 字符图网格·············86

第 5 章 字典和结构化数据·······87
5.1 字典数据类型················87
　5.1.1 字典与列表··············87
　5.1.2 keys()、values()和 items()
　　　　方法·····················89

	5.1.3	检查字典中是否存在键或值 ····· 90
	5.1.4	get()方法 ····· 90
	5.1.5	setdefault()方法 ····· 91
5.2	美观地输出 ····· 92	
5.3	使用数据结构对真实世界建模 ····· 93	
	5.3.1	井字棋盘 ····· 93
	5.3.2	嵌套的字典和列表 ····· 97
5.4	小结 ····· 98	
5.5	习题 ····· 98	
5.6	实践项目 ····· 98	
	5.6.1	国际象棋字典验证器 ····· 98
	5.6.2	好玩游戏的物品清单 ····· 99
	5.6.3	列表到字典的函数，针对好玩游戏的物品清单 ····· 99

第 6 章 字符串操作 ····· 101

6.1	处理字符串 ····· 101	
	6.1.1	字符串字面量 ····· 101
	6.1.2	字符串索引和切片 ····· 103
	6.1.3	字符串的 in 和 not in 操作符 ····· 104
6.2	将字符串放入其他字符串 ····· 104	
6.3	有用的字符串方法 ····· 105	
	6.3.1	字符串方法 upper()、lower()、isupper()和 islower() ····· 105
	6.3.2	isX()字符串方法 ····· 106
	6.3.3	字符串方法 startswith()和 endswith() ····· 108
	6.3.4	字符串方法 join()和 split() ····· 108
	6.3.5	使用 partition()方法分隔字符串 ····· 109
	6.3.6	用 rjust()、ljust()和 center()方法对齐文本 ····· 110
	6.3.7	用 strip()、rstrip()和 lstrip()方法删除空白字符 ····· 111

6.4	使用 ord()和 chr()函数的字符的数值 ····· 112	
6.5	用 pyperclip 模块复制粘贴字符串 ····· 112	
6.6	项目：使用多剪贴板自动回复消息 ····· 113	
6.7	项目：在 Wiki 标记中添加无序列表 ····· 115	
6.8	小程序：Pig Latin ····· 117	
6.9	小结 ····· 120	
6.10	习题 ····· 120	
6.11	实践项目 ····· 121	
	6.11.1	表格输出 ····· 121
	6.11.2	僵尸骰子机器人 ····· 122

第二部分 自动化任务

第 7 章 模式匹配与正则表达式 ····· 126

7.1	不用正则表达式来查找文本模式 ····· 126	
7.2	用正则表达式查找文本模式 ····· 128	
	7.2.1	创建正则表达式对象 ····· 128
	7.2.2	匹配 Regex 对象 ····· 129
	7.2.3	正则表达式匹配复习 ····· 129
7.3	用正则表达式匹配更多模式 ····· 130	
	7.3.1	利用括号分组 ····· 130
	7.3.2	用管道匹配多个分组 ····· 131
	7.3.3	用问号实现可选匹配 ····· 132
	7.3.4	用星号匹配零次或多次 ····· 132
	7.3.5	用加号匹配一次或多次 ····· 133
	7.3.6	用花括号匹配特定次数 ····· 133
7.4	贪心和非贪心匹配 ····· 134	
7.5	findall()方法 ····· 134	
7.6	字符分类 ····· 135	
7.7	建立自己的字符分类 ····· 136	
7.8	插入字符和美元字符 ····· 136	

第7章（续）

- 7.9 通配字符 137
  - 7.9.1 用点-星匹配所有字符 137
  - 7.9.2 用句点字符匹配换行符 138
- 7.10 正则表达式符号复习 138
- 7.11 不区分大小写的匹配 139
- 7.12 用 sub()方法替换字符串 139
- 7.13 管理复杂的正则表达式 140
- 7.14 组合使用 re.IGNORECASE、re.DOTALL 和 re.VERBOSE 140
- 7.15 项目：电话号码和 E-mail 地址提取程序 141
- 7.16 小结 144
- 7.17 习题 145
- 7.18 实践项目 146
  - 7.18.1 日期检测 146
  - 7.18.2 强口令检测 146
  - 7.18.3 strip()的正则表达式版本 147

第8章 输入验证 148

- 8.1 PyInputPlus 模块 149
  - 8.1.1 关键字参数 min、max、greaterThan 和 lessThan 150
  - 8.1.2 关键字参数 blank 150
  - 8.1.3 关键字参数 limit、timeout 和 default 151
  - 8.1.4 关键字参数 allowRegexes 和 blockRegexes 151
  - 8.1.5 将自定义验证函数传递给 inputCustom() 152
- 8.2 项目：如何让人忙几个小时 153
- 8.3 项目：乘法测验 154
- 8.4 小结 156
- 8.5 习题 156
- 8.6 实践项目 157
  - 8.6.1 三明治机 157
  - 8.6.2 编写自己的乘法测验 157

第9章 读写文件 158

- 9.1 文件与文件路径 158
  - 9.1.1 Windows 操作系统上的倒斜杠以及 macOS 和 Linux 操作系统上的正斜杠 159
  - 9.1.2 使用/运算符连接路径 160
  - 9.1.3 当前工作目录 161
  - 9.1.4 主目录 162
  - 9.1.5 绝对路径与相对路径 162
  - 9.1.6 用 os.makedirs()创建新文件夹 163
  - 9.1.7 处理绝对路径和相对路径 164
  - 9.1.8 取得文件路径的各部分 165
  - 9.1.9 查看文件大小和文件夹内容 167
  - 9.1.10 使用通配符模式修改文件列表 168
  - 9.1.11 检查路径的有效性 169
- 9.2 文件读写过程 170
  - 9.2.1 用 open()函数打开文件 171
  - 9.2.2 读取文件内容 171
  - 9.2.3 写入文件 172
- 9.3 用 shelve 模块保存变量 173
- 9.4 用 pprint.pformat()函数保存变量 174
- 9.5 项目：生成随机的测验试卷文件 175
- 9.6 项目：创建可更新的多重剪贴板 179
- 9.7 小结 181
- 9.8 习题 181
- 9.9 实践项目 182
  - 9.9.1 扩展多重剪贴板 182
  - 9.9.2 疯狂填词 182
  - 9.9.3 正则表达式查找 182

第 10 章　组织文件 ……………………183
- 10.1 shutil 模块 ……………………183
  - 10.1.1 复制文件和文件夹 ………183
  - 10.1.2 文件和文件夹的移动与重命名 …………………184
  - 10.1.3 永久删除文件和文件夹 …………………………185
  - 10.1.4 用 send2trash 模块安全地删除 …………………186
- 10.2 遍历目录树 ……………………186
- 10.3 用 zipfile 模块压缩文件 ……188
  - 10.3.1 读取 ZIP 文件 …………188
  - 10.3.2 从 ZIP 文件中解压缩 …189
  - 10.3.3 创建和添加到 ZIP 文件 …………………………189
- 10.4 项目：将带有美国风格日期的文件重命名为欧洲风格日期 …190
- 10.5 项目：将一个文件夹备份到一个 ZIP 文件 …………………193
- 10.6 小结 ……………………………195
- 10.7 习题 ……………………………196
- 10.8 实践项目 ………………………196
  - 10.8.1 选择性复制 ……………196
  - 10.8.2 删除不需要的文件 ……196
  - 10.8.3 消除缺失的编号 ………196

第 11 章　调试 ……………………………197
- 11.1 抛出异常 ………………………197
- 11.2 取得回溯字符串 ………………199
- 11.3 断言 ……………………………200
- 11.4 日志 ……………………………202
  - 11.4.1 使用 logging 模块 ……202
  - 11.4.2 不要用 print() 调试 …203
  - 11.4.3 日志级别 ………………204
  - 11.4.4 禁用日志 ………………204
  - 11.4.5 将日志记录到文件 ……205
- 11.5 Mu 的调试器 …………………205
  - 11.5.1 Continue ………………206
  - 11.5.2 Step In …………………206
  - 11.5.3 Step Over ………………206
  - 11.5.4 Step Out ………………206
  - 11.5.5 Stop ……………………206
  - 11.5.6 调试一个数字相加的程序 ………………………207
  - 11.5.7 断点 ……………………208
- 11.6 小结 ……………………………209
- 11.7 习题 ……………………………209
- 11.8 实践项目 ………………………210

第 12 章　从 Web 抓取信息 …………211
- 12.1 项目：利用 webbrowser 模块的 mapIt.py …………………211
- 12.2 用 requests 模块从 Web 下载文件 ……………………………214
  - 12.2.1 用 requests.get() 函数下载一个网页 ………………214
  - 12.2.2 检查错误 ………………215
- 12.3 将下载的文件保存到硬盘 ……216
- 12.4 HTML ……………………………217
  - 12.4.1 学习 HTML 的资源 ……217
  - 12.4.2 快速复习 ………………217
  - 12.4.3 查看网页的 HTML 源代码 ……………………218
  - 12.4.4 打开浏览器的开发者工具 ………………………218
  - 12.4.5 使用开发者工具来寻找 HTML 元素 ……………219
- 12.5 用 bs4 模块解析 HTML ………220
  - 12.5.1 从 HTML 创建一个 BeautifulSoup 对象 ………221
  - 12.5.2 用 select() 方法寻找元素 ………………………221
  - 12.5.3 通过元素的属性获取数据 ………………………223

12.6　项目：打开所有搜索结果……223
12.7　项目：下载所有 XKCD 漫画
　　　……226
12.8　用 selenium 模块控制浏览器
　　　……230
　　12.8.1　启动 selenium 控制的
　　　　　　浏览器……231
　　12.8.2　在页面中寻找元素……232
　　12.8.3　单击页面……234
　　12.8.4　填写并提交表单……234
　　12.8.5　发送特殊键……234
　　12.8.6　单击浏览器按钮……235
　　12.8.7　关于 selenium 的更多
　　　　　　信息……235
12.9　小结……235
12.10　习题……236
12.11　实践项目……236
　　12.11.1　命令行电子邮件程序
　　　　　　……236
　　12.11.2　图像网站下载……237
　　12.11.3　2048……237
　　12.11.4　链接验证……237

第 13 章　处理 Excel 电子表格……238
13.1　Excel 文档……238
13.2　安装 openpyxl 模块……238
13.3　读取 Excel 文档……239
　　13.3.1　用 openpyxl 模块打开
　　　　　　Excel 文档……239
　　13.3.2　从工作簿中取得工作表
　　　　　　……240
　　13.3.3　从表中取得单元格……240
　　13.3.4　列字母和数字之间的
　　　　　　转换……241
　　13.3.5　从表中取得行和列……242
　　13.3.6　工作簿、工作表、
　　　　　　单元格……243

13.4　项目：从电子表格中读取
　　　数据……244
13.5　写入 Excel 文档……247
　　13.5.1　创建并保存 Excel 文档
　　　　　　……247
　　13.5.2　创建和删除工作表……248
　　13.5.3　将值写入单元格……248
13.6　项目：更新电子表格……249
13.7　设置单元格的字体风格……251
13.8　Font 对象……252
13.9　公式……253
13.10　调整行和列……253
　　13.10.1　设置行高和列宽……254
　　13.10.2　合并和拆分单元格……254
　　13.10.3　冻结窗格……255
13.11　图表……256
13.12　小结……257
13.13　习题……258
13.14　实践项目……258
　　13.14.1　乘法表……258
　　13.14.2　空行插入程序……259
　　13.14.3　电子表格单元格翻转
　　　　　　程序……259
　　13.14.4　文本文件到电子表格
　　　　　　……260
　　13.14.5　电子表格到文本文件
　　　　　　……260

第 14 章　处理 Google 电子表格……261
14.1　安装和设置 EZSheets……261
　　14.1.1　获取证书和令牌文件……261
　　14.1.2　撤销证书文件……262
14.2　Spreadsheet 对象……263
　　14.2.1　创建、上传和列出电子
　　　　　　表格……264
　　14.2.2　电子表格的属性……265
　　14.2.3　下载和上传电子表格……265

14.2.4 删除电子表格·············266
14.3 工作表对象·····················266
　14.3.1 读取和写入数据·········267
　14.3.2 创建和删除工作表·····271
　14.3.3 复制工作表·············272
14.4 利用 Google Sheets 配额······272
14.5 小结····························273
14.6 习题····························273
14.7 实践项目·······················273
　14.7.1 下载 Google Forms 数据
　　　　·························274
　14.7.2 将电子表格转换为其他
　　　　格式·····················274
　14.7.3 查找电子表格中的错误
　　　　·························274

第 15 章　处理 PDF 和 Word 文档········275
15.1 PDF 文档······················275
　15.1.1 从 PDF 提取文本·······275
　15.1.2 解密 PDF················277
　15.1.3 创建 PDF················277
15.2 项目：从多个 PDF 中合并
　　选择的页面····················281
15.3 Word 文档·····················284
　15.3.1 读取 Word 文档·········284
　15.3.2 从 .docx 文档中取得完整的
　　　　文本·····················285
　15.3.3 设置 Paragraph 和 Run
　　　　对象的样式··············286
　15.3.4 创建带有非默认样式的
　　　　Word 文档···············287
　15.3.5 Run 属性················287
　15.3.6 写入 Word 文档·········288
　15.3.7 添加标题················290
　15.3.8 添加换行符和换页符···290
　15.3.9 添加图像················291
15.4 从 Word 文档中创建 PDF······291

15.5 小结····························292
15.6 习题····························292
15.7 实践项目·······················293
　15.7.1 PDF 偏执狂··············293
　15.7.2 定制邀请函，保存为
　　　　Word 文档···············293
　15.7.3 蛮力 PDF 口令破解程序
　　　　·························294

第 16 章　处理 CSV 文件和 JSON
　　　　数据·······················295
16.1 csv 模块························295
　16.1.1 reader 对象··············296
　16.1.2 在 for 循环中，从 reader
　　　　对象读取数据···········297
　16.1.3 writer 对象··············297
　16.1.4 delimiter 和 lineterminator
　　　　关键字参数··············298
　16.1.5 DictReader 和
　　　　DictWriter CSV 对象······299
16.2 项目：从 CSV 文件中删除
　　标题行··························300
16.3 JSON 和 API····················303
16.4 json 模块·······················304
　16.4.1 用 loads() 函数读取
　　　　JSON ······················304
　16.4.2 用 dumps 函数写出
　　　　JSON ······················304
16.5 项目：取得当前的天气数据
　　·······························305
16.6 小结····························308
16.7 习题····························308
16.8 实践项目·······················309

第 17 章　保持时间、计划任务和启动
　　　　程序·······················310
17.1 time 模块·······················310
　17.1.1 time.time() 函数··········310

17.1.2　time.sleep()函数⋯⋯⋯⋯311
17.2　数字四舍五入⋯⋯⋯⋯⋯⋯312
17.3　项目：超级秒表⋯⋯⋯⋯⋯312
17.4　datetime 模块⋯⋯⋯⋯⋯⋯314
　　17.4.1　timedelta 数据类型⋯⋯315
　　17.4.2　暂停直至特定日期⋯⋯317
　　17.4.3　将 datetime 对象转换为字符串⋯⋯⋯⋯⋯⋯⋯⋯317
　　17.4.4　将字符串转换成 datetime 对象⋯⋯⋯⋯⋯⋯⋯⋯318
17.5　回顾 Python 的时间函数⋯⋯318
17.6　多线程⋯⋯⋯⋯⋯⋯⋯⋯⋯319
　　17.6.1　向线程的目标函数传递参数⋯⋯⋯⋯⋯⋯⋯⋯321
　　17.6.2　并发问题⋯⋯⋯⋯⋯⋯321
17.7　项目：多线程 XKCD 下载程序⋯⋯⋯⋯⋯⋯⋯⋯⋯⋯322
17.8　从 Python 启动其他程序⋯⋯324
　　17.8.1　向 Popen()传递命令行参数⋯⋯⋯⋯⋯⋯⋯⋯325
　　17.8.2　Task Scheduler、launchd 和 cron⋯⋯⋯⋯⋯⋯⋯326
　　17.8.3　用 Python 打开网站⋯⋯326
　　17.8.4　运行其他 Python 脚本⋯326
　　17.8.5　用默认的应用程序打开文件⋯⋯⋯⋯⋯⋯⋯⋯327
17.9　项目：简单的倒计时程序⋯⋯327
17.10　小结⋯⋯⋯⋯⋯⋯⋯⋯⋯329
17.11　习题⋯⋯⋯⋯⋯⋯⋯⋯⋯329
17.12　实践项目⋯⋯⋯⋯⋯⋯⋯330
　　17.12.1　美化的秒表⋯⋯⋯⋯330
　　17.12.2　计划的 Web 漫画下载程序⋯⋯⋯⋯⋯⋯⋯⋯⋯330

第 18 章　发送电子邮件和短信⋯⋯331
18.1　使用 Gmail API 发送和接收电子邮件⋯⋯⋯⋯⋯⋯⋯331
　　18.1.1　启用 Gmail API⋯⋯⋯⋯332
　　18.1.2　从 Gmail 账户发送邮件⋯⋯⋯⋯⋯⋯⋯⋯⋯⋯332
　　18.1.3　从 Gmail 账户读取邮件⋯⋯⋯⋯⋯⋯⋯⋯⋯⋯333
　　18.1.4　从 Gmail 账户中搜索邮件⋯⋯⋯⋯⋯⋯⋯⋯⋯334
　　18.1.5　从 Gmail 账户下载附件⋯⋯⋯⋯⋯⋯⋯⋯⋯⋯335
18.2　SMTP⋯⋯⋯⋯⋯⋯⋯⋯⋯335
18.3　处理电子邮件⋯⋯⋯⋯⋯⋯335
　　18.3.1　连接到 SMTP 服务器⋯⋯336
　　18.3.2　发送 SMTP 的"Hello"消息⋯⋯⋯⋯⋯⋯⋯⋯⋯337
　　18.3.3　开始 TLS 加密⋯⋯⋯⋯337
　　18.3.4　登录到 SMTP 服务器⋯⋯337
　　18.3.5　发送电子邮件⋯⋯⋯⋯338
　　18.3.6　从 SMTP 服务器断开⋯⋯338
18.4　IMAP⋯⋯⋯⋯⋯⋯⋯⋯⋯338
18.5　用 IMAP 获取和删除电子邮件⋯⋯⋯⋯⋯⋯⋯⋯⋯339
　　18.5.1　连接到 IMAP 服务器⋯⋯339
　　18.5.2　登录到 IMAP 服务器⋯⋯340
　　18.5.3　搜索电子邮件⋯⋯⋯⋯340
　　18.5.4　取邮件并标记为已读⋯⋯343
　　18.5.5　从原始消息中获取电子邮件地址⋯⋯⋯⋯⋯⋯⋯344
　　18.5.6　从原始消息中获取正文⋯⋯⋯⋯⋯⋯⋯⋯⋯⋯344
　　18.5.7　删除电子邮件⋯⋯⋯⋯345
　　18.5.8　从 IMAP 服务器断开⋯⋯346
18.6　项目：向会员发送会费提醒电子邮件⋯⋯⋯⋯⋯⋯⋯346
18.7　使用短信电子邮件网关发送短信⋯⋯⋯⋯⋯⋯⋯⋯⋯349
18.8　用 Twilio 发送短信⋯⋯⋯⋯350
　　18.8.1　注册 Twilio 账号⋯⋯⋯350

18.8.2　发送短信……………… 351
18.9　项目："只给我发短信"模块
　　　……………………………… 352
18.10　小结 …………………………… 353
18.11　习题 …………………………… 354
18.12　实践项目 ……………………… 354
　　　18.12.1　随机分配家务活的电子
　　　　　　　邮件程序…………… 354
　　　18.12.2　伞提醒程序…………… 354
　　　18.12.3　自动退订……………… 354
　　　18.12.4　通过电子邮件控制你的
　　　　　　　计算机 ……………… 355

第 19 章　操作图像 ……………… 356
19.1　计算机图像基础………………… 356
　　　19.1.1　颜色和 RGBA 值 ……… 356
　　　19.1.2　坐标和 Box 元组 ……… 357
19.2　用 pillow 操作图像……………… 358
　　　19.2.1　处理 Image 数据类型…… 359
　　　19.2.2　裁剪图像………………… 360
　　　19.2.3　复制和粘贴图像到其他
　　　　　　　图像 ………………… 361
　　　19.2.4　调整图像大小…………… 363
　　　19.2.5　旋转和翻转图像………… 363
　　　19.2.6　更改单个像素…………… 365
19.3　项目：添加徽标 ………………… 366
19.4　在图像上绘画…………………… 370
　　　19.4.1　绘制形状………………… 370
　　　19.4.2　绘制文本………………… 372
19.5　小结 …………………………… 373
19.6　习题 …………………………… 374
19.7　实践项目 ……………………… 374
　　　19.7.1　扩展和修正本章项目的
　　　　　　　程序 ………………… 374
　　　19.7.2　在硬盘上识别照片
　　　　　　　文件夹 ……………… 374
　　　19.7.3　定制的座位卡…………… 375

第 20 章　用 GUI 自动化控制键盘
　　　　　　和鼠标 ……………… 376
20.1　安装 pyautogui 模块…………… 376
20.2　在 macOS 上设置无障碍应用
　　　程序 …………………………… 377
20.3　走对路 ………………………… 377
　　　20.3.1　暂停和自动防故障装置
　　　　　　　……………………… 377
　　　20.3.2　通过注销关闭所有程序
　　　　　　　……………………… 377
20.4　控制鼠标指针…………………… 377
　　　20.4.1　移动鼠标指针…………… 378
　　　20.4.2　获取鼠标指针位置……… 379
20.5　控制鼠标交互…………………… 379
　　　20.5.1　单击鼠标………………… 380
　　　20.5.2　拖动鼠标………………… 380
　　　20.5.3　滚动鼠标………………… 382
20.6　规划鼠标运动…………………… 382
20.7　处理屏幕 ……………………… 383
　　　20.7.1　获取屏幕快照…………… 383
　　　20.7.2　分析屏幕快照…………… 383
20.8　图像识别………………………… 384
20.9　获取窗口信息…………………… 385
　　　20.9.1　获取活动窗口…………… 386
　　　20.9.2　获取窗口的其他方法…… 387
　　　20.9.3　操纵窗口………………… 387
20.10　控制键盘……………………… 389
　　　20.10.1　通过键盘发送一个
　　　　　　　字符串 ……………… 389
　　　20.10.2　键名…………………… 390
　　　20.10.3　按下和释放键盘按键
　　　　　　　……………………… 391
　　　20.10.4　快捷键组合…………… 391
20.11　设置 GUI 自动化脚本………… 391
20.12　复习 PyAutoGUI 的函数 …… 392
20.13　项目：自动填表程序………… 393
20.14　显示消息框 …………………… 398

20.15	小结 399	
20.16	习题 399	
20.17	实践项目 400	
	20.17.1 看起来很忙 400	
	20.17.2 使用剪贴板读取文本字段 400	
	20.17.3 即时通信机器人 401	
	20.17.4 玩游戏机器人指南 401	

附录A 安装第三方模块 402
   A.1 pip 工具 402
   A.2 安装第三方模块 403
   A.3 为 Mu 编辑器安装模块 404

附录B 运行程序 406
   B.1 从命令行窗口运行程序 406
   B.2 在 Windows 操作系统上运行 Python 程序 407
   B.3 在 macOS 上运行 Python 程序 408
   B.4 在 Ubuntu Linux 操作系统上运行 Python 程序 408
   B.5 运行 Python 程序时禁用断言 409

Part 1

第一部分

Python 编程基础

本篇内容

- 第 1 章　Python 基础
- 第 2 章　控制流
- 第 3 章　函数
- 第 4 章　列表
- 第 5 章　字典和结构化数据
- 第 6 章　字符串操作

第 1 章

Python基础

Python 编程语言有许多语法结构、标准库函数和交互式开发环境功能。好在你可以忽略大多数内容，只需要学习部分内容，就能编写一些方便的小程序。

但在动手之前，你必须学习一些基本编程概念。就像魔法师培训，你可能认为这些概念既深奥又啰唆，但有了一些知识和实践，你就能像魔法师一样指挥你的计算机，完成难以置信的事情。

本章有几个例子，我们鼓励你在"交互式环境"中输入它们。交互式环境也称为"REPL（'读取—求值—输出'循环）"。交互式环境让你每次运行（或"执行"）一条 Python 指令，并立即显示结果。使用交互式环境对于了解基本 Python 指令的行为是很好的，所以你在阅读时要试一下。做事比仅仅读内容更令人印象深刻。

1.1 在交互式环境中输入表达式

可以通过启动 Mu 编辑器来运行交互式环境，你在阅读前言中的安装说明时应该已经下载了 Mu 编辑器。在 Windows 操作系统上，打开"开始"菜单，输入"Mu"，然后打开 Mu 应用程序。在 macOS 上，打开"应用程序"文件夹，然后双击 Mu；单击 New 按钮，然后将一个空文件另存为 blank.py；当你通过单击 Run 按钮或按 F5 键运行这个空白文件时，它将打开交互式环境，该环境将作为一个新窗格打开，该窗格在 Mu 编辑器窗口的底部打开。你应该可以在交互式环境中看到>>>提示符。

在提示符处输入 2 + 2，让 Python 做一些简单的数学运算。Mu 窗口现在应如下所示：

```
>>> 2 + 2
4
>>>
```

在 Python 中，2 + 2 称为"表达式"，它是语言中最基本的编程结构。表达式包含"值"（例如 2）和"操作符"（例如+），并且总是可以"求值"（即归约）为单个值。这意味着在 Python 代码中，所有使用表达式的地方都可以使用一个值。

在前面的例子中，2 + 2 求值为单个值 4。没有操作符的单个值也被认为是一个表达式，尽管它求值的结果就是它自己，像下面这样：

```
>>> 2
2
```

> **错误没关系！**
>
> 如果程序包含计算机不能理解的代码，就会崩溃，这将导致 Python 显示错误信息。错误信息并不会破坏你的计算机，所以不要害怕犯错误。"崩溃"只是意味着程序意外地停止执行。
>
> 如果你希望对一条错误信息了解更多，可以在网上查找这条错误信息的准确文本，找到关于这个错误的更多内容。也可以进入 No Starch 出版社官网本书对应页面，那里有常见的 Python 错误信息和含义的列表。

Python 表达式中也可以使用大量其他操作符。例如，表 1-1 列出了 Python 的所有数学操作符。

表 1-1 Python 数学操作符，优先级从高到低

操作符	操作	例子	求值为
**	指数	2 ** 3	8
%	取模/取余数	22 % 8	6
//	整除/商数取整	22 // 8	2
/	除法	22 / 8	2.75
*	乘法	3 * 5	15
-	减法	5 - 2	3
+	加法	2 + 2	4

Python 数学操作符的"操作顺序"（也称为"优先级"）与数学中类似。**操作符首先求值；接下来是*、/、//和%操作符，从左到右；+和-操作符最后求值，也是从左到右。如果需要，可以用括号来改变通常的优先级。运算符和值之间的空格对于 Python 无关紧要（行首的缩进除外），但是惯例是保留一个空格。在交互式环境中输入下列表达式：

```
>>> 2 + 3 * 6
20
>>> (2 + 3) * 6
30
>>> 48565878 * 578453
28093077826734
>>> 2 ** 8
256
>>> 23 / 7
3.2857142857142856
>>> 23 // 7
3
>>> 23 % 7
2
>>> 2 + 2
4
>>> (5 - 1) * ((7 + 1) / (3 - 1))
16.0
```

在每个例子中，作为程序员，你必须输入表达式，由 Python 完成较难的工作，将它求值为单个值。Python 将继续对表达式的各个部分进行求值，直到它成为单个值，如右所示。

```
(5 - 1) * ((7 + 1) / (3 - 1))
         ↓
4 * ((7 + 1) / (3 - 1))
         ↓
4 * ((  8  ) / (3 - 1))
         ↓
4 * ((  8  ) / (  2  ))
         ↓
4 * 4.0
         ↓
16.0
```

将操作符和值放在一起构成表达式的这些规则，是 Python 编程语言的基本部分，就像帮助我们沟通的语法规则一样。下面是例子。

This is a grammatically correct English sentence.

This grammatically is sentence not English correct a.

第二行很难解释，因为它不符合自然语言的规则。类似地，如果你输入错误的 Python 指令，Python 也不能理解，就会显示出错误信息，像下面这样：

```
>>> 5 +
  File "<stdin>", line 1
    5 +
      ^
SyntaxError: invalid syntax
>>> 42 + 5 + * 2
  File "<stdin>", line 1
    42 + 5 + * 2
             ^
SyntaxError: invalid syntax
```

你总是可以在交互式环境中输入一条指令，检查它是否能工作。不要担心会弄坏计算机：最坏的情况就是 Python 显示错误信息。专业的软件开发者在编写代码时，常常会遇到错误信息。

1.2 整型、浮点型和字符串数据类型

记住，表达式是值和操作符的组合，它们可以通过求值成为单个值。"数据类型"是一类值，每个值都只属于一种数据类型。表 1-2 列出了 Python 中最常见的数据类型。例如，值−2 和 30 属于"整型"值。整型（或 int）表明值是整数。带有小数点的数，如 3.14，称为"浮点型"（或 float）。请注意，尽管 42 是一个整型，但 42.0 是一个浮点型。

表 1-2　常见数据类型

数据类型	例子
整型	−2、−1、0、1、2、3、4、5
浮点型	−1.25、−1.0、−0.5、0.0、0.5、1.0、1.25
字符串	'a'、'aa'、'aaa'、'Hello!'、'11 cats'

Python 程序也可以有文本值，称为"字符串"或 strs（发音为"stirs"）。总是用单引号（'）包围住字符串（例如 'Hello' 或 'Goodbye my friend!'），这样 Python 就能判断字符串的开始和结束。甚至可以有没有字符的字符串，称为"空字符串"或"空串"。第 6 章将更详细地解释字符串。

如果出现错误信息 SyntaxError: EOL while scanning string literal，可能是

忘了字符串末尾的单引号，如下面的例子所示：

```
>>> 'Hello world!
SyntaxError: EOL while scanning string literal
```

1.3 字符串连接和复制

　　根据操作符之后的值的数据类型，操作符的含义可能会改变。例如，在操作两个整型或浮点型值时，+是相加操作符；但是，在用于两个字符串之间时，它将字符串连接起来，成为"字符串连接"操作符。在交互式环境中输入以下内容：

```
>>> 'Alice' + 'Bob'
'AliceBob'
```

　　该表达式求值为一个新字符串，包含了两个字符串的文本。但是，如果你对一个字符串和一个整型值使用+操作符，Python 就不知道如何处理，它将显示一条错误信息：

```
>>> 'Alice' + 42
Traceback (most recent call last):
  File "<pyshell#26>", line 1, in <module>
    'Alice' + 42
TypeError: can only concatenate str (not "int") to str
```

　　错误信息 Can only concatenate str(not "int")to str 表示 Python 认为你试图将一个整数连接到字符串'Alice'。代码必须显式地将整数转换为字符串，因为 Python 不能自动完成转换。（1.6 节"程序剖析"在讨论 str()、int()和 float()函数时，将解释数据类型转换。）

　　*操作符将两个整型或浮点型值相乘。但如果*操作符用于一个字符串值和一个整型值，它就变成了"字符串复制"操作符。在交互式环境中输入一个字符串乘以一个数字，效果如下：

```
>>> 'Alice' * 5
'AliceAliceAliceAliceAlice'
```

　　该表达式求值为一个字符串，它将原来的字符串复制若干次，次数就是整型的值。字符串复制是一个有用的技巧，但不像字符串连接那样常用。

　　*操作符只能用于两个数字（作为乘法），或一个字符串和一个整型值（作为"字符串复制"操作符）。否则，Python 将显示错误信息，像下面这样：

```
>>> 'Alice' * 'Bob'
Traceback (most recent call last):
  File "<pyshell#32>", line 1, in <module>
    'Alice' * 'Bob'
TypeError: can't multiply sequence by non-int of type 'str'
>>> 'Alice' * 5.0
Traceback (most recent call last):
  File "<pyshell#33>", line 1, in <module>
    'Alice' * 5.0
TypeError: can't multiply sequence by non-int of type 'float'
```

　　Python 不理解这些表达式是有道理的：你不能把两个单词相乘，也很难将一个任意字符串复制小数次。

1.4 在变量中保存值

"变量"就像计算机内存中的一个盒子,其中可以存放一个值。如果你的程序稍后将用到一个已求值的表达式的结果,就可以将它保存在一个变量中。

1.4.1 赋值语句

用"赋值语句"将值保存在变量中。赋值语句包含一个变量名、一个等号(称为"赋值操作符"),以及要存储的值。如果输入赋值语句 spam = 42,那么名为 spam 的变量将保存一个整型值 42。

可以将变量看成一个带标签的盒子,值放在其中,如图 1-1 所示。

例如,在交互式环境中输入以下内容:

```
❶ >>> spam = 40
   >>> spam
   40
   >>> eggs = 2
❷ >>> spam + eggs
   42
   >>> spam + eggs + spam
   82
❸ >>> spam = spam + 2
   >>> spam
   42
```

第一次存入一个值,变量就被"初始化"(或创建)❶。此后,可以在表达式中使用它,以及其他变量和值❷。如果变量被赋了一个新值,老值就被忘记了❸。这就是为什么在例子结束时,spam 求值为 42,而不是 40。这称为"覆写"该变量。在交互式环境中输入以下代码,尝试覆写一个字符串:

```
>>> spam = 'Hello'
>>> spam
'Hello'
>>> spam = 'Goodbye'
>>> spam
'Goodbye'
```

就像图 1-2 所示的盒子,这个例子中的 spam 变量保存了 'Hello',直到你用 'Goodbye' 替代它。

图 1-1　spam = 42 就像是告诉程序"变量 spam 现在有整型值 42 放在里面"

图 1-2　一个新值赋给变量,老值就被遗忘了

1.4.2 变量名

好的变量名描述了它包含的数据。设想你搬到一间新屋子，搬家纸箱上标的都是"东西"。这让你找不到任何东西。本书的例子和许多 Python 的文档使用 `spam`、`eggs` 和 `bacon` 等变量名作为一般名称（受到 Monty Python 的"Spam"短剧的影响），但在你的程序中，使用描述性名字有助于提高代码可读性。

尽管你几乎可以为变量任意命名，但是 Python 确实有一些命名限制。表 1-3 中有一些有效的和无效的变量名的例子。你可以给变量取任何名字，只要它遵守以下 3 条规则。

表 1-3 有效和无效的变量名

有效的变量名	无效的变量名
current_balance	current-balance（不允许短横线）
currentBalance	current balanc（不允许空格）
account4	4account（不允许数字开头）
_42	42（不允许数字开头）
TOTAL_SUM	TOTAL_$UM（不允许$这样的特殊字符）
hello	'hello'（不允许'这样的特殊字符）

1. 只能是一个词，不带空格。
2. 只能包含字母、数字和下划线（_）字符。
3. 不能以数字开头。

变量名是区分大小写的。这意味着，`spam`、`SPAM`、`Spam` 和 `sPaM` 是 4 个不同的变量。尽管 `Spam` 是一个有效的变量，你可以在程序中使用，但变量用小写字母开头是 Python 的惯例。

本书的变量名使用了"驼峰形式"，没有用下划线。也就是说，变量名用 `lookLikeThis`，而不是 `looking_like_this`。一些有经验的程序员可能会指出，官方的 Python 代码风格为 PEP 8，即应该使用下划线。一致地满足风格指南是重要的。但最重要的是知道何时要不一致，因为有时候风格指南就是不适用。如果有怀疑，请相信自己的最佳判断。

1.5 第一个程序

虽然交互式环境一次运行一条 Python 指令很好，但要编写完整的 Python 程序，就需要在文件编辑器中输入指令。"文件编辑器"类似于 Notepad 或 TextMate 这样的文本编辑器，它有一些针对输入源代码的特殊功能。要在 Mu 中打开新文件，请单击顶部的 New 按钮。

出现的窗口中应该包含一个光标，等待你输入，但它与交互式环境不同。在交互式环境中，按回车键就会执行 Python 指令。文件编辑器允许输入多条指令，将指令保存为文件，并运行该文件。下面是区别这两者的方法。

- 交互式环境窗口总是有>>>提示符。
- 文件编辑器窗口没有>>>提示符。

现在创建第一个程序。打开文件编辑器窗口后，输入以下内容：

```
❶ # This program says hello and asks for my name.
❷ print('Hello, world!')
  print('What is your name?')    # ask for their name
❸ myName = input()
❹ print('It is good to meet you, ' + myName)
❺ print('The length of your name is:')
  print(len(myName))
❻ print('What is your age?')    # ask for their age
  myAge = input()
  print('You will be ' + str(int(myAge) + 1) + ' in a year.')
```

在输入完源代码后保存它，就不必在每次启动 Mu 时重新输入。单击 Save 按钮，在 File Name 字段后输入 hello.py，然后单击 Save 按钮。

在输入程序时，应该过一段时间就保存你的程序。这样，如果计算机崩溃，或者不小心退出了 Mu，也不会丢失代码。可以在 Windows 操作系统和 Linux 操作系统上按 Ctrl-S 快捷键，在 macOS 上按 Command-S 快捷键来保存文件。

在保存文件后，让我们来运行程序。按 F5 键，程序将在交互式环境窗口中运行。记住，必须在文件编辑器窗口中按 F5 键，而不是在交互式环境窗口中。在程序要求输入时，输入你的名字。在交互式环境中，程序输出应该看起来像下面这样：

```
Python 3.7.0b4 (v3.7.0b4:eb96c37699, May  2 2018, 19:02:22) [MSC v.1913 64 bit
(AMD64)] on win32
Type "copyright", "credits" or "license()" for more information.
>>> ================================ RESTART ================================
>>>
Hello, world!
What is your name?
Al
It is good to meet you, Al
The length of your name is:
2
What is your age?
4
You will be 5 in a year.
>>>
```

如果没有更多代码行要执行，Python 程序就会"中止"。也就是说，它会停止运行。（也可以说 Python 程序"退出"了。）

可以通过单击窗口顶部的"关闭"按钮关闭文件编辑器。要重新加载一个保存了的程序，就在菜单中选择 File ▶ Open。现在请这样做，在出现的窗口中选择 hello.py，并单击 Open 按钮。前面保存的程序 hello.py 应该在文件编辑器窗口中打开。

你可以用 Python Tutor 网站的可视化工具来查看程序的执行情况。你可以在 Python Tutor 的可视化页面上看到这个程序的执行。单击前进按钮以浏览程序执行的每个步骤。你将能够看到变量值和输出如何变化。

1.6 程序剖析

新程序在文件编辑器中打开后，让我们快速看一看它用到的 Python 指令，逐一查看每行代码。

1.6.1 注释

下面这行称为"注释"。

❶ `# This program says hello and asks for my name.`

Python 会忽略注释，你可以用它们来解释说明程序，或提醒自己代码试图完成的事。这一行中，#标志之后的所有文本都是注释。

有时候，程序员在测试代码时，会在一行代码前面加上#，临时删除这行代码。这称为"注释掉"代码。在你想搞清楚为什么程序不工作时，这样做可能有用。如果你准备还原这一行代码，可以去掉#。

Python 也会忽略注释之后的空行。在程序中，想加入空行时就可以加入。这会让你的代码更容易阅读，就像书中的段落一样。

1.6.2 print()函数

`print()`函数将括号内的字符串输出在屏幕上：

❷ ```
print('Hello, world!')
print('What is your name?')   # ask for their name
```

代码行 `print('Hello, world!')` 表示"输出字符串`'Hello world!'`的文本"。Python 执行到这行时，表示 Python 在"调用" `print()` 函数，并将该字符串的值"传递"给函数。传递给函数的值称为"参数"。请注意，引号没有输出在屏幕上，它们只是表示字符串的起止，不是字符串的一部分。

> **注意**：也可以用这个函数在屏幕上输出空行，只要调用`print()`就可以了，括号内没有任何东西。

在写函数名时，末尾带上括号表明它是一个函数的名字。这就是为什么在本书中你会看到 `print()`，而不是 `print`。第 3 章将更详细地探讨函数。

## 1.6.3 input()函数

`input()`函数等待用户在键盘上输入一些文本，并按回车键：

❸ `myName = input()`

这个函数的字符串，即用户输入的文本。上面的代码行将这个字符串赋给变量 `myName`。

你可以认为 `input()` 函数调用是一个表达式，它处理用户输入的任何字符串。如果用户输入`'Al'`，那么该表达式的结果为 `myName = 'Al'`。

如果调用 `input()` 并看到错误信息，例如 `NameError: name 'Al' is not defined`，那么问题是你使用的是 Python 2，而不是 Python 3。

## 1.6.4 输出用户的名字

接下来的 `print()` 调用，实际上在括号中包含了表达式`'It is good to meet you, '`
```

```
+ myName:
❹ print('It is good to meet you, ' + myName)
```

要记住,表达式总是可以求值为一个值。如果 'Al' 是上一行代码保存在 myName 中的值,那么这个表达式就求值为 'It is good to meet you, Al'。这个字符串传给 print(),它将输出到屏幕上。

1.6.5 len()函数

你可以向 len() 函数传递一个字符串(或包含字符串的变量),然后该函数求值为一个整型值,即字符串中字符的个数:

```
❺ print('The length of your name is:')
print(len(myName))
```

在交互式环境中输入以下内容试一试:

```
>>> len('hello')
5
>>> len('My very energetic monster just scarfed nachos.')
46
>>> len('')
0
```

就像这些例子中,len(myName) 求值为一个整数。然后它被传递给 print(),在屏幕上显示。请注意,print() 允许传入一个整型值或字符串。但如果在交互式环境中输入以下内容,就会报错:

```
>>> print('I am ' + 29 + ' years old.')
Traceback (most recent call last):
  File "<pyshell#6>", line 1, in <module>
    print('I am ' + 29 + ' years old.')
TypeError: Can't convert 'int' object to str implicitly
```

导致错误的不是 print() 函数,而是你试图传递给 print() 的表达式。如果在交互式环境中单独输入这个表达式,也会得到同样的错误:

```
>>> 'I am ' + 29 + ' years old.'
Traceback (most recent call last):
  File "<pyshell#7>", line 1, in <module>
    'I am ' + 29 + ' years old.'
TypeError: Can't convert 'int' object to str implicitly
```

报错是因为只能用+操作符加两个整数或连接两个字符串,不能让一个整数和一个字符串相加,因为这不符合 Python 的语法。可以使用字符串型的整数修复这个错误,这在下一小节中解释。

1.6.6 str()、int()和 float()函数

如果想要连接一个整数(如 29)和一个字符串,再传递给 print(),就需要获得值 '29',它是 29 的字符串形式。str() 函数可以传入一个整型值,并求值为它的字符串形式,像下面这样:

```
>>> str(29)
'29'
>>> print('I am ' + str(29) + ' years old.')
I am 29 years old.
```

因为 `str(29)` 求值为 `'29'`，所以表达式 `'I am ' + str(29) + ' years old.'` 求值为 `'I am ' + '29' + ' years old.'`，它又求值为 `'I am 29 years old.'`。这就是传递给 `print()` 函数的值。

`str()`、`int()` 和 `float()` 函数将分别求值为传入值的字符串、整数和浮点数形式。请尝试用这些函数在交互式环境中转换一些值，看看会发生什么：

```
>>> str(0)
'0'
>>> str(-3.14)
'-3.14'
>>> int('42')
42
>>> int('-99')
-99
>>> int(1.25)
1
>>> int(1.99)
1
>>> float('3.14')
3.14
>>> float(10)
10.0
```

前面的例子调用了 `str()`、`int()` 和 `float()` 函数，向它们传入其他数据类型的值，得到了字符串、整型或浮点型的值。

如果想要将一个整数或浮点数与一个字符串连接，那么用 `str()` 函数就很方便。如果你有一些字符串值，希望将它们用于数学运算，那么 `int()` 函数也很有用。例如，`input()` 函数总是返回一个字符串，即便用户输入的是一个数字。在交互式环境中输入 `spam = input()`，在它等待文本时输入 101：

```
>>> spam = input()
101
>>> spam
'101'
```

保存在 `spam` 中的值不是整数 101，而是字符串 `'101'`。如果想要用 `spam` 中的值进行数学运算，那就用 `int()` 函数取得 `spam` 的整数形式，然后将这个新值存在 `spam` 中：

```
>>> spam = int(spam)
>>> spam
101
```

现在你应该能将 `spam` 变量作为整数使用，而不是作为字符串使用：

```
>>> spam * 10 / 5
202.0
```

请注意，如果你将一个不能求值为整数的值传递给 `int()`，Python 将显示错误信息：

```
>>> int('99.99')
Traceback (most recent call last):
  File "<pyshell#18>", line 1, in <module>
    int('99.99')
ValueError: invalid literal for int() with base 10: '99.99'
>>> int('twelve')
Traceback (most recent call last):
  File "<pyshell#19>", line 1, in <module>
    int('twelve')
ValueError: invalid literal for int() with base 10: 'twelve'
```

如果需要对浮点数进行取整运算，也可以用 int()函数：

```
>>> int(7.7)
7
>>> int(7.7) + 1
8
```

在你的程序中，最后 3 行使用了函数 int()和 str()，以取得适当数据类型的值：

❺ print('What is your age?') # ask for their age
myAge = input()
print('You will be ' + str(int(myAge) + 1) + ' in a year.')

文本和数字相等判断

虽然数字的字符串值被认为与整型值和浮点型值完全不同，但整型值可以与浮点型值相等：

```
>>> 42 == '42'
False
>>> 42 == 42.0
True
>>> 42.0 == 0042.000
True
```

Python 进行这种区分，主要是因为字符串是文本，而整型值和浮点型值都是数字。

myAge 变量包含了 input()函数返回的值。因为 input()函数总是返回一个字符串（即使用户输入的是数字），所以你可以使用 int(myAge)返回字符串的整型值。这个整型值随后在表达式 int(myAge) + 1 中与 1 相加。

将相加的结果传递给 str()函数：str(int(myAge) + 1)。然后，返回的字符串与字符串'You will be '和' in a year.'连接，求值为一个更长的字符串。这个更长的字符串最终传递给 print()函数，在屏幕上显示。

假定用户输入字符串'4'，保存在 myAge 中。字符串'4'被转换为一个整型值，所以你可以对它加 1，结果是 5。str()函数将这个结果转化为字符串，这样你就可以将它与第二个字符串'in a year.'连接，创建最终的消息。这些求值步骤如下所示。

```
         ┌─ print('You will be ' + str(int(myAge) + 1) + ' in a year.')
         │
         ├─ print('You will be ' + str(int( '4' ) + 1) + ' in a year.')
         │
         ├─ print('You will be ' + str(    4 + 1   ) + ' in a year.')
         │
         ├─ print('You will be ' + str(    5       ) + ' in a year.')
         │
         ├─ print('You will be ' +         '5'       + ' in a year.')
         │
         ├─ print('You will be 5'                    + ' in a year.')
         │
         └─ print('You will be 5 in a year.')
```

1.7 小结

你可以用一个计算器来计算表达式，或在文本处理器中输入字符串连接，甚至可以通过复制粘贴文本，很容易地实现字符串复制。但是表达式以及组成它们的元素（操作符、变量和函数调用）才是构成程序的基本构建块。一旦你知道如何处理这些元素，就能够用 Python 操作大量的数据。

最好记住本章介绍的不同类型的操作符（+、-、*、/、//、%和**是数学操作符，+和*是字符串操作符），以及 3 种数据类型（整型、浮点型和字符串）。

本章还介绍了几个不同的函数。`print()`和`input()`函数处理简单的文本输出（到屏幕）和输入（通过键盘）。`len()`函数接收一个字符串，并求值为该字符串中字符的数目。`str()`、`int()`和`float()`函数将传入它们的值求值为字符串、整数或浮点数形式。

在下一章中，你将学习如何告诉 Python 根据它拥有的值，明智地决定什么代码要运行、什么代码要跳过、什么代码要重复。这被称为"控制流"，它让你编写程序来做出明智的决定。

1.8 习题

1. 下面哪些是操作符，哪些是值？

```
*
'hello'
-88.8
-
/
+
5
```

2. 下面哪个是变量，哪个是字符串？

```
spam
'spam'
```

3. 说出 3 种数据类型。
4. 表达式由什么构成？所有表达式都做什么事？

5. 本章介绍了赋值语句，如 spam = 10。表达式和语句有什么区别？
6. 下列语句运行后，变量 bacon 的值是什么？

```
bacon = 20
bacon + 1
```

7. 下面两个表达式求值的结果是什么？

```
'spam' + 'spamspam'
'spam' * 3
```

8. 为什么 eggs 是有效的变量名，而 100 是无效的变量名？
9. 哪 3 个函数能分别取得一个值的整型、浮点型和字符串形式？
10. 为什么下面这个表达式会导致错误？如何修复？

```
'I have eaten ' + 99 + ' burritos.'
```

附加题：在线查找 len() 函数的 Python 文档。查看 Python 的其他函数的列表，查看 round() 函数的功能，并在交互式环境中使用它。

第 2 章 控制流

你已经知道了单条指令的基本知识，程序就是一系列指令。但编程真正的力量不仅在于运行（或"执行"）一条接一条的指令，就像周末的任务清单那样。根据表达式求值的结果，程序可以决定跳过指令、重复指令，或从几条指令中选择一条运行。实际上，你几乎不会希望程序从第一行代码开始，简单地执行每行代码，直到最后一行。"控制流语句"可以决定在什么条件下执行哪些 Python 语句。

这些控制流语句直接对应于流程图中的符号，所以在本章中，我将提供示例代码的流程图。图 2-1 所示为一张流程图，内容是如果下雨怎么办。按照箭头构成的路径，你将了解从开始到结束的所有步骤。

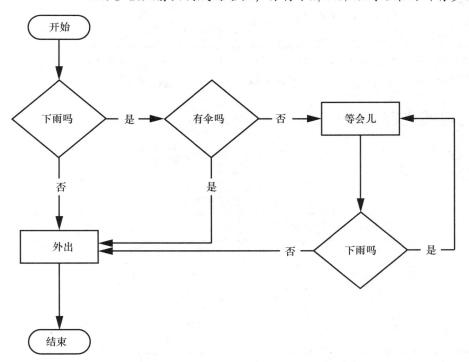

图 2-1　一张流程图，告诉你如果下雨要做什么

在流程图中，通常有不止一种方法从开始走到结束。计算机程序中的代码行也是这样。流程图用菱形表示这些分支节点，开始和结束步骤用带圆角的矩形表示，其他步骤用矩形表示。

但在学习控制流语句之前，要学习如何表示这些"是"和"否"选项。同时你也需要理解，如何将这些分支节点写成 Python 代码。做到这一点之前，让我们先看看布尔值、比较操作符和布尔操作符。

2.1 布尔值

虽然整型、浮点型和字符串数据类型有无数种可能的值，但"布尔"（Boolean）数据类型只有两种值：True 和 False。（Boolean 的首字母大写，因为这个数据类型是根据数学家乔治•布尔命名的。）在作为 Python 代码输入时，布尔值 True 和 False 不像字符串，两边没有引号，它们总是以大写字母 T 和 F 开头，后面的字母小写。在交互式环境中输入下面内容（其中有些指令是故意弄错的，它们将导致出现错误信息）：

```
❶ >>> spam = True
   >>> spam
   True
❷ >>> true
   Traceback (most recent call last):
     File "<pyshell#2>", line 1, in <module>
       true
   NameError: name 'true' is not defined
❸ >>> True = 2 + 2
   SyntaxError: assignment to keyword
```

像其他值一样，布尔值也用在表达式中，并且可以保存在变量中❶。如果大小写不正确❷，或者试图使用 True 和 False 作为变量名❸，Python 就会给出错误信息。

2.2 比较操作符

"比较操作符"（也称为"关系操作符"）比较两个值，求值为一个布尔值。表 2-1 列出了比较操作符。

表 2-1　比较操作符

操作符	含义
==	等于
!=	不等于
<	小于
>	大于
<=	小于等于
>=	大于等于

这些操作符根据提供给它们的值，求值为 True 或 False。现在让我们尝试使用一些操作符，从==和!=开始：

```
>>> 42 == 42
True
>>> 42 == 99
False
>>> 2 != 3
True
>>> 2 != 2
False
```

如果两边的值一样，==（等于）求值为 True。如果两边的值不同，!=（不等于）求值为 True。==和!=操作符实际上可以用于所有数据类型的值：

```
>>> 'hello' == 'hello'
True
>>> 'hello' == 'Hello'
False
>>> 'dog' != 'cat'
True
>>> True == True
True
>>> True != False
True
>>> 42 == 42.0
True
❶ >>> 42 == '42'
False
```

请注意，整型或浮点型的值永远不会与字符串相等。表达式 42 == '42' ❶ 求值为 False 是因为 Python 认为整数 42 与字符串 '42' 不同。

另一方面，<、>、<=和>=操作符仅用于整型和浮点型值：

```
>>> 42 < 100
True
>>> 42 > 100
False
>>> 42 < 42
False
>>> eggCount = 42
❶ >>> eggCount <= 42
True
>>> myAge = 29
❷ >>> myAge >= 10
True
```

==和=操作符的区别

你可能已经注意到，==（等于）操作符有两个等号，而=（赋值）操作符只有一个等号。这两个操作符很容易混淆。只要记住以下两点即可。

❑ ==（等于）操作符用于确定两个值是否彼此相同。

❑ =（赋值）操作符将右边的值放到左边的变量中。

为了记住谁是谁，请注意==（等于）操作符包含两个字符，就像!=（不等于）操作符包含两个字符一样。

你会经常用比较操作符比较一个变量和另外某个值，就像在例子 eggCount <= 42❶和 myAge >= 10❷中一样，这种操作是有实际意义的（毕竟，除了在代码中输入'dog' != 'cat' 以外，你本来也可以直接输入 True）。稍后，在学习控制流语句时，你会看到更多的例子。

2.3 布尔操作符

3 个布尔操作符（and、or 和 not）用于比较布尔值。像比较操作符一样，它们将这些表达式求值为一个布尔值。让我们仔细看看这些操作符，从 and 操作符开始。

2.3.1 二元布尔操作符

and 和 or 操作符总是接收两个布尔值（或表达式），所以它们被认为是"二元"操作符。如果两个布尔值都为 True，and 操作符就将表达式求值为 True；否则求值为 False。在交互式环境中输入某个使用 and 的表达式，看看效果：

```
>>> True and True
True
>>> True and False
False
```

"真值表"显示了布尔操作符的所有可能结果。表 2-2 所示为 and 操作符的真值表。

表 2-2　and 操作符的真值表

表达式	求值为
True and True	True
True and False	False
False and True	False
False and False	False

另一方面，只要有一个布尔值为真，or 操作符就将表达式求值为 True。如果都是 False，则求值为 False：

```
>>> False or True
True
>>> False or False
False
```

可以在 or 操作符的真值表中看到每一种可能的结果，如表 2-3 所示。

表 2-3　or 操作符的真值表

表达式	求值为
True or True	True
True or False	True
False or True	True
False or False	False

2.3.2 not 操作符

与 and 和 or 不同，not 操作符只作用于一个布尔值（或表达式），这使它成为"一元"操作符。not 操作符求值为相反的布尔值：

```
>>> not True
False
❶ >>> not not not not True
True
```

就像在说话和写作中使用双重否定一样，你可以嵌套 not 操作符❶，虽然在真正的程序中并不经常这样做。表 2-4 为 not 操作符的真值表。

表 2-4　not 操作符的真值表

表达式	求值为
not True	False
not False	True

2.4　混合布尔和比较操作符

既然比较操作符求值为布尔值，那么就可以和布尔操作符一起在表达式中使用。

回忆一下，and、or 和 not 操作符称为布尔操作符是因为它们总是操作布尔值。虽然像 4 < 5 这样的表达式不是布尔值，但可以求值为布尔值。在交互式环境中，尝试输入一些使用比较操作符的布尔表达式：

```
>>> (4 < 5) and (5 < 6)
True
>>> (4 < 5) and (9 < 6)
False
>>> (1 == 2) or (2 == 2)
True
```

计算机将先求值左边的表达式，然后求值右边的表达式。得到两个布尔值后，它又将整个表达式再求值为一个布尔值。计算机求值(4 < 5)和(5 < 6)的过程如下所示。

```
(4 < 5) and (5 < 6)
        ↓
   True and (5 < 6)
        ↓
    True and True
        ↓
        True
```

也可以在一个表达式中使用多个布尔操作符，与比较操作符一起使用：

```
>>> 2 + 2 == 4 and not 2 + 2 == 5 and 2 * 2 == 2 + 2
True
```

和算术操作符一样，布尔操作符也有操作顺序。在所有算术和比较操作符求值后，Python

先求值 not 操作符，然后求值 and 操作符，最后求值 or 操作符。

2.5　控制流的元素

控制流语句的开始部分通常是"条件"；接下来是一个代码块，称为"子句"。在开始学习具体的 Python 控制流语句之前，我先介绍条件和代码块。

2.5.1　条件

你前面看到的布尔表达式可以看成条件，它和表达式是一回事。"条件"只是在控制流语句的上下文中更具体的名称。条件总是求值为一个布尔值：True 或 False。控制流语句根据条件是 True 还是 False，来决定做什么。几乎所有的控制流语句都使用条件。

2.5.2　代码块

一些代码行可以作为一组，放在"代码块"中。可以根据代码行的缩进判断代码块的开始和结束。代码块有以下 3 条规则。

- 缩进增加时，代码块开始。
- 代码块可以包含其他代码块。
- 缩进减少为零，或与外面包围代码块对齐，代码块就结束了。

看一些有缩进的代码，更容易理解代码块。让我们在一小段游戏程序中寻找代码块，如下所示：

```
name = 'Mary'
password = 'swordfish'
if name == 'Mary':
 ❶ print('Hello, Mary')
    if password == 'swordfish':
       ❷ print('Access granted.')
    else:
       ❸ print('Wrong password.')
```

可以在 https://autbor.com/blocks/ 上查看该程序的执行情况。第一个代码块❶开始于代码行 print('Hello, Mary')，并且包含后面所有的行。在这个代码块中有另一个代码块❷，它只有一行代码：print('Access granted.')。第三个代码块❸也只有一行：print('Wrong password.')。

2.6　程序执行

在第 1 章的 hello.py 程序中，Python 开始执行程序顶部的指令，然后一条接一条往下执行。"程序执行"（或简称"执行"）这一术语是指执行当前的指令。如果将源代码打印在纸上，在它执行时用手指指着每一行代码，你可以认为手指就是在做程序执行。

但是，并非所有的程序都是从上至下简单地执行。如果用手指追踪一个带有控制流语句的程序，可能会发现手指会根据条件跳过源代码，且有可能跳过整个子句。

2.7 控制流语句

现在，让我们来看最重要的控制流部分：语句本身。语句代表了在图 2-1 所示的流程图中看到的菱形，它们是程序将做出的实际判断。

2.7.1 if 语句

最常见的控制流语句是 `if` 语句。`if` 语句的子句（也就是紧跟 `if` 语句的语句块），将在语句的条件为 `True` 时执行。如果条件为 `False`，将跳过子句。

在自然语言中，`if` 语句念起来可能是："如果条件为真，执行子句中的代码。"在 Python 中，`if` 语句包含以下部分。
- `if` 关键字。
- 条件（即求值为 `True` 或 `False` 的表达式）。
- 冒号。
- 在下一行开始，缩进的代码块（称为 `if` 子句）。

例如，假定有以下代码，用于检查某人的名字是否为 Alice（假设此前曾为 `name` 赋值）：

```
if name == 'Alice':
    print('Hi, Alice.')
```

所有控制流语句都以冒号结尾，后面跟着一个新的代码块（子句）。语句的 `if` 子句是代码块，包含 `print('Hi, Alice.')`。图 2-2 所示为这段代码的流程图。

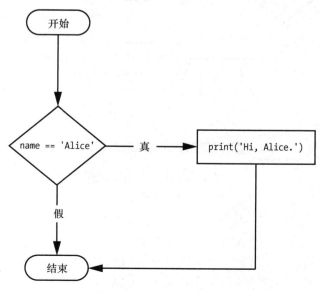

图 2-2　`if` 语句的流程图

2.7.2 else 语句

if 子句后面有时候也可以跟着 else 语句。只有 if 语句的条件为 False 时，else 子句才会执行。在自然语言中，else 语句念起来可能是："如果条件为真，执行这段代码；否则，执行那段代码。"else 语句不包含条件，在代码中，else 语句包含以下部分。

- else 关键字。
- 冒号。
- 在下一行开始，缩进的代码块（称为 else 子句）。

回到名字检查程序的例子，我们来看看使用 else 语句的一些代码，在名字不是 Alice 时，发出不一样的问候：

```
if name == 'Alice':
    print('Hi, Alice.')
else:
    print('Hello, stranger.')
```

图 2-3 所示为这段代码的流程图。

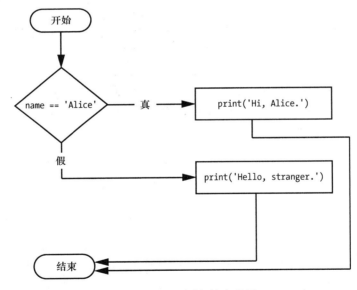

图 2-3 else 语句的流程图

2.7.3 elif 语句

虽然只有 if 或 else 子句会被执行，但有时候希望"许多"可能的子句中有一个被执行。elif 语句是"否则如果"，总是跟在 if 或另一条 elif 语句后面。它提供了另一个条件，仅在前面的条件为 False 时才检查该条件。在代码中，elif 语句总是包含以下部分。

- elif 关键字。

- 条件（即求值为 True 或 False 的表达式）。
- 冒号。
- 在下一行开始，缩进的代码块（称为 elif 子句）。

让我们在名字检查程序中添加 elif，看看这个语句的效果：

```
if name == 'Alice':
    print('Hi, Alice.')
elif age < 12:
    print('You are not Alice, kiddo.')
```

这一次，检查此人的年龄。如果比 12 岁小，就告诉他一些不同的东西。图 2-4 所示为这段代码的流程图。

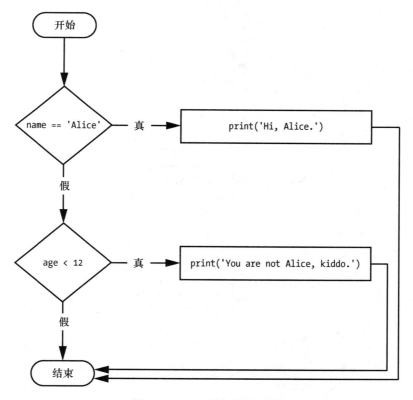

图 2-4　elif 语句的流程图

如果 age < 12 为 True，并且 name == 'Alice' 为 False，elif 子句就会执行。但是，如果两个条件都为 False，那么两个子句都会被跳过。"不能"保证至少有一个子句会被执行。如果有一系列的 elif 语句，仅有一条或零条子句会被执行，一旦一个语句的条件为 True，会自动跳过剩下的 elif 子句。例如，打开一个新的文件编辑器窗口，输入以下代码，保存为 vampire.py：

```
name = 'Carol'
age = 3000
```

```
if name == 'Alice':
    print('Hi, Alice.')
elif age < 12:
    print('You are not Alice, kiddo.')
elif age > 2000:
    print('Unlike you, Alice is not an undead, immortal vampire.')
elif age > 100:
    print('You are not Alice, grannie.')
```

可以在 https://autbor.com/vampire/ 上查看该程序的执行情况。这里，我添加了另外两条 elif 语句，让名字检查程序根据 age 的不同答案而发出问候。图 2-5 所示为这段代码的流程图。

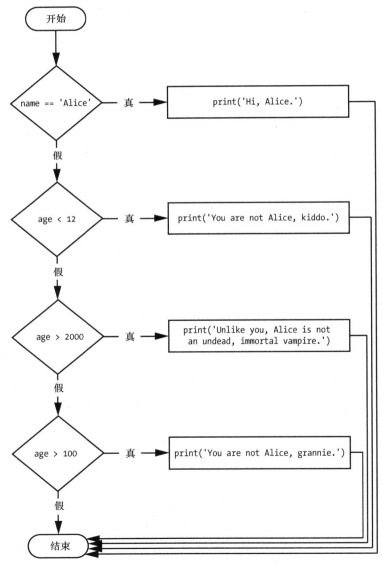

图 2-5　vampire.py 程序中多重 elif 语句的流程图

elif 语句的次序很重要。让我们重新排序，引入一个 bug。回忆一下，一旦找到一个 True 条件，就会自动跳过剩余的子句。所以如果交换 vampire.py 中的一些子句，就会遇到问题。像下面这样改变代码，将它保存为 vampire2.py：

```
name = 'Carol'
age = 3000
if name == 'Alice':
    print('Hi, Alice.')
elif age < 12:
    print('You are not Alice, kiddo.')
❶ elif age > 100:
    print('You are not Alice, grannie.')
elif age > 2000:
    print('Unlike you, Alice is not an undead, immortal vampire.')
```

可以在 https://autbor.com/vampire2/ 上查看该程序的执行情况。假设在这段代码执行之前，age 变量的值是 3000。你可能预计代码会输出字符串 'Unlike you, Alice is not an undead, immortal vampire.'。但是，因为 age > 100 条件为真（3000 大于 100）❶，字符串 'You are not Alice, grannie.' 被输出，自动跳过剩下的语句。别忘了，最多只有一个子句会执行，所以对于 elif 语句，次序是很重要的。

图 2-6 所示为前面代码的流程图。请注意，菱形 age > 100 和 age > 2000 交换了位置。

你可以选择在最后的 elif 语句后面加上 else 语句。在这种情况下，保证有且只有一个子句会被执行。如果每个 if 和 elif 语句中的条件都为 False，就执行 else 子句。例如，让我们使用 if、elif 和 else 子句重新编写名字检查程序：

```
name = 'Carol'
age = 3000
if name == 'Alice':
    print('Hi, Alice.')
elif age < 12:
    print('You are not Alice, kiddo.')
else:
    print('You are neither Alice nor a little kid.')
```

可以在 https://autbor.com/littlekid/ 上查看该程序的执行情况。图 2-7 所示为这段新代码的流程图，我们将它保存为 littleKid.py。

在自然语言中，这类控制流结构为："如果第一个条件为真，做这个；如果第二个条件为真，做那个；否则，做另外的事。"如果你同时使用 if、elif 和 else 语句，要记住这些次序规则，避免出现图 2-6 所示的 bug。首先，总是只有一个 if 语句，所有需要的 elif 语句都应该跟在 if 语句之后；其次，如果希望确保至少一条子句被执行，那么在最后加上 else 语句。

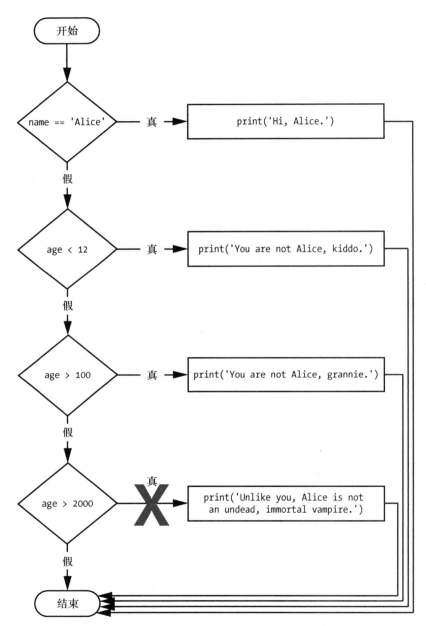

图 2-6　vampire2.py 程序的流程图。打叉的路径在逻辑上永远不会发生，因为如果 age 大于 2000，它就已经大于 100 了

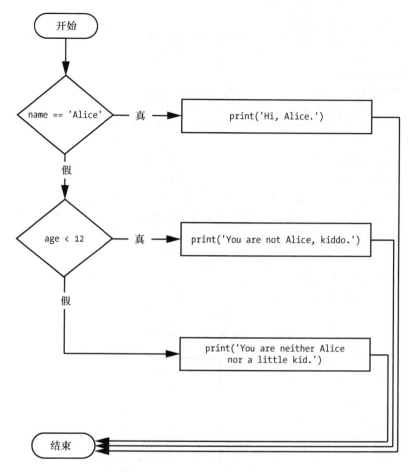

图 2-7　littleKid.py 程序的流程图

2.7.4　while 循环语句

利用 while 循环语句，可以让一个代码块一遍又一遍地执行。只要 while 循环语句的条件为 True，while 子句中的代码就会执行。在代码中，while 循环语句总是包含以下几部分。

- while 关键字。
- 条件（求值为 True 或 False 的表达式）。
- 冒号。
- 从下一行开始，缩进的代码块（称为 while 子句）。

可以看到，while 循环语句看起来和 if 语句类似。不同之处是它们的行为。if 子句结束时，程序继续执行 if 语句之后的语句。但在 while 子句结束时，程序跳回到 while 循环语句开始处执行。while 子句常被称为"while 循环"，或就是"循环"。

让我们来看一个 if 语句和一个 while 循环。它们使用同样的条件，并基于该条件做出同

样的动作。下面是 if 语句的代码:

```
spam = 0
if spam < 5:
    print('Hello, world.')
    spam = spam + 1
```

下面是 while 循环语句的代码:

```
spam = 0
while spam < 5:
    print('Hello, world.')
    spam = spam + 1
```

这些语句类似,if 和 while 都检查 spam 的值,如果它小于 5,就输出一条消息。但如果运行这两段代码,它们各自的表现非常不同。对于 if 语句,输出就是"Hello, world."。但对于 while 语句,输出是"Hello, world."重复了 5 次。看一看这两段代码的流程图,如图 2-8 和图 2-9 所示,找一找原因。

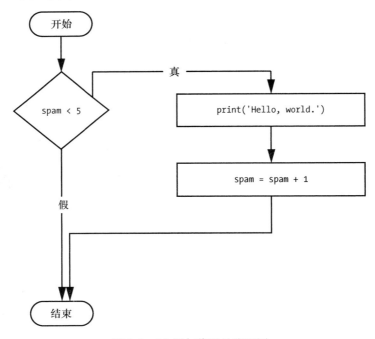

图 2-8　if 语句代码的流程图

带有 if 语句的代码检查条件,如果条件为 True,就输出一次"Hello, world."。带有 while 循环的代码则不同,会输出 5 次。输出 5 次后停下来是因为在每次循环迭代末尾,spam 中的整数都增加 1。这意味着循环将执行 5 次,然后 spam < 5 变为 False。

在 while 循环中,条件总是在每次"迭代"开始时检查(也就是每次循环执行时)。如果条件为 True,子句就会执行,然后再次检查条件;当条件第一次为 False 时,就跳过 while 子句。

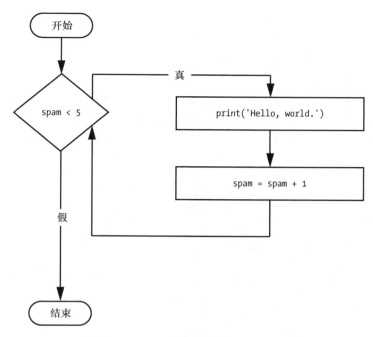

图 2-9 while 循环语句代码的流程图

2.7.5 恼人的循环

这里有一个小例子，它不停地要求你输入"your name"（就是这个字符串，而不是你的名字）。选择 File▸New Window，打开一个新的文件编辑器窗口，输入以下代码，将文件保存为 yourName.py：

```
❶ name = ''
❷ while name != 'your name':
      print('Please type your name.')
❸     name = input()
❹ print('Thank you!')
```

可以在 https://autbor.com/yourname/ 上查看这个程序的执行情况。首先，程序将变量 name❶设置为一个空字符串。这样，条件 name != 'your name'就会求值为 True，程序就会进入 while 循环的子句❷。

这个子句内的代码要求用户输入他们的名字，然后赋给 name 变量❸。因为这是语句块的最后一行，所以执行就回到 while 循环的开始，重新对条件求值。如果 name 中的值"不等于"字符串'your name'，那么条件就为 True，执行将再次进入 while 子句。

但如果用户输入 your name，while 循环的条件就变成'your name' != 'your name'，它求值为 False。条件现在是 False，程序就不会再次进入 while 子句，而是跳过它，继续执行程序后面的部分❹。图 2-10 所示为 yourName.py 程序的流程图。

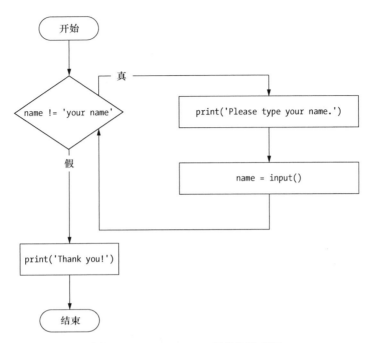

图 2-10　yourName.py 程序的流程图

现在，让我们来看看 yourName.py 程序的效果。按 F5 键运行它，输入几次 your name 之外的东西，然后再提供程序想要的输入：

```
Please type your name.
Al
Please type your name.
Albert
Please type your name.
%#@#%*(^&!!!
Please type your name.
your name
Thank you!
```

如果永不输入 your name，那么循环的条件就永远为 True，程序将永远执行下去。这里，input() 调用让用户输入正确的字符串，以便让程序继续。在其他程序中，条件可能永远没有实际变化，这可能会出问题。让我们来看看如何跳出循环。

2.7.6　break 语句

有一个捷径可以让执行提前跳出 while 子句。如果执行遇到 break 语句，就会马上退出 while 子句。在代码中，break 语句仅包含 break 关键字。

非常简单，对吗？这里有一个程序，和前面的程序做一样的事情，但使用了 break 语句来跳出循环。输入以下代码，将文件保存为 yourName2.py：

```
❶ while True:
      print('Please type your name.')
   ❷ name = input()
   ❸ if name == 'your name':
         ❹ break
❺ print('Thank you!')
```

可以在 https://autbor.com/yourname2/ 上查看该程序的执行情况。第一行❶创建了一个"无限循环",它是一个条件总是为 True 的 while 循环。(表达式 True 总是求值为 True。)程序执行将总是进入循环,只有遇到 break 语句时才会退出("永远不"退出的无限循环是一个常见的编程 bug)。

像以前一样,程序要求用户输入 your name❷。但是现在,虽然执行仍然在 while 循环内,但有一个 if 语句会被执行❸,检查 name 是否等于 your name。如果条件为 True,break 语句就会执行❹,然后会跳出循环,转到 print('Thank you!') ❺;否则,就会跳过包含 break 语句的 if 语句子句,让执行到达 while 循环的末尾。此时,程序执行跳回到 while 循环语句的开始❶,重新检查条件。因为条件是 True,所以执行进入循环,再次要求用户输入 your name。这个程序的流程如图 2-11 所示。

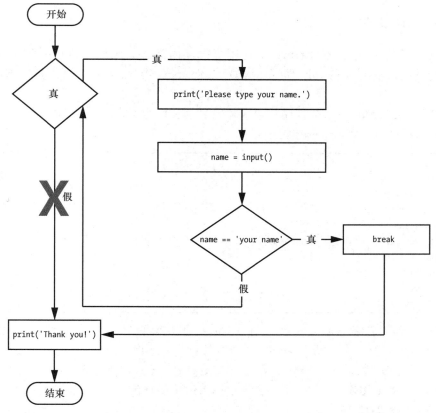

图 2-11　带有无限循环的程序的流程图。注意,打叉路径在逻辑上永远不会发生,因为循环条件总是为 True

运行 yourName2.py，输入你为 yourName.py 程序输入的同样文本。重写的程序应该和原来的程序反应相同。

陷在无限循环中？

如果你运行一个有 bug 的程序，导致陷在一个无限循环中，那么请按 Ctrl-C 快捷键，或从 IDLE 的菜单中选择 Shell ▶ Restart Shell。这将向程序发送 KeyboardInterrupt 错误，导致它立即停止。试一下，在文件编辑器中创建一个简单的无限循环，将它保存为 infiniteloop.py：

```
while True:
    print('Hello, world!')
```

如果运行这个程序，它将永远不停地在屏幕上输出 Hello, world!，因为 while 循环语句的条件总是 True。如果你希望马上停止程序，即使它不是陷在一个无限循环中，按 Ctrl-C 快捷键也是很方便的。

2.7.7　continue 语句

像 break 语句一样，continue 语句用于循环内部。如果程序执行遇到 continue 语句，就会马上跳回到循环开始处，重新对循环条件求值（这也是执行到达循环末尾时发生的事情）。

让我们用 continue 写一个程序，要求输入名字和口令。在一个新的文件编辑器窗口中输入以下代码，将程序保存为 swordfish.py：

```
while True:
    print('Who are you?')
    name = input()
❶   if name != 'Joe':
❷       continue
    print('Hello, Joe. What is the password? (It is a fish.)')
❸   password = input()
    if password == 'swordfish':
❹       break
❺ print('Access granted.')
```

如果用户输入的名字不是 Joe❶，continue 语句❷将导致程序执行跳回到循环开始处。再次对条件求值时，执行总是进入循环，因为条件就是 True。如果执行通过了 if 语句，用户就被要求输入口令❸。如果输入的口令是 swordfish，break 语句执行❹，执行跳出 while 循环，输出 Access granted❺；否则，执行继续到 while 循环的末尾，又跳回到循环的开始。这个程序的流程如图 2-12 所示。

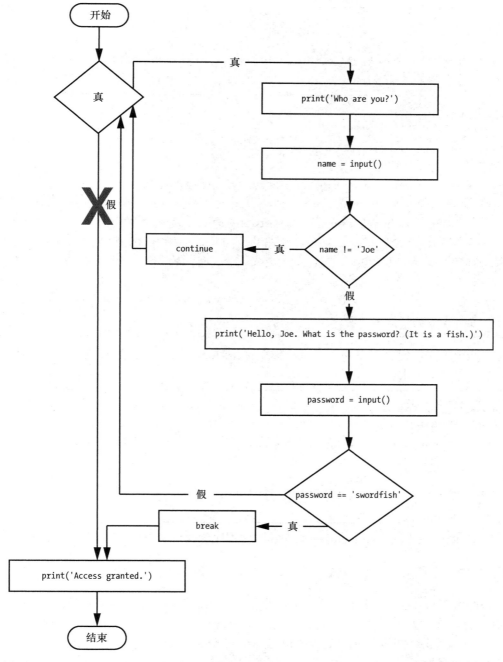

图 2-12 swordfish.py 的流程图。打叉的路径在逻辑上永远不会执行,因为循环条件总是 True

> ### "类真"和"类假"的值
>
> 其他数据类型中的某些值，条件认为它们等价于 True 和 False。在用于条件时，0、0.0 和 ''（空字符串）被认为是 False，其他值被认为是 True。例如，请看下面的程序：
>
> ```
> name = ''
> ❶ while not name:
>     print('Enter your name:')
>     name = input()
> print('How many guests will you have?')
> numOfGuests = int(input())
> ❷ if numOfGuests:
>     ❸ print('Be sure to have enough room for all your guests.')
> print('Done')
> ```
>
> 可以在 https://autbor.com/howmanyguests/ 上查看这个程序的执行情况。如果用户输入一个空字符串给 name，那么 while 循环语句的条件就会是 True❶，程序继续要求输入名字。如果 numOfGuests 不是 0❷，那么条件就被认为是 True，程序就会为用户输出一条提醒信息❸。
>
> 可以用 not name != '' 代替 not name，用 numOfGuests != 0 代替 numOfGuests，使用类真和类假的值会让代码更容易阅读。

运行这个程序，提供一些输入。只有你声称是 Joe，它才会要求输入口令。一旦输入了正确的口令，它就会退出：

```
Who are you?
I'm fine, thanks. Who are you?
Who are you?
Joe
Hello, Joe. What is the password? (It is a fish.)
Mary
Who are you?
Joe
Hello, Joe. What is the password? (It is a fish.)
swordfish
Access granted.
```

可以在 https://autbor.com/hellojoe/ 上查看这个程序的执行情况。

2.7.8　for 循环和 range() 函数

在条件为 True 时，while 循环就会继续执行（这是它的名称的由来）。但如果你想让一个代码块执行固定次数，该怎么办？可以通过 for 循环语句和 range() 函数来实现。

在代码中，for 循环语句的形式为 for i in range(5): 总是包含以下部分。

❑ for 关键字。

❑ 一个变量名。

❑ in 关键字。

- 调用 range() 函数，最多传入 3 个参数。
- 冒号。
- 从下一行开始，缩进的代码块（称为 for 子句）。

让我们创建一个新的程序，命名为 fiveTimes.py，看看 for 循环的效果：

```
print('My name is')
for i in range(5):
    print('Jimmy Five Times (' + str(i) + ')')
```

可以在 https://autbor.com/fivetimesfor/ 上查看该程序的执行情况。for 循环子句中的代码运行了 5 次。第一次运行时，变量 i 被设为 0，子句中的 print() 调用将输出 Jimmy Five Times (0)。Python 完成 for 循环子句内所有代码的一次迭代之后，执行将回到循环的顶部，for 循环语句让 i 增加 1。这就是为什么 range(5) 导致子句进行了 5 次迭代，i 分别被设置为 0、1、2、3、4。变量 i 将递增到（但不包括）传递给 range() 函数的整数。图 2-13 所示为 fiveTimes.py 程序的流程图。

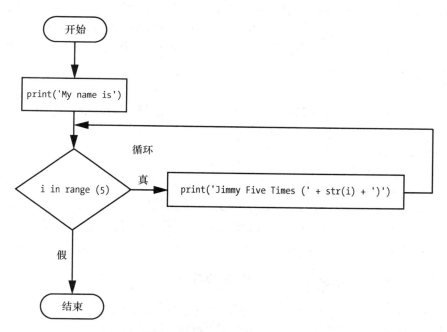

图 2-13　fiveTimes.py 的流程图

运行这个程序时，它将输出 5 次 Jimmy Five Times 和 i 的值，然后离开 for 循环：

```
My name is
Jimmy Five Times (0)
Jimmy Five Times (1)
Jimmy Five Times (2)
Jimmy Five Times (3)
Jimmy Five Times (4)
```

> **注意**：也可以在循环中使用 break 和 continue 语句。continue 语句将让 for 循环变量继续下一个值，就像程序执行已经到达循环的末尾并返回开始处一样。实际上，只能在 while 和 for 循环内部使用 continue 和 break 语句。如果试图在别处使用这些语句，Python 将报错。

作为 for 循环的另一个例子，请考虑数学家高斯的故事。当高斯还是一个小孩时，有一次老师想给全班同学布置很多计算作业，于是让他们从 0 加到 100。高斯想到了一个聪明办法，在几秒内算出了答案。你可以用 for 循环写一个 Python 程序，替他完成计算：

```
❶ total = 0
❷ for num in range(101):
❸     total = total + num
❹ print(total)
```

结果应该是 5050。程序刚开始时，total 变量被设为 0❶。然后 for 循环❷执行 100 次 total = total + num❸。当循环完成 101 次迭代时，0 到 100 的每个整数都加给了 total。这时，total 被输出到屏幕上❹。即使在最慢的计算机上，这个程序也不用 1 秒就能完成计算。

（小高斯想到，有 50 对数加起来是 100：0+100，1 + 99，2 + 98，3 + 97，…，49 + 51。因为 50 × 100 是 5000，再加上中间的 50，所以 0 到 100 的所有数之和是 5050。聪明的孩子！）

2.7.9　等价的 while 循环

实际上可以用 while 循环来做和 for 循环同样的事，只是 for 循环更简洁。让我们用与 for 循环等价的 while 循环覆写 fiveTimes.py：

```
print('My name is')
i = 0
while i < 5:
    print('Jimmy Five Times (' + str(i) + ')')
    i = i + 1
```

可以在 https://autbor.com/fivetimeswhile/ 查看这个程序的执行情况。运行这个程序，输出结果应该和使用 for 循环的 fiveTimes.py 程序一样。

2.7.10　range() 函数的开始、停止和步长参数

某些函数可以有多个参数调用，参数之间用逗号分开，range() 就是其中之一。这让你能够改变传递给 range() 的整数，实现各种整数序列，包括从 0 以外的值开始的序列。

```
for i in range(12, 16):
    print(i)
```

第一个参数是 for 循环变量开始的值；第二个参数是上限，但不包含它，也就是循环停止的数字：

```
12
13
14
15
```

`range()`函数也可以有第三个参数。前两个参数分别是起始值和终止值，第三个参数是"步长"。步长是每次迭代后循环变量增加的值：

```
for i in range(0, 10, 2):
    print(i)
```

所以调用`range(0, 10, 2)`将从 0 数到 8，间隔为 2：

```
0
2
4
6
8
```

在为`for`循环生成序列数据方面，`range()`函数很灵活。举例来说，甚至可以用负数作为步长参数，让循环计数逐渐减少，而不是增加：

```
for i in range(5, -1, -1):
    print(i)
```

这个`for`循环的输出结果如下：

```
5
4
3
2
1
0
```

执行一个`for`循环，用`range(5, -1, -1)`来输出`i`，结果将从 5 降至 0。

2.8 导入模块

Python 程序可以调用一组基本的函数，这称为"内置函数"，包括你见到过的`print()`、`input()`和`len()`函数。Python 也包括一组模块，称为"标准库"。每个模块都是一个 Python 程序，包含一组相关的函数，可以嵌入你的程序之中。例如，`math`模块有与数学运算相关的函数，`random`模块有与随机数相关的函数等。

在开始使用一个模块中的函数之前，必须用`import`语句导入该模块。在代码中，`import`语句包含以下部分。

- `import`关键字。
- 模块的名称。
- 可选的更多模块名称，之间用逗号隔开。

在导入一个模块后，就可以使用该模块中所有的函数。让我们试一试`random`模块，它让我们能使用`random.randint()`函数。

在文件编辑器中输入以下代码，保存为 printRandom.py：

```
import random
for i in range(5):
    print(random.randint(1, 10))
```

> **不要覆写模块名**
>
> 保存 Python 脚本时，请不要将它们命名为 Python 模块已经使用的名称，例如 random.py、sys.py、os.py 或 math.py。如果不小心将其中一个程序命名为 random.py，并在另一个程序中使用 `import random` 语句，那么程序将导入你的 random.py 文件，而不是 Python 的 random 模块。这可能导致错误，例如 `AttributeError: module 'random' has no attribute 'randint'`，因为你的 random.py 没有真正的 random 模块具有的函数。也不要使用任何 Python 内置函数的名称，例如 `print()` 或 `input()`。
>
> 诸如此类的问题很少见，但解决起来却很棘手。随着编程经验的增加，你会更加了解 Python 模块和函数使用的标准名称，遇到这些问题的频率会降低。

如果运行这个程序，输出看起来可能像下面这样：

```
4
1
8
4
1
```

可以在 https://autbor.com/printrandom/ 上查看该程序的执行情况。`random.randint()` 函数调用求值为传递给它的两个整数之间的一个随机整数。因为 `randint()` 属于 random 模块，所以必须在函数名称之前先加上 `random.`，告诉 Python 在 random 模块中寻找这个函数。

下面是 `import` 语句的例子，它导入了 4 个不同的模块：

```
import random, sys, os, math
```

现在我们可以使用这 4 个模块中的所有函数。在本书后面，我们将学习更多的相关内容。

from import 语句

`import` 语句的另一种形式包括 `from` 关键字，之后是模块名称、`import` 关键字和一个星号，例如 `from random import *`。

使用这种形式的 `import` 语句，调用 random 模块中的函数时不需要 `random.` 前缀。但是，使用完整的名称会让代码更具可读性，所以最好是使用普通形式的 `import` 语句。

2.9 用 sys.exit() 函数提前结束程序

要介绍的最后一个控制流概念是如何终止程序。当程序执行到指令的底部时，总是会终止。但是，调用 `sys.exit()` 函数，可以让程序提前终止或退出。因为这个函数在 sys 模块中，所以必须先导入 sys 才能使用它。

打开一个新的文件编辑器窗口，输入以下代码，保存为 exitExample.py：

```
import sys
```

```
while True:
    print('Type exit to exit.')
    response = input()
    if response == 'exit':
        sys.exit()
    print('You typed ' + response + '.')
```

在 IDLE 中运行这个程序。该程序有一个无限循环，里面没有 break 语句。结束该程序的唯一方式就是用户输入 exit，让 sys.exit() 函数被调用。如果 response 等于 exit，程序就会终止。因为 response 变量由 input() 函数赋值，所以用户必须输入 exit 才能停止该程序。

2.10 小程序：猜数字

之前展示的那些示例对于引入基本概念很有用，现在来看看如何将你所学到的一切在一个更完整的程序中融合在一起。这一节将展示一个简单的"猜数字"游戏。运行该程序时，输出结果如下所示：

```
I am thinking of a number between 1 and 20.
Take a guess.
10
Your guess is too low.
Take a guess.
15
Your guess is too low.
Take a guess.
17
Your guess is too high.
Take a guess.
16
Good job! You guessed my number in 4 guesses!
```

在文件编辑器中输入以下源代码，并将文件另存为 guessTheNumber.py：

```python
# This is a guess the number game.
import random
secretNumber = random.randint(1, 20)
print('I am thinking of a number between 1 and 20.')

# Ask the player to guess 6 times.
for guessesTaken in range(1, 7):
    print('Take a guess.')
    guess = int(input())

    if guess < secretNumber:
        print('Your guess is too low.')
    elif guess > secretNumber:
        print('Your guess is too high.')
    else:
        break # This condition is the correct guess!

if guess == secretNumber:
    print('Good job! You guessed my number in ' + str(guessesTaken) + ' guesses!')
else:
    print('Nope. The number I was thinking of was ' + str(secretNumber))
```

可以在 https://autbor.com/guessthenumber/ 上查看该程序的执行情况。让我们逐行来看看代码，从头开始看。首先，代码顶部的一行注释解释了这个程序做什么。然后，程序导入了模块 random，以便能用 random.randint() 函数生成一个数字，让用户来猜。返回值是一个 1 到 20 之间的随机整数，保存在变量 secretNumber 中：

```
# This is a guess the number game.
import random
secretNumber = random.randint(1, 20)
```

程序告诉玩家，它有了一个秘密数字，并且给玩家 6 次猜测机会。在 for 循环中，代码让玩家输入一次猜测，并检查该猜测。该循环最多迭代 6 次。循环中发生的第一件事情，是让玩家输入一个猜测数字。因为 input() 函数返回一个字符串，所以它的返回值被直接传递给 int() 函数，它将字符串转变成整数。这保存在名为 guess 的变量中：

```
print('I am thinking of a number between 1 and 20.')
# Ask the player to guess 6 times.
for guessesTaken in range(1, 7):
    print('Take a guess.')
    guess = int(input())
```

这几行代码检查该猜测是小于还是大于那个秘密数字。不论哪种情况，都在屏幕上输出提示：

```
if guess < secretNumber:
    print('Your guess is too low.')
elif guess > secretNumber:
    print('Your guess is too high.')
```

如果该猜测既不大于也不小于秘密数字，那么它就一定等于秘密数字，这时你希望程序执行跳出 for 循环：

```
else:
    break # This condition is the correct guess!
```

在 for 循环后，前面的 if…else 语句检查玩家是否正确地猜到了该数字，并将相应的信息输出在屏幕上。不论哪种情况，程序都会输出一个包含整数值的变量（guessesTaken 和 secretNumber）。因为必须将这些整数值连接成字符串，所以它将这些变量传递给 str() 函数，该函数返回这些整数值的字符串形式。现在这些字符串可以用 + 操作符连接起来，最后传递给 print() 函数调用。

```
if guess == secretNumber:
    print('Good job! You guessed my number in ' + str(guessesTaken) + ' guesses!')
else:
    print('Nope. The number I was thinking of was ' + str(secretNumber))
```

2.11 小程序：石头、纸、剪刀

让我们利用前面学到的编程概念，创建一个简单的"石头、纸、剪刀"游戏。输出结果如下所示：

```
ROCK, PAPER, SCISSORS
0 Wins, 0 Losses, 0 Ties
Enter your move: (r)ock (p)aper (s)cissors or (q)uit
```

```
p
PAPER versus...
PAPER
It is a tie!
0 Wins, 0 Losses, 1 Ties
Enter your move: (r)ock (p)aper (s)cissors or (q)uit
s
SCISSORS versus...
PAPER
You win!
1 Wins, 0 Losses, 1 Ties
Enter your move: (r)ock (p)aper (s)cissors or (q)uit
q
```

在文件编辑器中输入以下源代码,并将文件另存为 **rpsGame.py**:

```python
import random, sys

print('ROCK, PAPER, SCISSORS')

# These variables keep track of the number of wins, losses, and ties.
wins = 0
losses = 0
ties = 0

while True: # The main game loop.
    print('%s Wins, %s Losses, %s Ties' % (wins, losses, ties))
    while True: # The player input loop.
        print('Enter your move: (r)ock (p)aper (s)cissors or (q)uit')
        playerMove = input()
        if playerMove == 'q':
            sys.exit() # Quit the program.
        if playerMove == 'r' or playerMove == 'p' or playerMove == 's':
            break # Break out of the player input loop.
        print('Type one of r, p, s, or q.')

    # Display what the player chose:
    if playerMove == 'r':
        print('ROCK versus...')
    elif playerMove == 'p':
        print('PAPER versus...')
    elif playerMove == 's':
        print('SCISSORS versus...')

    # Display what the computer chose:
    randomNumber = random.randint(1, 3)
    if randomNumber == 1:
        computerMove = 'r'
        print('ROCK')
    elif randomNumber == 2:
        computerMove = 'p'
        print('PAPER')
    elif randomNumber == 3:
        computerMove = 's'
        print('SCISSORS')

    # Display and record the win/loss/tie:
    if playerMove == computerMove:
        print('It is a tie!')
        ties = ties + 1
    elif playerMove == 'r' and computerMove == 's':
        print('You win!')
        wins = wins + 1
    elif playerMove == 'p' and computerMove == 'r':
        print('You win!')
        wins = wins + 1
```

```
    elif playerMove == 's' and computerMove == 'p':
        print('You win!')
        wins = wins + 1
    elif playerMove == 'r' and computerMove == 'p':
        print('You lose!')
        losses = losses + 1
    elif playerMove == 'p' and computerMove == 's':
        print('You lose!')
        losses = losses + 1
    elif playerMove == 's' and computerMove == 'r':
        print('You lose!')
        losses = losses + 1
```

我们从头开始逐行查看这段代码。

```
import random, sys

print('ROCK, PAPER, SCISSORS')

# These variables keep track of the number of wins, losses, and ties.
wins = 0
losses = 0
ties = 0
```

首先，导入 random 和 sys 模块，以便程序可以调用 random.randint() 和 sys.exit() 函数。我们还设置了 3 个变量来跟踪玩家所获得的胜利、失败和平局。

```
while True: # The main game loop.
    print('%s Wins, %s Losses, %s Ties' % (wins, losses, ties))
    while True: # The player input loop.
        print('Enter your move: (r)ock (p)aper (s)cissors or (q)uit')
        playerMove = input()
        if playerMove == 'q':
            sys.exit() # Quit the program.
        if playerMove == 'r' or playerMove == 'p' or playerMove == 's':
            break # Break out of the player input loop.
        print('Type one of r, p, s, or q.')
```

该程序在一个 while 循环内使用了另一个 while 循环。第一个循环是主程序循环，在这个循环的每次迭代中，玩家玩一局石头、纸和剪刀游戏。第二个循环要求玩家输入，并一直循环，直到玩家输入 r、p、s 或 q 作为其选择。r、p 和 s 分别对应于石头、纸和剪刀；而 q 则表示玩家打算退出，在这种情况下，将调用 sys.exit() 函数并退出程序。如果玩家输入了 r、p 或 s，则执行会跳出循环；否则，程序会提醒玩家输入 r、p、s 或 q，然后返回循环的起点。

```
    # Display what the player chose:
    if playerMove == 'r':
        print('ROCK versus...')
    elif playerMove == 'p':
        print('PAPER versus...')
    elif playerMove == 's':
        print('SCISSORS versus...')
```

玩家的选择会显示在屏幕上。

```
    # Display what the computer chose:
    randomNumber = random.randint(1, 3)
    if randomNumber == 1:
        computerMove = 'r'
        print('ROCK')
    elif randomNumber == 2:
        computerMove = 'p'
```

```
        print('PAPER')
    elif randomNumber == 3:
        computerMove = 's'
        print('SCISSORS')
```

接下来,随机选择计算机的选择。由于 `random.randint()` 函数只能返回随机数,因此它返回的整数值 1、2 或 3 存储在名为 `randomNumber` 的变量中。程序根据 `randomNumber` 中的整数,在 `computerMove` 中存储 `'r'`、`'p'` 或 `'s'` 字符串,并显示计算机的选择。

```
# Display and record the win/loss/tie:
if playerMove == computerMove:
    print('It is a tie!')
    ties = ties + 1
elif playerMove == 'r' and computerMove == 's':
    print('You win!')
    wins = wins + 1
elif playerMove == 'p' and computerMove == 'r':
    print('You win!')
    wins = wins + 1
elif playerMove == 's' and computerMove == 'p':
    print('You win!')
    wins = wins + 1
elif playerMove == 'r' and computerMove == 'p':
    print('You lose!')
    losses = losses + 1
elif playerMove == 'p' and computerMove == 's':
    print('You lose!')
    losses = losses + 1
elif playerMove == 's' and computerMove == 'r':
    print('You lose!')
    losses = losses + 1
```

最后,该程序比较 `playerMove` 和 `computerMove` 中的字符串,并将结果显示在屏幕上。它还会相应增加 `wins`、`losses` 或 `ties` 变量的值。一旦执行结束,它将跳回到主程序循环的开始处,开始另一局游戏。

2.12 小结

通过使用求值为 `True` 或 `False` 的表达式(也称为条件),你可以编写程序来决定哪些代码执行,哪些代码跳过。只要某个条件求值为 `True`,可以在循环中一遍又一遍地执行代码。如果需要跳出循环或回到开始处,`break` 和 `continue` 语句很有用。

这些控制流语句可以让你写出非常智能化的程序。还有另一种类型的控制流,你可以通过编写自己的函数来实现,这是下一章的主题。

2.13 习题

1. 布尔数据类型的两个值是什么?如何拼写?
2. 3 个布尔操作符是什么?
3. 写出每个布尔操作符的真值表(也就是操作数的每种可能组合,以及操作的结果)。
4. 以下表达式求值的结果是什么?

```
(5 > 4) and (3 == 5)
not (5 > 4)
(5 > 4) or (3 == 5)
not ((5 > 4) or (3 == 5))
(True and True) and (True == False)
(not False) or (not True)
```

5. 6个比较操作符是什么？
6. 等于操作符和赋值操作符的区别是什么？
7. 解释什么是条件，可以在哪里使用条件。
8. 识别这段代码中的3个语句块：

```
spam = 0
if spam == 10:
    print('eggs')
    if spam > 5:
        print('bacon')
    else:
        print('ham')
    print('spam')
print('spam')
```

9. 编写代码，如果变量 spam 中存放 1，就输出 Hello；如果变量中存放 2，就输出 Howdy；如果变量中存放其他值，就输出 Greetings。

10. 如果程序陷在一个无限循环中，你可以按什么键退出循环？

11. break 和 continue 语句之间的区别是什么？

12. 在 for 循环中，range(10)、range(0, 10)和 range(0, 10, 1)之间的区别是什么？

13. 编写一小段程序，利用 for 循环输出从 1 到 10 的数字。然后利用 while 循环编写一个等价的程序，输出从 1 到 10 的数字。

14. 如果在名为 spam 的模块中，有一个名为 bacon()的函数，那么在导入 spam 模块后，如何调用它？

附加题：在因特网上查找 round()和 abs()函数，弄清楚它们的作用。在交互式环境中尝试使用它们。

第 3 章 函数

在前面的章节中,你已经熟悉了 print()、input()和 len()函数。Python 提供了这样一些内置函数,你也可以编写自己的函数。"函数"就像一个程序内的小程序。

为了更好地理解函数的工作原理,让我们来创建一个函数。在文件编辑器中输入下面的程序,保存为 helloFunc.py:

视频讲解

```
❶ def hello():
❷     print('Howdy!')
      print('Howdy!!!')
      print('Hello there.')

❸ hello()
  hello()
  hello()
```

可以在 https://autbor.com/hellofunc/上查看这个程序的执行情况。第一行是 def 语句❶,它定义了一个名为 hello()的函数。def 语句之后的代码块是函数体❷。这段代码在函数调用时执行,而不是在函数第一次定义时执行。

函数之后的 hello()语句行是函数调用❸。在代码中,函数调用就是函数名后跟上括号,也许在括号之间有一些参数。如果程序执行遇到这些调用,就会跳到函数的第一行,开始执行那里的代码。如果执行到达函数的末尾,就回到调用函数的那行,继续像以前一样向下执行代码。

因为这个程序调用了 3 次 hello()函数,所以函数中的代码就执行了 3 次。在运行这个程序时,输出结果看起来像下面这样:

```
Howdy!
Howdy!!!
Hello there.
Howdy!
Howdy!!!
Hello there.
Howdy!
Howdy!!!
Hello there.
```

函数的一个主要作用就是将需要多次执行的代码放在一起。如果没有函数定义，你可能每次都需要复制、粘贴这些代码，程序看起来可能会像下面这样：

```
print('Howdy!')
print('Howdy!!!')
print('Hello there.')
print('Howdy!')
print('Howdy!!!')
print('Hello there.')
print('Howdy!')
print('Howdy!!!')
print('Hello there.')
```

一般来说，我们总是希望避免复制代码，因为如果一旦决定要更新代码（例如发现了一个 bug 要修复），就必须记住要修改所有复制的代码。

随着获得越来越多的编程经验，你常常会发现自己在为代码"消除重复"，即去除一些重复或复制的代码。消除重复能够使程序更短、更易读、更容易更新。

3.1 def 语句和参数

如果调用 `print()` 或 `len()` 函数，你会传入一些值放在括号之间，称为"参数"。也可以自己定义接收参数的函数。在文件编辑器中输入下面这个例子，将它保存为 helloFunc2.py：

```
❶ def hello(name):
  ❷ print('Hello, ' + name)

❸ hello('Alice')
  hello('Bob')
```

如果运行这个程序，输出结果看起来像下面这样：

```
Hello, Alice
Hello, Bob
```

可以在 https://autbor.com/hellofunc2/ 上查看该程序的执行情况。在这个程序的 `hello()` 函数定义中，有一个名为 `name` 的变元❶。"变元"是一个变量，当函数被调用时，参数就存放在其中。`hello()` 函数第一次被调用时，使用的参数是 `'Alice'` ❸。程序执行进入该函数，变量 `name` 自动设为 `'Alice'`，就是被 `print()` 语句输出的内容❷。

关于变元有一件特殊的事情值得注意：保存在变元中的值，在函数返回后就丢失了。例如前面的程序，如果你在 `hello('Bob')` 之后添加 `print(name)`，程序会报 NameError，因为没有名为 `name` 的变量。在函数调用 `hello('Bob')` 返回后，这个变量被销毁了，所以 `print(name)` 会引用一个不存在的变量 `name`。

这类似于程序结束时，程序中的变量会被丢弃。在本章后续内容中，当我们探讨函数的局部作用域时，我会进一步分析为什么会这样。

定义、调用、传递、参数、变元

术语"定义""调用""传递""参数"和"变元"可能会造成混淆。我们看一段代码示例来复习这些术语：

```
❶ def sayHello(name):
       print('Hello, ' + name)
❷ sayHello('Al')
```

"定义"一个函数就是创建一个函数，就像 spam = 42 这样的赋值语句会创建 spam 变量一样。def 语句定义了 sayHello() 函数❶。sayHello('Al') 行❷"调用"刚才创建的函数，并将执行转到函数代码的开始处。这个函数调用也称为将字符串值 'Al' "传递"给该函数。在函数调用中，传递给函数的值是"参数"。参数 'Al' 被赋给名为 name 的局部变量。接收参数赋值的变量是"变元"。

这些术语很容易弄混，但是保持术语原样可以确保你准确了解本章中的含义。

3.2 返回值和 return 语句

如果调用 len() 函数，并向它传入像 'Hello' 这样的参数，函数调用就求值为整数 5。这是传入的字符串的长度。一般来说，函数调用求值的结果，称为函数的"返回值"。

用 def 语句创建函数时，可以用 return 语句指定应该返回什么值。return 语句包含以下部分。

❑ return 关键字。

❑ 函数应该返回的值或表达式。

如果在 return 语句中使用了表达式，返回值就是该表达式求值的结果。例如，下面的程序定义了一个函数，它根据传入的数字参数，返回一个不同的字符串。在文件编辑器中输入以下代码，并保存为 magic8Ball.py：

```
❶ import random

❷ def getAnswer(answerNumber):
    ❸ if answerNumber == 1:
           return 'It is certain'
       elif answerNumber == 2:
           return 'It is decidedly so'
       elif answerNumber == 3:
           return 'Yes'
       elif answerNumber == 4:
           return 'Reply hazy try again'
       elif answerNumber == 5:
           return 'Ask again later'
       elif answerNumber == 6:
           return 'Concentrate and ask again'
       elif answerNumber == 7:
           return 'My reply is no'
       elif answerNumber == 8:
           return 'Outlook not so good'
       elif answerNumber == 9:
           return 'Very doubtful'

❹ r = random.randint(1, 9)
❺ fortune = getAnswer(r)
❻ print(fortune)
```

可以在 https://autbor.com/magic8ball/ 上查看这个程序的执行情况。在这个程序开始时，Python 首先导入 random 模块❶。然后 getAnswer() 函数被定义❷。因为函数是被定义（而不是被调用）的，所以执行会跳过其中的代码。接下来，random.randint() 函数被调用，带两个参数，分别为 1 和 9❹。它求值为 1 和 9 之间的一个随机整数（包括 1 和 9），这个值被存在一个名为 r 的变量中。

getAnswer() 函数被调用，以 r 作为参数❺。程序执行转移到 getAnswer() 函数的顶部❸，r 的值被保存到名为 answerNumber 的变元中。然后，根据 answerNumber 中的值，函数返回许多可能字符串中的一个。程序执行返回到程序底部的代码行，即原来调用 getAnswer() 函数的地方❺。返回的字符串被赋给一个名为 fortune 的变量，然后它又被传递给 print() 调用❻，并被输出在屏幕上。

请注意，因为可以将返回值作为参数传递给另一个函数调用，所以你可以将下面 3 行代码：

```
r = random.randint(1, 9)
fortune = getAnswer(r)
print(fortune)
```

缩写成 1 行等价的代码：

```
print(getAnswer(random.randint(1, 9)))
```

记住，表达式是值和操作符的组合。函数调用可以用在表达式中，因为它求值为它的返回值。

3.3　None 值

在 Python 中有一个值称为 None，它表示没有值。None 是 NoneType 数据类型的唯一值（其他编程语言可能称这个值为 null、nil 或 undefined）。就像布尔值 True 和 False 一样，None 的首字母 N 必须大写。

如果你希望变量中存储的东西不会与一个真正的值混淆，这个没有值的值就可能有用。有一个使用 None 的地方就是 print() 函数的返回值。print() 函数在屏幕上显示文本，但它不需要返回任何值，这和 len() 函数或 input() 函数不同。但既然所有函数调用都需要求值为一个返回值，那么 print() 函数就返回 None。要看到这个效果，请在交互式环境中输入以下代码：

```
>>> spam = print('Hello!')
Hello!
>>> None == spam
True
```

在幕后，对于所有没有 return 语句的函数定义，Python 都会在末尾加上 return None。这类似于 while 或 for 循环隐式地以 continue 语句结尾。而且，如果使用不带值的 return 语句（也就是只有 return 关键字本身），也返回 None。

3.4　关键字参数和 print() 函数

大多数参数是由它们在函数调用中的位置来识别的。例如，random.randint(1, 10) 与 random.randint(10,1) 不同。函数调用 random.randint(1,10) 将返回 1 到 10 之间的一个随机整数，因为第一个参数是范围的下界，第二个参数是范围的上界（而 `random.randint(10,1)` 会导致错误）。

但是，"关键字参数"是在函数调用时由它们前面的关键字来识别的。关键字参数通常用于"可选变元"。例如，`print()` 函数有可选的变元 `end` 和 `sep`，分别指定在参数末尾输出什么，以及在参数之间输出什么来隔开它们。

如果运行以下程序：

```
print('Hello')
print('World')
```

输出结果将会是：

```
Hello
World
```

这两个字符串出现在独立的两行中，因为 `print()` 函数自动在传入的字符串末尾添加了换行符。可以设置 `end` 关键字参数，将它变成另一个字符串。例如，如果程序像这样：

```
print('Hello', end='')
print('World')
```

输出结果就会像这样：

```
HelloWorld
```

输出被显示在一行中，因为在 `'Hello'` 后面不再输出换行，而是输出了一个空字符串。如果需要禁用加到每一个 `print()` 函数调用末尾的换行符，这就很有用。

类似地，如果向 `print()` 函数传入多个字符串值，该函数就会自动用一个空格分隔它们。在交互式环境中输入以下代码：

```
>>> print('cats', 'dogs', 'mice')
cats dogs mice
```

你可以传入 `sep` 关键字参数，替换掉默认的分隔字符串。在交互式环境中输入以下代码：

```
>>> print('cats', 'dogs', 'mice', sep=',')
cats,dogs,mice
```

也可以在你编写的函数中添加关键字参数，但必须先在接下来的两章中学习列表和字典数据类型。现在只要知道，某些函数有可选的关键字参数，在函数调用时可以指定。

3.5 调用栈

想象一下你与某人聊天。你谈论你们的朋友 Alice，然后让你想起关于同事 Bob 的故事，但首先你必须介绍一下表弟 Carol 的情况。你讲完了关于 Carol 的故事后，又回到谈论 Bob 的话题；当你讲完关于 Bob 的故事时，又回到了谈论 Alice 的话题。但是随后你想起了你的兄弟 David 的故事，因此你讲述了一个关于他的故事，然后回来完成最初有关 Alice 的故事。对话遵循类似栈的结构，如图 3-1 所示。对话类似于栈，当前主题始终位于栈的顶部。

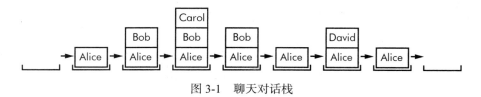

图 3-1 聊天对话栈

与我们聊天对话类似,调用函数不会将执行过程单向发送到函数开始处。Python 会记住哪行代码调用了该函数,以便程序执行在遇到 return 语句时可以返回那里。如果那个最初的函数又调用了其他函数,则执行将首先返回那些函数调用,然后再从最初的函数调用返回。

打开文件编辑器窗口,然后输入以下代码,并将它另存为 abcdCallStack.py:

```
def a():
    print('a() starts')
❶   b()
❷   d()
    print('a() returns')

def b():
    print('b() starts')
❸   c()
    print('b() returns')

def c():
❹   print('c() starts')
    print('c() returns')

def d():
    print('d() starts')
    print('d() returns')

❺ a()
```

运行这个程序,输出结果会像下面这样:

```
a() starts
b() starts
c() starts
c() returns
b() returns
d() starts
d() returns
a() returns
```

可以在 https://autbor.com/abcdcallstack/ 上查看该程序的执行情况。当 a() 函数被调用时❺,它调用 b() 函数❶,后者又调用 c() 函数❸。c() 函数不会调用任何东西;它只是显示 c() 函数开始❹和 c() 函数返回,再返回到 b() 函数中调用它的那一行❸。一旦执行返回到 b() 函数中调用 c() 函数的代码,它就会返回到 a() 函数中调用 b() 函数的行❶。执行继续到 a() 函数中的下一行❷,这是对 d() 函数的调用。像 c() 函数一样,d() 函数也不会调用任何东西。它只是显示 d() 函数开始和 d() 函数返回,然后返回到 a() 函数中调用它的行。由于 d() 函数不包含其他代码,因此执行返回到 a() 函数中调用 d() 函数的行❷。a() 函数的最后一行显示 a()

函数返回,然后返回该程序末尾的最初对 a() 函数的调用❺。
"调用栈"是 Python 记住每个函数调用后在哪里返回执行的方式。调用栈不是存储在程序的变量中,而是由 Python 在后台处理它。当程序调用一个函数时,Python 在调用栈的顶部创建一个"帧对象"。帧对象保存了最初函数调用的行号,使得 Python 可以记住返回的位置。如果进行了另一个函数调用,Python 会将另一个帧对象放在调用栈中,且在前一个帧对象之上。

当函数调用返回时,Python 从栈顶部删除一个帧对象,并将执行转移至保存在其中的行号。请注意,帧对象始终是从栈顶部添加和删除的,而不是从其他任意位置。图 3-2 所示为在调用和返回每个函数时,abcdCallStack.py 中的调用栈的状态。

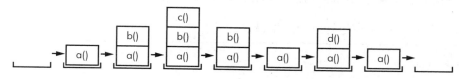

图 3-2 调用栈的帧对象,随着 abcdCallStack.py 调用函数并从函数返回

调用栈的顶部是执行当前所处的位置。当调用栈为空时,执行位于所有函数之外的一行上。
你不需要完全了解调用栈也能编写程序。理解函数调用返回到它们被调用的行号就足够了。但是,理解调用栈让你可以更容易理解局部和全局作用域,这将在下一节中介绍。

3.6 局部和全局作用域

在被调用函数内赋值的变元和变量,处于该函数的"局部作用域"中。在所有函数之外赋值的变量,处于"全局作用域"中。处于局部作用域中的变量,被称为"局部变量"。处于全局作用域中的变量,被称为"全局变量"。一个变量必属于其中一种,不能既是局部的又是全局的。

可以将"作用域"看成变量的容器。当作用域被销毁时,所有保存在该作用域内的变量的值就被丢弃了。只有一个全局作用域,它是在程序开始时创建的。如果程序终止,全局作用域就被销毁,它的所有变量就被丢弃了。否则,下次你运行程序的时候,这些变量就会记住它们上次运行时的值。

一个函数被调用时,就创建了一个局部作用域。在这个函数内赋值的所有变量,存在于该局部作用域内。该函数返回时,这个局部作用域就被销毁了,这些变量就丢失了。下次调用这个函数时,局部变量不会记得该函数上次被调用时它们保存的值。

作用域很重要,理由如下。
- 全局作用域中的代码不能使用任何局部变量。
- 局部作用域中的代码可以访问全局变量。
- 一个函数的局部作用域中的代码,不能使用其他局部作用域中的变量。
- 在不同的作用域中,你可以用相同的名字命名不同的变量。也就是说,可以有一个名为 spam 的局部变量和一个名为 spam 的全局变量。

Python 设计了不同的作用域,而不是让所有变量都成为全局变量,这是有理由的。因为这样一来，当用特定函数调用中的代码来修改变量时，该函数与程序其他部分的交互只能通过它的参数和返回值来进行。这缩小了可能导致 bug 的代码作用域。如果程序只包含全局变量，又有一个变量赋值错误的 bug，那就很难追踪这个赋值错误发生的位置。它可能在程序的任何地方赋值，而你的程序可能有几百到几千行！但如果 bug 是因为局部变量错误赋值，你就会知道，只有那一个函数中的代码可能产生赋值错误。

虽然在小程序中使用全局变量没有太大问题，但当程序变得越来越大时，依赖全局变量就是一个坏习惯。

3.6.1 局部变量不能在全局作用域内使用

运行下面的程序，它在运行时会产生错误：

```
def spam():
❶ eggs = 31337
spam()
print(eggs)
```

如果运行这个程序，输出结果将是：

```
Traceback (most recent call last):
  File "C:/test3784.py", line 4, in <module>
    print(eggs)
NameError: name 'eggs' is not defined
```

发生错误是因为，`eggs` 变量只属于 `spam()` 调用所创建的局部作用域❶。在程序执行从 `spam` 返回后，该局部作用域就被销毁了，不再有名为 `eggs` 的变量。所以当程序试图执行 `print(eggs)` 时，Python 就报错，说 `eggs` 没有定义。你想想看，这是有意义的。当程序在全局作用域中执行时，不存在局部作用域，所以不会有任何局部变量。这就是为什么只有全局变量能作用于全局作用域。

3.6.2 局部作用域不能使用其他局部作用域内的变量

当函数被调用时，新的局部作用域就会被创建，这包括一个函数被另一个函数调用时的情况。请看以下代码：

```
def spam():
   ❶ eggs = 99
   ❷ bacon()
   ❸ print(eggs)

def bacon():
    ham = 101
   ❹ eggs = 0

❺ spam()
```

可以在 https://autbor.com/otherlocalscopes/ 上查看这个程序的执行情况。在程序开始运行时，`spam()` 函数被调用❺，创建了一个局部作用域。局部变量 `eggs`❶被赋值为 99。然后 `bacon()` 函数被调用❷，创建了第二个局部作用域。多个局部作用域能同时存在。在这个新的局部作用域中，局部变量 ham 被赋值为 101。局部变量 eggs（与 spam() 函数的局部作用域中的那个变量不同）也被创建❹，并赋值为 0。

当 bacon() 函数返回时，这次调用的局部作用域被销毁。程序执行在 spam() 函数中继续，输出 eggs 的值❸。因为 spam() 调用的局部作用域仍然存在，所以 eggs 变量被赋值为 99。这就是程序的输出。

要点在于，一个函数中的局部变量要完全与其他函数中的局部变量分隔开来。

3.6.3　全局变量可以在局部作用域中读取

请看以下程序：

```
def spam():
    print(eggs)
eggs = 42
spam()
print(eggs)
```

可以在 https://autbor.com/readglobal/ 上查看这个程序的执行情况。因为在 spam() 函数中，没有变量名为 eggs，也没有代码为 eggs 赋值，所以当 spam() 函数使用 eggs 时，Python 认为它是对全局变量 eggs 的引用。这就是前面的程序运行时会输出 42 的原因。

3.6.4　名称相同的局部变量和全局变量

从技术上讲，在 Python 中让局部变量和全局变量同名是完全合法的。但要想程序简单，就要避免这样做。为了了解实际发生的情况，请在文件编辑器中输入以下代码，并保存为 sameName.py：

```
def spam():
❶   eggs = 'spam local'
    print(eggs)    # prints 'spam local'

def bacon():
❷   eggs = 'bacon local'
    print(eggs)    # prints 'bacon local'
    spam()
    print(eggs)    # prints 'bacon local'

❸ eggs = 'global'
  bacon()
  print(eggs)      # prints 'global'
```

运行该程序，输出结果如下：

```
bacon local
spam local
bacon local
global
```

可以在 https://autbor.com/localglobalsamename/ 上查看这个程序的执行情况。在这个程序中，实际上有 3 个不同的变量，但令人迷惑的是，它们都名为 eggs。这些变量如下。

❶ 名为 eggs 的变量，存在于 spam() 函数被调用时的局部作用域。
❷ 名为 eggs 的变量，存在于 bacon() 函数被调用时的局部作用域。
❸ 名为 eggs 的变量，存在于全局作用域。

因为这 3 个独立的变量都有相同的名字，追踪某一个时刻使用的是哪个变量，可能比较麻烦。这就是应该避免在不同作用域内使用相同变量名的原因。

3.7 global 语句

如果需要在一个函数内修改全局变量，就使用 `global` 语句。如果在函数的顶部有 `global eggs` 这样的代码，它是在告诉 Python："在这个函数中，`eggs` 指的是全局变量，所以不要用这个名字创建一个局部变量。"例如，在文件编辑器中输入以下代码，并保存为 globalStatement.py：

```
def spam():
 ❶ global eggs
 ❷ eggs = 'spam'

eggs = 'global'
spam()
print(eggs)
```

运行该程序，最后的 `print()` 调用将输出：

```
spam
```

可以在 https://autbor.com/globalstatement/ 上查看这个程序的执行情况。因为 `eggs` 在 `spam()` 函数的顶部被声明为 `global`❶，所以当 `eggs` 被赋值为 `'spam'` 时❷，赋值发生在全局作用域的 `eggs` 上，没有创建局部 `eggs` 变量。

有 4 条法则用来区分一个变量是处于局部作用域还是全局作用域。
- 如果变量在全局作用域中使用（即在所有函数之外），它就是全局变量。
- 如果在一个函数中，有针对该变量的 `global` 语句，它就是全局变量。
- 如果该变量用于函数中的赋值语句，它就是局部变量。
- 如果该变量没有用在函数的赋值语句中，它就是全局变量。

为了更好地理解这些法则，这里有一个示例程序。在文件编辑器中输入以下代码，并保存为 sameName3.py：

```
def spam():
 ❶ global eggs
    eggs = 'spam' # this is the global

def bacon():
 ❷ eggs = 'bacon' # this is a local

def ham():
 ❸ print(eggs) # this is the global

eggs = 42 # this is the global
spam()
print(eggs)
```

在 spam() 函数中，eggs 是全局变量，因为在函数的开始处，有针对 eggs 变量的 global 语句❶。在 bacon() 函数中，eggs 是局部变量，因为在该函数中有针对它的赋值语句❷。在 ham() 函数中❸，eggs 是全局变量，因为在这个函数中，既没有赋值语句，也没有针对它的 global 语句。如果运行 sameName3.py，输出结果将是：

```
spam
```

可以在 https://autbor.com/sameNameLocalGlobal/ 上查看这个程序的执行情况。在一个函数中，一个变量要么总是全局变量，要么总是局部变量。函数中的代码没有办法先使用名为 eggs 的局部变量，稍后又在同一个函数中使用名为 eggs 全局变量。

注意：如果想在一个函数中修改全局变量中存储的值，就必须对该变量使用 global 语句。

在一个函数中，如果试图在局部变量赋值之前就使用它，像下面的程序这样，Python 就会报错。为了看到效果，请在文件编辑器中输入以下代码，并保存为 sameName4.py：

```
def spam():
    print(eggs) # ERROR!
❶   eggs = 'spam local'

❷ eggs = 'global'
spam()
```

运行前面的程序，会产生错误信息：

```
Traceback (most recent call last):
  File "C:/test3784.py", line 6, in <module>
    spam()
  File "C:/test3784.py", line 2, in spam
    print(eggs) # ERROR!
UnboundLocalError: local variable 'eggs' referenced before assignment
```

可以在 https://autbor.com/sameNameError/ 上查看这个程序的执行情况。发生这个错误是因为，Python 看到 spam() 函数中有针对 eggs 的赋值语句❶，认为 eggs 变量是局部变量。但是因为 print(eggs) 的执行在 eggs 赋值之前，所以局部变量 eggs 并不存在。Python 不会退回以使用 eggs 全局变量❷。

函数作为"黑盒"

通常，对于一个函数，你要知道的就是它的输入值（变元）和输出值。你并非总是需要加重自己的负担，弄清楚函数的代码实际是怎样工作的。如果以这种高层的方式来思考函数，通常大家会说，这里将该函数看成一个黑盒。

这个思想是现代编程的基础。本书后面的章节将向你展示一些模块，其中的函数是由其他人编写的。尽管你在好奇的时候也可以看一看源代码，但如果仅仅为了能使用它们，你并不需要知道它们是如何工作的。而且，因为鼓励在编写函数时不使用全局变量，所以你通常也不必担心函数的代码会与程序的其他部分发生交叉影响。

3.8　异常处理

到目前为止，在 Python 程序中遇到错误或"异常"，就意味着整个程序崩溃。你不希望这发生在真实世界的程序中。相反，你希望程序能检测错误，处理它们，然后继续运行。

例如，运行下面的程序，它有一个"除数为零"的错误。打开一个新的文件编辑器窗口，输入以下代码，并保存为 zeroDivide.py：

```
def spam(divideBy):
    return 42 / divideBy

print(spam(2))
print(spam(12))
print(spam(0))
print(spam(1))
```

我们已经定义了名为 spam 的函数，给了它一个变元，然后输出当输入为不同参数时该函数的值，看看会发生什么情况。下面是运行前面代码的输出结果：

```
21.0
3.5
Traceback (most recent call last):
  File "C:/zeroDivide.py", line 6, in <module>
    print(spam(0))
  File "C:/zeroDivide.py", line 2, in spam
    return 42 / divideBy
ZeroDivisionError: division by zero
```

可以在 https://autbor.com/zerodivide/ 上查看该程序的执行情况。当试图用一个数除以零时，就会发生 ZeroDivisionError 错误。根据错误信息中给出的行号，我们知道 spam() 函数中的 return 语句导致了一个错误。

错误可以由 try 和 except 语句来处理。那些可能出错的语句被放在 try 子句中。如果错误发生，程序执行就转到接下来的 except 子句开始处。

可以将前面除数为零的代码放在一个 try 子句中，让 except 子句包含完成该错误发生时应该做的事的代码：

```
def spam(divideBy):
    try:
        return 42 / divideBy
    except ZeroDivisionError:
        print('Error: Invalid argument.')

print(spam(2))
print(spam(12))
print(spam(0))
print(spam(1))
```

如果在 try 子句中的代码导致一个错误，程序执行就立即转到 except 子句的代码。在运行那些代码之后，执行照常继续。前面程序的输出结果如下：

```
21.0
3.5
Error: Invalid argument.
```

```
None
42.0
```

可以在 https://autbor.com/tryexceptzerodivide/ 上查看这个程序的执行情况。请注意，在函数调用的 try 语句块中，发生的所有错误都会被捕捉。请阅读以下程序，它的做法不一样，将 spam() 调用放在语句块中：

```
def spam(divideBy):
    return 42 / divideBy

try:
    print(spam(2))
    print(spam(12))
    print(spam(0))
    print(spam(1))
except ZeroDivisionError:
    print('Error: Invalid argument.')
```

该程序运行时，输出结果如下：

```
21.0
3.5
Error: Invalid argument.
```

可以在 https://autbor.com/spamintry/ 上查看该程序的执行情况。print(spam(1)) 从未被执行，是因为一旦执行跳到 except 子句的代码，就不会回到 try 子句。它会继续向下执行。

3.9 小程序：Zigzag

让我们利用到目前为止所学的编程知识，创建一个小型动画程序。该程序将创建往复的锯齿形图案，直到用户单击 Mu 编辑器的 Stop 按钮或按 Ctrl-C 快捷键停止它为止。运行该程序时，输出结果如下所示：

```
        ********
       ********
      ********
     ********
    ********
     ********
      ********
       ********
        ********
```

在文件编辑器中输入以下代码，并保存为 zigzag.py：

```
import time, sys
indent = 0 # How many spaces to indent.
indentIncreasing = True # Whether the indentation is increasing or not.

try:
    while True: # The main program loop.
        print(' ' * indent, end='')
        print('********')
        time.sleep(0.1) # Pause for 1/10 of a second.

        if indentIncreasing:
            # Increase the number of spaces:
```

```
                indent = indent + 1
                if indent == 20:
                    # Change direction:
                    indentIncreasing = False
            else:
                # Decrease the number of spaces:
                indent = indent - 1
                if indent == 0:
                    # Change direction:
                    indentIncreasing = True
except KeyboardInterrupt:
    sys.exit()
```

让我们逐行来看看代码，从头开始。

```
import time, sys
indent = 0 # How many spaces to indent.
indentIncreasing = True # Whether the indentation is increasing or not.
```

首先，我们将导入 `time` 和 `sys` 模块。我们的程序使用两个变量：`indent` 变量跟踪星号带之前的缩进间隔；`indentIncreasing` 变量包含一个布尔值，用于确定缩进量是增加还是减少。

```
try:
    while True: # The main program loop.
        print(' ' * indent, end='')
        print('********')
        time.sleep(0.1) # Pause for 1/10 of a second.
```

接下来，我们将程序的其余部分放在 `try` 语句中。当用户在运行 Python 程序的同时按 Ctrl-C 快捷键，Python 会引发 KeyboardInterrupt 异常。如果没有 `try...except` 语句来捕获这个异常，程序将崩溃，并显示错误信息。但是，对于我们的程序，我们希望它通过调用 `sys.exit()`函数来干净地处理 KeyboardInterrupt 异常。（此代码位于程序末尾的 `except` 语句中。）

`while True:` 无限循环将永远重复我们程序中的指令。这包括使用 `' ' * indent` 来输出正确数量的缩进空格。我们不希望在这些空格之后自动输出换行，因此我们也将 `end=''`传递给第一个 `print()` 调用。第二个 `print()` 调用将输出星号带。`time.sleep()`函数还没有介绍过，但是此时只要知道，它在我们的程序中引入了 1/10 秒的暂停即可。

```
        if indentIncreasing:
            # Increase the number of spaces:
            indent = indent + 1
            if indent == 20:
                indentIncreasing = False # Change direction.
```

接下来，我们要在下次输出星号时调整缩进量。如果 `indentIncreasing` 为 True，则要向 `indent` 添加 1。但是一旦缩进达到 20，我们就希望缩进减少。

```
        else:
            # Decrease the number of spaces:
            indent = indent - 1
            if indent == 0:
                indentIncreasing = True # Change direction.
```

同时，如果 `indentIncreasing` 为 False，那么我们想从缩进量中减去 1。缩进量达到 0 后，我们希望缩进量再次增加。无论哪种情况，程序执行都将跳回到主程序循环的开头，再次输出星号。

```
except KeyboardInterrupt:
    sys.exit()
```

如果用户在程序执行位于 `try` 块中的任何时候按 `Ctrl-C` 快捷键，则会引起 `Keyboard-Interrupt` 异常，该异常由 `except` 语句处理。程序执行转向 `except` 块内，该块调用 `sys.exit()` 函数并退出程序。这样，即使主程序循环是一个无限循环，用户也可以关闭程序。

3.10 小结

函数是将代码逻辑分组的主要方式。因为函数中的变量存在于它们自己的局部作用域内，所以一个函数中的代码不能直接影响其他函数中变量的值。这限制了哪些代码才能改变变量的值，对于调试代码是很有帮助的。

函数是很好的工具，可帮助你组织代码。你可以认为它们是黑盒。它们以参数的形式接收输入，以返回值的形式产生输出。它们内部的代码不会影响其他函数中的变量。

在前面几章中，一个错误就可能导致程序崩溃。在本章中，你学习了 `try` 和 `except` 语句，它们在检测到错误时会运行代码。这让程序在面对常见错误时更有灵活性。

3.11 习题

1. 为什么在程序中加入函数会有好处？
2. 函数中的代码何时执行：是在函数被定义时，还是在函数被调用时？
3. 用什么语句创建一个函数？
4. 一个函数和一次函数调用有什么区别？
5. Python 程序中有多少全局作用域？有多少局部作用域？
6. 当函数调用返回时，局部作用域中的变量发生了什么？
7. 什么是返回值？返回值可以作为表达式的一部分吗？
8. 如果函数没有返回语句，对它进行调用的返回值是什么？
9. 如何强制函数中的一个变量引用是全局变量？
10. `None` 的数据类型是什么？
11. `import areallyourpetsnamederic` 语句做了什么？
12. 如果在名为 `spam` 的模块中有一个名为 `bacon()` 的函数，那在引入 `spam` 后，如何调用它？
13. 如何防止程序在遇到错误时崩溃？
14. `try` 子句中发生了什么？`except` 子句中发生了什么？

3.12 实践项目

作为实践，请编写程序完成下列任务。

3.12.1 Collatz 序列

编写一个名为 `collatz()` 的函数，它有一个名为 `number` 的参数。如果参数是偶数，那么 `collatz()` 就输出 `number // 2`，并返回该值。如果 `number` 是奇数，`collatz()` 就输出并返回 `3 * number + 1`。

然后编写一个程序，让用户输入一个整数，并不断对这个数调用 `collatz()` 函数，直到函数返回值为 1（令人惊奇的是，这个序列对于任何整数都有效，利用这个序列，你迟早会得到 1。即使数学家也不能确定为什么。你的程序在研究所谓的"Collatz 序列"，它有时候被称为"最简单的、不可能的数学问题"）。

记得将 `input()` 函数的返回值用 `int()` 函数转换成一个整数，否则它会是一个字符串。

提示：如果 `number % 2 == 0`，整数 `number` 就是偶数；如果 `number % 2 == 1`，它就是奇数。

这个程序的输出结果看起来应该像下面这样：

```
Enter number:
3
10
5
16
8
4
2
1
```

3.12.2 输入验证

在前面的项目中添加 `try` 和 `except` 语句，检测用户是否输入了一个非整数的字符串。在正常情况下，`int()` 函数在传入一个非整数字符串时，会产生 `ValueError` 错误，例如 `int('puppy')`。在 `except` 子句中，向用户输出一条信息，告诉他们必须输入一个整数。

第 4 章 列表

在你能够开始编写程序之前,还有一个主题需要理解,那就是列表数据类型及元组。列表和元组可以包含多个值,这样编写程序来处理大量数据就变得更容易。而且,由于列表本身又可以包含其他列表,因此可以用它们将数据安排成层次结构。

本章将探讨列表的基础知识。我也会讲授关于方法的内容。方法也是函数,它们与特定数据类型的值绑定。然后我会简单介绍序列数据类型(列表、元组和字符串),以及对它们进行比较。第 5 章将介绍字典数据类型。

4.1 列表数据类型

"列表"是一个值,包含由多个值构成的序列。术语"列表值"指的是列表本身(它作为一个值,可以保存在变量中或传递给函数,像所有其他值一样),而不是指列表值之内的那些值。列表值看起来像这样:['cat', 'bat', 'rat', 'elephant']。就像字符串值用引号来标记字符串的起止一样,列表以左方括号开始,以右方括号结束,即[]。列表中的值也称为"表项"。表项用逗号分隔。例如,在交互式环境中输入以下代码:

```
>>> [1, 2, 3]
[1, 2, 3]
>>> ['cat', 'bat', 'rat', 'elephant']
['cat', 'bat', 'rat', 'elephant']
>>> ['hello', 3.1415, True, None, 42]
['hello', 3.1415, True, None, 42]
❶ >>> spam = ['cat', 'bat', 'rat', 'elephant']
>>> spam
['cat', 'bat', 'rat', 'elephant']
```

spam 变量❶仍然只被赋予一个值:列表值,但列表值本身包含多个值。值[]是一个空列表,不包含任何值,类似于空字符串"。

4.1.1 用索引取得列表中的单个值

假定列表['cat', 'bat', 'rat', 'elephant']保存在名为 spam 的变量中。spam[0]

将求值为'cat'，spam[1]将求值为'bat'，依此类推。变量名后面方括号内的整数被称为"索引"。列表中第一个值的索引是 0，第二个值的索引是 1，第三个值的索引是 2，依此类推。图 4-1 所示为一个赋给 spam 变量的列表值，以及索引表达式的求值结果。请注意，因为第一个索引为 0，所以最后一个索引比列表的大小少 1：4 个数据项的列表的最后一个索引为 3。

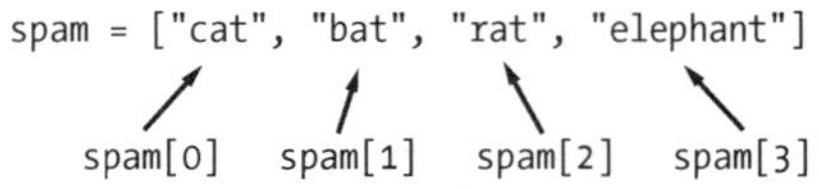

spam = ["cat", "bat", "rat", "elephant"]
spam[0] spam[1] spam[2] spam[3]

图 4-1　一个列表值保存在 spam 变量中，展示了每个索引指向哪个值

例如，在交互式环境中输入以下表达式。开始时将列表赋给变量 spam：

```
>>> spam = ['cat', 'bat', 'rat', 'elephant']
>>> spam[0]
'cat'
>>> spam[1]
'bat'
>>> spam[2]
'rat'
>>> spam[3]
'elephant'
>>> ['cat', 'bat', 'rat', 'elephant'][3]
'elephant'
❶ >>> 'Hello, ' + spam[0]
❷ 'Hello, cat'
>>> 'The ' + spam[1] + ' ate the ' + spam[0] + '.'
'The bat ate the cat.'
```

请注意，表达式'Hello, ' + spam[0] ❶求值为'Hello, ' + 'cat'，因为 spam[0] 求值为字符串'cat'。这个表达式也因此求值为字符串'Hello, cat'❷。

如果使用的索引超出了列表中值的个数，Python 将给出 IndexError 错误信息：

```
>>> spam = ['cat', 'bat', 'rat', 'elephant']
>>> spam[10000]
Traceback (most recent call last):
  File "<pyshell#9>", line 1, in <module>
    spam[10000]
IndexError: list index out of range
```

索引只能是整数，不能是浮点数。下面的例子将导致 TypeError 错误：

```
>>> spam = ['cat', 'bat', 'rat', 'elephant']
>>> spam[1]
'bat'
>>> spam[1.0]
Traceback (most recent call last):
  File "<pyshell#13>", line 1, in <module>
    spam[1.0]
TypeError: list indices must be integers or slices, not float
>>> spam[int(1.0)]
'bat'
```

列表也可以包含其他列表值。这些列表值中的值可以通过多重索引来访问，像这样：

```
>>> spam = [['cat', 'bat'], [10, 20, 30, 40, 50]]
>>> spam[0]
['cat', 'bat']
>>> spam[0][1]
```

```
'bat'
>>> spam[1][4]
50
```

第一个索引表明使用哪个列表值,第二个索引表明该列表值中的值。例如,`spam[0][1]`输出`'bat'`,即第一个列表中的第二个值。如果只使用一个索引,程序将输出该索引处的完整列表值。

4.1.2 负数索引

虽然索引从 0 开始并向上增长,但也可以用负整数作为索引。整数值-1 指的是列表中的最后一个索引,-2 指的是列表中倒数第二个索引,以此类推。在交互式环境中输入以下代码:

```
>>> spam = ['cat', 'bat', 'rat', 'elephant']
>>> spam[-1]
'elephant'
>>> spam[-3]
'bat'
>>> 'The ' + spam[-1] + ' is afraid of the ' + spam[-3] + '.'
'The elephant is afraid of the bat.'
```

4.1.3 利用切片取得子列表

就像索引可以从列表中取得单个值一样,"切片"可以从列表中取得多个值,结果是一个新列表。切片用一对方括号来表示它的起止,像索引一样,但它有两个由冒号分隔的整数。请注意索引和切片的不同。

- `spam[2]`是一个列表和索引(一个整数)。
- `spam[1:4]`是一个列表和切片(两个整数)。

在一个切片中,第一个整数是切片开始处的索引。第二个整数是切片结束处的索引。切片向上增长,直至第二个索引的值,但不包括它。切片求值为一个新的列表值。在交互式环境中输入以下代码:

```
>>> spam = ['cat', 'bat', 'rat', 'elephant']
>>> spam[0:4]
['cat', 'bat', 'rat', 'elephant']
>>> spam[1:3]
['bat', 'rat']
>>> spam[0:-1]
['cat', 'bat', 'rat']
```

作为快捷方法,你可以省略切片中冒号两边的一个索引或两个索引。省略第一个索引相当于使用索引 0 或从列表的开始处开始。省略第二个索引相当于使用列表的长度,意味着切片直至列表的末尾。在交互式环境中输入以下代码:

```
>>> spam = ['cat', 'bat', 'rat', 'elephant']
>>> spam[:2]
['cat', 'bat']
>>> spam[1:]
['bat', 'rat', 'elephant']
>>> spam[:]
['cat', 'bat', 'rat', 'elephant']
```

4.1.4 用 len()函数取得列表的长度

len()函数将返回传递给它的列表中值的个数,就像它能计算字符串中字符的个数一样。在交互式环境中输入以下代码:

```
>>> spam = ['cat', 'dog', 'moose']
>>> len(spam)
3
```

4.1.5 用索引改变列表中的值

一般情况下,赋值语句左边是一个变量名,就像 spam = 4。但是,也可以使用列表的索引来改变索引处的值。例如,spam[1] = 'aardvark'意味着"将列表 spam 索引 1 处的值赋为字符串'aardvark'"。在交互式环境中输入以下代码:

```
>>> spam = ['cat', 'bat', 'rat', 'elephant']
>>> spam[1] = 'aardvark'
>>> spam
['cat', 'aardvark', 'rat', 'elephant']
>>> spam[2] = spam[1]
>>> spam
['cat', 'aardvark', 'aardvark', 'elephant']
>>> spam[-1] = 12345
>>> spam
['cat', 'aardvark', 'aardvark', 12345]
```

4.1.6 列表连接和列表复制

列表可以连接和复制,就像字符串一样。+操作符可以连接两个列表,得到一个新列表。*操作符可以用于一个列表和一个整数,实现列表的复制。在交互式环境中输入以下代码:

```
>>> [1, 2, 3] + ['A', 'B', 'C']
[1, 2, 3, 'A', 'B', 'C']
>>> ['X', 'Y', 'Z'] * 3
['X', 'Y', 'Z', 'X', 'Y', 'Z', 'X', 'Y', 'Z']
>>> spam = [1, 2, 3]
>>> spam = spam + ['A', 'B', 'C']
>>> spam
[1, 2, 3, 'A', 'B', 'C']
```

4.1.7 用 del 语句从列表中删除值

del 语句将删除列表中索引处的值,列表中被删除值后面的所有值,都将向前移动一个索引。例如,在交互式环境中输入以下代码:

```
>>> spam = ['cat', 'bat', 'rat', 'elephant']
>>> del spam[2]
>>> spam
['cat', 'bat', 'elephant']
>>> del spam[2]
>>> spam
['cat', 'bat']
```

del 语句也可用于一个简单变量，删除它，起"取消赋值"语句的作用。如果在删除之后试图使用该变量，就会遇到 NameError 错误，因为该变量已不存在。在实践中，你几乎永远不需要删除简单变量。del 语句几乎总是用于删除列表中的值。

4.2 使用列表

当你第一次开始编程时，很可能会创建许多独立的变量，来保存一组类似的值。例如，如果要保存你的猫的名字，可能会写出下面这样的代码：

```
catName1 = 'Zophie'
catName2 = 'Pooka'
catName3 = 'Simon'
catName4 = 'Lady Macbeth'
catName5 = 'Fat-tail'
catName6 = 'Miss Cleo'
```

事实表明，这是一种不好的编程方式。举一个例子，如果猫的数目发生改变，程序就不得不增加变量来保存更多的猫。这种类型的程序有很多重复或几乎相同的代码。考虑下面的程序中有多少重复代码，在文本编辑器中输入它并保存为 allMyCats1.py：

```
print('Enter the name of cat 1:')
catName1 = input()
print('Enter the name of cat 2:')
catName2 = input()
print('Enter the name of cat 3:')
catName3 = input()
print('Enter the name of cat 4:')
catName4 = input()
print('Enter the name of cat 5:')
catName5 = input()
print('Enter the name of cat 6:')
catName6 = input()
print('The cat names are:')
print(catName1 + ' ' + catName2 + ' ' + catName3 + ' ' + catName4 + ' ' +
catName5 + ' ' + catName6)
```

不必使用多个重复的变量，你可以使用单个变量，该变量包含一个列表值。例如，下面是新的改进版本的 allMyCats1.py 程序。这个新版本使用了一个列表，可以保存用户输入的任意多的猫。在新的文件编辑器窗口中，输入以下代码并保存为 allMyCats2.py：

```
catNames = []
while True:
    print('Enter the name of cat ' + str(len(catNames) + 1) +
        ' (Or enter nothing to stop.):')
    name = input()
    if name == '':
        break
    catNames = catNames + [name] # list concatenation
print('The cat names are:')
for name in catNames:
    print(' ' + name)
```

运行这个程序，输出结果看起来像下面这样：

```
Enter the name of cat 1 (Or enter nothing to stop.):
```

```
Zophie
Enter the name of cat 2 (Or enter nothing to stop.):
Pooka
Enter the name of cat 3 (Or enter nothing to stop.):
Simon
Enter the name of cat 4 (Or enter nothing to stop.):
Lady Macbeth
Enter the name of cat 5 (Or enter nothing to stop.):
Fat-tail
Enter the name of cat 6 (Or enter nothing to stop.):
Miss Cleo
Enter the name of cat 7 (Or enter nothing to stop.):

The cat names are:
  Zophie
  Pooka
  Simon
  Lady Macbeth
  Fat-tail
  Miss Cleo
```

可以在 https://autbor.com/allmycats1/ 和 https://autbor.com/allmycats2/ 上查看这些程序的执行情况。使用列表的好处在于，现在数据放在一个结构中，因此程序能够更灵活地处理数据，比放在一些重复的变量中方便。

4.2.1 列表用于循环

在第 2 章中，我们学习了使用循环让一段代码执行一定次数。从技术上说，循环是针对一个列表或列表中的每个值，重复地执行代码块。例如，如果执行以下代码：

```
for i in range(4):
    print(i)
```

程序的输出结果将是：

```
0
1
2
3
```

这是因为 `range(4)` 的返回值是类似列表的值。Python 认为它类似于 `[0, 1, 2, 3]`。（序列在 4.6 节的"序列数据类型"中介绍。）下面的程序和前面的程序输出结果相同：

```
for i in [0, 1, 2, 3]:
    print(i)
```

前面的 `for` 循环实际上是在循环执行它的子句，在每次迭代中，将变量 `i` 依次设置为列表 `[0, 1, 2, 3]` 中的值。

一个常见的 Python 技巧是，在 `for` 循环中使用 `range(len(someList))`，迭代列表的每一个索引。例如，在交互式环境中输入以下代码：

```
>>> supplies = ['pens', 'staplers', 'flame-throwers', 'binders']
>>> for i in range(len(supplies)):
...     print('Index ' + str(i) + ' in supplies is: ' + supplies[i])

Index 0 in supplies is: pens
```

```
Index 1 in supplies is: staplers
Index 2 in supplies is: flame-throwers
Index 3 in supplies is: binders
```

在前面的循环中使用 `range(len(supplies))` 很方便，这是因为循环中的代码可以访问索引（通过变量 i），以及索引处的值（通过 `supplies[i]`）。最妙的是，`range(len(supplies))` 将迭代 supplies 的所有索引，无论它包含多少表项。

4.2.2 in 和 not in 操作符

利用 in 和 not in 操作符，可以确定一个值是否在列表中。像其他操作符一样，in 和 not in 在表达式中用于连接两个值：一个是要在列表中查找的值，另一个是待查找的列表。这些表达式将求值为布尔值。在交互式环境中输入以下代码：

```
>>> 'howdy' in ['hello', 'hi', 'howdy', 'heyas']
True
>>> spam = ['hello', 'hi', 'howdy', 'heyas']
>>> 'cat' in spam
False
>>> 'howdy' not in spam
False
>>> 'cat' not in spam
True
```

例如，下面的程序让用户输入一个宠物名字，然后检查该名字是否在宠物列表中。打开一个新的文件编辑器窗口，输入以下代码，并保存为 myPets.py：

```
myPets = ['Zophie', 'Pooka', 'Fat-tail']
print('Enter a pet name:')
name = input()
if name not in myPets:
    print('I do not have a pet named ' + name)
else:
    print(name + ' is my pet.')
```

输出结果可能像这样：

```
Enter a pet name:
Footfoot
I do not have a pet named Footfoot
```

可以在 https://autbor.com/mypets/ 上查看该程序的执行情况。

4.2.3 多重赋值技巧

多重赋值技巧是一种快捷方式，让你在一行代码中，用列表中的值为多个变量赋值。所以不必像下面这样：

```
>>> cat = ['fat', 'black', 'loud']
>>> size = cat[0]
>>> color = cat[1]
>>> disposition = cat[2]
```

而是输入下面的代码：

```
>>> cat = ['fat', 'black', 'loud']
>>> size, color, disposition = cat
```

变量的数目和列表的长度必须严格相等，否则 Python 将给出 `ValueError` 错误：

```
>>> cat = ['fat', 'black', 'loud']
>>> size, color, disposition, name = cat
Traceback (most recent call last):
  File "<pyshell#84>", line 1, in <module>
    size, color, disposition, name = cat
ValueError: need more than 3 values to unpack
```

4.2.4　enumerate()函数与列表一起使用

如果在 `for` 循环中不用 `range(len(someList))` 技术来获取列表中各表项的整数索引，还可以调用 `enumerate()` 函数。在循环的每次迭代中，`enumerate()` 函数将返回两个值：列表中表项的索引和列表中的表项本身。例如，这段代码等价于 4.2.1 小节"列表用于循环"中的代码：

```
>>> supplies = ['pens', 'staplers', 'flamethrowers', 'binders']
>>> for index, item in enumerate(supplies):
...     print('Index ' + str(index) + ' in supplies is: ' + item)

Index 0 in supplies is: pens
Index 1 in supplies is: staplers
Index 2 in supplies is: flamethrowers
Index 3 in supplies is: binders
```

如果在循环块中同时需要表项和表项的索引，那么 `enumerate()` 函数很有用。

4.2.5　random.choice()和 random.shuffle()函数与列表一起使用

`random` 模块有几个接收参数列表的函数。`random.choice()` 函数将从列表中返回一个随机选择的表项。在交互式环境中输入以下内容：

```
>>> import random
>>> pets = ['Dog', 'Cat', 'Moose']
>>> random.choice(pets)
'Dog'
>>> random.choice(pets)
'Cat'
>>> random.choice(pets)
'Cat'
```

你可以认为 `random.choice(someList)` 是 `someList[random.randint(0, len(someList) - 1)]` 的较短形式。

`random.shuffle()` 函数将对列表中的表项重新排序。该函数将就地修改列表，而不是返回新列表。在交互式环境中输入以下内容：

```
>>> import random
>>> people = ['Alice', 'Bob', 'Carol', 'David']
```

```
>>> random.shuffle(people)
>>> people
['Carol', 'David', 'Alice', 'Bob']
>>> random.shuffle(people)
>>> people
['Alice', 'David', 'Bob', 'Carol']
```

4.3 增强的赋值操作

在对变量赋值时，常常会用到变量本身。例如，将42赋给变量 spam 之后，用下面的代码让 spam 的值增加1：

```
>>> spam = 42
>>> spam = spam + 1
>>> spam
43
```

作为一种快捷方式，可以用增强的赋值操作符+=来完成同样的事：

```
>>> spam = 42
>>> spam += 1
>>> spam
43
```

+、-、*、/和%操作符都有增强的赋值操作符，如表4-1所示。

表 4-1 增强的赋值操作符

增强的赋值语句	等价的赋值语句
spam += 1	spam = spam + 1
spam -= 1	spam = spam - 1
spam *= 1	spam = spam * 1
spam /= 1	spam = spam / 1
spam %= 1	spam = spam % 1

+=操作符可以完成字符串和列表的连接，*=操作符可以完成字符串和列表的复制。在交互式环境中输入以下代码：

```
>>> spam = 'Hello,'
>>> spam += ' world!'
>>> spam
'Hello, world!'
>>> bacon = ['Zophie']
>>> bacon *= 3
>>> bacon
['Zophie', 'Zophie', 'Zophie']
```

4.4 方法

"方法"和函数是一回事，只是它在一个值上进行调用。例如，如果一个列表值存储在 spam 变量中，你可以在这个列表上调用 index() 列表方法（稍后我会解释），就像spam.index('hello')

一样。方法跟在要调用的值后面,以一个圆点分隔。

每种数据类型都有它自己的一组方法。例如,列表数据类型有一些有用的方法,用来查找、添加、删除或修改列表中的值。

4.4.1 用 index()方法在列表中查找值

列表值有一个 `index()` 方法,可以传入一个值:如果该值存在于列表中,就返回它的索引;如果该值不在列表中,Python 就报 `ValueError` 错误。在交互式环境中输入以下代码:

```
>>> spam = ['hello', 'hi', 'howdy', 'heyas']
>>> spam.index('hello')
0
>>> spam.index('heyas')
3
>>> spam.index('howdy howdy howdy')
Traceback (most recent call last):
  File "<pyshell#31>", line 1, in <module>
    spam.index('howdy howdy howdy')
ValueError: 'howdy howdy howdy' is not in list
```

如果列表中存在重复的值,就返回它第一次出现的索引。在交互式环境中输入以下代码,注意 `index()` 方法返回 1,而不是 3:

```
>>> spam = ['Zophie', 'Pooka', 'Fat-tail', 'Pooka']
>>> spam.index('Pooka')
1
```

4.4.2 用 append()方法和 insert()方法在列表中添加值

要在列表中添加新值,就使用 `append()` 方法和 `insert()` 方法。在交互式环境中输入以下代码,对变量 `spam` 中的列表调用 `append()` 方法:

```
>>> spam = ['cat', 'dog', 'bat']
>>> spam.append('moose')
>>> spam
['cat', 'dog', 'bat', 'moose']
```

前面的 `append()` 方法可将参数添加到列表末尾。`insert()` 方法可以在列表任意索引处插入一个值。`insert()` 方法的第一个参数是新值的索引,第二个参数是要插入的新值。在交互式环境中输入以下代码:

```
>>> spam = ['cat', 'dog', 'bat']
>>> spam.insert(1, 'chicken')
>>> spam
['cat', 'chicken', 'dog', 'bat']
```

请注意,代码是 `spam.append('moose')` 和 `spam.insert(1, 'chicken')`,而不是 `spam = spam.append('moose')` 和 `spam = spam.insert(1, 'chicken')`。`append()` 方法和 `insert()` 方法都不会将 `spam` 的新值作为其返回值(实际上,`append()` 方法和 `insert()` 方法的返回值是 `None`,所以你肯定不希望将它保存为变量的新值)。但是,列表被"就地"修改

了。4.6.1 小节"可变和不可变数据类型"将更详细地介绍就地修改一个列表。

方法属于单个数据类型。append()方法和insert()方法是列表方法，只能在列表上调用，不能在其他值上调用，例如字符串和整型。在交互式环境中输入以下代码，注意产生的AttributeError错误信息：

```
>>> eggs = 'hello'
>>> eggs.append('world')
Traceback (most recent call last):
  File "<pyshell#19>", line 1, in <module>
    eggs.append('world')
AttributeError: 'str' object has no attribute 'append'
>>> bacon = 42
>>> bacon.insert(1, 'world')
Traceback (most recent call last):
  File "<pyshell#22>", line 1, in <module>
    bacon.insert(1, 'world')
AttributeError: 'int' object has no attribute 'insert'
```

4.4.3 用remove()方法从列表中删除值

给remove()方法传入一个值，它将从被调用的列表中删除。在交互式环境中输入以下代码：

```
>>> spam = ['cat', 'bat', 'rat', 'elephant']
>>> spam.remove('bat')
>>> spam
['cat', 'rat', 'elephant']
```

试图删除列表中不存在的值，将导致ValueError错误。例如，在交互式环境中输入以下代码，注意显示的错误：

```
>>> spam = ['cat', 'bat', 'rat', 'elephant']
>>> spam.remove('chicken')
Traceback (most recent call last):
  File "<pyshell#11>", line 1, in <module>
    spam.remove('chicken')
ValueError: list.remove(x): x not in list
```

如果该值在列表中出现多次，只有第一次出现的值会被删除。在交互式环境中输入以下代码：

```
>>> spam = ['cat', 'bat', 'rat', 'cat', 'hat', 'cat']
>>> spam.remove('cat')
>>> spam
['bat', 'rat', 'cat', 'hat', 'cat']
```

如果知道想要删除的值在列表中的索引，del语句就很好用。如果知道想要从列表中删除的值，remove()方法就很好用。

4.4.4 用sort()方法将列表中的值排序

包含数值的列表或字符串的列表，能用sort()方法排序。例如，在交互式环境中输入以下代码：

```
>>> spam = [2, 5, 3.14, 1, -7]
>>> spam.sort()
>>> spam
[-7, 1, 2, 3.14, 5]
>>> spam = ['ants', 'cats', 'dogs', 'badgers', 'elephants']
>>> spam.sort()
>>> spam
['ants', 'badgers', 'cats', 'dogs', 'elephants']
```

也可以指定 reverse 关键字参数为 True，让 sort() 方法按逆序排序。在交互式环境中输入以下代码：

```
>>> spam.sort(reverse=True)
>>> spam
['elephants', 'dogs', 'cats', 'badgers', 'ants']
```

关于 sort() 方法，你应该注意 3 件事。第一，sort() 方法就地对列表排序。不要写出 spam = spam.sort() 这样的代码，试图记录返回值。

第二，不能对既有数字又有字符串值的列表排序，因为 Python 不知道如何比较它们。在交互式环境中输入以下代码，注意 TypeError 错误：

```
>>> spam = [1, 3, 2, 4, 'Alice', 'Bob']
>>> spam.sort()
Traceback (most recent call last):
  File "<pyshell#70>", line 1, in <module>
    spam.sort()
TypeError: '<' not supported between instances of 'str' and 'int'
```

第三，sort() 方法对字符串排序时，使用"ASCII 字符顺序"，而不是实际的字典顺序。这意味着大写字母排在小写字母之前。因此在排序时，小写的 a 在大写的 Z 之后。例如，在交互式环境中输入以下代码：

```
>>> spam = ['Alice', 'ants', 'Bob', 'badgers', 'Carol', 'cats']
>>> spam.sort()
>>> spam
['Alice', 'Bob', 'Carol', 'ants', 'badgers', 'cats']
```

如果需要按照普通的字典顺序来排序，就在调用 sort() 方法时，将关键字参数 key 设置为 str.lower：

```
>>> spam = ['a', 'z', 'A', 'Z']
>>> spam.sort(key=str.lower)
>>> spam
['a', 'A', 'z', 'Z']
```

这将导致 sort() 方法将列表中所有的表项当成小写，但实际上并不会改变它们在列表中的值。

4.4.5　使用 reverse() 方法反转列表中的值

如果要快速反转列表中项目的顺序，可以调用 reverse() 方法。在交互式环境中输入以下内容：

```
>>> spam = ['cat', 'dog', 'moose']
>>> spam.reverse()
>>> spam
```

```
['moose', 'dog', 'cat']
```

> **Python 中缩进规则的例外**
>
> 在大多数情况下，代码行的缩进告诉 Python 它属于哪一个代码块。但是，这个规则有几个例外。例如在源代码文件中，列表实际上可以跨越几行。这些行的缩进并不重要。Python 知道，没有看到结束方括号，列表就没有结束。例如，代码可以看起来像下面这样：
>
> ```
> spam = ['apples',
>     'oranges',
>                 'bananas',
> 'cats']
> print(spam)
> ```
>
> 当然，从实践的角度来说，大部分人会利用 Python 的行为，让他们的列表看起来美观且可读，就像神奇 8 球（magic8ball.py）程序中的消息列表一样。
>
> 也可以在行末使用续行字符\将一条指令写成多行。可以把\看作"这条指令在下一行继续"。对于\续行字符之后的一行，缩进并不重要。例如，下面是有效的 Python 代码：
>
> ```
> print('Four score and seven ' + \
>     'years ago...')
> ```
>
> 如果希望将一长行的 Python 代码安排得更为易读，这些技巧是有用的。

和 sort() 方法一样，reverse() 方法也不返回列表。这就是为什么写成 spam.reverse() 而不是 spam = spam.reverse()。

4.5 例子程序：神奇 8 球和列表

前一章我们写过神奇 8 球程序。利用列表，可以写出更优雅的版本。不是用一些几乎一样的 elif 语句，而是创建一个列表，针对它编码。打开一个新的文件编辑器窗口，输入以下代码，并保存为 magic8Ball2.py：

```
import random

messages = ['It is certain',
    'It is decidedly so',
    'Yes definitely',
    'Reply hazy try again',
    'Ask again later',
    'Concentrate and ask again',
    'My reply is no',
    'Outlook not so good',
    'Very doubtful']

print(messages[random.randint(0, len(messages) - 1)])
```

可以在 https://autbor.com/magic8ball2/ 上查看此程序的执行情况。

运行这个程序，你会看到它与前面的 magic8Ball.py 程序效果一样。

请注意用作 messages 索引的表达式：random.randint(0, len(messages) -1)。这

产生了一个随机数作为索引，不论 `messages` 的大小是多少。也就是说，你会得到 0 与 `len(messages)-1` 之间的一个随机数。这种方法的好处在于，很容易向 `messages` 列表添加或删除字符串，而不必改变其他行的代码。如果稍后更新代码，就可以少改几行代码，引入 bug 的可能性也更小。

4.6　序列数据类型

列表并不是唯一表示序列值的数据类型。例如，如果你将字符串考虑为单个文本字符的"列表"，那么字符串和列表实际上是相似的。Python 序列数据类型包括列表、字符串、由 `range()` 返回的范围对象，以及元组（在 4.6.2 小节"元组数据类型"中解释）。对列表的许多操作，也可以作用于字符串和序列类型的其他值：按索引取值、切片、用于 `for` 循环、用于 `len()` 函数，以及用于 `in` 和 `not in` 操作符。为了看到这种效果，在交互式环境中输入以下代码：

```
>>> name = 'Zophie'
>>> name[0]
'Z'
>>> name[-2]
'i'
>>> name[0:4]
'Zoph'
>>> 'Zo' in name
True
>>> 'z' in name
False
>>> 'p' not in name
False
>>> for i in name:
...     print('* * * ' + i + ' * * *')

* * * Z * * *
* * * o * * *
* * * p * * *
* * * h * * *
* * * i * * *
* * * e * * *
```

4.6.1　可变和不可变数据类型

列表和字符串在一个重要的方面是不同的。列表是"可变的"数据类型，它的值可以添加、删除或改变。但是，字符串是"不可变的"数据类型，它不能被更改。尝试对字符串中的一个字符重新赋值，将导致 `TypeError` 错误。在交互式环境中输入以下代码，你就会看到这个错误：

```
>>> name = 'Zophie a cat'
>>> name[7] = 'the'
Traceback (most recent call last):
  File "<pyshell#50>", line 1, in <module>
    name[7] = 'the'
TypeError: 'str' object does not support item assignment
```

"改变"一个字符串的正确方式，是使用切片和连接构造一个"新的"字符串，从老的字符串那里复制一部分。在交互式环境中输入以下代码：

```
>>> name = 'Zophie a cat'
>>> newName = name[0:7] + 'the' + name[8:12]
>>> name
'Zophie a cat'
>>> newName
'Zophie the cat'
```

我们用[0:7]和[8:12]来指定那些不想替换的字符。请注意，原来的'Zophie a cat'字符串没有被修改，因为字符串是不可变的。

尽管列表值是可变的，但下面代码中的第二行并没有修改列表eggs：

```
>>> eggs = [1, 2, 3]
>>> eggs = [4, 5, 6]
>>> eggs
[4, 5, 6]
```

这里eggs中的列表值并没有改变，而是整个新的不同的列表值([4, 5, 6])覆写了老的列表值，如图4-2所示。

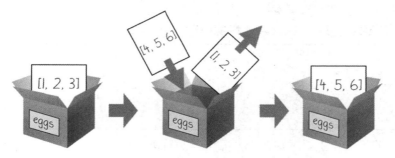

图4-2　当eggs = [4, 5, 6]被执行时，eggs的内容被新的列表值取代

如果你确实希望修改eggs中原来的列表，让它包含[4, 5, 6]，就要这样做：

```
>>> eggs = [1, 2, 3]
>>> del eggs[2]
>>> del eggs[1]
>>> del eggs[0]
>>> eggs.append(4)
>>> eggs.append(5)
>>> eggs.append(6)
>>> eggs
[4, 5, 6]
```

这种情况下，eggs最后的列表值与它开始的列表值是一样的。只是这个列表被改变了，而不是被覆写了。图4-3所示为上面交互式脚本的例子中，前7行代码所做的7次改动。

改变一个可变数据类型的值（就像前面例子中del语句和append()方法所做的事），就地改变了该值，因为该变量的值没有被一个新的列表值取代。

区分可变与不可变类型，似乎没有什么意义，但4.7.2小节"传递引用"将解释使用可变参数和不可变参数调用函数时产生的不同行为。首先，让我们来看看元组数据类型，它是列表数据类型的不可变形式。

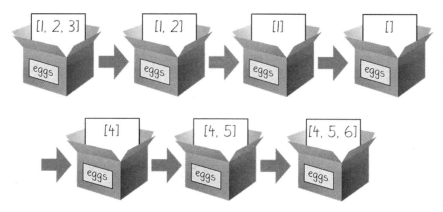

图 4-3　del 语句和 append()方法就地修改了同一个列表值

4.6.2　元组数据类型

除了两个方面，"元组"数据类型几乎与列表数据类型一样。一方面是元组输入时用圆括号()，而不是用方括号[]。例如，在交互式环境中输入以下代码：

```
>>> eggs = ('hello', 42, 0.5)
>>> eggs[0]
'hello'
>>> eggs[1:3]
(42, 0.5)
>>> len(eggs)
3
```

元组与列表的另一个主要区别在于，元组像字符串一样，是不可变的。元组不能让它们的值被修改、添加或删除。在交互式环境中输入以下代码，注意 TypeError 错误信息：

```
>>> eggs = ('hello', 42, 0.5)
>>> eggs[1] = 99
Traceback (most recent call last):
  File "<pyshell#5>", line 1, in <module>
    eggs[1] = 99
TypeError: 'tuple' object does not support item assignment
```

如果元组中只有一个值，你可以在括号内该值的后面跟上一个逗号，表明这种情况，否则，Python 将认为你只是在一个普通括号内输入了一个值。逗号告诉 Python，这是一个元组（不像其他编程语言，Python 接收列表或元组中最后一项后面跟的逗号）。在交互式环境中，输入以下的 type()函数调用，看看它们的区别：

```
>>> type(('hello',))
<class 'tuple'>
>>> type(('hello'))
<class 'str'>
```

你可以用元组告诉所有读代码的人，你不打算改变这个序列的值。如果需要一个永远不会改变值的序列，就使用元组。使用元组而不是列表的第二个好处在于，因为它们是不可变的，它们的内容不会变化，所以 Python 可以实现一些优化，让使用元组的代码的运行速度比使用列表的代码更快。

4.6.3 用 list()和 tuple()函数来转换类型

正如 str(42)将返回'42'，即整数 42 的字符串表示形式，函数 list()和 tuple()将返回传递给它们的值的列表和元组形式。在交互式环境中输入以下代码，注意返回值与传入值是不同的数据类型：

```
>>> tuple(['cat', 'dog', 5])
('cat', 'dog', 5)
>>> list(('cat', 'dog', 5))
['cat', 'dog', 5]
>>> list('hello')
['h', 'e', 'l', 'l', 'o']
```

如果需要元组值的一个可变版本，将元组转换成列表就很方便。

4.7 引用

正如你看到的，变量"保存"字符串和整数值。但是，这种解释只是简化了 Python 的实际操作。从技术上讲，变量存储的是对计算机内存位置的引用，这些位置存储了这些值。在交互式环境中输入以下代码：

```
>>> spam = 42
>>> cheese = spam
>>> spam = 100
>>> spam
100
>>> cheese
42
```

将 42 赋给 spam 变量时，实际上是在计算机内存中创建值 42，并将对它的"引用"存储在 spam 变量中。当你复制 spam 变量中的值，并将它赋给 cheese 变量时，实际上是在复制引用。spam 和 cheese 变量均指向计算机内存中的值 42。稍后将 spam 变量中的值更改为 100 时，你创建了一个新的值 100，并将它的引用存储在 spam 变量中。这不会影响 cheese 变量的值。整数是"不变的"值，它们不会改变；更改 spam 变量实际上是让它引用内存中一个完全不同的值。

但列表不是这样的，因为列表值可以改变。也就是说，列表是"可变的"。这里有一些代码，让这种区别更容易理解。在交互式环境中输入以下代码：

```
❶ >>> spam = [0, 1, 2, 3, 4, 5]
❷ >>> cheese = spam
❸ >>> cheese[1] = 'Hello!'
  >>> spam
  [0, 'Hello!', 2, 3, 4, 5]
  >>> cheese
  [0, 'Hello!', 2, 3, 4, 5]
```

这可能让你感到奇怪。代码只改变了 cheese 列表，但似乎 cheese 和 spam 列表同时发生了改变。

当创建列表时❶，你将对它的引用赋给了变量 spam。但下一行❷只是将 spam 变量中的列表引用复制到 cheese 变量，而不是列表值本身。这意味着存储在 spam 和 cheese 变量中的值，现在指向了同一个列表。底下只有一个列表，因为列表本身实际从未复制。所以当你修改 cheese 变量的第一个元素时❸，也修改了 spam 变量指向的同一个列表。

记住，变量就像包含着值的盒子。本章前面的图显示列表在盒子中，这并不准确，因为列表变量实际上没有包含列表，而是包含对列表的"引用"（这些引用包含一些 ID 数字，Python 在内部使用这些 ID，但是你可以忽略）。利用盒子作为变量的隐喻，图 4-4 所示为列表被赋给 spam 变量时的情形。

然后，图 4-5 所示的 spam 变量中的引用被复制给 cheese 变量。只有新的引用被创建并保存在 cheese 变量中，而非新的列表。请注意，两个引用都指向同一个列表。

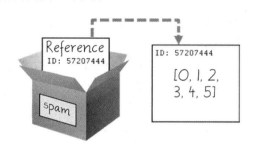

图 4-4　spam = [0, 1, 2, 3, 4, 5] 保存了对列表的引用，而非实际列表

当你改变 cheese 变量指向的列表时，spam 变量指向的列表也发生了改变，因为 cheese 变量和 spam 变量都指向同一个列表，如图 4-6 所示。

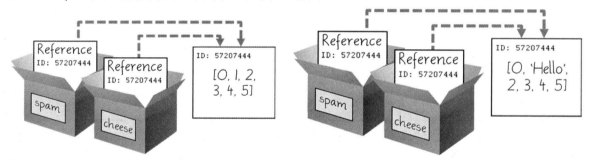

图 4-5　cheese =spam 复制了引用，而非列表　　图 4-6　cheese[1] = 'Hello!' 修改了两个变量指向的列表

虽然 Python 变量在技术上包含的是对值的引用，但人们通常说，该变量包含了该值。

4.7.1　标识和 id() 函数

你可能想知道，为什么上一节中的可变列表的奇怪行为不会发生在整数或字符串之类的不可变值上。我们可以利用 Python 的 `id()` 函数来理解这一点。Python 中的所有值都有一个唯一的标识，可以通过 `id()` 函数获得该标识。在交互式环境中输入以下内容：

```
>>> id('Howdy') # The returned number will be different on your machine.
44491136
```

当 Python 运行 `id('Howdy')` 时，它将在计算机的内存中创建 'Howdy' 字符串。`id()` 函数返回存储字符串的数字内存地址。Python 根据当时计算机上空闲的内存字节来选择此地址，因此每次运行此代码时，内存字节都会有所不同。

像所有字符串一样，`'Howdy'`是不可变的，无法更改。如果"更改"变量中的字符串，就会在内存中的其他位置创建新的字符串对象，并且该变量引用这个新字符串。例如，在交互式环境输入以下代码，并查看 `bacon` 引用的字符串的标识如何更改：

```
>>> bacon = 'Hello'
>>> id(bacon)
44491136
>>> bacon += ' world!'  # A new string is made from 'Hello' and ' world!'.
>>> id(bacon)  # bacon now refers to a completely different string.
44609712
```

可以修改列表，因为它们是可变对象。`append()`方法不会创建新的列表对象，它更改现有的列表对象，我们称之为"就地修改对象"：

```
>>> eggs = ['cat', 'dog']  # This creates a new list.
>>> id(eggs)
35152584
>>> eggs.append('moose')  # append() modifies the list "in place".
>>> id(eggs)  # eggs still refers to the same list as before.
35152584
>>> eggs = ['bat', 'rat', 'cow']  # This creates a new list, which has a new identity.
>>> id(eggs)  # eggs now refers to a completely different list.
44409800
```

如果两个变量引用同一列表（如上一节中的 `spam` 和 `cheese` 变量），并且列表值本身发生了变化，那么这两个变量都会受到影响。`append()`、`extend()`、`remove()`、`sort()`、`reverse()`和其他列表方法会就地修改其列表。

Python 的"自动垃圾收集器"会删除任何变量未引用的值，以释放内存。你无须了解垃圾收集器如何工作，这是一件好事：其他编程语言中的手动内存管理是常见的错误来源。

4.7.2　传递引用

要理解参数如何传递给函数，引用就特别重要。当函数被调用时，参数的值被复制给变元。对于列表（以及字典，我将在下一章中讨论），这意味着变元得到的是引用的复制。要了解这导致的后果，请打开一个新的文件编辑器窗口，输入以下代码，并保存为 passingReference.py：

```
def eggs(someParameter):
    someParameter.append('Hello')

spam = [1, 2, 3]
eggs(spam)
print(spam)
```

请注意，当 `eggs()` 函数被调用时，没有使用返回值来为 `spam` 变量赋新值。相反，它直接就地修改了该列表。在运行时，该程序产生的输出结果如下：

```
[1, 2, 3, 'Hello']
```

尽管 `spam` 和 `someParameter` 变量包含了不同的引用，但它们都指向相同的列表。这就是为什么函数内的 `append('Hello')`方法调用在函数调用返回后，仍然会对该列表产生影响。

请记住这种行为：如果在 Python 处理列表和字典变量时采用这种方式，可能会导致令人困惑的 bug。

4.7.3 copy 模块的 copy()和 deepcopy()函数

在处理列表和字典时，尽管传递引用常常是最方便的方法，但如果函数修改了传入的列表或字典，你可能不希望这些变动影响原来的列表或字典。要做到这一点，Python 提供了名为 copy 的模块，其中包含 copy() 和 deepcopy() 函数。copy.copy() 函数可以用来复制列表或字典这样的可变值，而不只是复制引用。在交互式环境中输入以下代码：

```
>>> import copy
>>> spam = ['A', 'B', 'C', 'D']
>>> id(spam)
44684232
>>> cheese = copy.copy(spam)
>>> id(cheese)   # cheese is a different list with different identity.
44685832
>>> cheese[1] = 42
>>> spam
['A', 'B', 'C', 'D']
>>> cheese
['A', 42, 'C', 'D']
```

现在 spam 和 cheese 变量指向独立的列表，这就是为什么当你将 42 赋给索引 1 时，只有 cheese 变量中的列表被改变。两个变量的引用 ID 数字不再一样，因为它们指向了独立的列表，如图 4-7 所示。

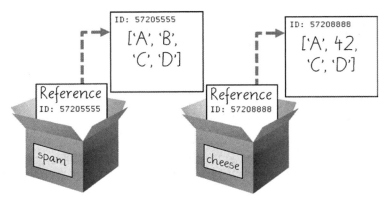

图 4-7　cheese = copy.copy(spam)创建了第二个列表，能独立于第一个列表修改

如果要复制的列表中包含了列表，那就使用 copy.deepcopy() 函数来代替。deepcopy() 函数将同时复制它们内部的列表。

4.8　小程序：Conway 的生命游戏

Conway 的"生命游戏"是细胞自动机的一个例子：一组规则控制由离散细胞组成的区域的行为。在实践中，它会创建一个漂亮的动画以供观看。你可以用方块作为细胞在方格纸上绘制每个步骤。实心方块是"活的"，空心方块是"死的"。如果一个活的方块与两个或 3 个活的方块为邻，它在下一步将还是活的。如果一个死的方块正好有 3 个活的邻居，那么下一步它就会是活的。所有其他方块在下一步都会死亡或保持死亡。图4-8所示为几个步骤进展的示例。

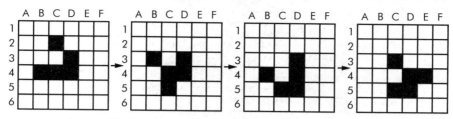

图4-8 Conway的"生命游戏"模拟中的4步

尽管规则很简单，但还是出现了许多令人惊讶的行为。Conway的"生命游戏"中的模式可以移动、自我复制甚至模仿CPU。但是，所有这些复杂、高级行为的基础，是一个相当简单的程序。

我们可以用列表的列表来表示二维的空间。内部列表表示方块的每一列，对于活的方块，存储一个'#'字符串；对于死的方块，存储一个' '空格字符串。在文件编辑器中输入以下源代码，并将文件另存为 conway.py。如果你不太理解所有代码的工作原理，也没问题，只需输入它，然后按照这里提供的注释和说明进行操作即可：

```python
# Conway's Game of Life
import random, time, copy
WIDTH = 60
HEIGHT = 20

# Create a list of list for the cells:
nextCells = []
for x in range(WIDTH):
    column = [] # Create a new column.
    for y in range(HEIGHT):
        if random.randint(0, 1) == 0:
            column.append('#') # Add a living cell.
        else:
            column.append(' ') # Add a dead cell.
    nextCells.append(column) # nextCells is a list of column lists.

while True: # Main program loop.
    print('\n\n\n\n\n') # Separate each step with newlines.
    currentCells = copy.deepcopy(nextCells)
    # Print currentCells on the screen:
    for y in range(HEIGHT):
        for x in range(WIDTH):
            print(currentCells[x][y], end='') # Print the # or space.
        print() # Print a newline at the end of the row.

    # Calculate the next step's cells based on current step's cells:
    for x in range(WIDTH):
        for y in range(HEIGHT):
            # Get neighboring coordinates:
            # '% WIDTH' ensures leftCoord is always between 0 and WIDTH - 1
            leftCoord  = (x - 1) % WIDTH
            rightCoord = (x + 1) % WIDTH
            aboveCoord = (y - 1) % HEIGHT
            belowCoord = (y + 1) % HEIGHT

            # Count number of living neighbors:
            numNeighbors = 0
```

```
            if   currentCells[leftCoord][aboveCoord]    ==    '#':
                numNeighbors += 1 # Top-left neighbor is alive.
            if   currentCells[x][aboveCoord]    ==    '#':
                numNeighbors += 1 # Top neighbor is alive.
            if   currentCells[rightCoord][aboveCoord]    ==    '#':
                numNeighbors += 1 # Top-right neighbor is alive.
            if currentCells[leftCoord][y] == '#':
                numNeighbors += 1 # Left neighbor is alive.
            if currentCells[rightCoord][y] == '#':
                numNeighbors += 1 # Right neighbor is alive.
            if   currentCells[leftCoord][belowCoord]    ==    '#':
                numNeighbors += 1 # Bottom-left neighbor is alive.
            if   currentCells[x][belowCoord]    ==    '#':
                numNeighbors += 1 # Bottom neighbor is alive.
            if   currentCells[rightCoord][belowCoord]    ==    '#':
                numNeighbors += 1 # Bottom-right neighbor is alive.

            # Set cell based on Conway's Game of Life rules:
            if currentCells[x][y] == '#' and (numNeighbors == 2 or numNeighbors == 3):
                # Living  cells  with  2  or  3  neighbors  stay  alive:
                nextCells[x][y]  =  '#'
            elif currentCells[x][y] == ' ' and numNeighbors == 3:
                # Dead cells with 3 neighbors become alive:
                nextCells[x][y]  =  '#'
            else:
                # Everything else dies or stays dead:
                nextCells[x][y] = ' '
    time.sleep(1)  #  Add  a  1-second  pause  to  reduce  flickering.
```

让我们从头开始逐行查看这段代码。

```
# Conway's Game of Life
import  random,  time,  copy
WIDTH = 60
HEIGHT  =  20
```

首先，我们导入包含所需函数的模块，所需函数为 `random.randint()`、`time.sleep()` 和 `copy.deepcopy()` 函数。

```
# Create a list of list for the cells:
nextCells = []
for x in range(WIDTH):
    column = [] # Create a new column.
    for y in range(HEIGHT):
        if random.randint(0, 1) == 0:
            column.append('#') # Add a living cell.
        else:
            column.append(' ') # Add a dead cell.
    nextCells.append(column) # nextCells is a list of column lists.
```

细胞自动机的第一步是完全随机的。我们需要创建一个列表的列表数据结构，来存储代表活细胞和死细胞的 '#' 和 ' ' 字符串，它们在列表的列表中的位置反映了它们在屏幕上的位置。每个内部列表代表一列细胞。`random.randint(0, 1)` 调用为细胞的活与死分别提供了平均 50% 的机会。

我们将列表的列表放在一个名为 `nextCells` 的变量中，因为在主程序循环中的第一步是将 `nextCells` 复制到 `currentCells` 中。对于我们的列表数据结构列表，x 坐标从左侧的 0 开始，向右增加；而 y 坐标从顶部的 0 开始，向下增加。因此，`nextCells[0][0]` 将代表屏幕左上方的细胞，而 `nextCells[1][0]` 则代表该细胞右侧的细胞，`nextCells[0][1]` 代表其下方的细胞。

```
while True:  # Main program loop.
    print('\n\n\n\n\n')  # Separate each step with newlines.
    currentCells = copy.deepcopy(nextCells)
```

主程序循环的每次迭代就是细胞自动机的一步。在每一步中，我们都将 nextCells 复制到 currentCells，在屏幕上输出 currentCells，然后利用 currentCells 中的细胞来计算 nextCells 中的细胞。

```
    # Print currentCells on the screen:
    for y in range(HEIGHT):
        for x in range(WIDTH):
            print(currentCells[x][y], end='')  # Print the # or space.
        print()  # Print a newline at the end of the row.
```

这些嵌套的 for 循环可确保我们在屏幕上输出整行细胞，然后在该行的末尾添加换行符。我们对 nextCells 中的每一行重复这个操作。

```
    # Calculate the next step's cells based on current step's cells:
    for x in range(WIDTH):
        for y in range(HEIGHT):
            # Get neighboring coordinates:
            # '% WIDTH' ensures leftCoord is always between 0 and WIDTH - 1
            leftCoord  = (x - 1) % WIDTH
            rightCoord = (x + 1) % WIDTH
            aboveCoord = (y - 1) % HEIGHT
            belowCoord = (y + 1) % HEIGHT
```

接下来，我们要用两个嵌套的 for 循环来计算下一步的每个细胞。细胞的生死状态取决于邻居，因此我们首先计算当前 x 和 y 坐标在左、右、上、下的细胞索引。

%取模运算符实现了"环绕"。最左边的 0 列中的细胞，左邻居是 0-1，即-1。要将它环绕到最右边一列的索引 59 上，我们计算(0 - 1) % WIDTH。由于 WIDTH 为 60，因此该表达式的计算结果为 59。这种取模环绕的技术也适用于右边、上边和下边的邻居。

```
            # Count number of living neighbors:
            numNeighbors = 0
            if currentCells[leftCoord][aboveCoord] == '#':
                numNeighbors += 1  # Top-left neighbor is alive.
            if currentCells[x][aboveCoord] == '#':
                numNeighbors += 1  # Top neighbor is alive.
            if currentCells[rightCoord][aboveCoord] == '#':
                numNeighbors += 1  # Top-right neighbor is alive.
            if currentCells[leftCoord][y] == '#':
                numNeighbors += 1  # Left neighbor is alive.
            if currentCells[rightCoord][y] == '#':
                numNeighbors += 1  # Right neighbor is alive.
            if currentCells[leftCoord][belowCoord] == '#':
                numNeighbors += 1  # Bottom-left neighbor is alive.
            if currentCells[x][belowCoord] == '#':
                numNeighbors += 1  # Bottom neighbor is alive.
            if currentCells[rightCoord][belowCoord] == '#':
                numNeighbors += 1  # Bottom-right neighbor is alive.
```

为了确定 nextCells[x][y] 上的细胞是存活还是死亡，我们需要计算 currentCells[x][y] 拥有的活邻居的数量。这一系列的 if 语句检查该细胞的 8 个邻居中的每个邻居，对于每个活邻居，向 numNeighbors 加 1。

```
    # Set cell based on Conway's Game of Life rules:
    if currentCells[x][y] == '#' and (numNeighbors == 2 or numNeighbors == 3):
        # Living cells with 2 or 3 neighbors stay alive:
        nextCells[x][y] = '#'
    elif currentCells[x][y] == ' ' and numNeighbors == 3:
        # Dead cells with 3 neighbors become alive:
        nextCells[x][y] = '#'
    else:
        # Everything else dies or stays dead:
        nextCells[x][y] = ' '
time.sleep(1) # Add a 1-second pause to reduce flickering.
```

既然知道了 `currentCells[x][y]` 处细胞的活邻居数，我们可以将 `nextCells[x][y]` 设置为 `'#'` 或 `' '`。在遍历所有可能的 *x* 和 *y* 坐标之后，该程序将通过调用 `time.sleep(1)` 暂停 1 秒。然后，程序执行返回到主程序循环的开始处，以继续下一步。

人们已经发现了几种模式，例如"滑翔机""螺旋桨"和"重量级飞船"。滑翔机模式每 4 步实现一次朝对角线方向的"移动"。你可以创建一个滑翔机，只要将 conway.py 程序中的以下行：

```
    if random.randint(0, 1) == 0:
```

替换为：

```
    if (x, y) in ((1, 0), (2, 1), (0, 2), (1, 2), (2, 2)):
```

通过搜索网络，你可以找到关于用 Conway 生命游戏生成的有趣模式的更多信息。你可以在 GitHub 的 asweigart 下的 Python stdioGames 上找到其他简短的、基于文本的 Python 程序，像这个程序一样。

4.9 小结

列表是有用的数据类型，因为它们可让你仅用一个变量来处理一组可以修改的值。在本书后面的章节中，你会看到一些程序利用列表来完成工作。没有列表，这些工作很困难，甚至不可能完成。

列表是可变的序列数据类型，这意味着它们的内容可以改变。元组和字符串虽然也是序列数据类型，在某些方面类似列表，却是不可变的，不能被修改。包含一个元组或字符串的变量，可以被一个新的元组或字符串覆写，但这和就地修改原来的值不是一回事，不像 `append()` 和 `remove()` 方法在列表上的效果。

变量不直接保存列表值，而是保存对列表的"引用"。在复制变量或将列表作为函数调用的参数时，这一点很重要。因为被复制的只是列表引用，所以要注意，对该列表的所有改动都可能影响到程序中的其他变量。如果需要修改一个变量中的列表，同时不修改原来的列表，就可以用 `copy()` 或 `deepcopy()` 函数。

4.10 习题

1. 什么是[]？
2. 如何将 `'hello'` 赋给列表的第三个值，而让列表保存在名为 `spam` 的变量中？（假定变量包含[2, 4, 6, 8, 10]。)

对接下来的 3 个问题，假定 spam 变量包含列表['a', 'b', 'c', 'd']。
3. spam[int('3' * 2) // 11]求值为多少？
4. spam[-1]求值为多少？
5. spam[:2]求值为多少？

对接下来的 3 个问题。假定 bacon 变量包含列表[3.14, 'cat', 11, 'cat', True]。
6. bacon.index('cat')求值为多少？
7. bacon.append(99)让 bacon 变量中的列表值变成什么样？
8. bacon.remove('cat')让 bacon 变量中的列表值变成什么样？
9. 连接和复制列表的操作符是什么？
10. append()和 insert()列表方法之间的区别是什么？
11. 从列表中删除值有哪两种方法？
12. 请说出列表值和字符串的几点相似之处。
13. 列表和元组之间的区别是什么？
14. 如果元组中只有一个整数值 42，如何输入该元组？
15. 如何从列表值得到元组形式？如何从元组值得到列表形式？
16. "包含"列表的变量，实际上并未直接包含列表。它们包含的是什么？
17. copy.copy()函数和 copy.deepcopy()函数之间的区别是什么？

4.11 实践项目

作为实践，编程完成下列任务。

4.11.1 逗号代码

假定有下面这样的列表：

```
spam = ['apples', 'bananas', 'tofu', 'cats']
```

编写一个函数，它以一个列表值作为参数，返回一个字符串。该字符串包含所有表项，表项之间以逗号和空格分隔，并在最后一个表项之前插入 and。例如，将前面的 spam 列表传递给函数，将返回'apples, bananas, tofu, and cats'，但你的函数应该能够处理传递给它的任何列表。

4.11.2 掷硬币的连胜

在本练习中，我们将尝试做一个实验。如果你掷硬币 100 次，并在每次正面时写下"H"，在每次反面时写下"T"，就会创建一个看起来像"TTTTHHHHTT"这样的列表。如果你要求一个人进行 100 次随机掷硬币，你可能会得到交替正反的结果，例如"HTHTHHHTHTTT"，(对人类而言)这看起来是随机的，但在数学上并不是随机的。即使极有可能发生在真正随机的硬币翻转中，人类也几乎永远不会写下连续 6 个正面或 6 个反面。可以预见，人类在随机性方面会很糟糕。

编写一个程序，查找随机生成的正面和反面列表中出现连续 6 个正面或 6 个反面的频率。你的程序将实验分为两部分：第一部分生成随机选择的"正面"和"反面"值的列表，第二部分检查其中是否有连胜。将所有这些代码放入一个循环中，重复该实验 10 000 次，这样我们就可以找出掷硬币中包含连续 6 个正面或反面的百分比。作为提示，函数调用 `random.randint(0,1)` 将在 50% 的时间返回 0 值，在另外 50% 的时间返回 1 值。

你可以从以下模板开始：

```
import random
numberOfStreaks = 0
for experimentNumber in range(10000):
    # Code that creates a list of 100 'heads' or 'tails' values.

    # Code that checks if there is a streak of 6 heads or tails in a row.
print('Chance of streak: %s%%' % (numberOfStreaks / 100))
```

当然，这只是一个估计，但是 10 000 是一个不错的样本量。一些数学知识可以为你提供准确的答案，并且可以节省编写程序的麻烦，但是有些程序员在数学方面稍弱。

4.11.3 字符图网格

假定有一个列表的列表，内层列表的每个值都是包含一个字符的字符串，像这样：

```
grid = [['.', '.', '.', '.', '.', '.'],
        ['.', 'O', 'O', '.', '.', '.'],
        ['O', 'O', 'O', 'O', '.', '.'],
        ['O', 'O', 'O', 'O', '.', '.'],
        ['.', 'O', 'O', 'O', 'O', '.'],
        ['.', 'O', 'O', 'O', 'O', '.'],
        ['O', 'O', 'O', 'O', '.', '.'],
        ['O', 'O', 'O', 'O', '.', '.'],
        ['.', 'O', 'O', '.', '.', '.'],
        ['.', '.', '.', '.', '.', '.']]
```

你可以认为 `grid[x][y]` 是一幅"图"在 x、y 坐标处的字符，该图由这些文本字符绘制而成。原点(0, 0)在左上角，向右 x 坐标增加，向下 y 坐标增加。

复制前面的网格值，编写代码用它输出图像：

```
..00.00..
.0000000.
.0000000.
..00000..
...000...
....0....
```

提示：你需要使用循环嵌套循环，输出 `grid[0][0]`，然后输出 `grid[1][0]`，然后输出 `grid[2][0]`，以此类推，直到输出 `grid[8][0]`。这就完成了第一行，所以接下来输出换行。然后程序将输出 `grid[0][1]`、输出 `grid[1][1]`、输出 `grid[2][1]`，以此类推。程序最后将输出 `grid[8][5]`。

如果你不希望在每次 `print()` 函数被调用后自动输出换行，记得向 `print()` 函数传递 `end` 关键字参数。

第 5 章 字典和结构化数据

在本章中,我将介绍字典数据类型,它提供了一种灵活的访问和组织数据的方式。然后,结合字典与第 4 章中关于列表的知识,本章将介绍如何创建一个数据结构以对井字棋盘建模。

视频讲解

5.1 字典数据类型

像列表一样,"字典"是许多值的集合。但不像列表的索引,字典的索引可以使用许多不同的数据类型,不只是整数。字典的索引被称为"键",键及其关联的值称为"键-值对"。

在代码中,字典输入时带花括号`{}`。在交互式环境中输入以下代码:

```
>>> myCat = {'size': 'fat', 'color': 'gray', 'disposition': 'loud'}
```

这将一个字典赋给`myCat`变量。这个字典的键是`'size'`、`'color'`和`'disposition'`。这些键相应的值是`'fat'`、`'gray'`和`'loud'`。可以通过它们的键访问这些值:

```
>>> myCat['size']
'fat'
>>> 'My cat has ' + myCat['color'] + ' fur.'
'My cat has gray fur.'
```

字典可以用整数值作为键,就像列表使用整数值作为索引一样,但它们不必从 0 开始,可以是任何数字:

```
>>> spam = {12345: 'Luggage Combination', 42: 'The Answer'}
```

5.1.1 字典与列表

不像列表,字典中的项是不排序的。在名为`spam`的列表中,第一个项是`spam[0]`。但字典中没有"第一个"项。虽然在确定两个列表是否相同时,表项的顺序很重要,但在字典中,键-值对输入的顺序并不重要。在交互式环境中输入以下代码:

```
>>> spam = ['cats', 'dogs', 'moose']
>>> bacon = ['dogs', 'moose', 'cats']
```

```
>>> spam == bacon
False
>>> eggs = {'name': 'Zophie', 'species': 'cat', 'age': '8'}
>>> ham = {'species': 'cat', 'age': '8', 'name': 'Zophie'}
>>> eggs == ham
True
```

因为字典是不排序的，所以不能像列表那样切片。

尝试访问字典中不存在的键，将出现 `KeyError` 错误信息。这很像列表的"越界"`IndexError` 错误信息。在交互式环境中输入以下代码，并注意显示的错误信息，因为没有 `'color'` 键：

```
>>> spam = {'name': 'Zophie', 'age': 7}
>>> spam['color']
Traceback (most recent call last):
  File "<pyshell#1>", line 1, in <module>
    spam['color']
KeyError: 'color'
```

尽管字典是不排序的，但可以用任意值作为键，这一点让你能够用强大的方式来组织数据。假定你希望程序保存朋友生日的数据，就可以使用一个字典，用名字作为键，用生日作为值。打开一个新的文件编辑器窗口，输入以下代码，并保存为 birthdays.py：

```
❶ birthdays = {'Alice': 'Apr 1', 'Bob': 'Dec 12', 'Carol': 'Mar 4'}

while True:
    print('Enter a name: (blank to quit)')
    name = input()
    if name == '':
        break

❷   if name in birthdays:
❸       print(birthdays[name] + ' is the birthday of ' + name)
    else:
        print('I do not have birthday information for ' + name)
        print('What is their birthday?')
        bday = input()
❹       birthdays[name] = bday
        print('Birthday database updated.')
```

可以在 https://autbor.com/bdaydb 上查看该程序的执行情况。你创建了一个初始的字典，将它保存在 `birthdays` 中❶。用 `in` 关键字，可以查看输入的名字是否作为键存在于字典中❷，就像查看列表一样。如果该名字在字典中，那么你可以用方括号访问关联的值❸。如果不在，那么你可以用同样的方括号语法和赋值操作符添加它❹。

运行这个程序，结果看起来如下所示：

```
Enter a name: (blank to quit)
Alice
Apr 1 is the birthday of Alice
Enter a name: (blank to quit)
Eve
I do not have birthday information for Eve
What is their birthday?
Dec 5
Birthday database updated.
Enter a name: (blank to quit)
```

```
Eve
Dec 5 is the birthday of Eve
Enter a name: (blank to quit)
```

当然,在程序终止时,你在这个程序中输入的所有数据都丢失了。在第 9 章中,你将学习如何将数据保存在硬盘的文件中。

Python 3.7 中排序的字典

在 Python 3.7 及更高版本中,尽管字典仍然没有排序,没有"第一个"键-值对,但是如果你在它们中创建序列值,字典将记住其键-值对的插入顺序。例如,请注意,在 eggs 和 ham 字典产生的列表中,项的顺序与输入顺序相同:

```
>>> eggs = {'name': 'Zophie', 'species': 'cat', 'age': '8'}
>>> list(eggs)
['name', 'species', 'age']
>>> ham = {'species': 'cat', 'age': '8', 'name': 'Zophie'}
>>> list(ham)
['species', 'age', 'name']
```

字典仍然是无序的,因为你无法用 eggs[0] 或 ham[2] 之类的整数索引访问其中的项。你不应该依赖这种行为,因为在旧版本的 Python 中,字典不记得键-值对的插入顺序。例如,当我在 Python 3.5 中运行这段代码时,请注意,列表与字典的键-值对的插入顺序不匹配:

```
>>> spam = {}
>>> spam['first key'] = 'value'
>>> spam['second key'] = 'value'
>>> spam['third key'] = 'value'
>>> list(spam)
['first key', 'third key', 'second key']
```

5.1.2 keys()、values()和 items()方法

有 3 个字典方法,它们将返回类似列表的值,分别对应于字典的键、值和键-值对:keys()、values()和 items()方法。这些方法返回的值不是真正的列表,它们不能被修改,没有 append()方法。但这些数据类型(分别是 dict_keys、dict_values 和 dict_items)可以用于 for 循环。为了了解这些方法的工作原理,请在交互式环境中输入以下代码:

```
>>> spam = {'color': 'red', 'age': 42}
>>> for v in spam.values():
...     print(v)

red
42
```

这里,for 循环迭代了 spam 字典中的每个值。for 循环也可以迭代每个键或者键-值对:

```
>>> for k in spam.keys():
...     print(k)

color
```

```
age
>>> for i in spam.items():
...     print(i)
('color', 'red')
('age', 42)
```

利用 `keys()`、`values()` 和 `items()` 方法，循环分别可以迭代键、值和键-值对。请注意，`items()` 方法返回的 `dict_items` 值包含的是键和值的元组。

如果希望通过这些方法得到一个真正的列表，就把类似列表的返回值传递给 `list()` 函数。在交互式环境中输入以下代码：

```
>>> spam = {'color': 'red', 'age': 42}
>>> spam.keys()
dict_keys(['color', 'age'])
>>> list(spam.keys())
['color', 'age']
```

`list(spam.keys())` 代码行接收 `keys()` 函数返回的 `dict_keys` 值，并传递给 `list()` 函数，然后返回一个列表，即 `['color', 'age']`。

也可以利用多重赋值的技巧，在 `for` 循环中将键和值赋给不同的变量。在交互式环境中输入以下代码：

```
>>> spam = {'color': 'red', 'age': 42}
>>> for k, v in spam.items():
...     print('Key: ' + k + ' Value: ' + str(v))
Key: age Value: 42
Key: color Value: red
```

5.1.3 检查字典中是否存在键或值

前一章提到，`in` 和 `not in` 操作符可以检查值是否存在于列表中。也可以利用这些操作符，检查某个键或值是否存在于字典中。在交互式环境中输入以下代码：

```
>>> spam = {'name': 'Zophie', 'age': 7}
>>> 'name' in spam.keys()
True
>>> 'Zophie' in spam.values()
True
>>> 'color' in spam.keys()
False
>>> 'color' not in spam.keys()
True
>>> 'color' in spam
False
```

请注意，在前面的例子中，`'color' in spam` 本质上是一个简写版本。相当于 `'color' in spam.keys()`。这种情况总是对的：如果想要检查一个值是否为字典中的键，就可以将关键字 `in`（或 `not in`）作用于该字典本身。

5.1.4 get() 方法

在访问一个键的值之前，检查该键是否存在于字典中，这很麻烦。好在字典有一个 `get()`

方法，它有两个参数，分别为要取得其值的键，以及当该键不存在时返回的备用值。

在交互式环境中输入以下代码：

```
>>> picnicItems = {'apples': 5, 'cups': 2}
>>> 'I am bringing ' + str(picnicItems.get('cups', 0)) + ' cups.'
'I am bringing 2 cups.'
>>> 'I am bringing ' + str(picnicItems.get('eggs', 0)) + ' eggs.'
'I am bringing 0 eggs.'
```

因为picnicItems字典中没有'eggs'键，所以get()方法返回的默认值是0。不使用get()方法，代码就会产生一个错误信息，就像下面的例子：

```
>>> picnicItems = {'apples': 5, 'cups': 2}
>>> 'I am bringing ' + str(picnicItems['eggs']) + ' eggs.'
Traceback (most recent call last):
  File "<pyshell#34>", line 1, in <module>
    'I am bringing ' + str(picnicItems['eggs']) + ' eggs.'
KeyError: 'eggs'
```

5.1.5 setdefault()方法

你常常需要为字典中的某个键设置一个默认值，当该键没有任何值时使用它。代码看起来像这样：

```
spam = {'name': 'Pooka', 'age': 5}
if 'color' not in spam:
    spam['color'] = 'black'
```

setdefault()方法提供了一种方式，可以在一行中完成这件事。传递给该方法的第一个参数是要检查的键，第二个参数是当该键不存在时要设置的值。如果该键确实存在，那么setdefault()方法就会返回键的值。在交互式环境中输入以下代码：

```
>>> spam = {'name': 'Pooka', 'age': 5}
>>> spam.setdefault('color', 'black')
'black'
>>> spam
{'color': 'black', 'age': 5, 'name': 'Pooka'}
>>> spam.setdefault('color', 'white')
'black'
>>> spam
{'color': 'black', 'age': 5, 'name': 'Pooka'}
```

第一次调用setdefault()方法时，spam变量中的字典变为{'color': 'black', 'age': 5, 'name': 'Pooka'}。该方法返回值'black'，因为现在该值被赋给键'color'。当spam.setdefault('color', 'white')接下来被调用时，该键的值没有被改变成'white'，因为spam变量已经有名为'color'的键了。

setdefault()方法是一个很好的快捷方式，可以确保有一个键存在。下面有一个小程序，可以计算一个字符串中每个字符出现的次数。打开一个文件编辑器窗口，输入以下代码，保存为characterCount.py：

```
message = 'It was a bright cold day in April, and the clocks were striking thirteen.'
count = {}
```

```
for character in message:
❶  count.setdefault(character, 0)
❷  count[character] = count[character] + 1
print(count)
```

可以在 https://autbor.com/setdefault 上查看该程序的执行情况。程序循环迭代 `message` 变量中的每个字符，以计算每个字符出现的次数。调用 `setdefault()` 方法❶确保了键存在于 `count` 字典中（默认值是 0），这样在执行 `count[character] = count[character] + 1` 时❷，就不会出现 `KeyError` 错误。程序运行时的输出结果如下：

```
{' ': 13, ',': 1, '.': 1, 'A': 1, 'I': 1, 'a': 4, 'c': 3, 'b': 1, 'e': 5, 'd': 3, 'g': 2, 'i': 6, 'h': 3, 'k': 2, 'l': 3, 'o': 2, 'n': 4, 'p': 1, 's': 3, 'r': 5, 't': 6, 'w': 2, 'y': 1}
```

从输出结果可以看到，小写字母 c 出现了 3 次，空格字符出现了 13 次，大写字母 A 出现了 1 次。无论 `message` 变量中包含什么样的字符串，这个程序都能工作，即使该字符串有上百万个字符。

5.2 美观地输出

如果程序导入了 `pprint` 模块，就可以使用 `pprint()` 和 `pformat()` 函数，它们将"美观地输出"一个字典的字。如果想要字典中项的显示比 `print()` 函数的输出结果更优雅，该功能就有用了。修改前面的 characterCount.py 程序，将它保存为 prettyCharacterCount.py：

```
import pprint
message = 'It was a bright cold day in April, and the clocks were striking thirteen.'
count = {}

for character in message:
    count.setdefault(character, 0)
    count[character] = count[character] + 1

pprint.pprint(count)
```

可以在 https://autbor.com/pprint/ 上查看该程序的执行情况。这一次，当程序运行时，输出结果看起来更优雅，键是排过序的：

```
{' ': 13,
 ',': 1,
 '.': 1,
 'A': 1,
 'I': 1,
 --snip--
 't': 6,
 'w': 2,
 'y': 1}
```

如果字典本身包含嵌套的列表或字典，那么 `pprint.pprint()` 函数就特别有用。

如果希望将美观的文本作为字符串输出，而不显示在屏幕上，那就调用 `pprint.pformat()` 函数。下面两行代码是等价的：

```
pprint.pprint(someDictionaryValue)
print(pprint.pformat(someDictionaryValue))
```

5.3 使用数据结构对真实世界建模

在因特网出现之前，人们也有办法与世界另一边的某人下一盘国际象棋。每个棋手在自己家里放好一个棋盘，然后轮流向对方寄出明信片，描述每一着棋。要做到这一点，棋手需要一种方法能无二义地描述棋盘的状态以及他们的着法。

在"代数记谱法"中，棋盘空间由数字和字母构成的坐标确定，如图5-1所示。

棋子用字母表示：K表示王，Q表示后，R表示车，B表示象，N表示马。要描述一次移动，可用棋子的字母和它的目的地坐标表示。一对这样的移动表示一个回合（白方先下），例如，棋谱2. Nf3 Nc6表明在棋局的第二回合，白方将马移动到f3，黑方将马移动到c6。

代数记谱法还有更多内容，要点是你可以用它无二义地描述国际象棋游戏，不需要站在棋盘前。你的对手甚至可以在世界的另一边。实际上，如果你的记忆力很好，甚至不需要使用物理的棋具：只需要阅读寄来的棋子移动信息，并更新心里想的棋盘。

计算机有很好的记忆力。现在计算机上的程序，很容易存储几百万个像'2. Nf3 Nc6'这样的字符串。这就是为什么计算机不用物理棋盘就能下国际象棋。它们用数据建模来表示棋盘，你可以编写代码来使用这个模型。

这里就可以用到列表和字典。例如，字典{'1h': 'bking', '6c':'queen','2g':'bishop', '5h': 'queen', '3e': 'waking'}可以表示图5-2所示的棋盘。

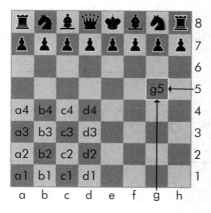

图5-1 代数记谱法中棋盘的坐标

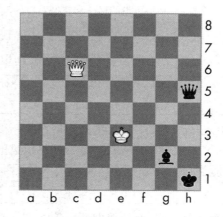

图5-2 用字典建模的棋盘{'1h': 'bking', '6c': 'queen', '2g': 'bishop', '5h': 'queen', '3e': 'waking'}

作为另一个例子，我们将使用比国际象棋简单一点的游戏：井字棋。

5.3.1 井字棋盘

井字棋盘看起来像一个大的井字符号（#），有9个空格，可以包含玩家X、玩家O或空格。要用字典表示井字棋盘，可以为每个格子分配一个字符串键，如图5-3所示。

可以用字符串值来表示，棋盘上每个格子有'X'、'O'或' '（空格字符）。因此，需要存储 9 个字符串。可以用一个字典来做这件事。带有键'top-R'的字符串表示右上角，带有键'low-L'的字符串表示左下角，带有键'mid-M'的字符串表示中间，以此类推。

这个字典就是表示井字棋盘的数据结构。将这个字典表示的井字棋盘保存在名为 theBoard 的变量中。打开一个文件编辑器窗口，输入以下代码，并保存为 ticTacToe.py：

```
theBoard = {'top-L': ' ', 'top-M': ' ', 'top-R': ' ',
            'mid-L': ' ', 'mid-M': ' ', 'mid-R': ' ',
            'low-L': ' ', 'low-M': ' ', 'low-R': ' '}
```

保存在 theBoard 变量中的数据结构表示了图 5-4 所示的井字棋盘。

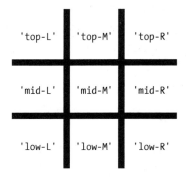 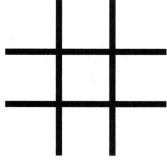

图 5-3　井字棋盘的格子和它们对应的键　　　　图 5-4　一个空的井字棋盘

因为 theBoard 变量中每个键的值都是单个空格字符，所以这个字典表示一个完全干净的棋盘。如果玩家 X 选择了中间的空格，就可以用下面这个字典来表示棋盘：

```
theBoard = {'top-L': ' ', 'top-M': ' ', 'top-R': ' ',
            'mid-L': ' ', 'mid-M': 'X', 'mid-R': ' ',
            'low-L': ' ', 'low-M': ' ', 'low-R': ' '}
```

theBoard 变量中的数据结构现在表示图 5-5 所示的井字棋盘。
在玩家 O 获胜的棋盘中，O 会横贯棋盘的顶部：

```
theBoard = {'top-L': 'O', 'top-M': 'O', 'top-R': 'O',
            'mid-L': 'X', 'mid-M': 'X', 'mid-R': ' ',
            'low-L': ' ', 'low-M': ' ', 'low-R': 'X'}
```

theBoard 变量中的数据结构现在表示图 5-6 所示的井字棋盘。

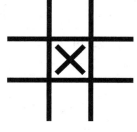 

图 5-5　第一着　　　　　　　　　　　图 5-6　玩家 O 获胜

当然，玩家只看到输出在屏幕上的内容，而不是变量的内容。让我们创建一个函数，将棋盘字典输出到屏幕上。将下面代码添加到 ticTacToe.py（新代码是黑体的）：

```
theBoard = {'top-L': ' ', 'top-M': ' ', 'top-R': ' ',
            'mid-L': ' ', 'mid-M': ' ', 'mid-R': ' ',
            'low-L': ' ', 'low-M': ' ', 'low-R': ' '}
def printBoard(board):
    print(board['top-L'] + '|' + board['top-M'] + '|' + board['top-R'])
    print('-+-+-')
    print(board['mid-L'] + '|' + board['mid-M'] + '|' + board['mid-R'])
    print('-+-+-')
    print(board['low-L'] + '|' + board['low-M'] + '|' + board['low-R'])
printBoard(theBoard)
```

可以在 https://autbor.com/tictactoe1/ 上查看该程序的执行情况。运行这个程序时，printBoard()函数将输出空白井字棋盘：

```
 | | 
-+-+-
 | | 
-+-+-
 | | 
```

printBoard()函数可以处理传入的任何井字棋盘数据结构。尝试将代码改成以下的样子：

```
theBoard = {'top-L': 'O', 'top-M': 'O', 'top-R': 'O', 'mid-L': 'X', 'mid-M':
'X', 'mid-R': ' ', 'low-L': ' ', 'low-M': ' ', 'low-R': 'X'}
def printBoard(board):
    print(board['top-L'] + '|' + board['top-M'] + '|' + board['top-R'])
    print('-+-+-')
    print(board['mid-L'] + '|' + board['mid-M'] + '|' + board['mid-R'])
    print('-+-+-')
    print(board['low-L'] + '|' + board['low-M'] + '|' + board['low-R'])
printBoard(theBoard)
```

可以在 https://autbor.com/tictactoe2/ 上查看该程序的执行情况。现在运行该程序，新棋盘将输出在屏幕上：

```
O|O|O
-+-+-
X|X|
-+-+-
 | |X
```

因为你创建了一个数据结构来表示井字棋盘，并编写了printBoard()函数来解释该数据结构，所以就有了一个程序来对井字棋盘进行"建模"。也可以用不同的方式组织数据结构（例如，使用'TOP-LEFT'这样的键来代替'top-L'）。只要代码能处理你的数据结构，那么该程序就能正确工作。

例如，使用printBoard()函数的前提是井字棋盘数据结构是一个字典，并包含全部的9个格子中的键。假如传入的字典缺少'mid-L'键，程序就不能工作了：

```
O|O|O
-+-+-
Traceback (most recent call last):
  File "ticTacToe.py", line 10, in <module>
```

```
    printBoard(theBoard)
  File "ticTacToe.py", line 6, in printBoard
    print(board['mid-L'] + '|' + board['mid-M'] + '|' + board['mid-R'])
KeyError: 'mid-L'
```

现在让我们添加代码，允许玩家输入他们的着法。修改 ticTacToe.py 程序，如下所示：

```
theBoard = {'top-L': ' ', 'top-M': ' ', 'top-R': ' ', 'mid-L': ' ', 'mid-M': '
', 'mid-R': ' ', 'low-L': ' ', 'low-M': ' ', 'low-R': ' '}

def printBoard(board):
    print(board['top-L'] + '|' + board['top-M'] + '|' + board['top-R'])
    print('-+-+-')
    print(board['mid-L'] + '|' + board['mid-M'] + '|' + board['mid-R'])
    print('-+-+-')
    print(board['low-L'] + '|' + board['low-M'] + '|' + board['low-R'])
turn = 'X'
for i in range(9):
❶ printBoard(theBoard)
    print('Turn for ' + turn + '. Move on which space?')
❷ move = input()
❸ theBoard[move] = turn
❹ if turn == 'X':
        turn = 'O'
    else:
        turn = 'X'
printBoard(theBoard)
```

可以在 https://autbor.com/tictactoe3/ 上查看该程序的执行情况。新的代码在每一步新的着法之前，输出棋盘❶，获取当前棋手的着法❷，并相应地更新棋盘❸。然后改变当前棋手❹，进入下一着。

运行该程序，它看起来像这样：

```
 | |
-+-+-
 | |
-+-+-
 | |
Turn for X. Move on which space?
mid-M
 | |
-+-+-
 |X|
-+-+-
 | |
--snip--
O|O|X
-+-+-
X|X|O
-+-+-
O| |X
Turn for X. Move on which space?
low-M
O|O|X
-+-+-
X|X|O
-+-+-
O|X|X
```

这不是一个完整的井字棋游戏（例如，它并不检查玩家是否获胜），但这已足够展示如何在程序中使用数据结构。

注意：如果你很好奇，完整的井字棋程序的源代码可以在网上找到。

5.3.2 嵌套的字典和列表

对井字棋盘建模相当简单：棋盘只需要一个字典，包含 9 个键-值对。当你对复杂的事物建模时，可能发现字典和列表中需要包含其他字典和列表。列表适用于包含一组有序的值，字典适用于包含关联的键与值。例如，下面的程序使用字典包含其他字典，用于记录谁为野餐带来了什么食物。`totalBrought()` 函数可以读取这个数据结构，计算所有客人带来的食物的总数。

```
allGuests = {'Alice': {'apples': 5, 'pretzels': 12},
             'Bob': {'ham sandwiches': 3, 'apples': 2},
             'Carol': {'cups': 3, 'apple pies': 1}}

def totalBrought(guests, item):
    numBrought = 0
❶   for k, v in guests.items():
❷       numBrought = numBrought + v.get(item, 0)
    return numBrought

print('Number of things being brought:')
print(' - Apples            ' + str(totalBrought(allGuests, 'apples')))
print(' - Cups              ' + str(totalBrought(allGuests, 'cups')))
print(' - Cakes             ' + str(totalBrought(allGuests, 'cakes')))
print(' - Ham Sandwiches    ' + str(totalBrought(allGuests, 'ham sandwiches')))
print(' - Apple Pies        ' + str(totalBrought(allGuests, 'apple pies')))
```

可以在 https://autbor.com/guestpicnic/ 上查看该程序的执行情况。在 `totalBrought()` 函数中，`for` 循环迭代 `guests` 中的每个键-值对❶。在这个循环里，客人的名字字符串赋给 `k`，他们带来的野餐食物的字典赋给 `v`。如果食物参数是字典中存在的键，那么它的值（数量）就被添加到 `numBrought`❷。如果它不是键，`get()` 方法就返回 0，被添加到 `numBrought`。

该程序的输出结果像这样：

```
Number of things being brought:
 - Apples 7
 - Cups 3
 - Cakes 0
 - Ham Sandwiches 3
 - Apple Pies 1
```

这似乎是对一个非常简单的东西建模，你可能认为不需要费事去写一个程序来做到这一点。但是要认识到，函数 `totalBrought()` 可以轻易地处理一个字典，其中可以包含数千名客人，每个人都带来了"数千种"不同的食物。用这种数据结构来保存信息，并使用 `totalBrought()` 函数，就会节约大量的时间。

你可以用自己喜欢的任何方法来用数据结构对事物建模，只要程序中的其他代码能够正确处理这个数据模型。在刚开始编程时，不需要太关心数据建模的"正确"方式。随着经验的增加，你可能会得到更有效的模型，重要的是该数据模型符合程序的需要。

5.4 小结

在本章中，你学习了字典的所有相关知识。列表和字典可以包含多个值，当然，可以包括其他列表和字典，它们本身也是一个值。字典是有用的，因为你可以把一些项（键）映射到另一些项（值），不像列表只包含一系列有序的值。字典中的值是通过方括号访问的，像列表一样。字典不使用整数索引，而是用各种数据类型如整型、浮点型、字符串或元组作为键。通过将程序中的值组织成数据结构，你可以创建真实世界事物的模型，井字棋盘就是这样一个例子。

5.5 习题

1. 空字典的代码是什么样的？
2. 一个字典包含键'fow'和值42，它看起来是什么样的？
3. 字典和列表的主要区别是什么？
4. 如果spam变量是{'bar': 100}，那么当你试图访问spam['foo']时，会发生什么？
5. 如果一个字典保存在spam变量中，那么表达式'cat' in spam和'cat' in spam.keys()之间的区别是什么？
6. 如果一个字典保存在spam变量中，那么表达式'cat' in spam和'cat' in spam.values()之间的区别是什么？
7. 下面代码的简洁写法是什么？

```
if 'color' not in spam:
    spam['color'] = 'black'
```

8. 什么模块和函数可以用于输出美观的字典值？

5.6 实践项目

作为实践，编程完成下列任务。

5.6.1 国际象棋字典验证器

在本章中，我们用字典值{'1h': 'bking', '6c': 'wqueen', '2g': 'bbishop', '5h': 'bqueen', '3e': 'wking'}代表棋盘。编写一个名为isValidChessBoard()的函数，该函数接收一个字典作为参数，根据棋盘是否有效，返回True或False。

一个有效的棋盘只有一个黑王和一个白王。每个玩家最多只能有16个棋子，最多8个兵，并且所有棋子必须位于从'1a'到'8h'的有效位置内；也就是说，棋子不能在位置'9z'上。棋子名称以'w'或'b'开头，代表白色或黑色；然后是'pawn'、'knight'、'bishop'、'rook'、 'queen'或'king'。如果出现了"棋盘不正确"的错误，这个函数应该能检测出来。

5.6.2 好玩游戏的物品清单

创建一个好玩的视频游戏。用于对玩家物品清单建模的数据结构是一个字典。其中键是字符串，用于描述清单中的物品；值是一个整型值，用于说明玩家有多少该物品。例如，字典值 `{'rope': 1, 'torch': 6, 'gold coin': 42, 'dagger': 1, 'arrow': 12}`意味着玩家有1条绳索、6个火把、42枚金币等。

编写一个名为displayInventory()的函数，它接收任何可能的物品清单，显示如下：

```
Inventory:
12 arrow
42 gold coin
1 rope
6 torch
1 dagger
Total number of items: 62
```

提示：你可以使用for循环遍历字典中所有的键。

```python
# inventory.py
stuff = {'rope': 1, 'torch': 6, 'gold coin': 42, 'dagger': 1, 'arrow': 12}

def displayInventory(inventory):
    print("Inventory:")
    item_total = 0
    for k, v in inventory.items():
        # FILL THIS PART IN
    print("Total number of items: " + str(item_total))

displayInventory(stuff)
```

5.6.3 列表到字典的函数，针对好玩游戏的物品清单

假设征服一条龙的战利品表示为下列的字符串列表：

```
dragonLoot = ['gold coin', 'dagger', 'gold coin', 'gold coin', 'ruby']
```

编写一个名为addToInventory(inventory, addedItems)的函数，其中inventory参数是一个字典，表示玩家的物品清单（像前面项目一样）；addedItems参数是一个列表，就像dragonLoot。

addToInventory()函数应该返回一个字典，表示更新过的物品清单。请注意，列表可以包含多个同样的项。你的代码看起来可能像这样：

```python
def addToInventory(inventory, addedItems):
    # your code goes here

inv = {'gold coin': 42, 'rope': 1}
dragonLoot = ['gold coin', 'dagger', 'gold coin', 'gold coin', 'ruby']
inv = addToInventory(inv, dragonLoot)
displayInventory(inv)
```

前面的程序（加上前一个项目中的 `displayInventory()` 函数）将输出如下结果：

```
Inventory:
45 gold coin
1 rope
1 ruby
1 dagger

Total number of items: 48
```

第 6 章　字符串操作

文本是程序需要处理的最常见的数据形式。你已经知道如何用+操作符连接两个字符串，但 Python 能做的事情比你知道的还要多得多。Python 可以从字符串中提取部分字符串，添加或删除空白字符，将字母转换成小写或大写，检查字符串的格式是否正确。你甚至可以编写 Python 代码访问剪贴板，复制或粘贴文本。

在本章中，你将学习以上所有内容和更多内容。然后你会看到两个不同的编程项目：一个是简单的剪贴板，它保存了多个文本字符串；另一个是将繁琐的文本格式化工作自动化。

6.1　处理字符串

让我们来看看 Python 提供的一些用于写入、输出和访问字符串的方法。

视频讲解

6.1.1　字符串字面量

在 Python 中输入字符串值相当简单：它们以单引号开始和结束。但是如何才能在字符串内使用单引号呢？输入'That is Alice's cat.'是不行的，因为 Python 认为这个字符串在 Alice 之后就结束了，剩下的（s cat.'）是无效的 Python 代码。好在，有几种方法来输入字符串。

双引号

字符串可以用双引号开始和结束，就像用单引号一样。使用双引号的一个好处就是字符串中可以使用单引号字符。在交互式环境中输入以下代码：

```
>>> spam = "That is Alice's cat."
```

因为字符串以双引号开始，所以 Python 知道单引号是字符串的一部分，而不是表示字符串的结束。但是，如果在字符串中既需要使用单引号，又需要使用双引号，那就要使用转义字符。

转义字符

"转义字符"可以让你输入一些字符，这些字符用其他方式是不可能放在字符串里的。转义字符包含一个倒斜杠（\），紧跟着是想要添加到字符串中的字符。（尽管它包含两个字符，但大家公认它是一个转义字符。）例如，单引号的转义字符是\'，你可以在以单引号开始和结束的字符串中使用它。为了查看转义字符的效果，在交互式环境中输入以下代码：

```
>>> spam = 'Say hi to Bob\'s mother.'
```

Python 知道，因为 Bob\'s 中的单引号前有一个倒斜杠，所以它不是表示字符串结束的单引号。转义字符\'和\"让你能在字符串中加入单引号和双引号。

表 6-1 列出了可用的转义字符。

表 6-1 转义字符

转义字符	输出为
\'	单引号
\"	双引号
\t	制表符
\n	换行符
\\	倒斜杠

在交互式环境中输入以下代码：

```
>>> print("Hello there!\nHow are you?\nI\'m doing fine.")
Hello there!
How are you?
I'm doing fine.
```

原始字符串

可以在字符串开始的引号之前加上 r，使它成为原始字符串。"原始字符串"完全忽略所有的转义字符，可输出字符串中所有的倒斜杠。例如，在交互式环境中输入以下代码：

```
>>> print(r'That is Carol\'s cat.')
That is Carol\'s cat.
```

因为这是原始字符串，所以 Python 认为倒斜杠是字符串的一部分，而不是转义字符的开始。如果输入的字符串包含许多倒斜杠，例如下一章中要介绍的正则表达式字符串，那么原始字符串就很有用。

用三重引号的多行字符串

虽然可以用\n 转义字符将换行符放入一个字符串，但使用多行字符串通常更容易。在 Python 中，多行字符串用 3 个单引号或 3 个双引号包围（开始和结尾处均有）。"三重引号"之间的所有引号、制表符或换行符，都被认为是字符串的一部分。Python 的代码块缩进规则不适用于多行字符串。

打开文件编辑器，输入以下代码：

```
print('''Dear Alice,

Eve's cat has been arrested for catnapping, cat burglary, and extortion.

Sincerely,
Bob''')
```

将该程序保存为 catnapping.py 并运行。输出结果看起来像这样：

```
Dear Alice,

Eve's cat has been arrested for catnapping, cat burglary, and extortion.

Sincerely,
Bob
```

请注意，Eve's 中的单引号字符不需要转义。在原始字符串中，转义单引号和双引号是可选的。下面的 `print()` 调用将输出同样的文本，但没有使用多行字符串：

```
print('Dear Alice,\n\nEve\'s cat has been arrested for catnapping, cat
burglary, and extortion.\n\nSincerely,\nBob')
```

多行注释

井号字符（#）用于单行注释，多行字符串常常用作多行注释。下面是完全有效的 Python 代码：

```python
"""This is a test Python program.
Written by Al Sweigart al@inventwithpython.com

This program was designed for Python 3, not Python 2.
"""

def spam():
    """This is a multiline comment to help
    explain what the spam() function does."""
    print('Hello!')
```

6.1.2 字符串索引和切片

字符串像列表一样，使用索引和切片。可以将字符串'Hello, world!'看成一个列表，字符串中的每个字符都是一个项，有对应的索引：

'	H	e	l	l	o	,		w	o	r	l	d	!	'
	0	1	2	3	4	5	6	7	8	9	10	11	12	

字符计数包含了空格和感叹号，所以'Hello, world!'有 13 个字符，H 的索引是 0，!的索引是 12。

在交互式环境中输入以下代码：

```
>>> spam = 'Hello, world!'
>>> spam[0]
'H'
>>> spam[4]
'o'
>>> spam[-1]
'!'
>>> spam[0:5]
'Hello'
>>> spam[:5]
'Hello'
>>> spam[7:]
'world!'
```

如果指定一个索引，你将得到字符串在该处的字符。如果用一个索引和另一个索引指定一个范围，开始索引将被包含，结束索引则不包含。因此，如果 spam 变量是 'Hello world!'，那么 spam[0:5] 就是 'Hello'。通过 spam[0:5] 得到的子字符串将包含 spam[0] 到 spam[4] 的全部内容，而不包含索引 5 处的逗号和索引 6 处的空格。这类似于 range(5) for 循环到 5（但不包括 5）。

请注意，字符串切片并没有修改原来的字符串。可以从一个变量中获取切片，记录在另一个变量中。在交互式环境中输入以下代码：

```
>>> spam = 'Hello, world!'
>>> fizz = spam[0:5]
>>> fizz
'Hello'
```

通过切片并将结果子字符串保存在另一个变量中，就可以同时拥有完整的字符串和子字符串，便于快速、简单地访问数据。

6.1.3 字符串的 in 和 not in 操作符

像列表一样，in 和 not in 操作符也可以用于字符串。用 in 或 not in 连接两个字符串得到的表达式，将求值为布尔值 True 或 False。在交互式环境中输入以下代码：

```
>>> 'Hello' in 'Hello, World'
True
>>> 'Hello' in 'Hello'
True
>>> 'HELLO' in 'Hello, World'
False
>>> '' in 'spam'
True
>>> 'cats' not in 'cats and dogs'
False
```

这些表达式测试第一个字符串（精确匹配，区分大小写）是否在第二个字符串中。

6.2 将字符串放入其他字符串

将字符串放入其他字符串是编程中的常见操作。到目前为止，我们一直在用+运算符和字符串连接来执行这种操作：

```
>>> name = 'Al'
>>> age = 4000
>>> 'Hello, my name is ' + name + '. I am ' + str(age) + ' years old.'
'Hello, my name is Al. I am 4000 years old.'
```

但是，这需要大量乏味的打字输入。一种更简单的方法是利用"字符串插值"，其中字符串内的%s 运算符充当标记，并由字符串后的值代替。字符串插值的好处之一是不必调用 str() 函数即可将值转换为字符串。在交互式环境中输入以下内容：

```
>>> name = 'Al'
>>> age = 4000
>>> 'My name is %s. I am %s years old.' % (name, age)
```

```
'My name is Al. I am 4000 years old.'
```

Python 3.6 引入了"f 字符串",该字符串与字符串插值类似,不同之处在于用花括号代替 %s,并将表达式直接放在花括号内。类似原始字符串,f 字符串在起始引号之前带有一个 f 前缀。在交互式环境中输入以下内容:

```
>>> name = 'Al'
>>> age = 4000
>>> f'My name is {name}. Next year I will be {age + 1}.'
'My name is Al. Next year I will be 4001.'
```

记住要包括 f 前缀,否则括号和它们的内容将成为字符串值的一部分,如下:

```
>>> 'My name is {name}. Next year I will be {age + 1}.'
'My name is {name}. Next year I will be {age + 1}.'
```

6.3 有用的字符串方法

一些字符串方法会分析字符串或生成转变过的字符串。本节将介绍这些方法,你会经常使用它们。

6.3.1 字符串方法 upper()、lower()、isupper()和 islower()

upper()和 lower()字符串方法返回一个新字符串,其中原字符串的所有字母都被相应地转换为大写或小写。字符串中的非字母字符保持不变。

在交互式环境中输入以下代码:

```
>>> spam = 'Hello, world!'
>>> spam = spam.upper()
>>> spam
'HELLO, WORLD!'
>>> spam = spam.lower()
>>> spam
'hello, world!'
```

请注意,这些方法没有改变字符串本身,而是返回一个新字符串。如果你希望改变原来的字符串,就必须在该字符串上调用 upper()或 lower()方法,然后将这个新字符串赋给保存原来字符串的变量。这就是为什么必须使用 spam = spam.upper(),才能改变 spam 变量中的字符串,而不是仅仅使用 spam.upper()(这就好比如果变量 eggs 中包含值 10,写下 eggs + 3 并不会改变 eggs 变量的值,但是 eggs = eggs + 3 会改变 eggs 变量的值)。

如果需要进行与大小写无关的比较,upper()和 lower()方法就很有用。字符串'great'和'GREat'彼此不相等。但在下面的小程序中,用户输入 Great、GREAT 或 grEAT 都没关系,因为字符串首先被转换成小写:

```
print('How are you?')
feeling = input()
if feeling.lower() == 'great':
    print('I feel great too.')
else:
    print('I hope the rest of your day is good.')
```

在运行该程序时，先显示问题，然后输入变形的 great，如 GREat，程序将输出 I feel great too。在程序中加入代码来处理多种用户输入或输入错误的情况，例如大小写不一致，这会让程序更容易使用，且更不容易失效：

```
How are you?
GREat
I feel great too.
```

可以在 https://autbor.com/convertlowercase/ 上查看该程序的执行情况。如果字符串中含有字母，并且所有字母都是大写或小写，那么 isupper() 和 islower() 方法就会相应地返回布尔值 True；否则，该方法返回 False。在交互式环境中输入以下代码，并注意每个方法调用的返回值：

```
>>> spam = 'Hello, world!'
>>> spam.islower()
False
>>> spam.isupper()
False
>>> 'HELLO'.isupper()
True
>>> 'abc12345'.islower()
True
>>> '12345'.islower()
False
>>> '12345'.isupper()
False
```

因为 upper() 和 lower() 字符串方法本身返回字符串，所以也可以在那些返回的字符串上继续调用字符串方法。使用这种方式编写的表达式看起来就像方法调用链。在交互式环境中输入以下代码：

```
>>> 'Hello'.upper()
'HELLO'
>>> 'Hello'.upper().lower()
'hello'
>>> 'Hello'.upper().lower().upper()
'HELLO'
>>> 'HELLO'.lower()
'hello'
>>> 'HELLO'.lower().islower()
True
```

6.3.2 isX()字符串方法

除了 islower() 和 isupper() 方法，还有几个字符串方法的名字以 is 开始。这些方法返回一个描述了字符串特点的布尔值。下面是一些常用的 isX() 字符串方法。

- isalpha() 方法，如果字符串只包含字母，并且非空，返回 True。
- isalnum() 方法，如果字符串只包含字母和数字，并且非空，返回 True。
- isdecimal() 方法，如果字符串只包含数字字符，并且非空，返回 True。
- isspace() 方法，如果字符串只包含空格、制表符和换行符，并且非空，返回 True。
- istitle() 方法，如果字符串仅包含以大写字母开头、后面都是小写字母的单词、数字或空格，返回 True。

在交互式环境中输入以下代码：

```
>>> 'hello'.isalpha()
True
>>> 'hello123'.isalpha()
False
>>> 'hello123'.isalnum()
True
>>> 'hello'.isalnum()
True
>>> '123'.isdecimal()
True
>>> ' '.isspace()
True
>>> 'This Is Title Case'.istitle()
True
>>> 'This Is Title Case 123'.istitle()
True
>>> 'This Is not Title Case'.istitle()
False
>>> 'This Is NOT Title Case Either'.istitle()
False
```

如果需要验证用户输入，那么 isX() 字符串方法是有用的。例如，下面的程序反复询问用户年龄和口令，直到他们提供有效的输入。打开一个新的文件编辑器窗口，输入以下程序，保存为 validateInput.py：

```
while True:
    print('Enter your age:')
    age = input()
    if age.isdecimal():
        break
    print('Please enter a number for your age.')

while True:
    print('Select a new password (letters and numbers only):')
    password = input()
    if password.isalnum():
        break
    print('Passwords can only have letters and numbers.')
```

在第一个 while 循环中，我们要求用户输入年龄，并将输入保存在 age 中。如果 age 是有效的值（数字），我们就跳出第一个 while 循环，转向第二个循环，询问口令；否则，我们告诉用户需要输入数字，并再次要求他们输入年龄。在第二个 while 循环中，我们要求用户输入口令，将用户的输入保存在 password 中。如果输入的是字母或数字，就跳出循环；如果不是，我们并不满意，则告诉用户口令必须是字母或数字，并再次要求他们输入口令。

该程序的输出结果如下：

```
Enter your age:
forty two
Please enter a number for your age.
Enter your age:
42
Select a new password (letters and numbers only):
secr3t!
Passwords can only have letters and numbers.
Select a new password (letters and numbers only):
```

```
secr3t
```

可以在 https://autbor.com/validateinput/ 上查看该程序的执行情况。在变量上调用 `isdecimal()` 和 `isalnum()` 方法，我们就能够测试保存在这些变量中的值是否为数字或字母。这里，这些方法帮助我们拒绝输入 `forty two`，接受输入 42，拒绝输入 `secr3t!`，接受输入 `secr3t`。

6.3.3 字符串方法 startswith() 和 endswith()

如果 `startswith()` 和 `endswith()` 方法所调用的字符串以该方法传入的字符串开始或结束，那么返回 `True`；否则返回 `False`。在交互式环境中输入以下代码：

```
>>> 'Hello, world!'.startswith('Hello')
True
>>> 'Hello, world!'.endswith('world!')
True
>>> 'abc123'.startswith('abcdef')
False
>>> 'abc123'.endswith('12')
False
>>> 'Hello, world!'.startswith('Hello, world!')
True
>>> 'Hello, world!'.endswith('Hello, world!')
True
```

如果只需要检查字符串的开始或结束部分是否等于另一个字符串，而不是整个字符串，这两个方法就可以替代等于操作符==，这很有用。

6.3.4 字符串方法 join() 和 split()

如果有一个字符串列表，需要将它们连接起来成为一个字符串，那么 `join()` 方法就很有用。`join()` 方法可在字符串上被调用，参数是一个字符串列表，返回一个字符串。返回的字符串由传入列表中的每个字符串连接而成。例如，在交互式环境中输入以下代码：

```
>>> ', '.join(['cats', 'rats', 'bats'])
'cats, rats, bats'
>>> ' '.join(['My', 'name', 'is', 'Simon'])
'My name is Simon'
>>> 'ABC'.join(['My', 'name', 'is', 'Simon'])
'MyABCnameABCisABCSimon'
```

请注意，调用 `join()` 方法的字符串被插入列表参数中每个字符串的中间。例如，如果在 `','` 字符串上调用 `join(['cats', 'rats', 'bats'])`，返回的字符串就是 `'cats, rats, bats'`。

要记住，`join()` 方法是针对一个字符串调用的，并且需要传入一个列表值（很容易不小心用其他的方式调用它）。`split()` 方法做的事情正好相反：它针对一个字符串调用，返回一个字符串列表。在交互式环境中输入以下代码：

```
>>> 'My name is Simon'.split()
['My', 'name', 'is', 'Simon']
```

默认情况下，字符串 `'My name is Simon'` 按照各种空白字符（诸如空格、制表符或换行符）分隔。这些空白字符不包含在返回列表的字符串中。也可以向 `split()` 方法传入一个分隔字符串，指定它按照不同的字符串分隔。例如，在交互式环境中输入以下代码：

```
>>> 'MyABCnameABCisABCSimon'.split('ABC')
['My', 'name', 'is', 'Simon']
>>> 'My name is Simon'.split('m')
['My na', 'e is Si', 'on']
```

一个常见的 split() 用法是按照换行符分隔多行字符串的。在交互式环境中输入以下代码：

```
>>> spam = '''Dear Alice,
How have you been? I am fine.
There is a container in the fridge
that is labeled "Milk Experiment".

Please do not drink it.
Sincerely,
Bob'''
>>> spam.split('\n')
['Dear Alice,', 'How have you been? I am fine.', 'There is a container in the
fridge', 'that is labeled "Milk Experiment".', '', 'Please do not drink it.',
'Sincerely,', 'Bob']
```

向 split() 方法传入参数 '\n'，按照换行符分隔变量中存储的多行字符串，然后返回列表中的每个表项（对应于字符串中的一行）。

6.3.5 使用 partition() 方法分隔字符串

partition() 字符串方法可以将字符串分成分隔符字符串前后的文本。这个方法在调用它的字符串中搜索传入的分隔符字符串，然后返回 3 个子字符串的元组，包含"之前的文本""分隔符"和"之后的文本"。在交互式环境中输入以下内容：

```
>>> 'Hello, world!'.partition('w')
('Hello, ', 'w', 'orld!')
>>> 'Hello, world!'.partition('world')
('Hello, ', 'world', '!')
```

如果传递给 partition() 方法的分隔符字符串在 partition() 调用的字符串中多次出现，则该方法仅在第一次出现处分隔字符串：

```
>>> 'Hello, world!'.partition('o')
('Hell', 'o', ', world!')
```

如果找不到分隔符字符串，则返回的元组中的第一个字符串将是整个字符串，而其他两个字符串为空：

```
>>> 'Hello, world!'.partition('XYZ')
('Hello, world!', '', '')
```

可以利用多重赋值技巧将 3 个返回的字符串赋给 3 个变量：

```
>>> before, sep, after = 'Hello, world!'.partition(' ')
>>> before
'Hello,'
>>> after
'world!'
```

每当你需要特定分隔符字符串之前的文本、该特定分隔符字符串以及它之后的部分时，都可以用 partition() 方法分隔字符串。

6.3.6 用 rjust()、ljust() 和 center() 方法对齐文本

rjust() 和 ljust() 字符串方法返回调用它们的字符串的填充版本，通过插入空格来对齐文本。这两个方法的第一个参数是一个整数，代表长度，用于对齐字符串。在交互式环境中输入以下代码：

```
>>> 'Hello'.rjust(10)
'     Hello'
>>> 'Hello'.rjust(20)
'               Hello'
>>> 'Hello World'.rjust(20)
'         Hello World'
>>> 'Hello'.ljust(10)
'Hello     '
```

'Hello'.rjust(10) 是说，我们希望右对齐，将 'Hello' 放在一个长度为 10 的字符串中。'Hello' 有 5 个字符，所以左边会加上 5 个空格，得到一个 10 个字符的字符串，实现 'Hello' 右对齐。

rjust() 和 ljust() 方法的第二个可选参数将指定一个填充字符，用于取代空格字符。在交互式环境中输入以下代码：

```
>>> 'Hello'.rjust(20, '*')
'***************Hello'
>>> 'Hello'.ljust(20, '-')
'Hello---------------'
```

center() 字符串方法与 ljust() 和 rjust() 字符串方法类似，但它让文本居中，而不是左对齐或右对齐。在交互式环境中输入以下代码：

```
>>> 'Hello'.center(20)
'       Hello        '
>>> 'Hello'.center(20, '=')
'=======Hello========'
```

如果需要输出表格式数据，并留出正确的空格，这些方法就特别有用。打开一个新的文件编辑器窗口，输入以下代码，并保存为 picnicTable.py：

```
def printPicnic(itemsDict, leftWidth, rightWidth):
    print('PICNIC ITEMS'.center(leftWidth + rightWidth, '-'))
    for k, v in itemsDict.items():
        print(k.ljust(leftWidth, '.') + str(v).rjust(rightWidth))

picnicItems = {'sandwiches': 4, 'apples': 12, 'cups': 4, 'cookies': 8000}
printPicnic(picnicItems, 12, 5)
printPicnic(picnicItems, 20, 6)
```

可以在 https://autbor.com/picnictable/ 上查看该程序的执行情况。在这个程序中，我们定义了 printPicnic() 方法，它接收一个信息的字典，并利用 center()、ljust() 和 rjust() 方法，以一种干净、对齐的表格形式显示这些信息。

我们传递给 printPicnic() 方法的字典是 picnicItems。在 picnicItems 中，我们有

4个三明治、12个苹果、4个杯子和8000块饼干。我们希望将这些信息组织成两列，项的名字在左边，数量在右边。

要做到这一点，就需要决定左列和右列的宽度。与字典一起，我们将这些值传递给`printPicnic()`方法。

`printPicnic()`方法接收一个字典，`leftWidth`表示表的左列宽度，`rightWidth`表示表的右列宽度。它输出标题`PICNIC ITEMS`，在表上方居中。然后它遍历字典，每行输出一个键-值对。键左对齐，填充圆点；值右对齐，填充空格。

在定义`printPicnic()`方法后，我们定义了字典`picnicItems`，并调用`printPicnic()`方法两次，传入表左右列的宽度。

运行该程序，表格就会显示两次。第一次左列宽度是12个字符，右列宽度是5个字符。第二次它们分别是20个和6个字符。代码如下：

```
---PICNIC ITEMS--
sandwiches..    4
apples......   12
cups........    4
cookies..... 8000
-------PICNIC ITEMS-------
sandwiches..........    4
apples..............   12
cups................    4
cookies............. 8000
```

利用`rjust()`、`ljust()`和`center()`方法能确保字符串对齐，即使你不清楚字符串有多少字符。

6.3.7 用strip()、rstrip()和lstrip()方法删除空白字符

有时候你希望删除字符串左边、右边或两边的空白字符（空格、制表符和换行符）。`strip()`字符串方法将返回一个新的字符串，它的开头和末尾都没有空白字符。`lstrip()`和`rstrip()`方法将相应删除左边或右边的空白字符。在交互式环境中输入以下代码：

```
>>> spam = '     Hello, World     '
>>> spam.strip()
'Hello, World'
>>> spam.lstrip()
'Hello, World     '
>>> spam.rstrip()
'     Hello, World'
```

`strip()`方法可带有一个可选的字符串参数，用于指定两边的哪些字符应该删除。在交互式环境中输入以下代码：

```
>>> spam = 'SpamSpamBaconSpamEggsSpamSpam'
>>> spam.strip('ampS')
'BaconSpamEggs'
```

向`strip()`方法传入参数`'ampS'`，告诉它在变量中存储的字符串两端，删除出现的a、m、p和大写的S。在传入`strip()`方法的字符串中，字符的顺序并不重要：`strip('ampS')`做的事情和`strip('mapS')`或`strip('Spam')`一样。

6.4 使用 ord()和 chr()函数的字符的数值

计算机将信息存储为字节(二进制数字串),这意味着我们要能够将文本转换为数字。因此,每个文本字符都有一个对应的数字值,称为"Unicode 代码点"。例如,数字代码点的 65 表示 'A',52 表示 '4',33 表示 '!'。可以用 ord()函数获取一个单字符字符串的代码点,用 chr()函数获取一个整数代码点的单字符字符串。在交互式环境中输入以下内容:

```
>>> ord('A')
65
>>> ord('4')
52
>>> ord('!')
33
>>> chr(65)
'A'
```

当你需要对字符进行数学运算或排序时,这两个函数非常有用:

```
>>> ord('B')
66
>>> ord('A') < ord('B')
True
>>> chr(ord('A'))
'A'
>>> chr(ord('A') + 1)
'B'
```

关于 Unicode 和代码点还有很多内容,但是这些细节不在本书的讨论范围之内。如果你想了解更多信息,建议观看 Ned Batchelder 在 2012 年的 PyCon 演讲 "*Pragmatic Unicode, or, How Do I Stop the Pain?*"。

6.5 用 pyperclip 模块复制粘贴字符串

`pyperclip` 模块有 `copy()` 和 `paste()` 函数,可以向计算机的剪贴板发送文本或从它接收文本。将程序的输出发送到剪贴板,使它很容易被粘贴到邮件、文字处理程序或其他软件中。

> **在 Mu 之外运行 Python 脚本**
>
> 到目前为止,你一直在使用 Mu 中的交互式环境和文件编辑器来运行 Python 脚本。但是,在每次运行一个脚本时都要打开 Mu 和 Python 脚本,这样不方便。好在,有一些快捷方式可以让你更容易地建立和运行 Python 脚本。这些步骤在 Windows 操作系统、macOS 和 Linux 操作系统上稍有不同,但每一种都在附录 B 中进行了描述。请翻到附录 B,学习如何方便地运行 Python 脚本,并能够向它们传递命令行参数。(使用 Mu 时,不能向程序传递命令行参数。)

`pyperclip` 模块不是 Python 自带的。要安装它,请参考附录 A 中安装第三方模块的指南。

安装 pyperclip 模块后，在交互式环境中输入以下代码：

```
>>> import pyperclip
>>> pyperclip.copy('Hello, world!')
>>> pyperclip.paste()
'Hello, world!'
```

当然，如果你的程序之外的某个程序改变了剪贴板的内容，那么 paste() 函数就会返回改后的内容。例如，如果我将这句话复制到剪贴板，然后调用 paste() 函数，看起来就会像这样：

```
>>> pyperclip.paste()
'For example, if I copied this sentence to the clipboard and then called paste(), it would look like this:'
```

6.6 项目：使用多剪贴板自动回复消息

如果你曾用类似的措辞回复大量的电子邮件，那么可能不得不完成很多重复的输入操作。也许你保留了包含这些措辞的文本文档，可以用剪贴板轻松地复制和粘贴它们。但是你的剪贴板一次只能存储一封邮件，这不是很方便。使用存储多种措辞的程序，我们可以让这个过程更容易些。

第 1 步：程序设计和数据结构

你希望用一个命令行参数来运行这个程序，该参数是一个关键字短语，例如 agree 或 busy。与这个关键字短语相关的消息将被复制到剪贴板，这样用户就能将它粘贴到电子邮件中。通过这种方式，用户可以发送很长而复杂的消息，又不需要重新输入它们。

> **本章项目**
>
> 这是本书的第一个"本章项目"。后续每章都会有一些项目，展示该章介绍的一些概念。这些项目的编写方式是：让你从一个空白的文件编辑器窗口开始，得到一个完整的、能工作的程序。就像交互式环境的例子一样，不要只阅读关于项目的小节，要在你的计算机上输入并运行。

打开一个新的文件编辑器窗口，将该程序保存为 mclip.py。程序开始需要有一个#!行（参见附录 B），并且应该写一些注释来简单描述该程序。因为你希望关联每一段文本和它对应的关键字短语，所以可以将这些作为字符串保存在字典中。字典将是组织你的关键字和文本的数据结构。让你的程序看起来像下面这样：

```
#! python3
# mclip.py - A multi-clipboard program.

TEXT = {'agree': """Yes, I agree. That sounds fine to me.""",
        'busy': """Sorry, can we do this later this week or next week?""",
        'upsell': """Would you consider making this a monthly donation?"""}
```

第 2 步：处理命令行参数

命令行参数将存储在变量 `sys.argv` 中（关于如何在程序中使用命令行参数，更多信息请参见附录 B）。`sys.argv` 变量的列表中的第一项总是一个字符串，它包含程序的文件名（`'mclip.py'`）。第二项应该是第一个命令行参数。对于这个程序，这个参数就是你想要的消息对应的关键字短语。因为命令行参数是必需的，所以如果用户忘记添加参数（也就是说，如果 `sys.argv` 变量的列表中少于两个值），就显示用法信息。让你的程序看起来像下面这样：

```python
#! python3
# mclip.py - A multi-clipboard program.

TEXT = {'agree': """Yes, I agree. That sounds fine to me.""",
        'busy': """Sorry, can we do this later this week or next week?""",
        'upsell': """Would you consider making this a monthly donation?"""}

import sys
if len(sys.argv) < 2:
    print('Usage: python mclip.py [keyphrase] - copy phrase text')
    sys.exit()

keyphrase = sys.argv[1]    # first command line arg is the keyphrase
```

第 3 步：复制正确的短语

既然账户名称已经作为字符串保存在变量 `keyphrase` 中，你就需要看看它是不是 TEXT 字典中的键。如果是，可利用 `pyperclip.copy()` 函数将该键的值复制到剪贴板（既然用到了 `pyperclip` 模块，就需要导入它）。请注意，实际上不需要 `keyphrase` 变量，你可以在程序中所有使用 `keyphrase` 的地方直接使用 `sys.argv[1]`。但名为 `keyphrase` 的变量更可读，不像是神秘的 `sys.argv[1]`。

让你的程序看起来像这样：

```python
#! python3
# mclip.py - A multi-clipboard program.

TEXT = {'agree': """Yes, I agree. That sounds fine to me.""",
        'busy': """Sorry, can we do this later this week or next week?""",
        'upsell': """Would you consider making this a monthly donation?"""}

import sys, pyperclip
if len(sys.argv) < 2:
    print('Usage: py mclip.py [keyphrase] - copy phrase text')
    sys.exit()

keyphrase = sys.argv[1]    # first command line arg is the keyphrase

if keyphrase in TEXT:
    pyperclip.copy(TEXT[keyphrase])
    print('Text for ' + keyphrase + ' copied to clipboard.')
else:
    print('There is no text for ' + keyphrase)
```

这段新代码可在 TEXT 字典中查找关键字短语。如果该关键字短语是字典中的键，那么我们就取得该键对应的值，并将它复制到剪贴板，然后输出一条消息，说我们已经复制了该值。否则，我们输出一条消息，说没有这个名称的关键字短语。

这就是完整的脚本。利用附录 B 中的指导来轻松地启动命令行程序，现在你就有了一种快速的方式来将消息复制到剪贴板。如果需要用新消息更新该程序，就必须修改源代码的 TEXT 字典中的值。

在 Windows 操作系统上，你可以创建一个批处理文件，利用快捷键 win-R 运行窗口来运行这个程序（关于批处理文件的更多信息，参见附录 B）。在文件编辑器中输入以下代码，将其保存为 mclip.bat，并放在 C:\Windows 目录下：

```
@py.exe C:\path_to_file\mclip.py %*
@pause
```

有了这个批处理文件，在 Windows 操作系统上运行多剪贴板程序，就只要按 win-R 快捷键，再输入 mclip <关键字短语>即可。

6.7 项目：在 Wiki 标记中添加无序列表

在编辑一篇维基百科的文章时，你可以创建一个无序列表，即让每个表项占据一行，并在前面放置一个星号。假设你有一个非常大的列表，希望在前面添加星号，你可以在每一行开始处输入这些星号，一行接一行；也可以用一小段 Python 脚本，将这个任务自动化。

bulletPointAdder.py 脚本将从剪贴板中取得文本，并在每一行开始处加上星号和空格，然后将这段新的文本贴回剪贴板。例如，如果我将下面的文本复制到剪贴板（取自维基百科的文章 "List of Lists of Lists"）：

```
Lists of animals
Lists of aquarium life
Lists of biologists by author abbreviation
Lists of cultivars
```

然后运行 bulletPointAdder.py 程序，剪贴板中就会包含下面的内容：

```
* Lists of animals
* Lists of aquarium life
* Lists of biologists by author abbreviation
* Lists of cultivars
```

这段前面加了星号的文本，就可以粘贴回维基百科的文章中，成为一个无序列表。

第 1 步：从剪贴板中复制和粘贴

你希望 bulletPointAdder.py 程序完成以下任务。
1. 从剪贴板粘贴文本。
2. 对它做一些处理。
3. 将新的文本复制到剪贴板。

第 2 个任务需要一点技巧，但第 1 个任务和第 3 个任务相当简单，它们只是利用了

pyperclip.copy()和pyperclip.paste()函数。现在，我们先写出第 1 个任务和第 3 个任务的代码部分。输入以下代码，将程序保存为 bulletPointAdder.py：

```
#! python3
# bulletPointAdder.py - Adds Wikipedia bullet points to the start
# of each line of text on the clipboard.

import pyperclip
text = pyperclip.paste()

# TODO: Separate lines and add stars.

pyperclip.copy(text)
```

TODO 注释是提醒你最后应该完成这部分程序。下一步实际上就是这个程序的实现部分。

第 2 步：分离文本中的行，并添加星号

调用 pyperclip.paste()函数将返回剪贴板上的所有文本，结果是一个大字符串。如果我们使用"List of Lists of Lists"的例子，保存在 text 中的字符串就像这样：

```
'Lists of animals\nLists of aquarium life\nLists of biologists by author abbreviation\nLists of cultivars'
```

在输出到剪贴板或从剪贴板粘贴时，该字符串中的\n 换行符让它能显示为多行。在这一个字符串中有许多"行"。想要在每一行开始处添加一个星号，你可以编写代码，查找字符串中每个\n 换行符，然后在它后面添加一个星号。但更容易的做法是，使用 split()方法得到一个字符串的列表，其中每个表项就是原来字符串中的一行，然后在列表中每个字符串前面添加星号。

让程序看起来像这样：

```
#! python3
# bulletPointAdder.py - Adds Wikipedia bullet points to the start
# of each line of text on the clipboard.

import pyperclip
text = pyperclip.paste()

# Separate lines and add stars.
lines = text.split('\n')
for i in range(len(lines)):    # loop through all indexes in the "lines" list
    lines[i] = '* ' + lines[i] # add star to each string in "lines" list

pyperclip.copy(text)
```

我们按换行符分隔文本，得到一个列表，其中每个表项是文本中的一行。我们将列表保存在 lines 中，然后遍历 lines 中的每个表项。对于每一行，我们在开始处添加一个星号和一个空格。现在 lines 中的每个字符串都以星号开始。

第 3 步：连接修改过的行

lines 列表现在包含修改过的行，每行都以星号开始。但 pyperclip.copy()函数需要一个字符串，而不是字符串的列表。要得到这个字符串，就要将 lines 传递给 join()方法，

连接列表中的字符串。让你的程序看起来像这样：

```python
#! python3
# bulletPointAdder.py - Adds Wikipedia bullet points to the start
# of each line of text on the clipboard.

import pyperclip
text = pyperclip.paste()

# Separate lines and add stars.
lines = text.split('\n')
for i in range(len(lines)):    # loop through all indexes for "lines" list
    lines[i] = '* ' + lines[i] # add star to each string in "lines" list
text = '\n'.join(lines)
pyperclip.copy(text)
```

运行这个程序，它将用新的文本取代剪贴板上的文本，新的文本每一行都以星号开始。现在程序完成了，可以在剪贴板中复制一些文本来试着运行它。

即使不需要自动化这样一个专门的任务，你也可能想要自动化某些其他类型的文本操作，如删除每行末尾的空格，或将文本转换成大写或小写。不论你的需求是什么，都可以使用剪贴板作为输入和输出。

6.8 小程序：Pig Latin

Pig Latin 是一种傻乎乎的、可伪造的语言，它会改变英语单词。如果单词以元音开头，就在单词末尾添加 yay。如果单词以辅音或辅音簇（例如 ch 或 gr）开头，那么该辅音或辅音簇会移至单词的末尾，然后加上 ay。

让我们编写一个 Pig Latin 程序，该程序将输出如下内容：

```
Enter the English message to translate into Pig Latin:
My name is AL SWEIGART and I am 4,000 years old.
Ymay amenay isyay ALYAY EIGARTSWAY andyay Iyay amyay 4,000 yearsyay oldyay.
```

该程序的工作原理是用本章介绍的方法更改字符串。在文件编辑器中输入以下源代码，并将文件另存为 pigLat.py：

```python
# English to Pig Latin
print('Enter the English message to translate into Pig Latin:')
message = input()

VOWELS = ('a', 'e', 'i', 'o', 'u', 'y')

pigLatin = [] # A list of the words in Pig Latin.
for word in message.split():
    # Separate the non-letters at the start of this word:
    prefixNonLetters = ''
    while len(word) > 0 and not word[0].isalpha():
        prefixNonLetters += word[0]
        word = word[1:]
    if len(word) == 0:
        pigLatin.append(prefixNonLetters)
        continue

    # Separate the non-letters at the end of this word:
```

```
    suffixNonLetters = ''
    while not word[-1].isalpha():
        suffixNonLetters +=  word[-1]
        word = word[:-1]

    # Remember if the word was in uppercase or title case.
    wasUpper = word.isupper()
    wasTitle = word.istitle()

    word = word.lower() # Make the word lowercase for translation.

    # Separate the consonants at the start of this word:
    prefixConsonants = ''
    while len(word) > 0 and not word[0] in VOWELS:
        prefixConsonants += word[0]
        word = word[1:]

    # Add the Pig Latin ending to the word:
    if prefixConsonants != '':
        word += prefixConsonants + 'ay'
    else:
        word += 'yay'

    # Set the word back to uppercase or title case:
    if wasUpper:
        word = word.upper()
    if wasTitle:
        word  =  word.title()

    # Add the non-letters back to the start or end of the word.
    pigLatin.append(prefixNonLetters + word + suffixNonLetters)

# Join all the words back together into a single string:
print(' '.join(pigLatin))
```

让我们逐行来看这段代码，从头开始：

```
# English to Pig Latin
print('Enter the English message to translate into Pig Latin:')
message = input()

VOWELS = ('a', 'e', 'i', 'o', 'u', 'y')
```

首先，要求用户输入英文文本以翻译成 Pig Latin。另外，创建一个常数，将每个小写的元音字母（和 y）保存为字符串元组。稍后将在程序中使用它。

接下来，创建 `pigLatin` 变量，用来存储翻译好的 Pig Latin 单词：

```
pigLatin = [] # A list of the words in Pig Latin.
for word in message.split():
    # Separate the non-letters at the start of this word:
    prefixNonLetters = ''
    while len(word) > 0 and not word[0].isalpha():
        prefixNonLetters += word[0]
        word = word[1:]
    if len(word) == 0:
        pigLatin.append(prefixNonLetters)
        continue
```

我们需要将每个单词单独作为一个字符串，因此调用 `message.split()` 方法以获得单词列表，并将其当作单独的字符串。字符串 'My name is AL SWEIGART and I am 4,000 years old.'会导致 split()方法返回['My','name','is','AL','SWEIGART','and','I', 'am','4,000','years','old.']。

我们需要删除每个单词开头和结尾的所有非字母字符，使得像'old.'这样的字符串转换为'oldyay.'，而不是'old.yay'。我们将这些非字母字符保存到名为 prefixNonLetters 的变量中。

```
# Separate the non-letters at the end of this word:
suffixNonLetters = ''
while not word[-1].isalpha():
    suffixNonLetters += word[-1]
    word = word[:-1]
```

在单词的第一个字符上调用 isalpha()方法的循环确定是否应该从单词中删除一个字符，并将其连接到 prefixNonLetters 的末尾。如果整个单词是由非字母字符组成的，例如'4,000'，那么我们可以简单地将其附加在 pigLatin 列表中，然后继续对下一个单词进行翻译。我们还需要保存单词字符串末尾的非字母字符。这段代码类似于上一个循环。

接下来，我们将确保程序能够记住该单词是全大写还是首字母大写，以便能够在将单词翻译成 Pig Latin 后将其恢复：

```
# Remember if the word was in uppercase or title case.
wasUpper = word.isupper()
wasTitle = word.istitle()

word = word.lower() # Make the word lowercase for translation.
```

对于 for 循环中的其余代码，我们将使用小写的 word。

要将 sweigart 这样的单词转换为 eigart-sway，我们需要删除单词开头的所有辅音：

```
# Separate the consonants at the start of this word:
prefixConsonants = ''
while len(word) > 0 and not word[0] in VOWELS:
    prefixConsonants += word[0]
    word = word[1:]
```

我们使用的循环类似于从单词开头删除非字母字符的循环，只是现在我们要提取辅音，并将其存储到名为 prefixConsonants 的变量中。

如果单词的开头有辅音，那么它们现在在 prefixConsonants 中，我们应该将该变量和字符串'ay'连接到单词的末尾。否则，我们可以假设单词以元音开头，此时只需要连接'yay'：

```
# Add the Pig Latin ending to the word:
if prefixConsonants != '':
    word += prefixConsonants + 'ay'
else:
    word += 'yay'
```

回想一下，我们使用 word = word.lower()将 word 设置为小写形式。如果单词最初是全大写或首字母大写的，那么这段代码会将单词转换回原来的大小写形式：

```
# Set the word back to uppercase or title case:
if wasUpper:
    word = word.upper()
if wasTitle:
```

```
            word = word.title()
```

在 `for` 循环的末尾，我们将该单词及其最初带有的任何非字母前缀或后缀附加到 `pigLatin` 列表中：

```
    # Add the non-letters back to the start or end of the word.
    pigLatin.append(prefixNonLetters + word + suffixNonLetters)

# Join all the words back together into a single string:
print(' '.join(pigLatin))
```

这个循环完成后，我们通过调用 `join()` 方法将字符串列表组合为一个字符串。这个字符串传递给 `print()`，并在屏幕上显示我们的 Pig Latin。

6.9 小结

文本是常见的数据形式，Python 自带了许多有用的字符串方法，用来处理保存在字符串中的文本。在你写的每个 Python 程序中，几乎都会用到索引、切片和字符串方法。

现在你写的程序不太复杂，因为它们没有图形用户界面，没有图像和彩色的文本。到目前为止，你都是在利用 `print()` 显示文本，利用 `input()` 让用户输入文本。但是，用户可以通过剪贴板快速输入大量的文本。这种功能提供了一种有用的编程方式，可以操作大量的文本。这些基于文本的程序可能没有闪亮的窗口或图形，但它们能很快完成大量有用的工作。

操作大量文本的另一种方式是直接从硬盘读写文件。在第 9 章中你将学习如何用 Python 来做到这一点。

这几乎涵盖了 Python 编程的所有基本概念。在本书后面的章节中，你将继续学习一些新概念，但现在你已经足够了解 Python，可以开始编写一些让任务自动化的有用程序了。如果你希望看到使用到目前为止所学的基本概念构建的简短的 Python 程序的集合，请在 GitHub 中搜索 asweigart/pythonstdiogames。尝试手动复制每个程序的源代码，然后进行一些修改，看看它们如何影响程序的行为。了解了程序的工作原理之后，请尝试从头开始创建程序。你无须完全重新创建源代码，只需要关注程序做了什么，而不需要关注程序是怎么做的。

你可能认为你还没有足够的 Python 知识来完成诸如下载网页、更新电子表格或发送文本消息之类的事情，但这就是 Python 模块的作用。这些由其他程序员编写的模块提供了一些函数，让你能轻松完成所有这些事情。因此，接下来让我们学习如何编写真实的程序来执行有用的自动化任务。

6.10 习题

1. 什么是转义字符？
2. 转义字符 \n 和 \t 代表什么？
3. 如何在字符串中放入一个倒斜杠字符 \？
4. 字符串 `"Howl's Moving Castle"` 是有效字符串。为什么单词中的单引号没有转义，却没有问题？

5. 如果你不希望在字符串中加入\n，该怎样写一个带有换行的字符串？
6. 下面的表达式分别求值为什么？
- `'Hello world!'[1]`
- `'Hello world!'[0:5]`
- `'Hello world!'[:5]`
- `'Hello world!'[3:]`
7. 下面的表达式分别求值为什么？
- `'Hello'.upper()`
- `'Hello'.upper().isupper()`
- `'Hello'.upper().lower()`
8. 下面的表达式分别求值为什么？
- `'Remember, remember, the fifth of November.'.split()`
- `'-'.join('There can be only one.'.split())`
9. 什么字符串方法能用于字符串右对齐、左对齐和居中？
10. 如何去掉字符串开始或末尾的空白字符？

6.11 实践项目

作为实践，编程完成下列任务。

6.11.1 表格输出

编写一个名为 `printTable()` 的函数，它接收字符串的列表的列表，并将列表显示在组织良好的表格中，每列右对齐。假定所有内层列表都包含同样数目的字符串。例如，该值可能看起来像这样：

```
tableData = [['apples', 'oranges', 'cherries', 'banana'],
             ['Alice', 'Bob', 'Carol', 'David'],
             ['dogs', 'cats', 'moose', 'goose']]
```

`printTable()` 函数将输出：

```
  apples Alice  dogs
 oranges Bob   cats
cherries Carol moose
  banana David goose
```

提示：你的代码首先必须找到每个内层列表中最长的字符串，这样整列就有足够的宽度以放下所有字符串。你可以将每一列的最大宽度保存为一个整数的列表。`printTable()` 函数的开始可以是 `colWidths = [0] * len(tableData)`，这创建了一个列表，它包含了一些0，数目与 `tableData` 中内层列表的数目相同。这样，`colWidths[0]` 就可以保存 `tableData[0]` 中最长字符串的宽度，`colWidths[1]` 就可以保存 `tableData[1]` 中最长字符串的宽度，以此类推。然后可以找到 `colWidths` 列表中最大的值，决定将什么整数宽度传递给 `rjust()` 字符串方法。

6.11.2 僵尸骰子机器人

"编程游戏"是一种游戏类型,玩家无须直接玩游戏,而是编写机器人程序来自主玩游戏。我创建了一个"僵尸骰子"模拟器,该程序可以让程序员在制作游戏 AI 时练习技能。僵尸骰子机器人可以很简单,也可以非常复杂,非常适合课堂练习或个人编程挑战。

僵尸骰子是 Steve Jackson 游戏公司提供的一款快速、有趣的骰子游戏。玩家是僵尸,他们试图尽可能多地吃掉人类的大脑,而不被击中 3 枪。杯子里有 13 个骰子,大脑、足迹和霰弹枪的图标贴在它们的面上。骰子图标带有颜色,每种颜色代表发生每种事件的可能性。每个骰子都有两个侧面是足迹,带有绿色图标的骰子表示有更多的大脑侧面,带有红色图标的骰子表示有更多的霰弹枪侧面,而带有黄色图标的骰子则有同样多的大脑和霰弹枪。每个玩家轮流执行以下操作。

1. 将 13 个骰子放入杯子中。玩家从杯子中随机抽取 3 个骰子,然后掷骰子。玩家总是正好掷 3 个骰子。

2. 将它们分开,数数大脑(被吃掉了大脑的人)和霰弹枪(反击的人)。累积 3 把霰弹枪会自动以零分结束玩家的这一轮(无论他们有多少大脑)。如果他们有 0~2 把霰弹枪,就可以根据需要继续掷骰子。他们还可以选择结束这一轮,每个大脑算一个积分。

3. 如果玩家决定继续掷骰子,则必须重新掷所有带足迹的骰子。请记住,玩家必须总是掷 3 个骰子。如果他们没有 3 个带足迹的骰子来掷,就必须从杯子中抽取更多骰子。玩家可能会继续掷骰子,直到他们得到 3 把霰弹枪(使所有物品丢失),或 13 个骰子都被掷出为止。玩家可能不会只重掷一个或两个骰子,也不会在重掷过程中停止。

4. 当某人达到 13 个大脑时,其余玩家也完成了这一局。大脑最多的玩家会赢。如果出现平局,平局的玩家将进行最后一局决胜局。

僵尸骰子具有"得寸进尺"的游戏机制:掷骰子的次数越多,你能获得的大脑就越多,但也越可能遇到 3 把霰弹枪而失去一切。一旦某个玩家达到 13 分,其余的玩家还有一轮(有可能追赶),游戏结束。得分最高的玩家获胜。你可以在 GitHub 中搜索 asweigart/zombiedice 来找到完整的规则。

按照附录 A 中的说明,通过 pip 安装 `zombiedice` 模块。你可以通过在交互式环境中运行以下命令以利用某些预置的机器人运行模拟器来演示:

```
>>> import zombiedice
>>> zombiedice.demo()
Zombie Dice Visualization is running. Open your browser to http://localhost:51810 to view it.
Press Ctrl-C to quit.
```

该程序将启动你的 Web 浏览器,如图 6-1 所示。

你将编写一个带有 `turn()` 方法的类来创建机器人,该方法在轮到掷骰子时会被模拟器调用。类超出了本书的范围,因此已经在 myZombie.py 程序中为你设置了类代码,该程序位于本书的可下载 ZIP 文件中。编写方法本质上与编写函数相同,并且你可以将 myZombie.py 程序中的 `turn()` 代码用作模板。在这个 `turn()` 方法中,你可以根据希望机器人掷骰子的次数,调用 `zombiedice.roll()` 函数。

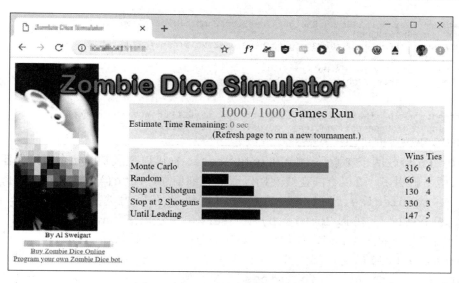

图 6-1 僵尸骰子模拟器的 Web GUI

程序代码如下:

```
import zombiedice

class MyZombie:
    def __init__(self, name):
        # All zombies must have a name:
        self.name = name

    def turn(self, gameState):
        # gameState is a dict with info about the current state of the game.
        # You can choose to ignore it in your code.

        diceRollResults = zombiedice.roll() # first roll
        # roll() returns a dictionary with keys 'brains', 'shotgun', and
        # 'footsteps' with how many rolls of each type there were.
        # The 'rolls' key is a list of (color, icon) tuples with the
        # exact roll result information.
        # Example of a roll() return value:
        # {'brains': 1, 'footsteps': 1, 'shotgun': 1,
        #  'rolls': [('yellow', 'brains'), ('red', 'footsteps'),
        #            ('green','shotgun')]}

        # REPLACE THIS ZOMBIE CODE WITH YOUR OWN:
        brains = 0
        while diceRollResults is not None:
            brains += diceRollResults['brains']

            if brains < 2:
                diceRollResults = zombiedice.roll() # roll again
            else:
                break

zombies = (
    zombiedice.examples.RandomCoinFlipZombie(name='Random'),
    zombiedice.examples.RollsUntilInTheLeadZombie(name='Until Leading'),
```

```
    zombiedice.examples.MinNumShotgunsThenStopsZombie(name='Stop at 2
Shotguns', minShotguns=2),
    zombiedice.examples.MinNumShotgunsThenStopsZombie(name='Stop at 1
Shotgun', minShotguns=1),
    MyZombie(name='My Zombie Bot'),
    # Add any other zombie players here.
)

# Uncomment one of the following lines to run in CLI or Web GUI mode:
#zombiedice.runTournament(zombies=zombies, numGames=1000)
zombiedice.runWebGui(zombies=zombies,  numGames=1000)
```

turn()方法接收两个参数：self 和 gameState。你可以在最初的几个僵尸机器人中忽略这些，如果想了解更多，可以查阅在线文档以获取详细信息。turn()方法针对初始掷骰子应至少调用一次 zombiedice.roll()。然后，根据机器人采用的策略，它可以多次调用 zombiedice.roll()。在 myZombie.py 中，turn()方法调用 zombiedice.roll()两次，这意味着无论掷骰子的结果如何，僵尸机器人总是会每轮掷两次骰子。

zombiedice.roll()的返回值告诉掷骰子的结果。它是一个字典，有 4 个键。其中的 3 个键'shotgun'、'brains'和'footsteps'的整数值表示产生这些图标的骰子有几个。第 4 个'rolls'键有一个值，是每次掷骰子的元组列表。这些元组包含两个字符串：骰子的颜色在索引 0 处，掷出的图标在索引 1 处。请将 turn()方法定义中的代码注释作为例子。如果该机器人已经掷出了 3 把霰弹枪，那么 zombiedice.roll()将返回 None。

尝试自己编写一些机器人来玩此游戏，看看它们与其他机器人相比如何。具体来说，请尝试创建以下机器人。

❑ 在第一掷之后会随机决定继续还是停止的机器人。
❑ 在掷出两个大脑后停止掷骰子的机器人。
❑ 在掷出两把霰弹枪后停止掷骰子的机器人。
❑ 开始就决定将骰子掷 1~4 次的机器人，但如果掷出两把霰弹枪，它将提前停止。
❑ 掷出的霰弹枪多于大脑后停止掷骰子的机器人。

通过模拟器运行这些机器人，并观察它们之间的比较结果，你还可以在 GitHub 搜索 asweigart/zombiedice 来查看一些预置机器人的代码。如果你碰巧在现实世界中玩这个游戏，那么你将受益于成千上万次游戏，这些经验会告诉你，最好的策略之一是一旦掷出两把霰弹枪就停止。但是，你总是可以得寸进尺。

Part 2

第二部分

自动化任务

本篇内容

- 第 7 章　模式匹配与正则表达式
- 第 8 章　输入验证
- 第 9 章　读写文件
- 第 10 章　组织文件
- 第 11 章　调试
- 第 12 章　从 Web 抓取信息
- 第 13 章　处理 Excel 电子表格
- 第 14 章　处理 Google 电子表格
- 第 15 章　处理 PDF 和 Word 文档
- 第 16 章　处理 CSV 文件和 JSON 数据
- 第 17 章　保持时间、计划任务和启动程序
- 第 18 章　发送电子邮件和短信
- 第 19 章　操作图像
- 第 20 章　用 GUI 自动化控制键盘和鼠标
- 附录 A　安装第三方模块
- 附录 B　运行程序

第 7 章　模式匹配与正则表达式

你可能熟悉文本查找，即按 Ctrl-F 快捷键，输入你要查找的词。"正则表达式"更进一步，它们让你指定要查找的文本"模式"。你也许不知道一家公司的准确电话号码，但如果你在美国或加拿大，你就知道它开头有 3 位数字，然后是一个短横线，然后是 4 位数字（有时候以 3 位区号开始）。因此作为一个美国人或加拿大人，看到一串数字就知道：415-555-1234 是电话号码，但 4155551234 不是。

我们每天还在识别各种其他文本模式：电子邮件地址中间有@符号，美国社会安全号有 9 位数和 2 个短横线，网站的 URL 通常有句点和正斜杠，新闻标题中单词的首字母大写，社交媒体上的话题以#开头且不包含空格等。

正则表达式很有用，但如果不是程序员，很少会有人了解它，尽管大多数现代文本编辑器和文字处理器（如微软的 Word 或 OpenOffice）有查找和替换功能，这些也可以根据正则表达式查找。正则表达式可以节约大量时间，不仅适用于软件用户，也适用于程序员。实际上，技术作家 Cory Doctorow 声称，应该在教授编程之前，先教授正则表达式。

"知道[正则表达式]可能意味着用 3 步解决一个问题，而不是用 3000 步。如果你是一个技术怪侠，别忘了你用几次按键就能解决的问题，其他人需要做数天的繁琐工作才能解决，而且他们容易犯错。"[1]

在本章中，你将从编写一个程序开始，先不用正则表达式来寻找文本模式，然后再使用正则表达式让代码变得简洁。我将使用正则表达式进行基本匹配，然后实现一些更强大的功能，如字符串替换，最后由你创建自己的字符类型。最后，在本章末尾，你将编写一个程序，实现从一段文本中自动提取电话号码和 E-mail 地址的功能。

视频讲解

7.1　不用正则表达式来查找文本模式

假设你希望在字符串中查找电话号码。你知道模式：3 个数字+一个短横线+3 个数字+一个短横线+4 个数字，如 415-555-4242。

假定我们用一个名为 `isPhoneNumber()` 的函数来检查字符串是否匹配模式，它返回 True

---

[1] Cory Doctorow, "Here's what ICT should really teach kids: how to do regular expressions," *Guardian*, December 4, 2012.

7.1 不用正则表达式来查找文本模式

或 False。打开一个新的文件编辑器窗口,输入以下代码,然后保存为 isPhoneNumber.py:

```
def isPhoneNumber(text):
❶   if len(text) != 12:
        return False
    for i in range(0, 3):
❷       if not text[i].isdecimal():
            return False
❸   if text[3] != '-':
        return False
    for i in range(4, 7):
❹       if not text[i].isdecimal():
            return False
❺   if text[7] != '-':
        return False
    for i in range(8, 12):
❻       if not text[i].isdecimal():
            return False
❼   return True

print('415-555-4242 is a phone number:')
print(isPhoneNumber('415-555-4242'))
print('Moshi moshi is a phone number:')
print(isPhoneNumber('Moshi moshi'))
```

运行该程序,输出结果像这样:

```
415-555-4242 is a phone number:
True
Moshi moshi is a phone number:
False
```

isPhoneNumber()函数进行了几项检查,看看 text 中的字符串是不是有效的电话号码。如果其中任意一项检查失败,函数就返回 False。函数首先检查该字符串是否刚好有 12 个字符❶。然后它检查区号(就是 text 中的前 3 个字符)是否只包含数字❷。函数剩下的部分检查该字符串是否符合电话号码的模式:号码必须在区号后出现第一个短横线❸,3 个数字❹,然后是另一个短横线❺,最后是 4 个数字❻。如果程序执行通过了所有的检查,它就返回 True❼。

用参数'415-555-4242'调用 isPhoneNumber()将返回 True。用参数'Moshi moshi'调用 isPhoneNumber()将返回 False,这项测试失败了,因为不是 12 个字符。

如果想在更长的字符串中寻找电话号码,就必须添加更多代码来寻找电话号码模式。用下面的代码替代 isPhoneNumber.py 中的最后 4 个 print()函数调用:

```
message = 'Call me at 415-555-1011 tomorrow. 415-555-9999 is my office.'
for i in range(len(message)):
❶   chunk = message[i:i+12]
❷   if isPhoneNumber(chunk):
        print('Phone number found: ' + chunk)
print('Done')
```

该程序运行时,输出结果看起来像这样:

```
Phone number found: 415-555-1011
Phone number found: 415-555-9999
```

Done

在 for 循环的每一次迭代中，取自 message 的一段新的 12 个字符被赋给变量 chunk❶。例如，在第一次迭代时，i 是 0，chunk 被赋值为 message[0:12]（即字符串 'Call me at 4'）。在下一次迭代时，i 是 1，chunk 被赋值为 message[1:13]（即字符串 'all me at 41'）。换言之，在 for 循环的每次迭代中，chunk 取以下的值：

- 'Call me at 4'
- 'all me at 41'
- 'll me at 415'
- 'l me at 415-'
- ……

将 chunk 传递给 isPhoneNumber()，看看它是否符合电话号码的模式❷。如果符合，就输出这段文本。

继续遍历 message，最终 chunk 中的 12 个字符会是一个电话号码。该循环遍历了整个字符串，测试了每一段 12 个字符，输出所有满足 isPhoneNumber() 的 chunk。当我们遍历完 message，就输出 Done。

虽然在这个例子中 message 中的字符串很短，但它也可能包含上百万个字符，程序运行仍然不需要 1 秒。使用正则表达式编写查找电话号码的类似程序，运行也不会超过 1 秒，但用正则表达式编写这类程序会快得多。

7.2　用正则表达式查找文本模式

前面的电话号码查找程序能工作，但它使用了很多代码，做的事却有限：isPhoneNumber() 函数有 17 行，但只能查找一种电话号码模式。像 415.555.4242 或（415）555-4242 这样的电话号码格式该怎么办呢？如果电话号码有分机，例如 415-555-4242 x99，该怎么办呢？isPhoneNumber() 函数在验证它们时会失败。你可以添加更多的代码来处理额外的模式，但还有更简单的方法。

正则表达式简称为 "regex"，是文本模式的描述方法。例如，\d 是一个正则表达式，表示一位数字字符，即任何一位 0~9 的数字。Python 使用正则表达式 \d\d\d-\d\d\d-\d\d\d\d 来匹配前面 isPhoneNumber() 函数匹配的同样文本：3 个数字、一个短横线、3 个数字、一个短横线、4 个数字。所有其他字符串都不能匹配 \d\d\d-\d\d\d-\d\d\d\d 正则表达式。

但正则表达式可以复杂得多。例如，在一个模式后加上花括号包围的 3（{3}），表示"匹配这个模式 3 次"。所以较短的正则表达式 \d{3}-\d{3}-\d{4} 也匹配正确的电话号码格式。

7.2.1　创建正则表达式对象

Python 中所有正则表达式的函数都在 re 模块中。在交互式环境中输入以下代码，导入该模块：

```
>>> import re
```

> 注意：本章后面的大多数例子需要使用re模块，因此要记得在你写的每个脚本开始处导入它，或在重新启动IDLE时导入它。否则，就会遇到错误信息NameError: name 're' is not defined。

向 re.compile() 传入一个字符串值，表示正则表达式，它将返回一个 Regex 模式对象（或者就简称为 "Regex 对象"）。

要创建一个 Regex 对象来匹配电话号码模式，就在交互式环境中输入以下代码（回忆一下，\d 表示"一个数字字符"，\d\d\d-\d\d\d-\d\d\d\d 是正确电话号码模式的正则表达式）：

```
>>> phoneNumRegex = re.compile(r'\d\d\d-\d\d\d-\d\d\d\d')
```

现在 phoneNumRegex 变量包含了一个 Regex 对象。

7.2.2 匹配 Regex 对象

Regex 对象的 search() 方法查找传入的字符串，以寻找该正则表达式的所有匹配。如果字符串中没有找到该正则表达式模式，那么 search() 方法将返回 None。如果找到了该模式，search() 方法将返回一个 Match 对象。Match 对象有一个 group() 方法，它返回被查找字符串中实际匹配的文本（稍后我会解释分组）。例如，在交互式环境中输入以下代码：

```
>>> phoneNumRegex = re.compile(r'\d\d\d-\d\d\d-\d\d\d\d')
>>> mo = phoneNumRegex.search('My number is 415-555-4242.')
>>> print('Phone number found: ' + mo.group())
Phone number found: 415-555-4242
```

变量名 mo 是一个通用的名称，用于 Match 对象。这个例子可能初看起来有点复杂，但它比前面的 isPhoneNumber.py 程序要短很多，并且做的事情一样。

这里，我们将期待的模式传递给 re.compile()，并将得到的 Regex 对象保存在 phoneNumRegex 中。然后我们在 phoneNumRegex 上调用 search()，向它传入想查找的字符串。查找的结果保存在变量 mo 中。在这个例子里，我们知道模式会在这个字符串中找到，因此我们知道会返回一个 Match 对象。知道 mo 包含一个 Match 对象，而不是空值 None，我们就可以在 mo 变量上调用 group()，返回匹配的结果。将 mo.group() 写在输出语句中以显示出完整的匹配，即 415-555-4242。

7.2.3 正则表达式匹配复习

在 Python 中使用正则表达式有以下几个步骤，每一步都相当简单。
1. 用 import re 导入正则表达式模块。
2. 用 re.compile() 函数创建一个 Regex 对象（记得使用原始字符串）。
3. 向 Regex 对象的 search() 方法传入想查找的字符串，它返回一个 Match 对象。
4. 调用 Match 对象的 group() 方法，返回实际匹配文本的字符串。

注意：虽然我鼓励你在交互式环境中输入示例代码，但你也应该利用基于网页的正则表达式来测试程序。它可以向你清楚地展示一个正则表达式如何匹配输入的一段文本。我推荐的测试程序位于Pythex网站。

7.3 用正则表达式匹配更多模式

既然你已知道用 Python 创建和查找正则表达式对象的基本步骤，就可以尝试实现一些更强大的模式匹配功能了。

7.3.1 利用括号分组

假定想要将区号从电话号码中分离，添加括号将在正则表达式中创建"分组"：(\d\d\d)-(\d\d\d-\d\d\d\d)。然后可以使用 group() 匹配对象方法，从一个分组中获取匹配的文本。

正则表达式字符串中的第一对括号是第 1 组，第二对括号是第 2 组。向 group() 匹配对象方法传入整数 1 或 2，就可以取得匹配文本的不同部分。向 group() 方法传入 0 或不传入参数，将返回整个匹配的文本。在交互式环境中输入以下代码：

```
>>> phoneNumRegex = re.compile(r'(\d\d\d)-(\d\d\d-\d\d\d\d)')
>>> mo = phoneNumRegex.search('My number is 415-555-4242.')
>>> mo.group(1)
'415'
>>> mo.group(2)
'555-4242'
>>> mo.group(0)
'415-555-4242'
>>> mo.group()
'415-555-4242'
```

如果想要一次就获取所有的分组，请使用 groups() 方法，注意函数名的复数形式：

```
>>> mo.groups()
('415', '555-4242')
>>> areaCode, mainNumber = mo.groups()
>>> print(areaCode)
415
>>> print(mainNumber)
555-4242
```

因为 mo.groups() 返回多个值的元组，所以你可以使用多重赋值的技巧，每个值赋给一个独立的变量，就像前面的代码行：areaCode, mainNumber = mo.groups()。

括号在正则表达式中有特殊的含义，如果你需要在文本中匹配括号，该怎么办呢？例如，你要匹配的电话号码可能将区号放在一对括号中。在这种情况下，就需要用倒斜杠对括号进行字符转义。在交互式环境中输入以下代码：

```
>>> phoneNumRegex = re.compile(r'(\(\d\d\d\)) (\d\d\d-\d\d\d\d)')
>>> mo = phoneNumRegex.search('My phone number is (415) 555-4242.')
>>> mo.group(1)
```

```
'(415)'
>>> mo.group(2)
'555-4242'
```

在传递给 re.compile() 的原始字符串中，\(和\)转义字符将匹配实际的括号字符。在正则表达式中，以下字符具有特殊含义：

| . | ^ | $ | * | + | ? | { | } | [|] | \ | | | (|) |

如果要检测包含这些字符的文本模式，那么就需要用倒斜杠对它们进行转义：

| \. | \^ | \$ | * | \+ | \? | \{ | \} | \[| \] | \\ | \| | \(| \) |

要确保在正则表达式中，没有将转义的括号\(和\)误作为括号(和)。如果你收到类似"missing)"或"unbalanced parenthesis"的错误信息，则可能是忘记了为分组添加转义的右括号，例如以下示例：

```
>>> re.compile(r'(\(Parentheses\)')
Traceback (most recent call last):
  --snip--
re.error: missing ), unterminated subpattern at position 0
```

这条错误信息告诉你，在 r'(\(Parentheses\)' 字符串的索引 0 处有一个左括号，但缺少对应的右括号。

7.3.2　用管道匹配多个分组

字符|称为"管道"，希望匹配许多表达式中的一个时，就可以使用它。例如，正则表达式 r'Batman|Tina Fey' 将匹配 'Batman' 或 'Tina Fey'。

如果 Batman 和 Tina Fey 都出现在被查找的字符串中，那么第一次出现的匹配文本将作为 Match 对象返回。在交互式环境中输入以下代码：

```
>>> heroRegex = re.compile (r'Batman|Tina Fey')
>>> mo1 = heroRegex.search('Batman and Tina Fey.')
>>> mo1.group()
'Batman'

>>> mo2 = heroRegex.search('Tina Fey and Batman.')
>>> mo2.group()
'Tina Fey'
```

注意：利用 findall() 方法可以找到"所有"匹配的地方，这将在7.5节"findall()方法"中讨论。

也可以使用管道来匹配多个模式中的一个，这些模式可作为正则表达式的一部分。例如，假设你希望匹配 'Batman'、'Batmobile'、'Batcopter' 和 'Batbat' 中的任意一个。因为这些字符串都以 Bat 开始，所以如果能够只指定一次前缀就很方便。这可以通过括号实现。在交互式环境中输入以下代码：

```
>>> batRegex = re.compile(r'Bat(man|mobile|copter|bat)')
>>> mo = batRegex.search('Batmobile lost a wheel')
>>> mo.group()
```

```
'Batmobile'
>>> mo.group(1)
'mobile'
```

方法调用 `mo.group()` 返回了完全匹配的文本 `'Batmobile'`，而 `mo.group(1)` 只是返回第一个括号分组内匹配的文本 `'mobile'`。使用管道字符和分组括号可以指定几种可选的模式，以让正则表达式去匹配。

如果需要匹配真正的管道字符，就用倒斜杠转义，即\|。

7.3.3 用问号实现可选匹配

有时候，想匹配的模式是可选的。就是说，不论这段文本在不在，正则表达式都会认为匹配。字符?表明它前面的分组在这个模式中是可选的。例如，在交互式环境中输入以下代码：

```
>>> batRegex = re.compile(r'Bat(wo)?man')
>>> mo1 = batRegex.search('The Adventures of Batman')
>>> mo1.group()
'Batman'

>>> mo2 = batRegex.search('The Adventures of Batwoman')
>>> mo2.group()
'Batwoman'
```

正则表达式中的(wo)?部分表明模式 wo 是可选的分组。在该正则表达式匹配的文本中，wo 将出现零次或一次。这就是为什么正则表达式既匹配`'Batwoman'`，又匹配`'Batman'`。

利用前面电话号码的例子，你可以让正则表达式寻找包含区号或不包含区号的电话号码。在交互式环境中输入以下代码：

```
>>> phoneRegex = re.compile(r'(\d\d\d-)?\d\d\d-\d\d\d\d')
>>> mo1 = phoneRegex.search('My number is 415-555-4242')
>>> mo1.group()
'415-555-4242'

>>> mo2 = phoneRegex.search('My number is 555-4242')
>>> mo2.group()
'555-4242'
```

你可以认为?是在说"匹配这个问号之前的分组零次或一次"。

如果需要匹配真正的问号字符，就使用转义字符\?。

7.3.4 用星号匹配零次或多次

*（星号）意味着"匹配零次或多次"，即星号之前的分组可以在文本中出现任意次。它可以完全不存在，也可以一次又一次地重复。让我们再来看看 Batman 的例子：

```
>>> batRegex = re.compile(r'Bat(wo)*man')
>>> mo1 = batRegex.search('The Adventures of Batman')
>>> mo1.group()
'Batman'

>>> mo2 = batRegex.search('The Adventures of Batwoman')
>>> mo2.group()
'Batwoman'
```

```
>>> mo3 = batRegex.search('The Adventures of Batwowowowoman')
>>> mo3.group()
'Batwowowowoman'
```

对于'Batman'，正则表达式的(wo)*部分匹配wo的零个实例。对于'Batwoman'，(wo)*匹配wo的一个实例。对于'Batwowowowoman'，(wo)*匹配wo的4个实例。

如果需要匹配真正的星号字符，就在正则表达式的星号字符前加上倒斜杠，即*。

7.3.5 用加号匹配一次或多次

*意味着"匹配零次或多次"，+（加号）则意味着"匹配一次或多次"。星号不要求分组出现在匹配的字符串中，但加号不同，加号前面的分组必须"至少出现一次"。这不是可选的。在交互式环境中输入以下代码，把它和前一小节的星号正则表达式进行比较：

```
>>> batRegex = re.compile(r'Bat(wo)+man')
>>> mo1 = batRegex.search('The Adventures of Batwoman')
>>> mo1.group()
'Batwoman'

>>> mo2 = batRegex.search('The Adventures of Batwowowowoman')
>>> mo2.group()
'Batwowowowoman'

>>> mo3 = batRegex.search('The Adventures of Batman')
>>> mo3 == None
True
```

正则表达式 Bat(wo)+man 不会匹配字符串'The Adventures of Batman'，因为加号要求wo至少出现一次。

如果需要匹配真正的加号字符，在加号前面加上倒斜杠实现转义，即\+。

7.3.6 用花括号匹配特定次数

如果想要一个分组重复特定次数，就在正则表达式中该分组的后面跟上花括号包围的数字。例如，正则表达式(Ha){3}将匹配字符串'HaHaHa'，但不会匹配'HaHa'，因为后者只重复了(Ha)分组两次。

除了一个数字，还可以指定一个范围，即在花括号中写下一个最小值、一个逗号和一个最大值。例如，正则表达式(Ha){3,5}将匹配'HaHaHa'、'HaHaHaHa'和'HaHaHaHaHa'。

也可以不写花括号中的第一个或第二个数字，表示不限定最小值或最大值。例如，(Ha){3,}将匹配3次或更多次实例，(Ha){,5}将匹配0~5次实例。花括号让正则表达式更简短。这两个正则表达式匹配同样的模式：

```
(Ha){3}
(Ha)(Ha)(Ha)
```

这两个正则表达式也匹配同样的模式：

```
(Ha){3,5}
((Ha)(Ha)(Ha))|((Ha)(Ha)(Ha)(Ha))|((Ha)(Ha)(Ha)(Ha)(Ha))
```

在交互式环境中输入以下代码：

```
>>> haRegex = re.compile(r'(Ha){3}')
>>> mo1 = haRegex.search('HaHaHa')
>>> mo1.group()
'HaHaHa'
```

```
>>> mo2 = haRegex.search('Ha')
>>> mo2 == None
True
```

这里，`(Ha){3}`匹配`'HaHaHa'`，但不匹配`'Ha'`。因为它不匹配`'Ha'`，所以`search()`返回`None`。

7.4 贪心和非贪心匹配

在字符串`'HaHaHaHaHa'`中，`(Ha){3,5}`可以匹配3个、4个或5个实例，但若用`(Ha){3,5}`去查找`'HaHaHaHaHa'`时，你会发现`Match`对象的`group()`调用只会返回`'HaHaHaHaHa'`，而不是更短的可能结果。毕竟`'HaHaHa'`和`'HaHaHaHa'`也能够有效地匹配正则表达式`(Ha){3,5}`。

Python 的正则表达式默认是"贪心"的，这表示在有二义的情况下，它们会尽可能匹配最长的字符串。花括号的"非贪心"（也称为"惰性"）版本尽可能匹配最短的字符串，即在结束的花括号后跟着一个问号。

在交互式环境中输入以下代码，在查找相同字符串时，注意花括号的贪心形式和非贪心形式之间的区别：

```
>>> greedyHaRegex = re.compile(r'(Ha){3,5}')
>>> mo1 = greedyHaRegex.search('HaHaHaHaHa')
>>> mo1.group()
'HaHaHaHaHa'
```

```
>>> nongreedyHaRegex = re.compile(r'(Ha){3,5}?')
>>> mo2 = nongreedyHaRegex.search('HaHaHaHaHa')
>>> mo2.group()
'HaHaHa'
```

请注意，问号在正则表达式中可能有两种含义：声明非贪心匹配或表示可选的分组。这两种含义是完全无关的。

7.5 findall()方法

除了 `search()`方法，Regex 对象还有一个 `findall()`方法。`search()`方法将返回一个 `Match` 对象，包含被查找字符串中的"第一次"匹配的文本；而 `findall()`方法将返回一组字符串，包含被查找字符串中的"所有"匹配文本。为了验证`search()`方法返回的 `Match` 对象只包含第一次出现的匹配文本，请在交互式环境中输入以下代码：

```
>>> phoneNumRegex = re.compile(r'\d\d\d-\d\d\d-\d\d\d\d')
>>> mo = phoneNumRegex.search('Cell: 415-555-9999 Work: 212-555-0000')
>>> mo.group()
'415-555-9999'
```

另一方面，`findall()`方法不是返回一个`Match`对象，而是返回一个字符串列表，条件是在正则表达式中没有分组。列表中的每个字符串都是一段被查找的文本，它匹配该正则表达式。在交互式环境中输入以下代码：

```
>>> phoneNumRegex = re.compile(r'\d\d\d-\d\d\d-\d\d\d\d') # has no groups
>>> phoneNumRegex.findall('Cell: 415-555-9999 Work: 212-555-0000')
['415-555-9999', '212-555-0000']
```

如果在正则表达式中有分组，那么`findall()`方法将返回元组的列表。每个元组表示一个找到的匹配，其中的项就是正则表达式中每个分组的匹配字符串。为了查看`findall()`方法的效果，请在交互式环境中输入以下代码（请注意，被编译的正则表达式现在有括号分组）：

```
>>> phoneNumRegex = re.compile(r'(\d\d\d)-(\d\d\d)-(\d\d\d\d)') # has groups
>>> phoneNumRegex.findall('Cell: 415-555-9999 Work: 212-555-0000')
[('415', '555', '9999'), ('212', '555', '0000')]
```

作为`findall()`方法的返回结果的总结，请记住下面两点。
- 如果在一个没有分组的正则表达式上调用，例如`\d\d\d-\d\d\d-\d\d\d\d`，`findall()`方法将返回一个匹配字符串的列表，例如`['415-555-9999', '212-555-0000']`。
- 如果在一个有分组的正则表达式上调用，例如`(\d\d\d)-(\d\d\d)- (\d\d\d\d)`，`findall()`方法将返回一个字符串的元组的列表（每个分组对应一个字符串），例如`[('415', '555', '9999'), ('212', '555', '0000')]`。

7.6 字符分类

在前面电话号码正则表达式的例子中，`\d`可以代表任何数字。也就是说，`\d`是正则表达式`(0|1|2|3|4|5|6|7|8|9)`的缩写。有许多这样的"缩写字符分类"，如表7-1所示。

表7-1 常用字符分类的缩写代码

缩写字符分类	表示
\d	0~9 的任何数字
\D	除 0~9 的数字以外的任何字符
\w	任何字母、数字或下划线字符（可以认为是匹配"单词"字符）
\W	除字母、数字和下划线以外的任何字符
\s	空格、制表符或换行符（可以认为是匹配"空白"字符）
\S	除空格、制表符和换行符以外的任何字符

字符分类对于缩短正则表达式很有用。字符分类`[0-5]`只匹配数字 0~5，这比输入`(0|1|2|3|4|5)`要短很多。请注意，虽然`\d`匹配数字，而`\w`匹配数字、字母和下划线，但是没有速记字符类仅匹配字母。（你可以使用`[a-zA-Z]`字符类匹配字母。）

例如，在交互式环境中输入以下代码：

```
>>> xmasRegex = re.compile(r'\d+\s\w+')
>>> xmasRegex.findall('12 drummers, 11 pipers, 10 lords, 9 ladies, 8 maids, 7 swans, 6 geese, 5 rings, 4 birds, 3 hens, 2 doves, 1 partridge')
```

```
['12 drummers', '11 pipers', '10 lords', '9 ladies', '8 maids', '7 swans', '6
geese', '5 rings', '4 birds', '3 hens', '2 doves', '1 partridge']
```

正则表达式\d+\s\w+匹配的文本有一个或多个数字(\d+)，然后是一个空白字符(\s)，接下来是一个或多个字母/数字/下划线字符(\w+)。findall()方法将返回所有匹配该正则表达式的字符串，并将其放在一个列表中。

7.7 建立自己的字符分类

有时候你想匹配一组字符，但缩写的字符分类（\d、\w、\s 等）太宽泛。这时候你可以用方括号定义自己的字符分类。例如，字符分类[aeiouAEIOU]将匹配所有元音字符，且不区分大小写。在交互式环境中输入以下代码：

```
>>> vowelRegex = re.compile(r'[aeiouAEIOU]')
>>> vowelRegex.findall('RoboCop eats baby food. BABY FOOD.')
['o', 'o', 'o', 'e', 'a', 'a', 'o', 'o', 'A', 'O', 'O']
```

也可以使用短横线表示字母或数字的范围。例如，字符分类[a-zA-Z0-9]将匹配所有小写字母、大写字母和数字。

请注意，在方括号内，普通的正则表达式符号不会被解释。这意味着你不需要在前面加上倒斜杠转义.、*、?或()字符。例如，字符分类将匹配数字 0~5 和一个句点，你不需要将它写成[0-5\.]。

在字符分类的左方括号后加上一个插入字符（^），就可以得到"非字符类"。非字符类将匹配不在这个字符类中的所有字符。例如，在交互式环境中输入以下代码：

```
>>> consonantRegex = re.compile(r'[^aeiouAEIOU]')
>>> consonantRegex.findall('RoboCop eats baby food. BABY FOOD.')
['R', 'b', 'c', 'p', ' ', 't', 's', ' ', 'b', 'b', 'y', ' ', 'f', 'd', '.', '
', 'B', 'B', 'Y', ' ', 'F', 'D', '.']
```

现在，程序不是匹配所有元音字符，而是匹配所有非元音字符。

7.8 插入字符和美元字符

可以在正则表达式的开始处使用插入符号（^），表明匹配必须发生在被查找文本开始处。类似地，可以在正则表达式的末尾加上美元符号（$），表示该字符串必须以这个正则表达式的模式结束。可以同时使用^和$，表明整个字符串必须匹配该模式，也就是说，只匹配该字符串的某个子集是不够的。

例如，正则表达式 r'^Hello'匹配以'Hello'开始的字符串。在交互式环境中输入以下代码：

```
>>> beginsWithHello = re.compile(r'^Hello')
>>> beginsWithHello.search('Hello world!')
<re. Match object; span=(0, 5), match='Hello'>
>>> beginsWithHello.search('He said hello.') == None
True
```

正则表达式 r'\d$' 匹配以数字 0~9 结束的字符串。在交互式环境中输入以下代码：

```
>>> endsWithNumber = re.compile(r'\d$')
>>> endsWithNumber.search('Your number is 42')
<re. Match object; span=(16, 17), match='2'>
>>> endsWithNumber.search('Your number is forty two.') == None
True
```

正则表达式 r'^\d+$' 匹配从开始到结束都是数字的字符串。在交互式环境中输入以下代码：

```
>>> wholeStringIsNum = re.compile(r'^\d+$')
>>> wholeStringIsNum.search('1234567890')
<re. Match object; span=(0, 10), match='1234567890'>
>>> wholeStringIsNum.search('12345xyz67890') == None
True
>>> wholeStringIsNum.search('12 34567890') == None
True
```

前面交互式脚本例子中的最后两次 `search()` 调用表明，如果使用了^和$，那么整个字符串必须匹配该正则表达式。

因为我总是会混淆这两个符号的含义，所以我使用助记法 "Carrots cost dollars"，提醒我插入符号在前面，美元符号在后面。

7.9 通配字符

在正则表达式中，.（句点）字符称为"通配字符"。它匹配换行符之外的所有字符。例如，在交互式环境中输入以下代码：

```
>>> atRegex = re.compile(r'.at')
>>> atRegex.findall('The cat in the hat sat on the flat mat.')
['cat', 'hat', 'sat', 'lat', 'mat']
```

要记住，句点字符只匹配一个字符，这就是为什么在上面的例子中，对于文本 `flat`，只匹配 `lat`。要匹配真正的句点，就使用倒斜杠转义，即\.。

7.9.1 用点-星匹配所有字符

有时候想要匹配所有字符串。例如，假定想要匹配字符串`'First Name:'`，接下来是任意文本，再接下来是`'Last Name:'`，然后又是任意文本。可以用点-星（.*）表示"任意文本"。回忆一下，句点字符表示"换行符外的所有单个字符"，星号字符表示"前面字符出现零次或多次"。

在交互式环境中输入以下代码：

```
>>> nameRegex = re.compile(r'First Name: (.*) Last Name: (.*)')
>>> mo = nameRegex.search('First Name: Al Last Name: Sweigart')
>>> mo.group(1)
'Al'
>>> mo.group(2)
'Sweigart'
```

点-星使用"贪心"模式：它总是匹配尽可能多的文本。要用"非贪心"模式匹配所有文本，就使用点-星和问号，像和大括号一起使用时那样，问号告诉 Python 用非贪心模式匹配。

在交互式环境中输入以下代码，看看贪心模式和非贪心模式的区别：

```
>>> nongreedyRegex = re.compile(r'<.*?>')
>>> mo = nongreedyRegex.search('<To serve man> for dinner.>')
>>> mo.group()
'<To serve man>'

>>> greedyRegex = re.compile(r'<.*>')
>>> mo = greedyRegex.search('<To serve man> for dinner.>')
>>> mo.group()
'<To serve man> for dinner.>'
```

两个正则表达式都可以翻译成"匹配一个左尖括号，接下来是任意字符，然后是一个右尖括号"。但是字符串'<To serve man> for dinner.>'对右尖括号有两种可能的匹配。在非贪心的正则表达式中，Python 匹配最短可能的字符串：'<To serve man>'。在贪心的正则表达式中，Python 匹配最长可能的字符串：'<To serve man> for dinner.>'。

7.9.2　用句点字符匹配换行符

点-星将匹配换行符外的所有字符。传入 re.DOTALL 作为 re.compile() 的第二个参数，可以让句点字符匹配所有字符，包括换行符。

在交互式环境中输入以下代码：

```
>>> noNewlineRegex = re.compile('.*')
>>> noNewlineRegex.search('Serve the public trust.\nProtect the innocent.
\nUphold the law.').group()
'Serve the public trust.'

>>> newlineRegex = re.compile('.*', re.DOTALL)
>>> newlineRegex.search('Serve the public trust.\nProtect the innocent.
\nUphold the law.').group()
'Serve the public trust.\nProtect the innocent.\nUphold the law.'
```

正则表达式 noNewlineRegex 在创建时没有向 re.compile() 传入 re.DOTALL，它将匹配所有字符，直到出现第一个换行符。但是，newlineRegex 在创建时向 re.compile() 传入了 re.DOTALL，它将匹配所有字符。这就是为什么 newlineRegex.search() 匹配完整的字符串，包括其中的换行符。

7.10　正则表达式符号复习

本章介绍了许多表示法，这里快速复习一下学到的内容。
- ?匹配零次或一次前面的分组。
- *匹配零次或多次前面的分组。
- +匹配一次或多次前面的分组。
- {n}匹配 n 次前面的分组。
- {n,}匹配 n 次或更多次前面的分组。
- {,m}匹配零次到 m 次前面的分组。

- ❏ {n,m}匹配至少 *n* 次、至多 *m* 次前面的分组。
- ❏ {n,m}?、*?或+?对前面的分组进行非贪心匹配。
- ❏ ^spam 意味着字符串必须以 spam 开始。
- ❏ spam$意味着字符串必须以 spam 结束。
- ❏ .匹配所有字符，换行符除外。
- ❏ \d、\w 和\s 分别匹配数字、单词和空格。
- ❏ \D、\W 和\S 分别匹配数字、单词和空格外的所有字符。
- ❏ [abc]匹配方括号内的任意字符（如 *a*、*b* 或 *c*）。
- ❏ [^abc]匹配不在方括号内的任意字符。

7.11　不区分大小写的匹配

通常，正则表达式用你指定的大小写匹配文本。例如，下面的正则表达式匹配完全不同的字符串：

```
>>> regex1 = re.compile('RoboCop')
>>> regex2 = re.compile('ROBOCOP')
>>> regex3 = re.compile('robOcop')
>>> regex4 = re.compile('RobocOp')
```

但是，有时候你只关心匹配的字母，不关心它们是大写还是小写。要让正则表达式不区分大小写，可以向 re.compile()传入 re.IGNORECASE 或 re.I 作为第二个参数。在交互式环境中输入以下代码：

```
>>> robocop = re.compile(r'robocop', re.I)
>>> robocop.search('RoboCop is part man, part machine, all cop.').group()
'RoboCop'

>>> robocop.search('ROBOCOP protects the innocent.').group()
'ROBOCOP'

>>> robocop.search('Al, why does your programming book talk about robocop so much?').group()
'robocop'
```

7.12　用 sub()方法替换字符串

正则表达式不仅能找到文本模式，而且能够用新的文本替换掉这些模式。Regex 对象的 sub()方法需要传入两个参数。第一个参数是一个字符串，用于替换发现的匹配。第二个参数是一个字符串，即正则表达式。sub()方法返回替换完成后的字符串。

例如，在交互式环境中输入以下代码：

```
>>> namesRegex = re.compile(r'Agent \w+')
>>> namesRegex.sub('CENSORED', 'Agent Alice gave the secret documents to Agent Bob.')
'CENSORED gave the secret documents to CENSORED.'
```

有时候，你可能需要使用匹配的文本本身作为替换的一部分。在 sub()方法的第一个参数中，可以输入\1、\2、\3，表示"在替换中输入分组 1、2、3 的文本"。

例如，假定想要隐去某些人的姓名，只显示他们姓名的第一个字母。要做到这一点，可以使用正则表达式 Agent (\w)\w*，传入 r'\1****' 作为 sub() 方法的第一个参数。字符串中的 \1 将由分组 1 匹配的文本所替代，也就是正则表达式的(\w)分组：

```
>>> agentNamesRegex = re.compile(r'Agent (\w)\w*')
>>> agentNamesRegex.sub(r'\1****', 'Agent Alice told Agent Carol that Agent
Eve knew Agent Bob was a double agent.')
'A**** told C**** that E**** knew B**** was a double agent.'
```

7.13 管理复杂的正则表达式

如果要匹配的文本模式很简单，那么使用正则表达式就很好。但匹配复杂的文本模式，可能需要长的、令人费解的正则表达式。你可以告诉 re.compile() 忽略正则表达式字符串中的空白符和注释，从而缓解这一点。要实现这种详细模式，可以向 re.compile() 传入变量 re.VERBOSE 作为第二个参数。

现在，不必使用这样难以阅读的正则表达式：

```
phoneRegex = re.compile(r'((\d{3}|\(\d{3}\))?(\s|-|\.)?\d{3}(\s|-|\.)\d{4}
(\s*(ext|x|ext.)\s*\d{2,5})?)')
```

你可以将正则表达式放在多行中，并加上注释，像这样：

```
phoneRegex = re.compile(r'''(
    (\d{3}|\(\d{3}\))?            # area code
    (\s|-|\.)?                    # separator
    \d{3}                         # first 3 digits
    (\s|-|\.)                     # separator
    \d{4}                         # last 4 digits
    (\s*(ext|x|ext.)\s*\d{2,5})?  # extension
    )''', re.VERBOSE)
```

请注意，前面的例子使用三重引号(''')创建了一个多行字符串，这样就可以将正则表达式定义放在多行中，让它更具可读性。

正则表达式字符串中的注释规则与普通的 Python 代码一样：#符号和它后面直到行末的内容都被忽略。而且，在表示正则表达式的多行字符串中，多余的空白字符也不认为是要匹配的文本模式的一部分。这让你能够组织正则表达式，让它更具可读性。

7.14 组合使用 re.IGNORECASE、re.DOTALL 和 re.VERBOSE

如果你希望在正则表达式中使用 re.VERBOSE 来编写注释，还希望使用 re.IGNORECASE 来忽略大小写，该怎么办？遗憾的是，re.compile()函数只接收一个值作为它的第二参数。可以使用管道字符（|）将变量组合起来，从而绕过这个限制。管道字符在这里称为"按位或"操作符。

所以，如果希望正则表达式不区分大小写，并且句点字符匹配换行符，就可以这样构造 re.compile()调用：

```
>>> someRegexValue = re.compile('foo', re.IGNORECASE | re.DOTALL)
```

使用第二个参数的 3 个选项，看起来像这样：

```
>>> someRegexValue = re.compile('foo', re.IGNORECASE | re.DOTALL | re.VERBOSE)
```

这个语法有一点儿老，源自早期的 Python 版本。位运算符的细节超出了本书的范围，更多的信息请查看 No Starch 出版社官网本书的对应页面。可以向第二个参数传入其他选项，它们不常用，你可以在前面的资源中找到有关它们的信息。

7.15 项目：电话号码和 E-mail 地址提取程序

假设你有一个任务：要在一篇长的网页或文章中，找出所有的电话号码和 E-mail 地址。如果手动翻页，可能需要查找很长时间。如果有一个程序，可以在剪贴板的文本中查找电话号码和 E-mail 地址，那你就只要按 Ctrl-A 快捷键选择所有文本，再按 Ctrl-C 快捷键将它复制到剪贴板，然后运行你的程序，它就会用找到的电话号码和 E-mail 地址替换掉剪贴板中的文本。

当你开始接手一个新项目时，很容易想要直接开始写代码。但更多的时候，最好是后退一步，考虑更大的图景。我建议先草拟高层次的计划，弄清楚程序需要做什么。暂时不要思考真正的代码，稍后再来考虑。现在，先关注大框架。

例如，你的电话号码和 E-mail 地址提取程序需要完成以下任务。
1. 从剪贴板取得文本。
2. 找出文本中所有的电话号码和 E-mail 地址。
3. 将它们粘贴到剪贴板。

现在你可以开始思考如何用代码来完成工作。代码需要执行以下操作。
1. 使用 `pyperclip` 模块复制和粘贴字符串。
2. 创建两个正则表达式，一个匹配电话号码，另一个匹配 E-mail 地址。
3. 对两个正则表达式，找到所有的匹配，而不只是第一次匹配。
4. 将匹配的字符串整理好格式放在一个字符串中，用于粘贴。
5. 如果文本中没有找到匹配，则显示某种消息。

这个列表就像项目的路线图。在编写代码时，可以独立地关注其中的每一步。每一步都很好管理。它的表达方式让你知道在 Python 中如何去做。

第 1 步：为电话号码创建一个正则表达式

首先，你需要创建一个正则表达式来查找电话号码。创建一个新文件，输入以下代码，保存为 phoneAndEmail.py：

```
#! python3
# phoneAndEmail.py - Finds phone numbers and email addresses on the clipboard.

import pyperclip, re

phoneRegex = re.compile(r'''(
    (\d{3}|\(\d{3}\))?              # area code
    (\s|-|\.)?                      # separator
```

```
    (\d{3})                         # first 3 digits
    (\s|-|\.)                       # separator
    (\d{4})                         # last 4 digits
    (\s*(ext|x|ext.)\s*(\d{2,5}))?  # extension
    )''', re.VERBOSE)

# TODO: Create email regex.

# TODO: Find matches in clipboard text.

# TODO: Copy results to the clipboard.
```

TODO 注释仅仅是程序的框架。当编写真正的代码时，它们会被替换掉。

电话号码从一个"可选的"区号开始，所以区号分组跟着一个问号。因为区号可能只是 3 个数字（即\d{3}），或括号中的 3 个数字（即\(\d{3}\)），所以应该用管道符号连接这两部分。可以对这部分多行字符串加上正则表达式注释# area code，帮助你记忆(\d{3}|\(\d{3}\))?要匹配的是什么。

电话号码分隔字符可以是空格（\s）、短横线（-）或句点（.），所以这些部分也应该用管道符号连接。这个正则表达式接下来的几部分很简单：3 个数字，另一个分隔符，然后是 4 个数字。最后的部分是可选的分机号，包括任意数目的空格，接着 ext、x 或 ext.，再接着是 2～5 位数字。

> 注意：很容易混淆包含带括号( )和转义括号\(、\)的分组的正则表达式。如果收到"missing), unterminated subpattern"错误信息，请记住再次检查是否使用了正确的括号。

第 2 步：为 E-mail 地址创建一个正则表达式

还需要一个正则表达式来匹配 E-mail 地址。让你的程序看起来像这样：

```
#! python3
# phoneAndEmail.py - Finds phone numbers and email addresses on the clipboard.

import pyperclip, re

phoneRegex = re.compile(r'''(
--snip--

# Create email regex.
emailRegex = re.compile(r'''(
  ❶ [a-zA-Z0-9._%+-]+        # username
  ❷ @                         # @ symbol
  ❸ [a-zA-Z0-9.-]+            # domain name
    (\.[a-zA-Z]{2,4})         # dot-something
    )''', re.VERBOSE)

# TODO: Find matches in clipboard text.

# TODO: Copy results to the clipboard.
```

E-mail 地址的用户名部分❶是一个或多个字符，字符可以包括小写和大写字母、数字、句点、下划线、百分号、加号或短横线。可以将这些全部放入一个字符分类：[a-zA-Z0-9._%+-]。

域名和用户名用@符号分隔❷，域名❸允许的字符分类要少一些，只允许字母、数字、句点和短横线：[a-zA-Z0-9.-]。最后是"dot-com"部分（技术上称为"顶级域名"），它实际上可以是"dot-anything"，有2~4个字符。

E-mail地址的格式有许多奇怪的规则。这个正则表达式不会匹配所有可能的、有效的E-mail地址，但它会匹配你遇到的大多数典型的E-mail地址。

第3步：在剪贴板文本中找到所有匹配

既然已经指定了电话号码和E-mail地址的正则表达式，就可以让Python的 re 模块做辛苦的工作：查找剪贴板文本中所有的匹配。`pyperclip.paste()`函数将取得一个字符串，内容是剪贴板上的文本，`findall()`正则表达式方法将返回一个元组的列表。

让你的程序看起来像这样：

```
#! python3
# phoneAndEmail.py - Finds phone numbers and email addresses on the clipboard.

import pyperclip, re

phoneRegex = re.compile(r'''(
--snip--

# Find matches in clipboard text.
text = str(pyperclip.paste())
❶ matches = []
❷ for groups in phoneRegex.findall(text):
      phoneNum = '-'.join([groups[1], groups[3], groups[5]])
      if groups[8] != '':
          phoneNum += ' x' + groups[8]
      matches.append(phoneNum)
❸ for groups in emailRegex.findall(text):
      matches.append(groups[0])

# TODO: Copy results to the clipboard.
```

每个匹配对应一个元组，每个元组包含正则表达式中每个分组的字符串。回忆一下，因为分组0匹配整个正则表达式，所以在元组索引0处的分组就是你感兴趣的内容。

在❶处可以看到，你将所有的匹配保存在名为 `matches` 的列表变量中。它从一个空列表开始，经过几个 `for` 循环。对于E-mail地址，你将每次匹配的分组0添加到列表中❸。对于匹配的电话号码，你不想只是添加分组0。虽然程序可以"检测"几种不同形式的电话号码，但你希望添加的电话号码是唯一的、标准的格式。`phoneNum` 变量包含一个字符串，它由匹配文本的分组1、3、5和8构成❷。（这些分组是区号、前3个数字、后4个数字和分机号。）

第4步：将所有匹配连接成一个字符串，复制到剪贴板

现在，E-mail地址和电话号码已经作为字符串列表放在 `matches` 中，你希望将它们复制到剪贴板。`pyperclip.copy()`函数只接收一个字符串值，而不是字符串的列表，因此需要在 `matches` 上调用 `join()` 方法。

为了更容易看到程序在工作，让我们将所有找到的匹配都输出在命令行窗口上。如果没有找到电话号码或E-mail地址，程序应该发出信息告诉用户。

让你的程序看起来像这样：

```
#! python3
# phoneAndEmail.py - Finds phone numbers and email addresses on the clipboard.

--snip--
for groups in emailRegex.findall(text):
    matches.append(groups[0])

# Copy results to the clipboard.
if len(matches) > 0:
    pyperclip.copy('\n'.join(matches))
    print('Copied to clipboard:')
    print('\n'.join(matches))
else:
    print('No phone numbers or email addresses found.')
```

第 5 步：运行程序

一个例子：打开你的 Web 浏览器，访问 No Starch 出版社官网的联系页面，按 Ctrl-A 快捷键选择该页的所有文本，按 Ctrl-C 快捷键将它复制到剪贴板。运行这个程序，输出结果看起来像这样：

```
Copied to clipboard:
800-420-7240
415-863-9900
415-863-9950
info@nostarch.com
media@nostarch.com
academic@nostarch.com
help@nostarch.com
```

第 6 步：类似程序的构想

识别文本的模式（并且可能用 sub()方法替换它们）有许多不同潜在的应用。

- 寻找网站的 URL，它们以 *http://* 或 *https://* 开始。
- 整理不同日期格式的日期（如 3/14/2015、03-14-2015 和 2015/3/14），用唯一的标准格式替代。
- 删除敏感的信息，如社会保险号或信用卡号。
- 寻找常见打字错误，如单词间的多个空格、不小心重复的单词或句子末尾处多出的感叹号。

7.16　小结

虽然计算机可以很快地查找文本，但你必须精确地告诉它要找什么。正则表达式让你可以精确地指明要找的文本模式。实际上，某些文字处理和电子表格应用也提供了查找替换功能，让你使用正则表达式进行查找。

Python 自带的 re 模块可让你编译 Regex 对象。该对象有几种方法：search()方法查找单词匹配，findall()方法查找所有匹配实例，sub()方法对文本进行查找和替换。

你可以在 Python 官方文档中找到更多内容。

7.17 习题

1. 创建 Regex 对象的函数是什么？
2. 在创建 Regex 对象时，为什么常用原始字符串？
3. search()方法返回什么？
4. 通过 Match 对象如何得到匹配该模式的实际字符串？
5. 在用 r'(\d\d\d)-(\d\d\d-\d\d\d\d)'创建的正则表达式中，分组 0 表示什么？分组 1 表示什么？分组 2 表示什么？
6. 括号和句点在正则表达式语法中有特殊的含义。如何指定正则表达式匹配真正的括号和句点字符？
7. findall()方法返回一个字符串的列表或字符串的元组的列表。是什么决定它提供哪种返回？
8. 在正则表达式中，|字符表示什么意思？
9. 在正则表达式中，?字符有哪两种含义？
10. 在正则表达式中，+和*字符之间的区别是什么？
11. 在正则表达式中，{3}和{3,5}之间的区别是什么？
12. 在正则表达式中，\d、\w 和\s 缩写字符类是什么意思？
13. 在正则表达式中，\D、\W 和\S 缩写字符类是什么意思？
14. .*和.*?之间的区别是什么？
15. 匹配所有数字和小写字母的字符分类语法是什么？
16. 如何让正则表达式不区分大小写？
17. 字符.通常匹配什么？如果 re.DOTALL 作为第二个参数传递给 re.compile()，它会匹配什么？
18. 如果 numRegex = re.compile(r'\d+')，那么 numRegex.sub('X', '12 drummers, 11 pipers, five rings, 3 hens')返回什么？
19. 将 re.VERBOSE 作为第二个参数传递给 re.compile()，让你能做什么？
20. 写一个正则表达式匹配每 3 位就有一个逗号的数字。它必须匹配以下数字：
- '42'
- '1,234'
- '6,368,745'

但不会匹配以下数字：
- '12,34,567'（逗号之间只有两位数字）
- '1234'（缺少逗号）

21. 写一个正则表达式匹配姓为 Nakamoto 的完整姓名。你可以假定名字总是出现在姓前面，是一个大写字母开头的单词。该正则表达式必须匹配：
- 'Satoshi Nakamoto'

- 'Alice Nakamoto'
- 'RoboCop Nakamoto'

但不匹配：
- 'satoshi Nakamoto'（名字没有首字母大写）
- 'Mr. Nakamoto'（前面的单词包含非字母字符）
- 'Nakamoto'（没有名字）
- 'Satoshi nakamoto'（姓没有首字母大写）

22. 编写一个正则表达式来匹配一个句子，它的第一个词是 Alice、Bob 或 Carol，第二个词是 eats、pets 或 throws，第三个词是 apples、cats 或 baseballs。该句子以句点结束。这个正则表达式不区分大小写。它必须匹配：
- 'Alice eats apples.'
- 'Bob pets cats.'
- 'Carol throws baseballs.'
- 'Alice throws Apples.'
- 'BOB EATS CATS.'

但不匹配：
- 'RoboCop eats apples.'
- 'ALICE THROWS FOOTBALLS.'
- 'Carol eats 7 cats.'

7.18 实践项目

作为实践，编程完成下列任务。

7.18.1 日期检测

编写一个正则表达式，可以检测 DD/MM/YYYY 格式的日期。假设日期的范围是 01～31，月份的范围是 01～12，年份的范围是 1000～2999。请注意，如果日期或月份是一位数字，会在前面自动加 0。

该正则表达式不必检测每个月或闰年的正确日期；它将接受不存在的日期，例如 31/02/2020 或 31/04/2021。然后将这些字符串存储到名为 month、day 和 year 的变量中，并编写其他代码以检测它是否为有效日期。4 月、6 月、9 月和 11 月有 30 天，2 月有 28 天，其余月份为 31 天。闰年 2 月有 29 天。闰年是能被 4 整除的年，能被 100 整除的年除外，除非它能被 400 整除。这种计算使得用大小合理的正则表达式来检测有效日期成为不可能的事，请注意原因。

7.18.2 强口令检测

写一个函数，使用正则表达式，确保传入的口令字符串是强口令。强口令的定义是：长度不少于 8 个字符，同时包含大写和小写字符，至少有一位数字。你可能需要用多个正则表达式来测试该字符串，以保证它的强度。

7.18.3　strip()的正则表达式版本

写一个函数，它接收一个字符串，做的事情和 `strip()` 字符串方法一样。如果只传入了要去除的字符串，没有其他参数，那么就从该字符串的首尾去除空白字符；否则，函数第二个参数指定的字符将从该字符串中去除。

第 8 章 输入验证

"输入验证"代码检查用户输入值（例如，input()函数中的文本）的格式是否正确。例如，如果你希望用户输入年龄，那么代码不应该接受无意义的答案，例如负数（超出可接受的整数范围）或单词（数据类型错误）。输入验证还可以防止错误或安全漏洞。如果编写一个 withdrawFromAccount() 函数，该函数接收一个参数，表示要从账户中减去的金额，那么需要确保金额为正数。如果 withdrawFromAccount() 函数从账户中减去负数，那么"提款"最后会变成"存款"。

视频讲解

通常，我们执行输入验证的方式是反复要求用户输入，直到他们输入有效的文本，如下所示：

```
while True:
    print('Enter your age:')
    age = input()
    try:
        age = int(age)
    except:
        print('Please use numeric digits.')
        continue
    if age < 1:
        print('Please enter a positive number.')
        continue
    break

print(f'Your age is {age}.')
```

运行这个程序，输出结果可能如下所示：

```
Enter your age:
five
Please use numeric digits.
Enter your age:
-2
Please enter a positive number.
Enter your age:
30
Your age is 30.
```

运行这段代码，系统会提示你输入年龄，直到你输入有效的年龄为止。这样可以确保在执行退出 while 循环时，age 变量包含有效值，以后不会使程序崩溃。

但是，为程序中的每个 input() 调用编写输入验证代码会很乏味。此外，你可能会遗漏某些情况，并允许无效输入通过检查。在本章中，你将学习如何使用第三方 PyInputPlus 模块进行输入验证。

8.1 PyInputPlus 模块

PyInputPlus 包含与 input() 类似的、用于多种数据（如数字、日期、E-mail 地址等）的函数。如果用户输入了无效的内容，例如格式错误的日期或超出预期范围的数字，那么 PyInputPlus 会再次提示他们输入。PyInputPlus 还包含其他有用的功能，例如提示用户的次数限制和时间限制（如果要求用户在时限内做出响应）。

PyInputPlus 不是 Python 标准库的一部分，因此必须利用 pip 单独安装。要安装 PyInputPlus，请在命令行中运行 pip install --user pyinputplus。附录 A 包含了安装第三方模块的完整说明。要检查 PyInputPlus 是否正确安装，请在交互式环境中导入它：

```
>>> import pyinputplus
```

如果在导入该模块时没有出现错误，就表明已成功安装。

PyInputPlus 具有以下几种用于不同类型输入的函数。

inputStr() 类似于内置的 input() 函数，但具有一般的 PyInputPlus 功能。你还可以将自定义验证函数传递给它。

inputNum() 确保用户输入数字并返回 int 或 float 值，这取决于数字是否包含小数点。

inputChoice() 确保用户输入系统提供的选项之一。

inputMenu() 与 inputChoice() 类似，但提供一个带有数字或字母选项的菜单。

inputDatetime() 确保用户输入日期和时间。

inputYesNo() 确保用户输入 "yes" 或 "no" 响应。

inputBool() 类似 inputYesNo()，但接收 "True" 或 "False" 响应，并返回一个布尔值。

inputEmail() 确保用户输入有效的 E-mail 地址。

inputFilepath() 确保用户输入有效的文件路径和文件名，并可以选择检查是否存在具有该名称的文件。

inputPassword() 类似于内置的 input()，但是在用户输入时显示 * 字符，因此不会在屏幕上显示口令或其他敏感信息。

只要输入了无效内容，这些函数就会自动提示用户：

```
>>> import pyinputplus as pyip
>>> response = pyip.inputNum()
five
'five' is not a number.
42
>>> response
42
```

每次要调用 PyInputPlus 模块的函数时，import 语句中的 as pyip 代码让我们不必输入 pyinputplus，而是可以使用较短的 pyip 名称。如果看一下示例，就会发现这些函数与 input() 不同，它们返回的是 int 或 float 值，如 42 或 3.14，而不是字符串 '42' 或 '3.14'。

正如可以将字符串传递给 input() 以提供提示一样，你也可以将字符串传递给 PyInputPlus 模块的函数的 prompt 关键字参数来显示提示：

```
>>> response = input('Enter a number: ')
Enter a number: 42
>>> response
'42'
>>> import pyinputplus as pyip
>>> response = pyip.inputInt(prompt='Enter a number: ')
Enter a number: cat
'cat' is not an integer.
Enter a number: 42
>>> response
42
```

请使用 Python 的 `help()` 函数查找有关这些函数的更多信息。例如，`help(pyip.inputChoice)` 显示 `inputChoice()` 函数的帮助信息。

与 Python 的内置 `input()` 不同，PyInputPlus 模块的函数包含一些用于输入验证的附加功能。

8.1.1 关键字参数 min、max、greaterThan 和 lessThan

接收 `int` 和 `float` 数的 `inputNum()`、`inputInt()` 和 `inputFloat()` 函数还具有 `min`、`max`、`greaterThan` 和 `lessThan` 关键字参数，用于指定有效值范围。例如，在交互式环境中输入以下内容：

```
>>> import pyinputplus as pyip
>>> response = pyip.inputNum('Enter num: ', min=4)
Enter num:3
Input must be at minimum 4.
Enter num:4
>>> response
4
>>> response = pyip.inputNum('Enter num: ', greaterThan=4)
Enter num: 4
Input must be greater than 4.
Enter num: 5
>>> response
5
>>> response = pyip.inputNum('>', min=4, lessThan=6)
Enter num: 6
Input must be less than 6.
Enter num: 3
Input must be at minimum 4.
Enter num: 4
>>> response
4
```

这些关键字参数是可选的，但只要提供，输入就不能小于 `min` 参数或大于 `max` 参数（但输入可以等于它们）。而且，输入必须大于 `greaterThan` 且小于 `lessThan` 参数（也就是说，输入不能等于它们）。

8.1.2 关键字参数 blank

在默认情况下，除非将 `blank` 关键字参数设置为 `True`，否则不允许输入空格字符：

```
>>> import pyinputplus as pyip
>>> response = pyip.inputNum('Enter num: ')
Enter num:(blank input entered here)
Blank values are not allowed.
```

```
Enter num: 42
>>> response
42
>>> response = pyip.inputNum(blank=True)
(blank input entered here)
>>> response
''
```

如果你想使输入可选,请使用 `blank = True`,这样用户不需要输入任何内容。

8.1.3 关键字参数 limit、timeout 和 default

在默认情况下,`PyInputPlus` 模块的函数会一直(或在程序运行时)要求用户提供有效输入。如果你希望某个函数在经过一定次数的尝试或一定的时间后停止要求用户输入,就可以使用 `limit` 和 `timeout` 关键字参数。用 `limit` 关键字参数传递一个整数,以确定 `PyInputPlus` 的函数在放弃之前尝试接收有效输入多少次。用 `timeout` 关键字参数传递一个整数,以确定用户在多少秒之内必须提供有效输入,然后 `PyInputPlus` 模块的函数会放弃。

如果用户未能提供有效输入,那么这些关键字参数将分别导致函数引发 `RetryLimitException` 或 `TimeoutException` 异常。例如,在交互式环境中输入以下内容:

```
>>> import pyinputplus as pyip
>>> response = pyip.inputNum(limit=2)
blah
'blah' is not a number.
Enter num: number
'number' is not a number.
Traceback (most recent call last):
    --snip--
pyinputplus.RetryLimitException
>>> response = pyip.inputNum(timeout=10)
42 (entered after 10 seconds of waiting)
Traceback (most recent call last):
    --snip--
pyinputplus.TimeoutException
```

当你使用这些关键字参数并传入 `default` 关键字参数时,该函数将返回默认值,而不是引发异常。在交互式环境中输入以下内容:

```
>>> response = pyip.inputNum(limit=2, default='N/A')
hello
'hello' is not a number.
world
'world' is not a number.
>>> response
'N/A'
```

`inputNum()` 函数不会引发 `RetryLimitException`,只会返回字符串`'N/A'`。

8.1.4 关键字参数 allowRegexes 和 blockRegexes

你也可以使用正则表达式指定输入是否被接受。关键字参数 `allowRegexes` 和 `blockRegexes` 利用正则表达式字符串列表来确定 `PyInputPlus` 模块的函数将接受或拒绝哪些内容作为有效输入。例如,在交互式环境中输入以下代码,使得 `inputNum()` 函数将接收罗马数字以及常规数字作为有效输入：

```
>>> import pyinputplus as pyip
>>> response = pyip.inputNum(allowRegexes=[r'(I|V|X|L|C|D|M)+', r'zero'])
XLII
>>> response
'XLII'
>>> response = pyip.inputNum(allowRegexes=[r'(i|v|x|l|c|d|m)+', r'zero'])
xlii
>>> response
'xlii'
```

当然，这个正则表达式仅影响 `inputNum()` 函数从用户那里接收的字母；该函数仍会接收具有无效顺序的罗马数字，例如 `'XVX'` 或 `'MILLI'`，因为 `r'(I|V|X|L|C|D|M)+'` 正则表达式接收这些字符串。

你还可以用 `blockRegexes` 关键字参数指定 `PyInputPlus` 模块的函数不接收的正则表达式字符串列表。在交互式环境中输入以下内容，使得 `inputNum()` 不接收偶数作为有效输入：

```
>>> import pyinputplus as pyip
>>> response = pyip.inputNum(blockRegexes=[r'[02468]$'])
42
This response is invalid.
44
This response is invalid.
43
>>> response
43
```

如果同时指定 `allowRegexes` 和 `blockRegexes` 参数，那么允许列表将优先于阻止列表。例如，在交互式环境中输入以下内容，它允许使用 `'caterpillar'` 和 `'category'`，但会阻止包含 `'cat'` 的任何其他内容：

```
>>> import pyinputplus as pyip
>>> response = pyip.inputStr(allowRegexes=[r'caterpillar', 'category'],
blockRegexes=[r'cat'])
cat
This response is invalid.
catastrophe
This response is invalid.
category
>>> response
'category'
```

`PyInputPlus` 模块的函数可以避免你自己编写繁琐的输入验证代码，而且 `PyInputPlus` 模块的功能比这里详细介绍的更多。

8.1.5　将自定义验证函数传递给 inputCustom()

你可以编写函数以执行自定义的验证逻辑，并将函数传递给 `inputCustom()`。例如，假设你希望用户输入一系列数字，这些数字的总和为 10。虽然没有 `pyinputplus.inputAddsUpToTen()` 函数，但是你可以创建自己的函数，使得它具有以下功能。

- 接收单个字符串参数，即用户输入的内容。
- 如果字符串验证失败，则引发异常。

- 如果 `inputCustom()` 应该返回不变的该字符串，则返回 `None`（或没有 `return` 语句）。
- 如果 `inputCustom()` 返回的字符串与用户输入的字符串不同，则返回非 `None` 值。
- 作为第一个参数传递给 `inputCustom()`。

例如，我们可以创建自己的 `addsUpToTen()` 函数，然后将其传递给 `inputCustom()`。请注意，函数调用看起来像 `inputCustom(addsUpToTen)` 而不是 `inputCustom(addsUpToTen())`，因为我们是将 `addsUpToTen()` 函数本身传递给 `inputCustom()`，而不是调用 `addsUpToTen()` 并传递其返回值：

```
>>> import pyinputplus as pyip
>>> def addsUpToTen(numbers):
...     numbersList = list(numbers)
...     for i, digit in enumerate(numbersList):
...         numbersList[i] = int(digit)
...     if sum(numbersList) != 10:
...         raise Exception('The digits must add up to 10, not %s.' % (sum(numbersList)))
...     return int(numbers)  # Return an int form of numbers.
...
>>> response = pyip.inputCustom(addsUpToTen)  # No parentheses after addsUpToTen here.
123
The digits must add up to 10, not 6.
1235
The digits must add up to 10, not 11.
1234
>>> response  # inputStr() returned an int, not a string.
1234
>>> response = pyip.inputCustom(addsUpToTen)
hello
invalid literal for int() with base 10: 'h'
55
>>> response
```

`inputCustom()` 函数还支持常规的 `PyInputPlus` 功能，该功能可通过 `blank`、`limit`、`timeout`、`default`、`allowRegexes` 和 `blockRegexes` 关键字参数实现。如果很难或不可能编写用于有效输入的正则表达式（例如"加起来等于 10"的示例），那么编写自定义验证函数将非常有用。

8.2 项目：如何让人忙几小时

让我们利用 `PyInputPlus` 创建一个执行以下操作的简单程序。

1. 询问用户是否想知道如何让人忙几小时。
2. 如果用户回答 no，退出。
3. 如果用户回答 yes，转到步骤 1。

当然，我们不知道用户是否会输入"yes"或"no"以外的内容，因此我们需要执行输入验证。用户也可以输入"y"或"n"，而不用输入完整的单词。`PyInputPlus` 的 `inputYesNo()` 函数将为我们处理此问题，无论用户输入什么大小写，均返回小写的 `'yes'` 或 `'no'` 字符串值。

运行该程序时，它应如下所示：

```
Want to know how to keep a person busy for hours?
sure
'sure' is not a valid yes/no response.
Want to know how to keep a person busy for hours?
yes
Want to know how to keep a person busy for hours?
```

```
y
Want to know how to keep a person busy for hours?
Yes
Want to know how to keep a person busy for hours?
YES
Want to know how to keep a person busy for hours?
YES!!!!!!
'YES!!!!!!' is not a valid yes/no response.
Want to know how to keep a person busy for hours?
TELL ME HOW TO KEEP A PERSON BUSY FOR HOURS.
'TELL ME HOW TO KEEP A PERSON BUSY FOR HOURS.' is not a valid yes/no response.
Want to know how to keep a person busy for hours?
no
Thank you. Have a nice day.
```

打开一个新的文件编辑器窗口,将它另存为 busy.py。然后输入以下代码:

```
import pyinputplus as pyip
```

这将导入 PyInputPlus 模块。由于 pyinputplus 的字母比较多,因此我们将使用简称 pyip。

```
while True:
    prompt = 'Want to know how to keep a person busy for hours?\n'
    response = pyip.inputYesNo(prompt)
```

接下来,`while True:` 创建了一个无限循环,该循环继续运行,直到遇到 `break` 语句。在这个循环中,我们调用 `pyip.inputYesNo()`,确保在用户输入有效答案之前该函数调用不会返回:

```
if response == 'no':
    break
```

`pyip.inputYesNo()` 调用保证仅返回字符串 yes 或 no。如果返回 no,那么程序会跳出无限循环并执行最后一行,即感谢用户:

```
print('Thank you. Have a nice day.')
```

否则,循环将再次迭代。

你还可以传入 yesVal 和 noVal 关键字参数,从而在非英语语言中使用 `inputYesNo()` 函数。例如,该程序的西班牙语版本将包含以下两行:

```
prompt = '¿Quieres saber cómo mantener ocupado a una persona durante horas?\n'
response = pyip.inputYesNo(prompt, yesVal='sí', noVal='no')
if response == 'sí':
```

现在,用户可以输入 sí 或 s(大写或小写),而不是 yes 或 y 作为肯定的答案。

8.3 项目:乘法测验

PyInputPlus 的功能对于创建定时的乘法测验很有用。通过为 `pyip.inputStr()` 设置 allowRegexes、blockRegexes、timeout 和 limit 关键字参数,你可以用 PyInputPlus 实现大部分功能。你需要编写的代码越少,编写程序的速度就越快。让我们创建一个程序,向用户提出 10 个乘法问题,其中有效的输入是问题的正确答案。打开一个新的文件编辑器窗口,然后将文件另存为 multiplicationQuiz.py。

8.3 项目：乘法测验

首先，导入 `pyinputplus`、`random` 和 `time`。我们将利用变量 `numberOfQuestions` 和 `correctAnswers`，跟踪程序问了多少个问题以及用户给出了多少正确答案。`for` 循环将反复产生 10 个随机乘法问题：

```python
import pyinputplus as pyip
import random, time

numberOfQuestions = 10
correctAnswers = 0
for questionNumber in range(numberOfQuestions):
```

在 `for` 循环内，程序将选择两个个位数相乘。我们将使用这些数字，为用户创建一个 `#Q: N×N =` 提示，其中 *Q* 是问题编号（1～10），*N* 是要相乘的两个数字：

```python
# Pick two random numbers:
num1 = random.randint(0, 9)
num2 = random.randint(0, 9)

prompt = '#%s: %s x %s = ' % (questionNumber, num1, num2)
```

`pyip.inputStr()` 函数将实现这个测验程序的大多数功能。我们传入的 `allowRegexes` 参数是一个列表，包含正则表达式字符串 `'^%s $'`，其中 `%s` 被替换为正确的答案。`^` 和 `$` 字符可确保答案以正确的数字开始和结束，尽管 `PyInputPlus` 会从用户响应的开始和结束处消除所有空格，以防他们无意间按了空格键。我们传入的 `blocklistRegexes` 参数是一个列表，包含 (`'.*'`, `'Incorrect!'`)。元组中的第一个字符串是与每个可能的字符串匹配的正则表达式。因此，如果用户的回答与正确答案不符，该程序将拒绝他们提供的答案。在这种情况下，将显示字符串 `'Incorrect!'`，并提示用户再次回答。另外，传入 8 作为 `timeout`、3 作为 `limit`，将确保用户只有 8 秒和 3 次机会来提供正确答案：

```python
try:
    # Right answers are handled by allowRegexes.
    # Wrong answers are handled by blockRegexes, with a custom message.
    pyip.inputStr(prompt, allowRegexes=['^%s$' % (num1 * num2)],
                  blockRegexes=[('.*', 'Incorrect!')],
                  timeout=8, limit=3)
```

如果用户在 8 秒后回答，即使回答正确，`pyip.inputStr()` 也会引发 `TimeoutException` 异常。如果用户错误地回答了 3 次以上，则会引发 `RetryLimitException` 异常。这两种异常类型都在 `PyInputPlus` 模块中，因此需要在它们前面添加 `pyip.`：

```python
except pyip.TimeoutException:
    print('Out of time!')
except pyip.RetryLimitException:
    print('Out of tries!')
```

请记住，就像 `else` 块可以跟随 `if` 或 `elif` 块一样，它们可以有选择地跟随上一个 `except` 块。如果 `try` 块中没有引发异常，则后面的 `else` 块中的代码将运行。在我们的例子中，这意味着如果用户输入正确的答案，代码就会运行：

```python
else:
    # This block runs if no exceptions were raised in the try block.
    print('Correct!')
```

```
            correctAnswers += 1
```

无论显示"Out of time!""Out of try!"或"Correct!"这 3 个消息中的哪一个，我们都在 `for` 循环的末尾放置 1 秒的暂停时间，以使用户有时间阅读消息。在程序问了 10 个问题并且 `for` 循环完成之后，向用户展示他们提供了多少正确答案：

```
    time.sleep(1) # Brief pause to let user see the result.
print('Score: %s / %s' % (correctAnswers, numberOfQuestions))
```

PyInputPlus 具有足够的灵活性，你可以在需要用户使用键盘输入的各种程序中使用它，如本章中的程序所示。

8.4 小结

虽然很容易忘记编写输入验证代码，但是没有它，你的程序几乎会存在 bug。你期望用户输入的值和他们实际输入的值可能完全不同，你的程序必须足够健壮，能处理这些特殊情况。可以使用正则表达式来创建自己的输入验证代码，但在常见情况下，使用现有模块（例如 PyInputPlus）会更容易。你可以利用 `import pyinputplus as pyip` 导入该模块，以便在调用该模块的函数时输入一个较短的名称。

PyInputPlus 具有用于处理各种输入的函数，包括处理字符串、数字、日期、yes/no、True/False、电子邮件和文件的函数。尽管 `input()` 函数总是返回字符串，但是这些函数会以适当的数据类型返回值。`inputChoice()` 函数允许你选择几个预选项之一，而 `inputMenu()` 函数还添加数字或字母选项，以便快速选择。

所有这些函数均具有以下标准功能：去除两侧的空格，利用 `timeout` 和 `limit` 关键字参数设置超时和尝试次数限制，以及将正则表达式字符串列表传递给 `allowRegexes` 或 `blockRegexes`，从而允许或排除特定响应。你不再需要编写冗长的 `while` 循环来检查有效输入并提示用户。

如果没有一个 PyInputPlus 模块的函数可以满足你的需要，但是你仍然希望使用 PyInputPlus 提供的其他功能，那么可以调用 `inputCustom()`，并向 PyInputPlus 传入你的自定义验证函数。PyInputPlus 联机文档完整列出了 PyInputPlus 的函数和其他功能，内容远远超出本章所述。学会使用这个模块，你就不必自己编写和调试太多的代码。

既然你已经拥有处理和验证文本的专业知识，那么就该学习如何读取和写入计算机硬盘驱动器上的文件了，这些知识将在下一章中介绍。

8.5 习题

1. PyInputPlus 是否随 Python 标准库一起提供？
2. 为什么通常利用 `import pyinputplus as pyip` 导入 PyInputPlus？
3. `inputInt()` 和 `inputFloat()` 有什么区别？
4. 如何利用 PyInputPlus 确保用户输入 0 到 99 之间的整数？

5. 什么被传入 `allowRegexes` 和 `blockRegexes` 关键字参数？
6. 如果输入 3 次空白，`inputStr(limit=3)` 会做什么？
7. 如果输入了 3 次空白，`inputStr(limit=3, default='hello')` 会做什么？

8.6 实践项目

作为练习，编程完成以下任务。

8.6.1 三明治机

编写一个程序，向用户询问他们的三明治偏好。程序应使用 `PyInputPlus` 来确保有效的输入。

- 对面包类型使用 `inputMenu()`：wheat、white 或 sourdough。
- 对蛋白质类型使用 `inputMenu()`：chicken、turkey、ham 或 tofu。
- 用 `inputYesNo()` 询问他们是否要 cheese。
- 如果需要 cheese，请使用 `inputMenu()` 询问 cheese 类型：cheddar、Swiss 或 mozzarella。
- 用 `inputYesNo()` 询问他们是否需要 mayo、mustard、lettuce 或 tomato。
- 用 `inputInt()` 询问他们想要多少个三明治。确保这个数字为 1 或更大。

列出每个选项的价格，并在用户输入选择后让程序显示总费用。

8.6.2 编写自己的乘法测验

要想明白 `PyInputPlus` 为你做了多少事，请尝试不导入它，自己重新创建乘法测验项目。该程序向用户提出 10 个乘法问题，范围从 0×0 到 9×9。你需要实现以下功能。

- 如果用户输入正确的答案，程序将显示 "`Correct!`" 并停留 1 秒，然后转到下一个问题。
- 在程序进入下一个问题之前，用户有 3 次输入正确答案的机会。
- 首次显示问题 8 秒后，该问题的答案将被标记为不正确，即使用户之后输入了正确的答案。

将你的代码与 8.3 节 "项目：乘法测验" 中使用 `PyInputPlus` 的代码进行比较。

第 9 章　读写文件

当程序运行时,用变量保存数据是一个好方法,但如果希望程序结束后数据仍然保持不变,就需要将数据保存到文件中。你可以认为文件的内容是一个字符串值,大小可能有几个 GB。在本章中,你将学习如何使用 Python 在硬盘上创建、读取和保存文件。

视频讲解

9.1　文件与文件路径

文件有两个关键属性:"文件名"(filename,通常为一个单词)和"路径"。路径指明了文件在计算机上的位置。例如,我的 Windows 操作系统的笔记本电脑上有一个文件名为 project.docx,它的路径为 C:\Users\Al\Documents。文件名的最后一个句点之后的部分称为文件的"扩展名",它指出了文件的类型。文件名 project.docx 是一个 Word 文档,Users、Al 和 Documents 都是指"文件夹"(也称为目录)。文件夹可以包含文件和其他文件夹。例如,project.docx 在 Documents 文件夹中,该文件夹又在 Al 文件夹中,Al 文件夹又在 Users 文件夹中。图 9-1 所示为这个文件夹的组织结构。

路径中的 C:\部分是"根文件夹",它包含了所有其他文件夹。在 Windows 操作系统中,根文件夹名为 C:\,也称为 C 盘。在 macOS 和 Linux 操作系统中,根文件夹是/。在本书中,我使用 Windows 操作系统的根文件夹——C:\。如果你在 macOS 或 Linux 操作系统上输入交互式环境的例子,请用/代替。

图 9-1　在文件夹层次结构中的一个文件

附加"卷",如 DVD 驱动器或 USB 闪存驱动器,在不同的操作系统上显示也不同。在 Windows 操作系统上,它们表示为新的、用字母表示的根驱动器。如 D:\或 E:\。在 macOS 上,它们表示为新的文件夹,在/Volumes 文件夹下。在 Linux 操作系统上,它们表示为新的文件夹,在/mnt("mount")文件夹下。同时也要注意,虽然文件夹名称和文件名在 Windows 操作系统和 macOS 上是不区分大小写的,但在 Linux 操作系统上是区分大小写的。

注意：由于你的操作系统上的文件和文件夹可能与我的不同，因此你将无法完全套用本章中的每个示例。不过，请尝试使用计算机上存在的文件夹进行后续操作。

9.1.1 Windows 操作系统上的倒斜杠以及 macOS 和 Linux 操作系统上的正斜杠

在 Windows 操作系统上，路径书写使用倒斜杠作为文件夹之间的分隔符。但在 macOS 和 Linux 操作系统上，使用正斜杠作为它们的路径分隔符。如果想要程序运行在所有操作系统上，在编写 Python 脚本时，就必须处理这两种情况。

好在用 `pathlib` 模块的 `Path()` 函数来做这件事很简单。如果将单个文件和路径上的文件夹名称的字符串传递给它，`Path()` 就会返回一个文件路径的字符串，包含正确的路径分隔符。在交互式环境中输入以下代码：

```
>>> from pathlib import Path
>>> Path('spam','bacon','eggs')
WindowsPath('spam/bacon/eggs')
>>> str(Path('spam','bacon','eggs'))
'spam\\bacon\\eggs'
```

请注意，导入 `pathlib` 的惯例是运行 `from pathlib import Path`，因为不这样做，我们就必须在代码中出现 `Path` 的所有地方都输入 `pathlib.Path`。这种额外的输入不仅麻烦，而且也很多余。

我在 Windows 操作系统上运行这些交互式环境的例子，`Path('spam', 'bacon', 'eggs')` 为连接的路径返回一个 `WindowsPath`，表示为 `WindowsPath('spam/ bacon/eggs')`。尽管 Windows 操作系统使用了倒斜杠，但 `WindowsPath` 的表示方法在交互式环境中用正斜杠显示它们，因为开源软件开发者总是比较喜欢使用 Linux 操作系统。

如果要获取这个路径的简单文本字符串，可以将其传递给 `str()` 函数，该函数在我们的示例中返回 `'spam\\bacon\\eggs'`。（请注意，由于每个倒斜杠都需要用另一个倒斜杠字符进行转义，因此倒斜杠会加倍。）如果在 Linux 操作系统上调用过此函数，那么 `Path()` 将返回一个 `PosixPath` 对象，该对象在传递给 `str()` 时，会返回 `'spam/bacon/eggs'`。（POSIX 是针对 Linux 操作系统这样的类 UNIX 操作系统的一组标准。）

这些 `Path` 对象（实际上是 `WindowsPath` 或 `PosixPath` 对象，具体取决于你的操作系统）将传入本章介绍的几个与文件相关的函数。例如，以下代码将一些名称从文件名列表连接到文件夹名称的末尾：

```
>>> from pathlib import  Path
>>> myFiles = ['accounts.txt', 'details.csv', 'invite.docx']
>>> for filename in myFiles:
        print(Path(r'C:\Users\Al', filename))
C:\Users\Al\accounts.txt
C:\Users\Al\details.csv
C:\Users\Al\invite.docx
```

在 Windows 操作系统上，倒斜杠用于分隔目录，因此你不能在文件名中使用它。但是，你可以在 macOS 和 Linux 操作系统上的文件名中使用倒斜杠。因此，尽管 Path(r'spam\eggs') 在 Windows 操作系统上指的是两个单独的文件夹（或文件夹 spam 中的文件 eggs），但在 macOS 和 Linux 操作系统上，同样的命令是指一个名为 spam\eggs 的文件夹（或文件）。因此，在你的 Python 代码中始终使用正斜杠通常是个好主意（本章的其余部分将继续使用正斜杠）。pathlib 模块将确保它始终可在所有操作系统上运行。

请注意，Python 3.4 引入了 pathlib 来代替旧的 os.path() 函数。Python 标准库模块从 Python 3.6 开始支持它，但是如果你使用的是较老的 Python 2 版本，建议你使用 pathlib2，它在 Python 2.7 上提供了 pathlib 的功能。附录 A 包含了利用 pip 安装 pathlib2 的说明。每当我用 pathlib 替换了较旧的 os.path() 函数时，都会做一个简短的说明。你可以在 Python 的官方网站中查找较早的函数。

9.1.2 使用/运算符连接路径

通常，我们用+运算符将两个整数或浮点数相加，例如在表达式 2 + 2 中，其结果为整数值 4。但是我们也可以用+运算符将两个字符串值连接起来，例如表达式 'Hello'+'World'，其计算结果为字符串值 'HelloWorld'。同样，我们通常用作除法的/运算符也可以组合 Path 对象和字符串。当你使用 Path() 函数创建路径对象后，这一点对修改路径对象很有帮助。

例如，在交互式环境中输入以下内容：

```
>>> from pathlib import Path
>>> Path('spam') /'bacon' / 'eggs'
WindowsPath('spam/bacon/eggs')
>>> Path('spam') / Path('bacon/eggs')
WindowsPath('spam/bacon/eggs')
>>> Path('spam') / Path('bacon', 'eggs')
WindowsPath('spam/bacon/eggs')
```

将/运算符与 Path 对象一起使用，连接路径就像连接字符串一样容易。与使用字符串连接或 join() 方法相比，这个方法也更安全，如以下示例：

```
>>> homeFolder = r'C:\Users\Al'
>>> subFolder = 'spam'
>>> homeFolder + '\\' + subFolder
'C:\\Users\\Al\\spam'
>>> '\\'.join([homeFolder, subFolder])
'C:\\Users\\Al\\spam'
```

使用这段代码的脚本并不安全，因为其中的倒斜杠仅适用于 Windows 操作系统。你可以添加一条 if 语句来检查 sys.platform（它包含一个字符串，描述了计算机的操作系统），从而决定要使用哪种斜杠，但是在所有需要的地方应用这段自定义代码的结果可能会不一致，而且容易出错。

无论你的代码运行在什么操作系统上，pathlib 模块都可以重新使用/数学运算符正确地连接路径，从而解决这些问题。下面的示例利用这种策略来连接同一个路径：

```
>>> homeFolder = Path('C:/Users/Al')
>>> subFolder = Path('spam')
>>> homeFolder / subFolder
WindowsPath('C:/Users/Al/spam')
>>> str(homeFolder / subFolder)
'C:\\Users\\Al\\spam'
```

使用/运算符连接路径时，唯一需要记住的是，前两个值中有一个必须是 Path 对象。

如果尝试在交互式环境中输入以下内容，Python 会报错：

```
>>> 'spam' / 'bacon' / 'eggs'
Traceback (most recent call last):
  File "<stdin>", line 1, in <module>
TypeError: unsupported operand type(s) for /: 'str' and 'str'
```

Python 从左到右求值/运算符，并求值为一个 Path 对象，因此最左边第一个或第二个值必须是 Path 对象，整个表达式才能求值为 Path 对象。下面是/运算符和 Path 对象求值为最终的 Path 对象的方式。

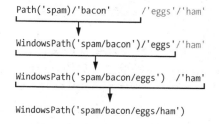

如果看到前面显示的 TypeError: unsupported operand type(s) for /: 'str' and 'str'错误信息，就需要在表达式的左侧放一个 Path 对象。

/运算符替换了较旧的 os.path.join()函数，可以从 Python 的官方网站中了解更多信息。

9.1.3 当前工作目录

每个运行在计算机上的程序，都有一个"当前工作目录"或 cwd。所有没有从根文件夹开始的文件名或路径，都假定在当前工作目录下。

> 注意：虽然文件夹是目录的新名称，但请注意，当前工作目录（或当前目录）是标准术语，没有"当前工作文件夹"这种说法。

利用 Path.cwd()函数，可以取得当前工作路径的字符串，并可以利用 os.chdir()改变它。在交互式环境中输入以下代码：

```
>>> from pathlib import Path
>>> import os
>>> Path.cwd()
WindowsPath('C:/Users/Al/AppData/Local/Programs/Python/Python37')
>>> os.chdir('C:\\Windows\\System32')
>>> Path.cwd()
WindowsPath('C:/Windows/System32')
```

这里，当前工作目录设置为 C:\Users\Al\AppData\Local\Programs\Python\Python37，因此文件名 project.docx 指向 C:\Users\Al\AppData\Local\Programs\Python\Python37\ project.docx。如果我们将当前工作目录改为 C:\Windows\System32，文件就被解释为 C:\Windows\System32\project.docx。

如果要更改的当前工作目录不存在，Python 就会显示一个错误：

```
>>> os.chdir('C:/ThisFolderDoesNotExist')
Traceback (most recent call last):
  File "<stdin>", line 1, in <module>
FileNotFoundError: [WinError 2] The system cannot find the file specified:
'C:/ThisFolderDoesNotExist'
```

没有可以用于更改工作目录的 `pathlib` 函数，因为在程序运行时更改当前工作目录通常会导致微妙的错误。

`os.getcwd()` 函数是取得当前工作目录字符的较老方法。

9.1.4 主目录

所有用户在计算机上都有一个用于存放自己文件的文件夹，该文件夹称为"主目录"或"主文件夹"。可以通过调用 `Path.home()` 获得主文件夹的 `Path` 对象：

```
>>> Path.home()
WindowsPath('C:/Users/Al')
```

主目录位于一个特定的位置，具体取决于你的操作系统。
- 在 Windows 操作系统上，主目录位于 C:\Users 下。
- 在 macOS 上，主目录位于/Users 下。
- 在 Linux 操作系统上，主目录通常位于/home 下。

你的脚本绝大多数有在主目录下读写文件的权限，因此它是放置 Python 程序可以使用的文件的理想场所。

9.1.5 绝对路径与相对路径

有以下两种方法可指定一个文件路径。
- "绝对路径"，总是从根文件夹开始。
- "相对路径"，相对于程序的当前工作目录。

还有"点"(.)和"点点"(..)文件夹。它们不是真正的文件夹，而是可以在路径中使用的特殊名称。单个的句点（"点"）用作文件夹名称时，是"这个目录"的缩写。两个句点（"点点"）的意思是父文件夹。

图 9-2 所示为一些文件夹和文件的例子。如果当前工作目录设置为 C:\bacon，那么这些文件夹和文件的相对目录就设置为图 9-2 所示的样子。

图 9-2　在工作目录 C:\bacon 中的文件夹和文件的相对路径

相对路径开始处的.\是可选的。例如，.\spam.txt 和 spam.txt 指的是同一个文件。

9.1.6　用 os.makedirs()创建新文件夹

程序可以用 `os.makedirs()`函数创建新文件夹（目录）。在交互式环境中输入以下代码：

```
>>> import os
>>> os.makedirs('C:\\delicious\\walnut\\waffles')
```

这不仅将创建 C:\delicious 文件夹，也会在 C:\delicious 下创建 walnut 文件夹，并在 C:\delicious\walnut 中创建 waffles 文件夹。也就是说，`os.makedirs()`将创建所有必要的中间文件夹，目的是确保完整路径名存在。图 9-3 所示为这个文件夹的层次结构。

图 9-3　`os.makedirs('C:\\delicious\\walnut\\waffles')`的结果

要通过 `Path` 对象创建目录，请调用 `mkdir()`方法。例如，以下代码将在我的计算机的主文件夹下创建一个 spam 文件夹：

```
>>> from pathlib import Path
>>> Path(r'C:\Users\Al\spam').mkdir()
```

注意，mkdir()一次只能创建一个目录。它不会像 os.makedirs()一样同时创建多个子目录。

9.1.7 处理绝对路径和相对路径

pathlib 模块提供了一些方法，用于检查指定路径是否为绝对路径，以及返回相对路径的绝对路径。

调用一个 Path 对象的 is_absolute()方法，如果它代表绝对路径，则返回 True；如果代表相对路径，则返回 False。例如，使用你自己的文件和文件夹（而不是这里列出的具体文件和文件夹），在交互式环境中输入以下内容：

```
>>> Path.cwd()
WindowsPath('C:/Users/Al/AppData/Local/Programs/Python/Python37')
>>> Path.cwd().is_absolute()
True
>>> Path('spam/bacon/eggs').is_absolute()
False
```

要从相对路径获取绝对路径，可以将 Path.cwd()/放在相对 Path 对象的前面。毕竟，当我们说"相对路径"时，几乎总是指相对于当前工作目录的路径。在交互式环境中输入以下内容：

```
>>> Path('my/relative/path')
WindowsPath('my/relative/path')
>>> Path.cwd() / Path('my/relative/path')
WindowsPath('C:/Users/Al/AppData/Local/Programs/Python/Python37/my/relative/ path')
```

如果你的相对路径是相对于当前工作目录之外的其他路径，那么只需将 Path.cwd()替换为那个其他路径就可以了。以下示例使用主目录而不是当前工作目录来获取绝对路径：

```
>>> Path('my/relative/path')
WindowsPath('my/relative/path')
>>> Path.home() / Path('my/relative/path')
WindowsPath('C:/Users/Al/my/relative/path')
```

os.path 模块提供了一些有用的函数，它们与绝对路径和相对路径有关。

- 调用 os.path.abspath(path)将返回参数的绝对路径的字符串。这是将相对路径转换为绝对路径的简便方法。
- 调用 os.path.isabs(path)，如果参数是一个绝对路径，就返回 True；如果参数是一个相对路径，就返回 False。
- 调用 os.path.relpath(path, start)将返回从开始路径到 path 的相对路径的字符串。如果没有提供开始路径，就将当前工作目录作为开始路径。

在交互式环境中尝试使用以下函数：

```
>>> os.path.abspath('.')
'C:\\Users\\Al\\AppData\\Local\\Programs\\Python\\Python37'
>>> os.path.abspath('.\\Scripts')
'C:\\Users\\Al\\AppData\\Local\\Programs\\Python\\Python37\\Scripts'
>>> os.path.isabs('.')
```

```
False
>>> os.path.isabs(os.path.abspath('.'))
True
```

因为在调用 `os.path.abspath()` 时，当前目录是 C:\Users\Al\AppData\Local\ Programs\Python\Python37，所以"点"文件夹指的是绝对路径'C:\\Users\\Al\\AppData\\ Local\\Programs\\Python\\Python37'。

在交互式环境中，输入以下代码对 `os.path.relpath()` 进行调用：

```
>>> os.path.relpath('C:\\Windows', 'C:\\')
'Windows'
>>> os.path.relpath('C:\\Windows', 'C:\\spam\\eggs')
'..\\..\\Windows'
```

如果相对路径与该路径位于同一父文件夹中，但位于其他路径的子文件夹中，例如 'C:\\Windows' 和 'C:\\spam\\eggs'，就可以用"点点"表示法返回到父文件夹。

9.1.8 取得文件路径的各部分

给定一个 `Path` 对象，可以利用 `Path` 对象的几个属性，将文件路径的不同部分提取为字符串。这对于在现有文件路径的基础上构造新文件路径很有用。这些属性如图 9-4 所示。

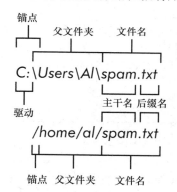

图 9-4 Windows 操作系统（上部）和 macOS / Linux 操作系统（下部）文件路径的部分

文件路径的各个部分包括以下内容。
- "锚点"（anchor），它是文件系统的根文件夹。
- 在 Windows 操作系统上，"驱动器"（drive）是单个字母，通常表示物理硬盘驱动器或其他存储设备。
- "父文件夹"（parent），即包含该文件的文件夹。
- "文件名"（name），由"主干名"（stem）（或"基本名称"）和"后缀名"（suffix）（或"扩展名"）构成。

请注意，Windows 操作系统中的 `Path` 对象具有 `drive` 属性，而 macOS 和 Linux 操作系统中的 `Path` 对象则没有。`drive` 属性不包含第一个倒斜杠。

要从文件路径中提取每个属性，请在交互式环境中输入以下内容：

```
>>> p = Path('C:/Users/Al/spam.txt')
>>> p.anchor
'C:\\'
>>> p.parent # This is a Path object, not a string.
WindowsPath('C:/Users/Al')
>>> p.name
'spam.txt'
>>> p.stem
'spam'
>>> p.suffix
'.txt'
>>> p.drive
'C:'
```

这些属性求值为简单的字符串值，但 parent 除外，它求值为另一个 Path 对象。
parents 属性（与 parent 属性不同）求值为一组 Path 对象，代表祖先文件夹，具有整数索引：

```
>>> Path.cwd()
WindowsPath('C:/Users/Al/AppData/Local/Programs/Python/Python37')
>>> Path.cwd().parents[0]
WindowsPath('C:/Users/Al/AppData/Local/Programs/Python')
>>> Path.cwd().parents[1]
WindowsPath('C:/Users/Al/AppData/Local/Programs')
>>> Path.cwd().parents[2]
WindowsPath('C:/Users/Al/AppData/Local')
>>> Path.cwd().parents[3]
WindowsPath('C:/Users/Al/AppData')
>>> Path.cwd().parents[4]
WindowsPath('C:/Users/Al')
>>> Path.cwd().parents[5]
WindowsPath('C:/Users')
>>> Path.cwd().parents[6]
WindowsPath('C:/')
```

较老的 os.path 模块也有类似的函数，用于取得写在一个字符串值中的路径的不同部分。调用 os.path.dirname(path) 将返回一个字符串，它包含 path 参数中最后一个斜杠之前的所有内容。调用 os.path.basename(path) 将返回一个字符串，它包含 path 参数中最后一个斜杠之后的所有内容。一个路径的目录名称和基本名称如图 9-5 所示。

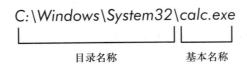

图 9-5　基本名称跟在路径中最后一个斜杠后，它和文件名一样；
目录名称是最后一个斜杠之前的所有内容

例如，在交互式环境中输入以下代码：

```
>>> calcFilePath = 'C:\\Windows\\System32\\calc.exe'
>>> os.path.basename(calcFilePath)
'calc.exe'
>>> os.path.dirname(calcFilePath)
'C:\\Windows\\System32'
```

如果同时需要一个路径的目录名称和基本名称，就可以调用 `os.path.split()`，获得这两个字符串的元组，像这样：

```
>>> calcFilePath = 'C:\\Windows\\System32\\calc.exe'
>>> os.path.split(calcFilePath)
('C:\\Windows\\System32', 'calc.exe')
```

请注意，可以调用 `os.path.dirname()` 和 `os.path.basename()`，将它们的返回值放在一个元组中，从而得到同样的元组：

```
>>> (os.path.dirname(calcFilePath), os.path.basename(calcFilePath))
('C:\\Windows\\System32', 'calc.exe')
```

但如果需要两个值，调用 `os.path.split()` 是很好的快捷方式。

同时也请注意，`os.path.split()` 不会接收一个文件路径并返回每个文件夹的字符串的列表。如果需要这样，请使用 `split()` 字符串方法，并根据 `os.sep` 中的字符串进行分隔。（注意 sep 是在 os 中，不在 os.path 中。）针对运行程序的计算机，`os.sep` 变量被置为正确的目录分隔斜杠，在 Windows 操作系统上是 `'\\'`，在 macOS 和 Linux 操作系统上是 `'/'`。根据它进行分隔，将返回一系列单个文件夹的列表。

例如，在交互式环境中输入以下代码：

```
>>> calcFilePath.split(os.sep)
['C:', 'Windows', 'System32', 'calc.exe']
```

这将返回路径字符串的所有部分。

在 macOS 和 Linux 操作系统上，返回的列表头上有一个空字符串，像这样：

```
>>> '/usr/bin'.split(os.sep)
['', 'usr', 'bin']
```

`split()` 字符串方法将返回一个列表，包含该路径的所有部分。

9.1.9 查看文件大小和文件夹内容

一旦有办法处理文件路径，就可以开始搜集特定文件和文件夹的信息了。`os.path` 模块提供了一些函数，用于查看文件的字节数以及给定文件夹中的文件和子文件夹。

- 调用 `os.path.getsize(path)` 将返回 path 参数中文件的字节数。
- 调用 `os.listdir(path)` 将返回文件名字符串的列表，包含 path 参数中的每个文件（请注意，这个函数在 os 模块中，而不是在 os.path 中）。

下面是我在交互式环境中使用这些函数的结果：

```
>>> os.path.getsize('C:\\Windows\\System32\\calc.exe')
27648
>>> os.listdir('C:\\Windows\\System32')
['0409', '12520437.cpx', '12520850.cpx', '5U877.ax', 'aaclient.dll',
--snip--
'xwtpdui.dll', 'xwtpw32.dll', 'zh-CN', 'zh-HK', 'zh-TW', 'zipfldr.dll']
```

可以看到，我的计算机上的 `calc.exe` 程序是 `27648` 字节。在我的 C:\Windows\system32

下有许多文件。如果想知道这个目录下所有文件的总字节数，就同时使用 `os.path.getsize()` 和 `os.listdir()`：

```
>>> totalSize = 0
>>> for filename in os.listdir('C:\\Windows\\System32'):
        totalSize = totalSize + os.path.getsize(os.path.join('C:\\Windows\\System32', filename))
>>> print(totalSize)
2559970473
```

当循环遍历 C:\Windows\System32 文件夹中的每个文件时，`totalSize` 变量依次增加每个文件的字节数。请注意，我在调用 `os.path.getsize()` 时，使用了 `os.path.join()` 来连接文件夹名称和当前的文件名。`os.path.getsize()` 返回的整数添加到 `totalSize` 中。在循环遍历所有文件后，输出 `totalSize`，看看 C:\Windows\System32 文件夹的总字节数。

9.1.10 使用通配符模式修改文件列表

如果要处理特定文件，那么使用 `glob()` 方法比 `listdir()` 更简单。`Path` 对象具有 `glob()` 方法，用于根据"通配符（glob）模式"列出文件夹的内容。通配符模式类似于命令行命令中经常使用的正则表达式的简化形式。`glob()` 方法返回一个生成器对象（这不在本书的讨论范围内），你需要将它传递给 `list()`，以便在交互式环境中轻松查看：

```
>>> p = Path('C:/Users/Al/Desktop')
>>> p.glob('*')
<generator object Path.glob at 0x000002A6E389DED0>
>>> list(p.glob('*'))  # Make a list from the generator.
    [WindowsPath('C:/Users/Al/Desktop/1.png'),WindowsPath('C:/Users/Al/ Desktop/22-ap.pdf'),
    WindowsPath('C:/Users/Al/Desktop/cat.jpg'),
    --snip--
WindowsPath('C:/Users/Al/Desktop/zzz.txt')]
```

星号（`*`）代表"多个任意字符"，因此 `p.glob('*')` 返回一个生成器对象，代表存储在 p 中的路径中的所有文件。

与正则表达式一样，你可以创建复杂的表达式：

```
>>> list(p.glob('*.txt'))# Lists all text files.
[WindowsPath('C:/Users/Al/Desktop/foo.txt'),
    --snip--
WindowsPath('C:/Users/Al/Desktop/zzz.txt')]
```

通配符模式 `'*.txt'` 返回以任何字符组合开头、以字符串 `'.txt'`（即文本文件扩展名）结尾的文件。

与星号不同，问号（`?`）代表任意单个字符：

```
>>> list(p.glob('project?.docx'))
[WindowsPath('C:/Users/Al/Desktop/project1.docx'), WindowsPath('C:/Users/Al/
Desktop/project2.docx'),
    --snip--
WindowsPath('C:/Users/Al/Desktop/project9.docx')]
```

通配符表达式 `'project?.docx'` 将返回 `'project1.docx'` 或 `'project5.docx'`，但不会返回 `'project10.docx'`，因为 `?` 只匹配一个字符，所以不匹配两个字符的字符串 `'10'`。

最后，你还可以结合使用星号和问号来创建更复杂的通配符表达式，如下所示：

```
>>> list(p.glob('*.?x?'))
[WindowsPath('C:/Users/Al/Desktop/calc.exe'), WindowsPath('C:/Users/Al/
Desktop/foo.txt'),
--snip--
WindowsPath('C:/Users/Al/Desktop/zzz.txt')]
```

通配符表达式'*.?x?'将返回具有任意名称和任意 3 个字符的扩展名的文件，但扩展名的中间字符必须为'x'。

通过选择具有特定属性的文件，`glob()`方法让你能够轻松地在目录中指定一些文件，并对其执行某些操作。可以用`for`循环遍历`glob()`返回的生成器对象：

```
>>> p = Path('C:/Users/Al/Desktop')
>>> for textFilePathObj in p.glob('*.txt'):
...     print(textFilePathObj) # Prints the Path object as a string.
...     # Do something with the text file.
...
C:\Users\Al\Desktop\foo.txt
C:\Users\Al\Desktop\spam.txt
C:\Users\Al\Desktop\zzz.txt
```

如果要对目录中的每个文件执行某些操作，则可以使用`os.listdir(p)`或`p.glob('*')`。

9.1.11 检查路径的有效性

如果你提供的路径不存在，许多 Python 函数就会崩溃并报错。好在`Path`对象有一些方法来检查给定的路径是否存在，以及它是文件还是文件夹。假设变量 p 包含 Path 对象，那么可以预期会出现以下情况。

- 如果该路径存在，调用`p.exists()`将返回`True`；否则返回`False`。
- 如果该路径存在，并且是一个文件，调用`p.is_file()`将返回`True`；否则返回`False`。
- 如果该路径存在，并且是一个文件夹，调用`p.is_dir()`将返回`True`；否则返回`False`。

在我的计算机上，下面是我在交互式环境中使用这些函数的结果：

```
>>> winDir = Path('C:/Windows')
>>> notExistsDir = Path('C:/This/Folder/Does/Not/Exist')
>>> calcFile = Path('C:/Windows/System32/calc.exe')
>>> winDir.exists()
True
>>> winDir.is_dir()
True
>>> notExistsDir.exists()
False
>>> calcFile.is_file()
True
>>> calcFile.is_dir()
False
```

利用`exists()`方法来检查，可以确定 DVD 或闪存盘当前是否连在计算机上。例如，如果在 Windows 操作系统的计算机上，我想用名称 D:\检查一个闪存盘，可以这样做：

```
>>> dDrive = Path('D:/')
>>> dDrive.exists()
False
```

结果为 False，表示未插入闪存盘。

较老的 os.path 模块可以使用 os.path.exists(path)、os.path.isfile (path)和 os.path.isdir(path)函数来完成相同的任务，它们的行为与 Path 对象的函数类似。从 Python 3.6 开始，这些函数可以接收 Path 对象，也可以接收文件路径的字符串。

9.2 文件读写过程

在熟悉了处理文件夹和相对路径的方法后，你就可以指定文件的位置，从而进行读写。接下来几小节介绍的函数适用于纯文本文件。"纯文本文件"只包含基本文本字符，不包含字体、大小和颜色信息。带有.txt 扩展名的文本文件，以及带有.py 扩展名的 Python 脚本文件，都是纯文本文件的例子。它们可以被 Windows 操作系统的 Notepad 或 macOS 的 TextEdit 应用打开。你的程序可以轻易地读取纯文本文件的内容，将它们作为普通的字符串值。

"二进制文件"包含所有其他文件类型，如字处理文档、PDF、图像、电子表格和可执行程序。如果用 Notepad 或 TextEdit 打开一个二进制文件，它看起来就像乱码，如图 9-6 所示。

图 9-6 在 Notepad 中打开 Windows 操作系统的 calc.exe 程序

因为每种不同类型的二进制文件都必须用它自己的方式来处理，所以本书不会探讨直接读写二进制文件。好在 Python 的许多模块让二进制文件的处理变得更容易。在本章稍后，你将探索其中一个模块：shelve。pathlib 模块的 read_text()方法返回文本文件全部内容的字符串。它的 write_text()方法利用传递给它的字符串创建一个新的文本文件（或覆盖现有文件）。在交互式环境中输入以下内容：

```
>>> from pathlib import  Path
>>> p   = Path('spam.txt')
>>> p.write_text('Hello, world!')
13
>>> p.read_text()
'Hello, world!'
```

这些方法将创建一个内容为'Hello, world!'的 spam.txt 文件。 write_text()返回

的 13 表示已将 13 个字符写入文件。(通常可以忽略此信息。)`read_text()`方法以字符串形式读取并返回新文件的内容：'Hello, world!'。

请记住，这些 `Path` 对象方法仅提供与文件的基本交互。写入文件的更常见方式涉及使用 `open()`函数和文件对象。在 Python 中，读写文件有以下 3 个步骤。

1. 调用 `open()`函数，返回一个 `File` 对象。
2. 调用 `File` 对象的 `read()`或 `write()`方法。
3. 调用 `File` 对象的 `close()`方法，关闭该文件。

我们将在以下各小节中介绍这些步骤。

9.2.1 用 open()函数打开文件

要用 `open()`函数打开一个文件，就要向它传递一个字符串路径，表明希望打开的文件。这既可以是绝对路径，也可以是相对路径。`open()`函数返回一个 `File` 对象。

尝试一下，先用 Notepad 或 TextEdit 创建一个文本文件，名为 hello.txt。输入 Hello, world!作为该文本文件的内容，将它保存在你的用户文件夹中。然后在交互式环境中输入以下代码：

```
>>> helloFile = open(Path.home() / 'hello.txt')
```

`open()`函数还可以接收字符串。如果你使用 Windows 操作系统，请在交互式环境中输入以下内容：

```
>>> helloFile = open('C:\\Users\\your_home_folder\\hello.txt')
```

如果使用 macOS，在交互式环境中输入以下代码：

```
>>> helloFile = open('/Users/your_home_folder/hello.txt')
```

请确保用你自己的计算机用户名取代 your_home_folder。例如，我的计算机用户名是 Al，因此我在 Windows 操作系统下输入'C:\\Users\\Al\\hello.txt'。

这些命令都将以"读取纯文本模式"打开文件，或简称为"读模式"。当文件以读模式打开时，Python 只让你从文件中读取数据，你不能以任何方式写入或修改它。在 Python 中打开文件时，读模式是默认的模式。但如果你不希望依赖于 Python 的默认值，也可以明确指明该模式，通过向 `open()`传入字符串'r'作为第二个参数即可。`open('/Users/Al/hello.txt', 'r')`和 `open('/Users/Al/hello.txt')`做的事情一样。

调用 `open()`将返回一个 `File` 对象。`File` 对象代表计算机中的一个文件，它只是 Python 中另一种类型的值，就像你已熟悉的列表和字典。在前面的例子中，你将 `File` 对象保存在 `helloFile` 变量中。当你需要读取或写入该文件时，就可以调用 `helloFile` 变量中的 `File` 对象的方法。

9.2.2 读取文件内容

既然有了一个 `File` 对象，就可以开始从它里面读取内容。如果你希望将整个文件的内容读取为一个字符串值，就使用 `File` 对象的 `read()` 方法。让我们继续使用保存在 `helloFile` 中的 `hello.txt` 这一 `File` 对象。在交互式环境中输入以下代码：

```
>>> helloContent = helloFile.read()
>>> helloContent
'Hello, world!'
```

如果你将文件的内容看成单个大字符串，`read()` 方法就返回保存在该文件中的这个字符串。

或者，可以使用 `readlines()` 方法，从该文件取得一个字符串的列表。列表中的每个字符串就是文本中的每一行。例如，在 `hello.txt` 所处的文件夹中，创建一个名为 `sonnet29.txt` 的文件，并在其中写入以下文本：

```
When, in disgrace with fortune and men's eyes,
I all alone beweep my outcast state,
And trouble deaf heaven with my bootless cries,
And look upon myself and curse my fate,
```

确保将文本分为 4 行。然后在交互式环境中输入以下代码：

```
>>> sonnetFile = open(Path.home()/'sonnet29.txt')
>>> sonnetFile.readlines()
[When, in disgrace with fortune and men's eyes,\n', ' I all alone beweep my
outcast state,\n', ' And trouble deaf heaven with my  bootless cries,\n', ' And
look upon myself and curse my fate,']
```

请注意，除了文件的最后一行，每个字符串值都以一个换行符 `\n` 结束。与单个大字符串相比，字符串的列表通常更容易处理。

9.2.3 写入文件

Python 允许你将内容写入文件，方式与使用 `print()` 函数将字符串"写"到屏幕上类似。但是，如果打开文件时用读模式，就不能写入文件。你需要以"写入纯文本模式"或"添加纯文本模式"打开该文件，简称为"写模式"和"添加模式"。

写模式将覆写原有的文件，就像你用一个新值覆写一个变量的值一样。将 `'w'` 作为第二个参数传递给 `open()`，以写模式打开该文件。不同的是，添加模式将在已有文件的末尾添加文本。你可以认为这类似于向一个变量中的列表添加内容，而不是完全覆写该变量。将 `'a'` 作为第二个参数传递给 `open()`，以添加模式打开该文件。

如果传递给 `open()` 的文件名不存在，则写模式和添加模式都会创建一个新的空文件。在读取或写入文件后，调用 `close()` 方法，然后才能再次打开该文件。

让我们整合这些概念。在交互式环境中输入以下代码：

```
>>> baconFile = open('bacon.txt', 'w')
>>> baconFile.write('Hello, world!\n')
13
>>> baconFile.close()
>>> baconFile = open('bacon.txt', 'a')
>>> baconFile.write('Bacon is not a vegetable.')
25
>>> baconFile.close()
>>> baconFile = open('bacon.txt')
>>> content = baconFile.read()
```

```
>>> baconFile.close()
>>> print(content)
Hello, world!
Bacon is not a vegetable.
```

首先，我们以写模式打开 bacon.txt。因为还没有 bacon.txt，Python 就创建了一个。在打开的文件上调用 `write()`，并向 `write()` 传入字符串参数 `'Hello, world! \n'`，将字符串写入文件，并返回写入的字符个数，包括换行符。然后关闭该文件。

为了将文本添加到文件已有的内容后面，而不是取代我们刚刚写入的字符串，我们就以添加模式打开该文件。向该文件写入 `'Bacon is not a vegetable.'`，并关闭它。最后，为了将文件的内容输出到屏幕上，我们以默认的读模式打开该文件，调用 `read()`，将得到的内容保存在 `content` 中，关闭该文件，并输出 `content`。

请注意，`write()` 方法不会像 `print()` 函数那样在字符串的末尾自动添加换行符，必须手动添加该字符。

从 Python 3.6 开始，还可以将 `Path` 对象而不是文件名字符串传递给 `open()` 函数。

9.3 用 shelve 模块保存变量

利用 `shelve` 模块，你可以将 Python 程序中的变量保存到二进制的 `shelf` 文件中。这样，程序就可以从硬盘中恢复变量的数据了。`shelve` 模块让你在程序中添加"保存"和"打开"功能。例如，如果运行一个程序，并输入了一些设置，就可以将这些设置保存到一个 `shelf` 文件中，然后让程序下一次运行时加载它们。

在交互式环境中输入以下代码：

```
>>> import shelve
>>> shelfFile = shelve.open('mydata')
>>> cats = ['Zophie', 'Pooka', 'Simon']
>>> shelfFile['cats'] = cats
>>> shelfFile.close()
```

要利用 `shelve` 模块读写数据，首先要导入它。调用函数 `shelve.open()` 并传入一个文件名，然后将返回的值保存在一个变量中。可以对这个变量的 `shelf` 值进行修改，就像它是一个字典一样。当你完成时，在这个 `shelf` 值上调用 `close()`。这里的 `shelf` 值保存在 `shelfFile` 中。我们创建了一个列表 `cats`，并写下 `shelfFile['cats']=cats`，以将 `cats` 列表保存在 `shelfFile` 中，并作为键 `'cats'` 关联的值（就像在字典中一样）。然后我们在 `shelfFile` 上调用 `close()`。请注意，在 Python 3.7 及之前版本中，你必须向 `shelf` 方法 `open()` 传入字符串文件名，否则你无法向它传入 `Path` 对象。

在 Windows 操作系统上运行前面的代码，你会看到在当前工作目录下有 3 个新文件：mydata.bak、mydata.dat 和 mydata.dir。在 macOS 上，只有 mydata.db 文件会被创建。

这些二进制文件包含了存储在 `shelf` 中的数据。这些二进制文件的格式并不重要，你只需要知道 `shelve` 模块做了什么，而不必知道它是怎么做的。该模块让你不用操心如何将程序的数据保存到文件中。

你的程序稍后可以使用 shelve 模块重新打开这些文件并取出数据。shelf 值不必用读模式或写模式打开，因为它们在打开后既能读又能写。在交互式环境中输入以下代码：

```
>>> shelfFile = shelve.open('mydata')
>>> type(shelfFile)
<class 'shelve.DbfilenameShelf'>
>>> shelfFile['cats']
['Zophie', 'Pooka', 'Simon']
>>> shelfFile.close()
```

这里，我们打开了 shelf 文件，检查我们的数据是否正确存储。输入 shelfFile['cats'] 将返回我们前面保存的同一个列表，这样我们就知道该列表得到了正确存储，然后调用 close()。

就像字典一样，shelf 值有 keys() 和 values() 方法，它们返回 shelf 中键和值的类似列表的值。因为这些方法返回类似列表的值，而不是真正的列表，所以应该将它们传递给 list() 函数来取得列表的形式。在交互式环境中输入以下代码：

```
>>> shelfFile = shelve.open('mydata')
>>> list(shelfFile.keys())
['cats']
>>> list(shelfFile.values())
[['Zophie', 'Pooka', 'Simon']]
>>> shelfFile.close()
```

在创建文件时，如果你需要在 Notepad 或 TextEdit 这样的文本编辑器中读取它们，那么使用纯文本就非常有用。但是，如果想要保存 Python 程序中的数据，那就使用 shelve 模块。

9.4 用 pprint.pformat() 函数保存变量

回忆一下，在 5.2 节"美观地输出"中，pprint.pprint() 函数将列表或字典中的内容"美观地输出"到屏幕，而 pprint.pformat() 函数将返回同样的文本字符串，但不是输出它。这个字符串不仅是易于阅读的格式，同时也是语法正确的 Python 代码。假定你有一个字典，保存在一个变量中，你希望保存这个变量和它的内容，以便将来使用。pprint.pformat() 函数将提供一个字符串，你可以将它写入 .py 文件。该文件将成为你自己的模块，如果你需要使用存储在其中的变量，就可以导入它。

例如，在交互式环境中输入以下代码：

```
>>> import pprint
>>> cats = [{'name': 'Zophie', 'desc': 'chubby'}, {'name': 'Pooka', 'desc': 'fluffy'}]
>>> pprint.pformat(cats)
"[{'desc': 'chubby', 'name': 'Zophie'}, {'desc': 'fluffy', 'name': 'Pooka'}]"
>>> fileObj = open('myCats.py', 'w')
>>> fileObj.write('cats = ' + pprint.pformat(cats) + '\n')
83
>>> fileObj.close()
```

这里，我们导入了 pprint，以便能使用 pprint.pformat()。我们有一个字典的列表，保存在变量 cats 中。为了让 cats 中的列表在关闭交互式环境后仍然可用，我们利用

pprint.pformat()将它返回为一个字符串。当我们有了 cats 中数据的字符串形式，就很容易将该字符串写入一个文件，我们将它命名为 myCats.py。

import 语句导入的模块本身就是 Python 脚本。如果将来自 pprint.pformat() 的字符串保存为一个.py 文件，那么该文件就是一个可以导入的模块，像其他模块一样。

由于 Python 脚本本身也是带有.py 文件扩展名的文本文件，因此你的 Python 程序甚至可以生成其他 Python 程序，然后可以将这些文件导入脚本中：

```
>>> import myCats
>>> myCats.cats
[{'name': 'Zophie', 'desc': 'chubby'}, {'name': 'Pooka', 'desc': 'fluffy'}]
>>> myCats.cats[0]
{'name': 'Zophie', 'desc': 'chubby'}
>>> myCats.cats[0]['name']
'Zophie'
```

创建一个.py 文件（而不是利用 shelve 模块保存变量）的好处在于，因为它是一个文本文件，所以任何人都可以用一个简单的文本编辑器读取和修改该文件的内容。但是，对于大多数应用，利用 shelve 模块来保存数据是将变量保存到文件的最佳方式。只有基本数据类型，如整型、浮点型、字符串、列表和字典，可以作为简单文本写入一个文件。例如，File 对象就不能编码为文本。

9.5 项目：生成随机的测验试卷文件

假如你是一位地理老师，班上有 35 名学生，你希望进行关于美国各州首府的一个小测验。不妙的是，你无法确保学生不会作弊。你希望随机调整问题的次序，这样每份试卷都是独一无二的，这让任何人都不能从其他人那里抄袭答案。当然，手动完成这件事又费时、又无聊。好在，你懂一些 Python 知识。

程序需要完成以下任务。
1. 创建 35 份不同的测验试卷。
2. 为每份试卷创建 50 个选择题，次序随机。
3. 为每个问题提供一个正确答案和 3 个随机的错误答案，次序随机。
4. 将测验试卷写到 35 个文本文件中。
5. 将答案写到 35 个文本文件中。

这意味着代码需要执行以下操作。
1. 将各州和它们的首府保存在一个字典中。
2. 针对测验文本文件和答案文本文件，调用 open()、write() 和 close()。
3. 利用 random.shuffle() 随机调整问题和多重选项的次序。

第 1 步：将测验数据保存在一个字典中

创建一个脚本框架，并填入测验数据。创建一个名为 randomQuizGenerator.py 的文件，让它看起来像这样：

```
#! python3
# randomQuizGenerator.py - Creates quizzes with questions and answers in
# random order, along with the answer key.

❶ import random

# The quiz data. Keys are states and values are their capitals.
❷ capitals = {'Alabama': 'Montgomery', 'Alaska': 'Juneau', 'Arizona': 'Phoenix',
  'Arkansas': 'Little Rock', 'California': 'Sacramento', 'Colorado': 'Denver',
  'Connecticut': 'Hartford', 'Delaware': 'Dover', 'Florida': 'Tallahassee',
  'Georgia': 'Atlanta', 'Hawaii': 'Honolulu', 'Idaho': 'Boise', 'Illinois':
  'Springfield', 'Indiana': 'Indianapolis', 'Iowa': 'Des Moines', 'Kansas':
  'Topeka', 'Kentucky': 'Frankfort', 'Louisiana': 'Baton Rouge', 'Maine':
  'Augusta', 'Maryland': 'Annapolis', 'Massachusetts': 'Boston', 'Michigan':
  'Lansing', 'Minnesota': 'Saint Paul', 'Mississippi': 'Jackson', 'Missouri':
  'Jefferson City', 'Montana': 'Helena', 'Nebraska': 'Lincoln', 'Nevada':
  'Carson City', 'New Hampshire': 'Concord', 'New Jersey': 'Trenton', 'New
  Mexico': 'Santa Fe', 'New York': 'Albany', 'North Carolina': 'Raleigh',
  'North Dakota': 'Bismarck', 'Ohio': 'Columbus', 'Oklahoma': 'Oklahoma City',
  'Oregon': 'Salem', 'Pennsylvania': 'Harrisburg', 'Rhode Island': 'Providence',
  'South Carolina': 'Columbia', 'South Dakota': 'Pierre', 'Tennessee':
  'Nashville', 'Texas': 'Austin', 'Utah': 'Salt Lake City', 'Vermont':
  'Montpelier', 'Virginia': 'Richmond', 'Washington': 'Olympia', 'West
  Virginia': 'Charleston', 'Wisconsin': 'Madison', 'Wyoming': 'Cheyenne'}

# Generate 35 quiz files.
❸ for quizNum in range(35):
    # TODO: Create the quiz and answer key files.

    # TODO: Write out the header for the quiz.

    # TODO: Shuffle the order of the states.

    # TODO: Loop through all 50 states, making a question for each.
```

因为这个程序将随机安排问题和答案的次序，所以需要导入 random 模块❶，以便利用其中的函数。capitals 变量❷包含一个字典，以美国州名作为键，以州首府作为值。因为你希望创建 35 份测验试卷，所以实际生成测验试卷和答案文件的代码（暂时用 TODO 注释标注）会放在一个 for 循环中，循环 35 次❸（这个数字可以改变，可生成任何数目的测验试卷文件）。

第 2 步：创建测验文件，并打乱问题的次序

现在是时候填入那些 TODO 了。

循环中的代码将重复执行 35 次（每次生成一份测验试卷），因此在循环中，你只需要考虑生成一份测验试卷。首先你要创建一个实际的测验试卷文件，它需要有唯一的文件名，并且有某种标准的标题部分，还要留出位置，让学生填写姓名、日期和班级。然后需要得到随机排列的州的列表，稍后将用它来创建测验试卷的问题和答案。

在 randomQuizGenerator.py 中添加以下代码行：

```
#! python3
# randomQuizGenerator.py - Creates quizzes with questions and answers in
# random order, along with the answer key.

--snip--

# Generate 35 quiz files.
```

```
for quizNum in range(35):
    # Create the quiz and answer key files.
❶ quizFile     = open(f'capitalsquiz{quizNum + 1}.txt', 'w')
❷ answerKeyFile = open(f'capitalsquiz_answers{quizNum + 1}.txt', 'w')

    # Write out the header for the quiz.
❸ quizFile.write('Name:\n\nDate:\n\nPeriod:\n\n')
    quizFile.write((' ' * 20) + f'State Capitals Quiz (Form{quizNum + 1})')
    quizFile.write('\n\n')

    # Shuffle the order of the states.
    states    = list(capitals.keys())
❹ random.shuffle(states)

    # TODO: Loop through all 50 states, making a question for each.
```

测验试卷的文件名将是capitalsquiz<N>.txt，其中<N>是该测验试卷的唯一编号，来自quizNum，即for循环的计数器。capitalsquiz<N>.txt的答案将保存在一个文本文件中，名为capitalsquiz_answers<N>.txt。每次执行循环，'capitalsquiz%s.txt'和'capitalsquiz_answers%s.txt'中的占位符%s都将被(quizNum + 1)取代，所以第一份测验试卷和答案将是capitalsquiz1.txt和capitalsquiz_answers1.txt。❶和❷的open()函数将创建这些文件，以'w'作为第二个参数，以写模式打开它们。

❸处的write()语句创建了测验标题，让学生填写。最后，利用random.shuffle()函数❹来创建美国州名的随机列表。该函数重新随机排列传递给它的列表中的值。

第3步：创建答案选项

现在需要为每个问题生成答案选项，这将是A到D的多项选择。你需要创建另一个for循环，该循环生成测验试卷的50个问题的内容。然后里面会嵌套第三个for循环，为每个问题生成多重选项。让你的代码看起来像这样：

```
#! python3
# randomQuizGenerator.py - Creates quizzes with questions and answers in
# random order, along with the answer key.

--snip--

    # Loop through all 50 states, making a question for each.
    for questionNum in range(50):

        # Get right and wrong answers.
❶ correctAnswer  =   capitals[states[questionNum]]
❷ wrongAnswers   =   list(capitals.values())
❸ del wrongAnswers[wrongAnswers.index(correctAnswer)]
❹ wrongAnswers = random.sample(wrongAnswers, 3)
❺ answerOptions = wrongAnswers + [correctAnswer]
❻ random.shuffle(answerOptions)

        # TODO: Write the question and answer options to the quiz file.

        # TODO: Write the answer key to a file.
```

很容易得到正确的答案，它作为一个值保存在capitals字典中❶。这个循环将遍历打乱的states列表中的州（从states[0]到states[49]），在capitals中找到每个州，将该州对应的首府保存在 correctAnswer 中。

设置错误答案列表需要使用一点技巧。你可以从 capitals 字典中复制所有的值❷，删除正确的答案❸，然后从该列表中选择 3 个随机的值❹。random.sample() 函数使得这种选择很容易，它的第一个参数是你希望选择的列表，第二个参数是你希望选择的值的个数。完整的答案选项列表是这 3 个错误答案与正确答案的组合❺。最后，答案需要随机排列❻，这样正确的答案就不会总是设置为选项 D。

第 4 步：将内容写入测验试卷和答案文件

剩下来就是将问题写入测验试卷文件，将答案写入答案文件。让你的代码看起来像这样：

```python
#! python3
# randomQuizGenerator.py - Creates quizzes with questions and answers in
# random order, along with the answer key.

--snip--

    # Loop through all 50 states, making a question for each.
    for questionNum in range(50):
        --snip--

        # Write the question and the answer options to the quiz file.
        quizFile.write(f'{questionNum + 1}. What is the capital of {states[questionNum]}?\n')
❶       for i in range(4):
❷           quizFile.write(f"    {'ABCD'[i]}. { answerOptions[i]}\n")
        quizFile.write('\n')

        # Write the answer key to a file.
❸       answerKeyFile.write(f"{questionNum + 1}. {'ABCD'[answerOptions.index(correctAnswer)]}")
    quizFile.close()
    answerKeyFile.close()
```

使用一个遍历整数 0~3 的 for 循环，将答案选项写入 answerOptions 列表❶。❷处的表达式 'ABCD'[i] 将字符串 'ABCD' 看成一个数组，它在循环的每次迭代中，将分别求值为 'A'、'B'、'C' 和 'D'。

在最后一行❸，表达式 answerOptions.index(correctAnswer) 将在随机排序的答案选项中找到正确答案的整数索引，并且 'ABCD'[answerOptions.index(correctAnswer)] 将求值为正确答案的字母写入答案文件中。

在运行该程序后，下面就是 capitalsquiz1.txt 文件看起来的样子。但是，你的问题和答案选项与这里显示的可能会不同。这取决于 random.shuffle() 调用的结果：

```
Name:

Date:

Period:

                State Capitals Quiz (Form 1)
1. What is the capital of West Virginia?
    A. Hartford
    B. Santa Fe
    C. Harrisburg
```

```
    D. Charleston
2. What is the capital of Colorado?
    A. Raleigh
    B. Harrisburg
    C. Denver
    D. Lincoln
--snip--
```

对应的 capitalsquiz_answers1.txt 文本文件看起来像这样：

```
1. D
2. C
3. A
4. C
--snip--
```

9.6　项目：创建可更新的多重剪贴板

让我们重写第 6 章中的"多重剪贴板"程序，让它使用 `shelve` 模块。用户现在可以保存新字符串，以便加载到剪贴板，而无须修改源代码。我们将这个新程序命名为 mcb.pyw（因为输入"mcb"比"multi-clipboard"更短）。.pyw 扩展名意味着 Python 在运行该程序时不会显示命令行窗口。（更多详细信息请参见附录 B。）

该程序将利用一个关键字保存每段剪贴板文本。例如，当运行 `py mcb.pyw save spam` 时，剪贴板中当前的内容就用关键字 `spam` 保存。运行 `py mcb.pyw spam`，这段文本稍后将重新加载到剪贴板中。如果用户忘记了都有哪些关键字，可以运行 `py mcb.pyw list`，将所有关键字的列表复制到剪贴板中。

程序需要完成以下任务。

1. 针对要检查的关键字来提供命令行参数。
2. 如果参数是 `save`，那么将剪贴板的内容保存到关键字。
3. 如果参数是 `list`，就将所有的关键字复制到剪贴板。
4. 否则，就将关键字对应的文本复制到剪贴板。

这意味着代码需要执行以下操作。

1. 从 `sys.argv` 读取命令行参数。
2. 读写剪贴板。
3. 保存并加载 `shelf` 文件。

如果你使用 Windows 操作系统，那么可以创建一个名为 mcb.bat 的批处理文件，通过"Run..."窗口运行这个脚本很容易。该批处理文件包含如下内容：

```
@pyw.exe C:\Python34\mcb.pyw %*
```

第 1 步：注释和 shelf 设置

我们从一个脚本框架开始，其中包含一些注释和基本设置，让你的代码看起来像这样：

```
#! python3
# mcb.pyw - Saves and loads pieces of text to the clipboard.
❶ # Usage: py.exe mcb.pyw save <keyword> - Saves clipboard to keyword.
#        py.exe mcb.pyw <keyword> - Loads keyword to clipboard.
#        py.exe mcb.pyw list - Loads all keywords to clipboard.

❷ import shelve, pyperclip, sys

❸ mcbShelf = shelve.open('mcb')
# TODO: Save clipboard content.

# TODO: List keywords and load content.

mcbShelf.close()
```

将一般用法信息放在文件顶部的注释中，这是常见的做法❶。如果忘了如何运行这个脚本，就可以看看这些注释，帮助自己回忆起来。然后导入模块❷。复制和粘贴需要使用 pyperclip 模块，读取命令行参数需要使用 sys 模块。shelve 模块也需要准备好。当用户希望保存一段剪贴板文本时，你需要将它保存到一个 shelf 文件中。然后，当用户希望将文本复制回剪贴板时，你需要打开 shelf 文件，将它重新加载到程序中。这个 shelf 文件命名时带有前缀 mcb❸。

第 2 步：用一个关键字保存剪贴板内容

当用户希望将文本保存到一个关键字，或加载文本到剪贴板，或列出已有的关键字时，该程序做的事情就不一样了。让我们来处理第一种情况，让你的代码看起来像这样：

```
#! python3
# mcb.pyw - Saves and loads pieces of text to the clipboard.
--snip--

# Save clipboard content.
❶ if len(sys.argv) == 3 and sys.argv[1].lower() == 'save':
❷     mcbShelf[sys.argv[2]] = pyperclip.paste()
   elif len(sys.argv) == 2:
❸ # TODO: List keywords and load content.

mcbShelf.close()
```

如果第一个命令行参数（它总是在 sys.argv 列表的索引 1 处）是字符串 'save' ❶，那么第二个命令行参数就是保存剪贴板当前内容的关键字。关键字将用作 mcbShelf 中的键，值就是当前剪贴板上的文本❷。

如果只有一个命令行参数，就假定它要么是 'list'，要么是需要加载到剪贴板的关键字。稍后你将实现这些代码，现在只是放上一条 TODO 注释❸。

第 3 步：列出关键字和加载关键字的内容

最后，让我们实现剩下的两种情况。用户希望从关键字加载文本到剪贴板，或希望列出所有可用的关键字。让你的代码看起来像这样：

```
#! python3
# mcb.pyw - Saves and loads pieces of text to the clipboard.
--snip--
```

```
# Save clipboard content.
if len(sys.argv) == 3 and sys.argv[1].lower() == 'save':
    mcbShelf[sys.argv[2]] = pyperclip.paste()
elif len(sys.argv) == 2:
    # List keywords and load content.
❶   if sys.argv[1].lower() == 'list':
❷       pyperclip.copy(str(list(mcbShelf.keys())))
    elif sys.argv[1] in mcbShelf:
❸       pyperclip.copy(mcbShelf[sys.argv[1]])

mcbShelf.close()
```

如果只有一个命令行参数，首先检查它是不是'list' ❶。如果是，表示 shelf 键的列表的字符串将被复制到剪贴板❷。用户可以将这个列表复制到一个打开的文本编辑器进行查看。否则，你可以假定该命令行参数是一个关键字。如果这个关键字是 shelf 中的一个键，就可以将对应的值加载到剪贴板❸。

加载这个程序有几个不同步骤，这取决于你的计算机使用哪种操作系统。请查看附录 B，了解操作系统的详情。

回忆一下第 6 章中创建的多剪贴板程序，它将文本保存在一个字典中。更新文本需要更改该程序的源代码。这不太理想，因为普通用户不太适应通过更改源代码来更新他们的软件。而且，每次修改程序的源代码时，就有可能不小心引入新的 bug。将程序的数据保存在不同的地方，而不是在代码中，就可以让别人更容易使用你的程序，并且更不容易出错。

9.7　小结

文件被组织在文件夹中（也称为目录），路径描述了一个文件的位置。运行在计算机上的每个程序都有一个当前工作目录，它让你相对于当前的位置指定文件路径，而非总是需要完整路径（绝对路径）。pathlib 和 os.path 模块包含许多用于操作文件路径的函数。

你的程序也可以直接操作文本文件的内容。open()函数将打开这些文件，将它们的内容读取为一个大字符串（利用 read()方法），或读取为字符串的列表（利用 readlines()方法）。Open()函数可以将文件以写模式或添加模式打开，分别用于创建新的文本文件或在原有的文本文件中添加内容。

在前面几章中，你利用剪贴板在程序中获得大量文本，而不是手动输入。现在你可以用程序直接读取硬盘上的文件，这是一大进步。因为文件比剪贴板更不易变化。

在下一章中，你将学习如何处理文件本身，包括复制、删除、重命名、移动等。

9.8　习题

1. 相对路径是相对于什么？
2. 绝对路径从什么开始？
3. 在 Windows 操作系统上，Path('C:/ Users')/'Al'的求值结果是什么？
4. 在 Windows 操作系统上，'C:/Users' / 'Al'的求值结果是什么？

5. os.getcwd()和os.chdir()函数做什么事？
6. .和..文件夹是什么？
7. 在C:\bacon\eggs\spam.txt中，哪一部分是目录名称，哪一部分是基本名称？
8. 可以传递给open()函数的3种"模式"参数是什么？
9. 如果已有的文件以写模式打开，会发生什么？
10. read()和readlines()方法之间的区别是什么？
11. shelf值与什么数据结构相似？

9.9 实践项目

作为实践，设计并编写下列程序。

9.9.1 扩展多重剪贴板

扩展本章中的多重剪贴板程序，增加一个delete <keyword>命令行参数，它将从shelf中删除一个关键字。然后添加一个delete命令行参数，它将删除所有关键字。

9.9.2 疯狂填词

创建一个疯狂填词（Mad Libs）程序，它将读入文本文件，并让用户在该文本文件中出现ADJECTIVE、NOUN、ADVERB或VERB等单词的地方加上他们自己的文本。例如，一个文本文件可能看起来像这样：

```
The ADJECTIVE panda walked to the NOUN and then VERB. A nearby NOUN was
unaffected by these events.
```

程序将找到这些出现的单词，并提示用户取代它们：

```
Enter an adjective:
silly
Enter a noun:
Chandelier
Enter a verb:
screamed
Enter a noun:
pickup truck
```

以下的文本文件将被创建：

```
The silly panda walked to the chandelier and then screamed. A nearby pickup
truck was unaffected by these events.
```

结果应该输出到屏幕上，并保存为一个新的文本文件。

9.9.3 正则表达式查找

编写一个程序，以打开文件夹中所有的.txt文件，并查找匹配用户提供的正则表达式的所有行。结果应该输出到屏幕上。

第 10 章 组织文件

在第 9 章中,你学习了如何用 Python 创建并写入新文件。你的程序也可以组织硬盘上已经存在的文件。也许你曾经经历过查找一个文件夹,里面有几十个、几百个,甚至上千个文件,需要手动进行复制、重命名、移动或压缩。或者你需要完成下面这样的任务。

❏ 在一个文件夹及其所有子文件夹中,复制所有的 PDF 文件(且只复制 PDF 文件)。

❏ 针对一个文件夹中的所有文件,删除文件名中前导的零,该文件夹中有数百个文件,名为 spam001.txt、spam002.txt、spam003.txt 等。

❏ 将几个文件夹的内容压缩到一个 ZIP 文件中(这可能是一个简单的备份系统)。

所有这种繁琐的任务,都可以用 Python 实现自动化。通过对计算机编程来完成这些任务,你就把它变成了一个快速工作的文件职员,而且从不犯错。

在开始处理文件时你会发现,如果能够很快查看文件的扩展名(.txt、.pdf、.jpg 等)是很有帮助的。在 macOS 和 Linux 操作系统上,文件浏览器很有可能自动显示扩展名。在 Windows 操作系统上,文件扩展名可能默认是隐藏的,要显示扩展名,请选择 Start ▶ Control Panel ▶ Appearance and Personalization ▶ Folder 选项。在 View 选项卡的 Advanced Settings 之下,取消选中 Hide extensions for known file types 复选框。

10.1 shutil 模块

shutil(或称为 shell 工具)模块中包含一些函数,让你可以在 Python 程序中复制、移动、重命名和删除文件。要使用 shutil 的函数,首先需要导入 shutil 模块。

10.1.1 复制文件和文件夹

shutil 模块提供了一些函数,用于复制文件和整个文件夹。

调用 shutil.copy(source, destination),将路径 source 处的文件复制到路径 destination 处的文件夹(source 和 destination 都是字符串)。如果 destination 是一个文件名,那么它将作为被复制文件的新名字。该函数返回一个字符串,表示被复制文件的路径。

在交互式环境中输入以下代码,看看 shutil.copy() 的效果:

```
>>> import shutil, os
>>> from pathlib import Path
>>> p = Path.home()
```
❶ `>>> shutil.copy(p/'spam.txt', p / 'some_folder')`
```
'C:\\Users\\Al\\some_folder\\spam.txt'
```
❷ `>>> shutil.copy(p / 'eggs.txt', p / 'some_folder/eggs2.txt')`
```
WindowsPath('C:/Users/Al/some_folder/eggs2.txt')
```

第一个 `shutil.copy()` 方法将文件 C:\Users\Al\spam.txt 复制到文件夹 C:\Users\Al\some_folder。返回值是刚刚被复制的文件的路径。请注意，因为只是指定了一个文件夹作为目的地❶，所以原来的文件名 spam.txt 就被用作新复制的文件名。第二个 `shutil.copy()` 方法❷也将文件 C:\Users\Al\eggs.txt 复制到文件夹 C:\Users\Al\some_folder，但为新文件提供了一个名字 eggs2.txt。

`shutil.copy()` 将复制一个文件，`shutil.copytree()` 将复制整个文件夹以及它包含的文件夹和文件。调用 `shutil.copytree(source, destination)`，将路径 `source` 处的文件夹（包括它的所有文件和子文件夹）复制到路径 `destination` 处的文件夹。`source` 和 `destination` 参数都是字符串。该函数返回一个字符串，该字符串是新复制的文件夹的路径。

在交互式环境中输入以下代码：

```
>>> import shutil, os
>>> from pathlib import Path
>>> p = Path.home()
>>> shutil.copytree(p / 'spam', p / 'spam_backup')
WindowsPath('C:/Users/Al/spam_backup')
```

调用 `shutil.copytree()` 创建了一个名为 spam_backup 的新文件夹，其中的内容与原来的 spam 文件夹一样。现在你已经备份了非常宝贵的"spam"。

10.1.2 文件和文件夹的移动与重命名

调用 `shutil.move(source, destination)`，将路径 `source` 处的文件夹移动到路径 `destination`，并返回新位置的绝对路径的字符串。

如果 `destination` 指向一个文件夹，那么 `source` 文件将移动到 `destination` 中，并保持原来的文件名。例如，在交互式环境中输入以下代码：

```
>>> import shutil
>>> shutil.move('C:\\bacon.txt', 'C:\\eggs')
'C:\\eggs\\bacon.txt'
```

假定在 C:\目录中已存在一个名为 eggs 的文件夹，调用 `shutil.move()` 方法就是将 C:\bacon.txt 移动到文件夹 C:\eggs 中。

如果在 C:\eggs 中已经存在一个文件 bacon.txt，那么它就会被覆盖。因为用这种方式很容易不小心覆盖文件，所以在使用 `move()` 时应该注意。

`destination` 路径也可以指定一个文件名。在下面的例子中，`source` 文件被移动并重命名：

```
>>> shutil.move('C:\\bacon.txt', 'C:\\eggs\\new_bacon.txt')
'C:\\eggs\\new_bacon.txt'
```

这一行是说将 C:\bacon.txt 移动到文件夹 C:\eggs，完成之后，将 bacon.txt 文件重命名为 new_bacon.txt。

前面两个例子都假设在 C:\目录下有一个文件夹 eggs。但是如果没有 eggs 文件夹，那么 move()就会将 bacon.txt 重命名，变成名为 eggs 的文件：

```
>>> shutil.move('C:\\bacon.txt', 'C:\\eggs')
'C:\\eggs'
```

这里，move()在 C:\目录下找不到名为 eggs 的文件夹，因此假定 destination 指的是一个文件，而不是文件夹。bacon.txt 文本文件会被重命名为 eggs（没有.txt 文件扩展名的文本文件），但这可能不是你所希望的。这可能是程序中很难发现的 bug，因为 move()调用会自动地做一些事情，但和你所期望的完全不同。这也是使用 move()要小心的另一个理由。

最后，构成目的地的各层级目录必须已经存在，否则 Python 会抛出异常。在交互式环境中输入以下代码：

```
>>> shutil.move('spam.txt', 'c:\\does_not_exist\\eggs\\ham')
Traceback (most recent call last):
    --snip--
FileNotFoundError: [Errno 2] No such file or directory: 'c:\\does_not_exist\\eggs\\ham'
```

Python 在 does_not_exist 目录中寻找 eggs 和 ham。它没有找到这个不存在的目录，因此不能将 spam.txt 移动到指定的路径。

10.1.3 永久删除文件和文件夹

利用 os 模块中的函数，可以删除一个文件或一个空文件夹。利用 shutil 模块，可以删除一个文件夹及其所有的内容。

- 调用 os.unlink(path)将删除 path 处的文件。
- 调用 os.rmdir(path)将删除 path 处的文件夹。该文件夹必须为空，其中不能有任何文件和文件夹。
- 调用 shutil.rmtree(path)将删除 path 处的文件夹，它包含的所有文件和文件夹都会被删除。

在程序中使用这些函数时要小心。可以在第一次运行程序时注释掉这些调用，并且加上 print()调用，显示会被删除的文件。这样做是一个好方法。下面有一个 Python 程序，本来打算删除具有.txt 扩展名的文件，但有一处录入错误（用粗体突出显示），结果导致它删除了.rxt 文件：

```
import os
from pathlib import Path
for filename in Path.home().glob('*.rxt'):
    os.unlink(filename)
```

如果你有某些文件以.rxt 结尾，它们就会被永久地删除。作为替代，你应该先运行像这样的程序：

```
import os
from pathlib import Path
for filename in Path.home().glob('*.rxt'):
    #os.unlink(filename)
    print(filename)
```

现在 `os.unlink()` 调用被注释掉，因此 Python 会忽略它。作为替代，输出将被删除的文件名。先运行这个版本的程序，你就会知道，你不小心告诉程序要删除.rxt 文件，而不是.txt 文件。

在确定程序按照你的意图工作后，删除 `print(filename)` 代码行，取消 `os.unlink(filename)` 代码行的注释。然后再次运行该程序，实际删除这些文件。

10.1.4　用 send2trash 模块安全地删除

因为 Python 内置的 `shutil.rmtree()` 函数将不可恢复地删除文件和文件夹，所以用起来可能有危险。删除文件和文件夹更好的方法是使用第三方的 `send2trash` 模块。你可以在命令行窗口中运行 `pip install send2trash` 来安装该模块（参见附录 A，其中更详细地解释了如何安装第三方模块）。

利用 `send2trash` 比用 Python 常规的删除函数要安全得多，因为它会将文件夹和文件发送到计算机的回收站，而不是永久删除它们。如果因程序 bug 而用 `send2trash` 删除了某些你不想删除的东西，那么稍后可以从回收站恢复。

安装 `send2trash` 后，在交互式环境中输入以下代码：

```
>>> import send2trash
>>> baconFile = open('bacon.txt', 'a')    # creates the file
>>> baconFile.write('Bacon is not a vegetable.')
25
>>> baconFile.close()
>>> send2trash.send2trash('bacon.txt')
```

一般来说，总是应该使用 `send2trash.send2trash()` 函数来删除文件和文件夹。虽然它将文件发送到回收站，让你稍后能够恢复它们，但是这不像永久删除文件，它不会释放磁盘空间。如果你希望程序释放磁盘空间，就要用 `os` 和 `shutil` 来删除文件和文件夹。请注意，`send2trash()` 函数只能将文件发送到回收站，不能从中恢复文件。

10.2　遍历目录树

假定你希望对某个文件夹中的所有文件进行重命名，包括该文件夹中所有子文件夹中的所有文件。也就是说，你希望遍历目录树，并处理遇到的每个文件。写程序完成这件事可能需要一些技巧，好在 Python 提供了一个函数可以替你处理这个过程。

请看 C:\delicious 文件夹及其内容，如图 10-1 所示。

这里有一个示例程序，针对图 10-1 所示的目录树，使用了 `os.walk()` 函数：

```
import os

for folderName, subfolders, filenames in os.walk('C:\\delicious'):
    print('The current folder is ' + folderName)

    for subfolder in subfolders:
        print('SUBFOLDER OF ' + folderName + ': ' + subfolder)

    for filename in filenames:
        print('FILE INSIDE ' + folderName + ': '+ filename)

    print('')
```

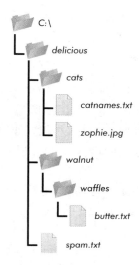

图 10-1　一个示例文件夹，包含 3 个文件夹和 4 个文件

os.walk()函数被传入一个字符串值，即一个文件夹的路径。你可以在一个 for 循环语句中使用 os.walk()函数遍历目录树，就像使用 range()函数遍历某个范围的数字一样。不像 range()，os.walk()在循环的每次迭代中返回以下 3 个值。

- 当前文件夹名称的字符串。
- 当前文件夹中子文件夹的字符串的列表。
- 当前文件夹中文件的字符串的列表。

所谓当前文件夹，是指 for 循环时迭代的文件夹。程序的当前工作目录不会因为 os.walk()而改变。

就像你可以在代码 for i in range(10):中选择变量名称 i 一样，你也可以选择前面列出来的 3 个变量名称。我通常使用 foldername、subfolder 和 filename 来表示它们。

运行该程序，它的输出结果如下：

```
The current folder is C:\delicious
SUBFOLDER OF C:\delicious: cats
SUBFOLDER OF C:\delicious: walnut
FILE INSIDE C:\delicious: spam.txt

The current folder is C:\delicious\cats
FILE INSIDE C:\delicious\cats: catnames.txt
FILE INSIDE C:\delicious\cats: zophie.jpg

The current folder is C:\delicious\walnut
SUBFOLDER OF C:\delicious\walnut: waffles

The current folder is C:\delicious\walnut\waffles
FILE INSIDE C:\delicious\walnut\waffles: butter.txt
```

因为 os.walk()返回字符串的列表，并且将其保存在 subfolder 和 filename 变量中，所以你可以在它们自己的 for 循环中使用这些列表。用你自己编写的代码，取代 print()函数调用（或者如果不需要，就删除 `for` 循环）。

10.3 用 zipfile 模块压缩文件

你可能熟悉 ZIP 文件（带有.zip 文件扩展名），它可以包含许多其他文件的压缩内容。压缩一个文件会减少它的大小，这在因特网上传输时很有用。因为一个 ZIP 文件可以包含多个文件和子文件夹，所以使用它是一种很方便的方式。将多个文件打包成一个文件，打包后的文件叫作"归档文件"，可以用作电子邮件的附件或其他用途。

利用 `zipfile` 模块中的函数，Python 程序可以创建和打开（或解压）ZIP 文件。假定你有一个名为 example.zip 的 ZIP 文件，它的内容如图 10-2 所示。

可以从异步社区本书的对应页面下载这个 ZIP 文件，或者利用计算机上已有的一个 ZIP 文件，接着完成下面的操作。

图 10-2　example.zip 的内容

10.3.1 读取 ZIP 文件

要读取 ZIP 文件的内容，首先必须创建一个 `ZipFile` 对象（请注意大写首字母 Z 和 F）。`ZipFile` 对象在概念上与 `File` 对象相似，你在第 8 章中曾经看到 `open()` 函数返回 `File` 对象：它们是一些值，程序通过它们与文件打交道。

要创建一个 `ZipFile` 对象，就要调用 `zipfile.ZipFile()` 函数，向它传入一个字符串，表示 ZIP 文件的文件名。请注意，`zipfile` 是 Python 模块的名称，`ZipFile()` 是函数的名称。

例如，在交互式环境中输入以下代码：

```
>>> import zipfile, os
>>> from pathlib import Path
>>> p = Path.home()
>>> exampleZip = zipfile.ZipFile(p / 'example.zip')
>>> exampleZip.namelist()
['spam.txt', 'cats/', 'cats/catnames.txt', 'cats/zophie.jpg']
>>> spamInfo = exampleZip.getinfo('spam.txt')
>>> spamInfo.file_size
13908
>>> spamInfo.compress_size
3828
❶ >>> f'Compressed file is {round(spamInfo.file_size / spamInfo
.compress_size, 2)}x smaller!'
)
'Compressed file is 3.63x smaller!'
>>> exampleZip.close()
```

`ZipFile` 对象有一个 `namelist()` 方法，它返回 ZIP 文件中包含的所有文件和文件夹的字符串的列表。这些字符串可以传递给 `ZipFile` 对象的 `getinfo()` 方法，返回一个关于特定文件的 `ZipInfo` 对象。`ZipInfo` 对象有自己的属性，如表示字节数的 `file_size` 和 `compress_size`，它们分别表示原来文件大小和压缩后文件大小。`ZipFile` 对象表示整个归档文件，而 `ZipInfo` 对象则保存该归档文件中每个文件的有用信息。

❶处的命令计算出 example.zip 压缩的效率，用压缩后文件的大小除以原来文件的大小，并输出这一信息。

10.3.2 从 ZIP 文件中解压缩

`ZipFile` 对象的 `extractall()`方法从 ZIP 文件中解压缩所有文件和文件夹，并将其放到当前工作目录中：

```
>>> import zipfile, os
>>> from pathlib import Path
>>> p = Path.home()
>>> exampleZip = zipfile.ZipFile(p / 'example.zip')
❶ >>> exampleZip.extractall()
>>> exampleZip.close()
```

运行这段代码后，example.zip 的内容将被解压缩到 C:\。或者你可以向 `extractall()`传递一个文件夹名称，它将文件解压缩到那个文件夹，而不是当前工作目录。如果传递给 `extractall()`方法的文件夹不存在，那么该文件夹会被创建。例如，如果你用 `exampleZip.extractall('C:\\delicious')`取代❶处，那么代码就会从 example.zip 中解压缩文件，并放到新创建的 C:\delicious 文件夹中。

`ZipFile` 对象的 `extract()`方法从 ZIP 文件中解压缩单个文件。继续演示交互式环境中的例子：

```
>>> exampleZip.extract('spam.txt')
'C:\\spam.txt'
>>> exampleZip.extract('spam.txt', 'C:\\some\\new\\folders')
'C:\\some\\new\\folders\\spam.txt'
>>> exampleZip.close()
```

传递给 `extract()`的字符串，必须匹配 `namelist()`返回的字符串列表中的一个。或者，你可以向 `extract()`传递第二个参数，将文件解压缩到指定的文件夹，而不是当前工作目录。如果第二个参数指定的文件夹不存在，Python 就会创建它。`extract()`的返回值是被压缩后文件的绝对路径。

10.3.3 创建和添加到 ZIP 文件

要创建你自己的压缩 ZIP 文件，必须以"写模式"打开 `ZipFile` 对象，即传入 `'w'`作为第二个参数（这类似于向 `open()`函数传入 `'w'`，以写模式打开一个文本文件）。

如果向 `ZipFile` 对象的 `write()`方法传入一个路径，那么 Python 就会压缩该路径所指的文件，并将它添加到 ZIP 文件中。`write()`方法的第一个参数是一个字符串，代表要添加的文件名。第二个参数是"压缩类型"参数，它告诉计算机使用怎样的算法来压缩文件。可以总是将这个值设置为 `zipfile.ZIP_DEFLATED`（这指定了 `deflate` 压缩算法，它对各种类型的数据都很有效）。在交互式环境中输入以下代码：

```
>>> import zipfile
>>> newZip = zipfile.ZipFile('new.zip', 'w')
>>> newZip.write('spam.txt', compress_type=zipfile.ZIP_DEFLATED)
>>> newZip.close()
```

这段代码将创建一个新的 ZIP 文件，名为 new.zip，它包含 spam.txt 压缩后的内容。

要记住，就像写入文件一样，写模式将擦除 ZIP 文件中所有原有的内容。如果只是希望将文件添加到原有的 ZIP 文件中，就要向 `zipfile.ZipFile()` 传入 `'a'` 作为第二个参数，以添加模式打开 ZIP 文件。

10.4 项目：将带有美国风格日期的文件重命名为欧洲风格日期

假定你的老板用电子邮件发给你上千个文件，文件名包含美国风格的日期（MM-DD-YYYY），需要将它们重命名为欧洲风格的日期（DD-MM-YYYY）。手动完成这个繁琐的任务可能需要几天时间。让我们写一个程序来完成它。

程序需要完成以下任务。
1. 检查当前工作目录的所有文件名，寻找美国风格的日期。
2. 如果找到，将该文件重命名，交换月份和日期的位置，使之成为欧洲风格的日期。

这意味着代码需要执行以下操作。
1. 创建一个正则表达式，可以识别美国风格日期的文本模式。
2. 调用 `os.listdir()`，找出工作目录中的所有文件。
3. 循环遍历每个文件名，利用该正则表达式检查它是否包含日期。
4. 如果它包含日期，用 `shutil.move()` 对该文件重命名。

对于这个项目，打开一个新的文件编辑器窗口，将代码保存为 renameDates.py。

第 1 步：为美国风格的日期创建一个正则表达式

程序的第一部分需要导入必要的模块，并创建一个正则表达式，它能识别 MM-DD-YYYY 格式的日期。TODO 注释将提醒你这个程序还要写什么。将它们作为 TODO，就很容易利用 IDLE 的 Ctrl-F 快捷键查找功能来找到它们。让你的代码看起来像这样：

```
#! python3
# renameDates.py - Renames filenames with American MM-DD-YYYY date format
# to European DD-MM-YYYY.

❶ import shutil, os, re

# Create a regex that matches files with the American date format.
❷ datePattern = re.compile(r"""^(.*?) # all text before the date
    ((0|1)?\d)-                      # one or two digits for the month
    ((0|1|2|3)?\d)-                  # one or two digits for the day
    ((19|20)\d\d)                    # four digits for the year
    (.*?)$                           # all text after the date
    """, re.VERBOSE❸)

# TODO: Loop over the files in the working directory.

# TODO: Skip files without a date.

# TODO: Get the different parts of the filename.

# TODO: Form the European-style filename.
```

10.4 项目：将带有美国风格日期的文件重命名为欧洲风格日期

```
    # TODO: Get the full, absolute file paths.
    # TODO: Rename the files.
```

通过本章，你知道 `shutil.move()` 函数可以用于文件重命名：它的参数是要重命名的文件名以及新的文件名。因为这个函数存在于 `shutil` 模块中，所以你必须导入该模块❶。

在为这些文件重命名之前，需要确定哪些文件要重命名。文件名如果包含 spam4-4-1984.txt 和 01-03-2014eggs.zip 这样的日期，就应该重命名；而不包含日期的文件名应该被忽略，如 littlebrother.epub。

可以用正则表达式来识别该模式。在开始导入 re 模块后，调用 `re.compile()` 创建一个 Regex 对象❷。传入 `re.VERBOSE` 作为第二个参数❸，这将在正则表达式字符串中允许空白字符和注释，让它更具可读性。

正则表达式字符串以 `^(.*?)` 开始，匹配文件名开始处、日期出现之前的任何文本。`((0|1)?\d)` 分组匹配月份。第一个数字可以是 0 或 1，所以正则表达式会匹配 12，作为十二月份；也会匹配 02，作为二月份。这个数字是可选的，所以四月份可以是 04 或 4。日期的分组是 `((0|1|2|3)?\d)`，它遵循类似的逻辑。3、03 和 31 是有效的日期数字（是的，这个正则表达式会接受一些无效的日期，如 4-31-2014、2-29-2013 和 0-15-2014。日期有许多特例，很容易被遗漏。为了简单，这个程序中的正则表达式做得已经足够好了）。

虽然 1885 是一个有效的年份，但你可能只想寻找 20 世纪和 21 世纪的年份。`((19|20)\d\d)` 防止了程序不小心匹配非日期的文件名，它们和日期格式类似，如 10-10-1000.txt。

正则表达式的 `(.*?)$` 部分将匹配日期之后的任何文本。

第 2 步：识别文件名中的日期部分

接下来，程序将循环遍历 `os.listdir()` 返回的文件名字符串列表，以用这个正则表达式匹配它们。文件名不包含日期的文件将被忽略。如果文件名包含日期，那么匹配的文本将保存在几个变量中。用下面的代码代替程序中的前 3 个 TODO：

```
#! python3
# renameDates.py - Renames filenames with American MM-DD-YYYY date format
# to European DD-MM-YYYY.

--snip--

# Loop over the files in the working directory.
for amerFilename in os.listdir('.'):
    mo = datePattern.search(amerFilename)

    # Skip files without a date.
❶   if mo == None:
❷       continue

❸   # Get the different parts of the filename.
    beforePart = mo.group(1)
    monthPart  = mo.group(2)
    dayPart    = mo.group(4)
    yearPart   = mo.group(6)
    afterPart  = mo.group(8)

--snip--
```

如果 search() 方法返回的 Match 对象是 None❶，那么 amerFilename 中的文件名不匹配该正则表达式。continue 语句❷将跳过循环剩下的部分，转向下一个文件名。

否则，该正则表达式分组匹配的不同字符串将保存在名为 beforePart、monthPart、dayPart、yearPart 和 afterPart 的变量中❸。这些变量中的字符串将在下一步中使用，用于构成欧洲风格的文件名。

为了让分组编号直观，请尝试从头阅读该正则表达式，每遇到一个左括号就计数加一。不要考虑代码，写下该正则表达式的框架即可。这有助于使分组变得直观，例如：

```
datePattern = re.compile(r"""^(1)    # all text before the date
    (2) (3) )-                        # one or two digits for the month
    (4) (5) )-                        # one or two digits for the day
    (6) (7) )                         # four digits for the year
    (8)$                              # all text after the date
    """, re.VERBOSE)
```

这里，编号 1 至 8 代表了该正则表达式中的分组。写出该正则表达式的框架，其中只包含括号和分组编号，这会让你更清楚地理解所写的正则表达式。完全理解后再接着看程序中剩下的部分。

第 3 步：构成新文件名，并对文件重命名

连接前一步生成的变量中的字符串，得到欧洲风格的日期：日期在月份之前。用下面的代码代替程序中的最后 3 个 TODO：

```
#! python3
# renameDates.py - Renames filenames with American MM-DD-YYYY date format
# to European DD-MM-YYYY.

--snip--
    # Form the European-style filename.
❶   euroFilename = beforePart + dayPart + '-' + monthPart + '-' + yearPart + afterPart

    # Get the full, absolute file paths.
    absWorkingDir = os.path.abspath('.')
    amerFilename  = os.path.join(absWorkingDir, amerFilename)
    euroFilename  = os.path.join(absWorkingDir, euroFilename)

    # Rename the files.
❷   print(f'Renaming "{amerFilename}" to "{euroFilename}"...')
❸   #shutil.move(amerFilename, euroFilename)    # uncomment after testing
```

将连接的字符串保存在名为 euroFilename 的变量中❶。然后将 amerFilename 中原来的文件名和新的 euroFilename 变量传递给 shutil.move() 函数，并将该文件重命名❸。

这个程序将 shutil.move() 注释掉，以将被重命名的文件名❷的输出进行替代。先像这样运行程序，你可以确认文件重命名是正确的。然后取消 shutil.move() 调用的注释，再次运行该程序来将这些文件重命名。

第 4 步：类似程序的想法

有很多其他的理由也会导致你需要对大量的文件重命名。

❑ 为文件名添加前缀，如添加 spam_、将 eggs.txt 重命名为 spam_eggs.txt。

- 将欧洲风格日期的文件名重命名为美国风格日期的文件名。
- 删除文件名中的 0，如 spam0042.txt。

10.5 项目：将一个文件夹备份到一个 ZIP 文件

假定你正在做一个项目，它的文件保存在 C:\AlsPythonBook 文件夹中。你担心项目会丢失，因此希望为整个文件夹创建一个 ZIP 文件以作为"快照"。你希望保存不同的版本，希望 ZIP 文件的文件名每次创建时都有所变化，如 AlsPythonBook_1.zip、AlsPythonBook_2.zip、AlsPythonBook_3.zip 等。你可以手动完成，但这有点繁琐，而且可能会不小心弄错 ZIP 文件的编号。运行一个程序来完成这个繁琐的任务会简单得多。

针对这个项目，打开一个新的文件编辑器窗口，将它保存为 backupToZip.py。

第 1 步：弄清楚 ZIP 文件的名称

这个程序的代码将放在一个名为 `backupToZip()` 的函数中。这样就更容易将该函数复制粘贴到其他需要这个功能的 Python 程序中。这个程序的末尾会调用这个函数进行备份。让你的程序看起来像这样：

```python
#! python3
# backupToZip.py - Copies an entire folder and its contents into
# a ZIP file whose filename increments.

❶ import zipfile, os

def backupToZip(folder):
    # Back up the entire contents of "folder" into a ZIP file.

    folder = os.path.abspath(folder)    # make sure folder is absolute

    # Figure out the filename this code should use based on
    # what files already exist.
❷   number = 1
❸   while True:
        zipFilename = os.path.basename(folder) + '_' + str(number) + '.zip'
        if not os.path.exists(zipFilename):
            break
        number = number + 1

❹   # TODO: Create the ZIP file.

    # TODO: Walk the entire folder tree and compress the files in each folder.
    print('Done.')

backupToZip('C:\\delicious')
```

先完成基本任务：添加 #! 行，描述该程序做什么，并导入 `zipfile` 和 `os` 模块❶。

定义 `backupToZip()` 函数，它只接收一个参数，即 `folder`。这个参数是一个字符串路径，指向需要备份的文件夹。该函数将决定它创建的 ZIP 文件使用什么文件名，然后创建该文件，遍历 `folder` 文件夹，并将每个子文件夹和文件添加到 ZIP 文件中。在源代码中为这些步骤写下 `TODO` 注释，提醒你稍后来完成❹。

第一部分是命名这个 ZIP 文件，使用 `folder` 的绝对路径的基本名称。如果要备份的文件夹是 C:\delicious，那么 ZIP 文件的名称就应该是 delicious_N.zip，第一次运行该程序时 N=1，第二次运行时 N=2，以此类推。

检查 delicious_1.zip 是否存在，然后检查 delicious_2.zip 是否存在，继续下去，可以确定 N 应该是什么。用一个名为 `number` 的变量表示 N❷，在一个循环内不断增加它，并调用 `os.path.exists()` 来检查该文件是否存在❸。第一个不存在的文件名将导致循环 `break`，从而它就发现了新 ZIP 文件的文件名。

第 2 步：创建新 ZIP 文件

接下来让我们创建 ZIP 文件。让你的程序看起来像这样：

```
#! python3
# backupToZip.py - Copies an entire folder and its contents into
# a ZIP file whose filename increments.

--snip--
    while True:
        zipFilename = os.path.basename(folder) + '_' + str(number) + '.zip'
        if not os.path.exists(zipFilename):
            break
        number = number + 1

    # Create the ZIP file.
    print(f'Creating {zipFilename}...')
❶ backupZip = zipfile.ZipFile(zipFilename,   'w')

    # TODO: Walk the entire folder tree and compress the files in each folder.
    print('Done.')

backupToZip('C:\\delicious')
```

既然新 ZIP 文件的文件名保存在 `zipFilename` 变量中，你就可以调用 `zipfile.ZipFile()` 实际创建这个 ZIP 文件❶了。确保传入 `'w'` 作为第二个参数，这样 ZIP 文件就会以写模式打开。

第 3 步：遍历目录树并添加到 ZIP 文件

现在需要使用 `os.walk()` 函数列出文件夹以及子文件夹中的每个文件。让你的程序看起来像这样：

```
#! python3
# backupToZip.py - Copies an entire folder and its contents into
# a ZIP file whose filename increments.

--snip--

    # Walk the entire folder tree and compress the files in each folder.
❶ for foldername, subfolders, filenames in os.walk(folder):
        print(f'Adding files in {foldername}...')
        # Add the current folder to the ZIP file.
❷     backupZip.write(foldername)

        # Add all the files in this folder to the ZIP file.
❸     for filename in filenames:
            newBase = os.path.basename(folder)  +  '_'
```

```
            if filename.startswith(newBase) and filename.endswith('.zip'):
                continue     # don't back up the backup ZIP files
            backupZip.write(os.path.join(foldername, filename))
    backupZip.close()
    print('Done.')

backupToZip('C:\\delicious')
```

可以在 for 循环中使用 os.walk()❶，在每次迭代中，它将返回这次迭代当前的文件夹名称、这个文件夹中的子文件夹，以及这个文件夹中的文件名。

在这个 for 循环中，该文件夹被添加到 ZIP 文件❷。嵌套的 for 循环将遍历 filenames 列表中的每个文件❸。每个文件都被添加到 ZIP 文件中，以前生成的备份 ZIP 文件除外。

如果运行该程序，它产生的输出结果看起来像这样：

```
Creating delicious_1.zip...
Adding   files in C:\delicious...
Adding   files in C:\delicious\cats...
Adding   files in C:\delicious\waffles...
Adding   files in C:\delicious\walnut...
Adding   files in C:\delicious\walnut\waffles...
Done.
```

第二次运行它时，它将 C:\delicious 中的所有文件放进一个 ZIP 文件，并将其命名为 delicious_2.zip，以此类推。

第 4 步：类似程序的想法

你可以在其他程序中遍历一个目录树，并将文件添加到压缩的 ZIP 归档文件中。例如，你可以编程做下面的事情。

- 遍历一个目录树，将特定扩展名的文件归档，如.txt 或.py，并排除其他文件。
- 遍历一个目录树，将.txt 和.py 文件以外的其他文件归档。
- 在一个目录树中查找文件夹，该文件夹包含的文件数最多，或者使用的磁盘空间最大。

10.6 小结

即使你是一个有经验的计算机用户，可能也会用鼠标和键盘手动处理文件。现在的文件浏览器使得处理少量文件的工作很容易。但有时候，如果用计算机自带的文件浏览器，那么你想完成任务可能要花几小时。

os 和 shutil 模块提供了一些函数来进行复制、移动、重命名和删除文件。在删除文件时，你可能希望使用 send2trash 模块将文件移动到回收站，而不是永久地删除它们。在编程处理文件时，最好是先注释掉实际会复制、移动、重命名或删除文件的代码，添加 print()调用，这样你就可以运行该程序，验证它实际会做什么。

通常，你不仅需要对一个文件夹中的文件执行这些操作，而且要对所有下级子文件夹执行操作。os.walk()函数将处理这个艰苦的工作，遍历文件夹，这样你就可以专注于了解程序需要对其中的文件做什么。

zipfile 模块提供了一种方法：用 Python 压缩和解压 ZIP 归档文件。与 os 和 shutil 模块中的文件处理函数一起使用，zipfile 模块很容易将硬盘上任意位置的一些文件打包。和许多独立的文件相比，这些 ZIP 文件更容易上传到网站，或作为 E-mail 附件发送。

本书前面几章提供了源代码让你复制。但如果你编写自己的程序，可能在第一次编写时不会完美无缺。下一章将聚焦于一些 Python 模块，它们可以帮助你分析和调试程序，这样就能让程序很快正确运行。

10.7 习题

1. shutil.copy() 和 shutil.copytree() 之间的区别是什么？
2. 什么函数用于文件重命名？
3. send2trash 和 shutil 模块中的删除函数之间的区别是什么？
4. ZipFile 对象有一个 close() 方法，就像 File 对象的 close() 方法。ZipFile 对象的什么方法等价于 File 对象的 open() 方法？

10.8 实践项目

作为实践，编程完成下面的任务。

10.8.1 选择性复制

编写一个程序，遍历一个目录树，查找特定扩展名的文件（如.pdf 或.jpg）。不论这些文件的位置在哪里，将它们复制到一个新的文件夹中。

10.8.2 删除不需要的文件

一些不需要的、巨大的文件或文件夹占据了硬盘的空间，这并不少见。如果你试图释放计算机上的空间，那么删除不想要的巨大文件的效果最好。但首先你必须找到它们。

编写一个程序，遍历一个目录树，查找特别大的文件或文件夹，如超过 100MB 的文件（回忆一下，要获得文件的大小，可以使用 os 模块的 os.path.getsize()）。将这些文件的绝对路径输出到屏幕上。

10.8.3 消除缺失的编号

编写一个程序，在一个文件夹中找到所有带指定前缀的文件，如 spam001.txt, spam002.txt 等，并定位缺失的编号（例如存在 spam001.txt 和 spam003.txt，但不存在 spam002.txt）。让该程序对后面的所有文件重命名，消除缺失的编号。

作为附加的挑战，编写另一个程序，在一些连续编号的文件中空出一些编号，以便加入新的文件。

第 11 章 调试

既然你已学习了足够的内容，可以编写更复杂的程序，那么可能就会在程序中发现不那么简单的 bug。本章将介绍一些工具和技巧，用于寻找程序中 bug 的根源，帮助你更快、更容易地修复 bug。

程序员之间流传着一个老笑话："编码占了编程工作量的 90%，调试占了剩余工作量的 90%。"

计算机只会做你告诉它做的事情，它不会读懂你的心思，做你想要让它做的事情。即使是专业的程序员也一直在制造 bug，因此如果你的程序有问题，不必感到沮丧。

好在有一些工具和技巧可以确定你的代码在做什么，以及哪儿出了问题。首先，你要查看日志和断言，这两项功能可以帮助你尽早发现 bug。一般来说，bug 发现得越早，就越容易修复。

其次，你要学习使用调试器。调试器是 IDLE 的一项功能，它可以一次执行一条指令，在代码运行时，让你有机会检查变量的值，并追踪程序运行时值的变化。这比程序全速运行要慢得多，但可以帮助你查看程序运行时其中实际的值，而不是通过源代码推测值可能是什么。

11.1 抛出异常

当 Python 试图执行无效代码时，就会抛出异常。在第 3 章中，你已学会如何使用 try 和 except 语句来处理 Python 的异常，这样程序就可以从你预期的异常中恢复。你也可以在代码中抛出自己的异常。抛出异常相当于对程序说："停止运行这个函数中的代码，将程序执行转到 except 语句。"

抛出异常使用 raise 语句。在代码中，raise 语句包含以下部分。
- raise 关键字。
- 对 Exception() 函数的调用。
- 传递给 Exception() 函数的字符串，包含有用的错误信息。

例如，在交互式环境中输入以下代码：

```
>>> raise Exception('This is the error message.')
Traceback (most recent call last):
  File "<pyshell#191>", line 1, in <module>
    raise Exception('This is the error message.')
Exception: This is the error message.
```

如果没有 try 和 except 语句来覆盖抛出异常的 raise 语句，那么该程序就会崩溃，并显示异常的错误信息。

通常是调用该函数的代码知道如何处理异常，而不是该函数本身。所以你常常会看到 raise 语句在一个函数中，try 和 except 语句在调用该函数的代码中。例如，打开一个新的文件编辑器窗口，输入以下代码，并将其保存为 boxPrint.py：

```python
def boxPrint(symbol, width, height):
    if len(symbol) != 1:
 ❶      raise Exception('Symbol must be a single character string.')
    if width <= 2:
 ❷      raise Exception('Width must be greater than 2.')
    if height <= 2:
 ❸      raise Exception('Height must be greater than 2.')

    print(symbol * width)
    for i in range(height - 2):
        print(symbol + (' ' * (width - 2)) + symbol)
    print(symbol * width)

for sym, w, h in (('*', 4, 4), ('O', 20, 5), ('x', 1, 3), ('ZZ', 3, 3)):
    try:
        boxPrint(sym, w, h)
 ❹  except Exception as err:
 ❺      print('An exception happened: ' + str(err))
```

可以在 https://autbor.com/boxprint 上查看该程序的执行情况。这里我们定义了一个 boxPrint() 函数，它接收一个字符、一个宽度值和一个高度值。它按照指定的宽度和高度，用该字符创建了一个小盒子的图像。这个盒子被输出到屏幕上。

假定我们希望该字符是一个字符，且宽度和高度要大于 2。我们添加了 if 语句，如果这些条件没有满足，就抛出异常。稍后，当我们用不同的参数调用 boxPrint() 时，try…except 语句就会处理无效的参数。

这个程序使用了 except 语句的 except Exception as err 形式❹。如果 boxPrint() 返回一个 Exception 对象❶❷❸，那么这条 except 语句就会将该对象保存在名为 err 的变量中。Exception 对象可以传递给 str() 以将它转换为一个字符串，从而得到对用户友好的错误信息❺。运行 boxPrint.py，输出结果看起来像这样：

```
****
*  *
*  *
****
OOOOOOOOOOOOOOOOOOOO
O                  O
O                  O
O                  O
OOOOOOOOOOOOOOOOOOOO
An exception happened: Width must be greater than 2.
An exception happened: Symbol must be a single character string.
```

使用 try 和 except 语句，你可以更优雅地处理错误，而不是让整个程序崩溃。

11.2　取得回溯字符串

如果 Python 遇到错误，它就会生成一些错误信息，称为"回溯"。回溯包含了错误信息、导致该错误的代码行号，以及导致该错误的函数调用的序列。这个序列称为"调用栈"。

在 Mu 中打开一个新的文件编辑器窗口，输入以下程序，并将其保存为 errorExample.py：

```python
def spam():
    bacon()

def bacon():
    raise Exception('This is the error message.')

spam()
```

如果运行 errorExample.py，输出结果看起来像这样：

```
Traceback (most recent call last):
  File "errorExample.py", line 7, in <module>
    spam()
  File "errorExample.py", line 2, in spam
    bacon()
  File "errorExample.py", line 5, in bacon
    raise Exception('This is the error message.')
Exception: This is the error message.
```

根据回溯，可以看到该错误发生在第 5 行，在 `bacon()` 函数中。这次特定的 `bacon()` 调用来自第 2 行，在 `spam()` 函数中，它又在第 7 行被调用。在可能从多个位置调用函数的程序中，调用栈能帮助你确定哪次调用导致了错误。

只要抛出的异常没有被处理，Python 就会显示回溯。你也可以调用 `traceback.format_exc()` 得到它的字符串形式。如果你希望得到异常的回溯的信息，也希望 except 语句能优雅地处理该异常，那么使用这个函数就很有用。在调用该函数之前，需要导入 Python 的 `traceback` 模块。

例如，不是让程序在异常发生时就崩溃，而是将回溯信息写入一个日志文件，并让程序继续运行。稍后，在准备调试程序时，我们可以检查该日志文件。在交互式环境中输入以下代码：

```python
>>> import traceback
>>> try:
...     raise Exception('This is the error message.')
... except:
...     errorFile = open('errorInfo.txt', 'w')
...     errorFile.write(traceback.format_exc())
...     errorFile.close()
...     print('The traceback info was written to errorInfo.txt.')

111
The traceback info was written to errorInfo.txt.
```

write() 方法的返回值是 111，因为有 111 个字符被写入文件中。回溯文本被写入 errorInfo.txt：

```
Traceback (most recent call last):
  File "<pyshell#28>", line 2, in <module>
Exception: This is the error message.
```

在 11.4 节"日志"中，你将学习如何使用 `logging` 记录模块，使用该模块比简单地将这个错误信息写入文本文件更有效。

11.3 断言

"断言"是健全性检查，用于确保代码没有做什么明显错误的事情。这些健全性检查由 `assert` 语句执行。如果检查失败，就会抛出异常。在代码中，`assert` 语句包含以下部分。

- `assert` 关键字。
- 条件（即求值为 `True` 或 `False` 的表达式）。
- 逗号。
- 当条件为 `False` 时显示的字符串。

`assert` 语句表达的是："我断言条件成立，如果条件不成立，则说明某个地方有 bug，应立即停止程序。"例如，在交互式环境中输入以下代码：

```
>>> ages = [26, 57, 92, 54, 22, 15, 17, 80, 47, 73]
>>> ages.sort()
>>> ages
[15, 17, 22, 26, 47, 54, 57, 73, 80, 92]
>>> assert ages[0] <= ages[-1] # Assert that the first age is <= the last age.
```

这里的 `assert` 语句断言 `ages` 中的第一项应小于或等于最后一项。这是健全性检查；如果 `sort()` 中的代码没有错误，并且可以完成工作，则该断言为真。

因为表达式 `ages[0] <= ages[-1]` 求值为 `True`，所以 `assert` 语句不执行任何操作。

但是，假设我们的代码中有一个错误。假设我们不小心调用了 `reverse()` 列表方法，而不是 `sort()` 列表方法。在交互式环境中输入以下内容时，`assert` 语句将引发 AssertionError：

```
>>> ages = [26, 57, 92, 54, 22, 15, 17, 80, 47, 73]
>>> ages.reverse()
>>> ages
[73, 47, 80, 17, 15, 22, 54, 92, 57, 26]
>>> assert ages[0] <= ages[-1] # Assert that the first age is <= the last age.
Traceback (most recent call last):
  File "<stdin>", line 1, in <module>
AssertionError
```

不像异常，代码不应该用 `try` 和 `except` 处理 `assert` 语句。如果 `assert` 失败，那么程序就应该崩溃。通过这样的"快速失败"，产生 bug 和你第一次注意到该 bug 之间的时间就缩短了。这将减少为了寻找 bug 的原因而需要检查的代码量。

断言针对的是程序员的错误，而不是用户的错误。断言只能在程序正在开发时失败，用户永远都不会在完成的程序中看到断言错误。对于程序在正常运行中可能遇到的那些错误（如文件没有找到，或用户输入了无效的数据），请抛出异常，而不是用 `assert` 语句检测它。不应使用 `assert` 语句来引发异常，因为用户可以选择关闭断言。如果你使用 `python -O myscript.py` 而不是 `python myscript.py` 运行 Python 脚本，那么 Python 将跳过 `assert` 语句。如果用户开发的程序需要在具有最佳性能的生产环境中运行，可能会禁用断言。（尽管在很多时候，即使在这种情况下他们也会使断言保持启用状态。）

断言不能替代全面测试。例如，如果先前的 `ages` 示例设置为 `[10, 3, 2, 1, 20]`，则断言 `ages[0] <= ages[-1]` 不会注意到列表未排序，因为刚好第一个年龄小于等于最后一个年龄，这是断言所做的唯一检查。

在交通灯模拟中使用断言

假定你在编写一个交通信号灯的模拟程序。代表信号灯的数据结构是一个字典，以 `'ns'` 和 `'ew'` 为键，分别表示南北方向和东西方向的信号灯。这些键的值可以是 `'green'`、`'yellow'` 或 `'red'` 之一。代码看起来可能像这样：

```
market_2nd    = {'ns': 'green', 'ew': 'red'}
mission_16th  = {'ns': 'red', 'ew': 'green'}
```

这两个变量将针对 Market 街和第 2 街路口，以及 Mission 街和第 16 街路口。在项目启动之初，你希望编写一个 `switchLights()` 函数，它接收一个路口字典作为参数，并切换红绿灯。

开始你可能认为，`switchLights()` 只要将每一种灯按顺序切换到下一种颜色即可，即 `'green'` 应该切换到 `'yellow'`，`'yellow'` 应该切换到 `'red'`，`'red'` 应该切换到 `'green'`。实现这个思想的代码看起来像这样：

```
def switchLights(stoplight):
    for key in stoplight.keys():
        if stoplight[key] == 'green':
            stoplight[key] = 'yellow'
        elif stoplight[key] == 'yellow':
            stoplight[key] = 'red'
        elif stoplight[key] == 'red':
            stoplight[key] = 'green'

switchLights(market_2nd)
```

你可能已经发现了这段代码的问题，但假设你编写了剩余的模拟代码，有几千行，那么很可能没有注意到这个问题。当最后运行时，程序没有崩溃，但虚拟的汽车相撞了。

因为你已经编写了其余的程序，所以不知道 bug 在哪里。bug 也许在模拟汽车的代码中，也许在模拟司机的代码中。可能需要花几小时追踪 bug，才能找到 `switchLights()` 函数。

但如果在编写 `switchLights()` 时，你添加了断言，确保至少一个交通灯是红色，可能在函数的底部添加这样的代码：

```
assert 'red' in stoplight.values(), 'Neither light is red! ' + str(stoplight)
```

有了这个断言，程序就会崩溃，并提供这样的错误信息：

```
Traceback (most recent call last):
  File "carSim.py", line 14, in <module>
    switchLights(market_2nd)
  File "carSim.py", line 13, in switchLights
    assert 'red' in stoplight.values(), 'Neither light is red! ' +
str(stoplight)
❶ AssertionError: Neither light is red! {'ns': 'yellow', 'ew': 'green'}
```

这里比较重要的是 `AssertionError`❶。虽然程序崩溃并非如你所愿，但它马上指出了健全性检查失败：两个方向都没有红灯，这意味着两个方向的车都可以走。在程序执行中尽早失败，可以省去将来大量的调试工作。

11.4 日志

如果你曾经在代码中加入 `print()` 语句，以在程序运行时输出某些变量的值，那么你就使用了写日志的方式来调试代码。写日志是一种很好的方式，可以理解程序中发生的事，以及事情发生的顺序。Python 的 `logging` 模块使你很容易创建自定义的消息记录。这些日志消息将描述程序何时调用日志函数，并列出你指定的任何变量当时的值。另一方面，缺失日志消息表明有一部分代码被跳过，从未执行。

11.4.1 使用 logging 模块

要启用 `logging` 模块以在程序运行时将日志消息显示在屏幕上，请将下面的代码复制到程序顶部（但在 Python 的 #! 行之下）：

```
import logging
logging.basicConfig(level=logging.DEBUG, format=' %(asctime)s - %(levelname)s - %(message)s')
```

你不需要过于担心它的工作原理，当 Python 记录一个事件的日志时，它都会创建一个 `LogRecord` 对象以保存关于该事件的信息。`logging` 模块的函数让你指定想看到的这个 `LogRecord` 对象的细节，以及希望的细节展示方式。

假如你编写了一个函数以计算一个数的阶乘。在数学上，4 的阶乘是 $1 \times 2 \times 3 \times 4$，即 24。7 的阶乘是 $1 \times 2 \times 3 \times 4 \times 5 \times 6 \times 7$，即 5040。打开一个新的文件编辑器窗口，输入以下代码。其中有一个 bug，但你也会输入一些日志消息，帮助你弄清楚哪里出了问题。将该程序保存为 factorialLog.py：

```
import logging
logging.basicConfig(level=logging.DEBUG, format='%(asctime)s - %(levelname)s - %(message)s')
logging.debug('Start of program')

def factorial(n):
    logging.debug('Start of factorial(%s%%)' % (n))
    total = 1
    for i in range(n + 1):
        total *= i
        logging.debug('i is ' + str(i) + ', total is ' + str(total))
    logging.debug('End of factorial(%s%%)' % (n))
    return total

print(factorial(5))
logging.debug('End of program')
```

我们在想如何输出日志消息时，使用了 `logging.debug()` 函数。这个 `debug()` 函数将调用 `basicConfig()` 以输出一行信息。这行信息的格式是我们在 `basicConfig()` 函数中指定的，这行信息包括我们传递给 debug() 的消息。print(factorial(5)) 调用是原来程序的一部分，因此就算禁用日志消息，结果仍会显示。

这个程序的输出结果就像这样：

```
2019-05-23 16:20:12,664 - DEBUG - Start of program
2019-05-23 16:20:12,664 - DEBUG - Start of factorial(5)
2019-05-23 16:20:12,665 - DEBUG - i is 0, total is 0
2019-05-23 16:20:12,668 - DEBUG - i is 1, total is 0
2019-05-23 16:20:12,670 - DEBUG - i is 2, total is 0
2019-05-23 16:20:12,673 - DEBUG - i is 3, total is 0
2019-05-23 16:20:12,675 - DEBUG - i is 4, total is 0
2019-05-23 16:20:12,678 - DEBUG - i is 5, total is 0
2019-05-23 16:20:12,680 - DEBUG - End of factorial(5)
0
2019-05-23 16:20:12,684 - DEBUG - End of program
```

factorial() 函数返回 0 作为 5 的阶乘结果，这是不对的。for 循环应该用从 1 到 5 的数乘以 total 的值。但 logging.debug() 显示的日志消息表明，i 变量从 0 开始，而不是 1。因为 0 乘任何数都是 0，所以在接下来的迭代中，total 的值都是错的。日志消息提供了可以追踪的痕迹，帮助你弄清楚何时事情开始不对。

将代码行 for i in range(n + 1): 改为 for i in range(1,n + 1):，再次运行程序。输出结果看起来像这样：

```
2019-05-23 17:13:40,650 - DEBUG - Start of program
2019-05-23 17:13:40,651 - DEBUG - Start of factorial(5)
2019-05-23 17:13:40,651 - DEBUG - i is 1, total is 1
2019-05-23 17:13:40,654 - DEBUG - i is 2, total is 2
2019-05-23 17:13:40,656 - DEBUG - i is 3, total is 6
2019-05-23 17:13:40,659 - DEBUG - i is 4, total is 24
2019-05-23 17:13:40,661 - DEBUG - i is 5, total is 120
2019-05-23 17:13:40,661 - DEBUG - End of factorial(5)
120
2019-05-23 17:13:40,666 - DEBUG - End of program
```

factorial(5) 调用正确地返回 120。日志消息表明循环内发生了什么，这直接指向了 bug。

你可以看到，logging.debug() 调用不仅输出了传递给它的字符串，而且包含一个时间戳和单词 DEBUG。

11.4.2 不要用 print() 调试

输入 import logging 和 logging.basicConfig（level=logging.DEBUG, format='%(asctime)s - %(levelname)s - %(message)s'）有一点不方便。你可能想使用 print() 代替，但不要屈服于这种诱惑。因为在调试完成后，你需要花很多时间从代码中清除每条日志消息的 print() 调用。你甚至可能不小心删除一些 print() 调用，而它们并不是用来产生日志消息的。使用日志消息的好处在于，你可以在程序中想加多少就加多少，稍后只要加入一次 logging.disable (logging. CRITICAL) 调用就可以禁止日志，不像 print() 需逐条清除。logging 模块使得显示和隐藏日志消息之间的切换变得很容易。

日志消息是给程序员的，不是给用户的。用户不会因为便于调试而想看到字典值的内容。

对于用户希望看到的消息，例如"文件未找到"或者"无效的输入，请输入一个数字"，应该使用 `print()` 调用。我们不希望禁用日志消息之后，让用户看不到有用的信息。

11.4.3　日志级别

"日志级别"提供了一种方式：按重要性对日志消息进行分类。5 个日志级别如表 11-1 所示，从最不重要到最重要。利用不同的日志函数，消息可以按某个级别记入日志。

表 11-1　Python 中的日志级别

级别	日志函数	描述
DEBUG	logging.debug()	最低级别。用于小细节。通常只有在诊断问题时，你才会关心这些消息
INFO	logging.info()	用于记录程序中一般事件的信息，或确认一切工作正常
WARNING	logging.warning()	用于表示可能的问题，它在当前不会阻止程序的工作，但将来可能会
ERROR	logging.error()	用于记录错误，它导致程序做某事失败
CRITICAL	logging.critical()	最高级别。用于表示致命的错误，它导致或将会导致程序完全停止工作

日志消息可作为一个字符串传递给这些函数。日志级别只是一种建议，归根到底，还是由你来决定日志消息属于哪一种类型。在交互式环境中输入以下代码：

```
>>> import logging
>>> logging.basicConfig(level=logging.DEBUG, format=' %(asctime)s -
%(levelname)s - %(message)s')
>>> logging.debug('Some debugging details.')
2019-05-18 19:04:26,901 - DEBUG - Some debugging details.
>>> logging.info('The logging module is working.')
2019-05-18 19:04:35,569 - INFO - The logging module is working.
>>> logging.warning('An error message is about to be logged.')
2019-05-18 19:04:56,843 - WARNING - An error message is about to be logged.
>>> logging.error('An error has occurred.')
2019-05-18 19:05:07,737 - ERROR - An error has occurred.
>>> logging.critical('The program is unable to recover!')
2019-05-18 19:05:45,794 - CRITICAL - The program is unable to recover!
```

划分日志级别的好处在于，你可以改变希望看到的日志消息的优先级。向 `basicConfig()` 函数传入 `logging.DEBUG` 作为 `level` 关键字参数，这将显示所有日志级别的消息（DEBUG 是最低的级别）。但在开发了更多的程序后，你可能只对 ERROR 感兴趣。在这种情况下，可以将 `basicConfig()` 的 `level` 参数设置为 `logging.ERROR`，这将只显示 ERROR 和 CRITICAL 消息，跳过 DEBUG、INFO 和 WARNING 消息。

11.4.4　禁用日志

在调试完程序后，你可能不希望所有日志消息出现在屏幕上。使用 `logging.disable()` 函数禁用这些消息，这样就不必进入程序中手动删除所有的日志调用。只要向 `logging.`

`disable()` 传入一个日志级别，它就会禁止该级别和更低级别的所有日志消息。因此，如果想要禁用所有日志，只要在程序中添加 `logging.disable(logging.CRITICAL)` 即可。例如，在交互式环境中输入以下代码：

```
>>> import logging
>>> logging.basicConfig(level=logging.INFO, format=' %(asctime)s -
%(levelname)s - %(message)s')
>>> logging.critical('Critical error! Critical error!')
2019-05-22 11:10:48,054 - CRITICAL - Critical error! Critical error!
>>> logging.disable(logging.CRITICAL)
>>> logging.critical('Critical error! Critical error!')
>>> logging.error('Error! Error!')
```

因为 `logging.disable()` 将禁用它之后的所有消息，所以你可以将它添加到程序中接近 `import logging` 代码行的位置。这样就很容易找到它，根据需要注释掉它或取消注释，从而启用或禁用日志消息。

11.4.5 将日志记录到文件

除了将日志消息显示在屏幕上，还可以将它们写入文本文件。`logging.basicConfig()` 函数接收 `filename` 关键字参数，像这样：

```
import logging
logging.basicConfig(filename='myProgramLog.txt', level=logging.DEBUG, format='
%(asctime)s - %(levelname)s - %(message)s')
```

日志消息将保存到 myProgramLog.txt 文件中。虽然日志消息很有用，但它们可能充满屏幕，让你很难读到程序的输出。将日志消息写入文件，可以在屏幕保持干净的同时又能保存信息，这样在运行程序后也可以阅读这些信息。可以用任何文件编辑器打开这个文本文件，如 Notepad 或 TextEdit。

11.5 Mu 的调试器

"调试器"是 Mu 编辑器、IDLE 和其他编辑器软件的一项功能，它让你每次执行一行程序。调试器将运行一行代码，然后等待你告诉它是否继续。像这样让程序运行在调试器之下，你可以随便花多少时间，检查程序运行时任意一个时刻的变量的值。对于追踪 bug，这是一个很有价值的工具。

要启用 Mu 的调试器，就单击顶部按钮行中的 Debug 按钮，它在 Run 按钮旁边。与底部的常规输出窗格一样，"Debug Inspector"（调试检查器）窗格将在窗口的右侧打开。这个窗格列出了程序中变量的当前值。图 11-1 所示为调试器在程序运行第一行代码之前就暂停了程序的执行。可以在文件编辑器中看到该行高亮显示。

调试模式也会将以下新按钮添加到编辑器顶部：Continue、Step In、Step Over 和 Step Out。平时的 Stop 按钮也可用。

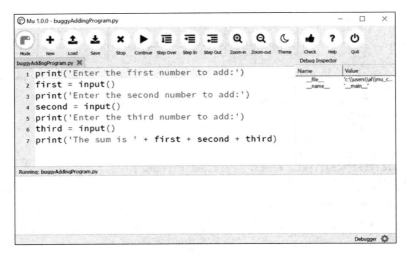

图 11-1　Mu 在调试器下运行程序

11.5.1　Continue

单击 Continue 按钮将使程序正常执行，直到程序终止或到达"断点"（本章稍后将介绍断点）。如果完成调试并希望程序继续正常运行，请单击 Continue 按钮。

11.5.2　Step In

单击 Step In 按钮将使调试器执行下一行代码，然后再次暂停。如果下一行代码是函数调用，则调试器将"进入"函数并跳转到该函数的第一行代码。

11.5.3　Step Over

单击 Step Over 按钮将执行下一行代码，类似于单击 Step In 按钮。但是，如果下一行代码是函数调用，则 Step Over 按钮将"跳过"该函数中的代码。该函数的代码将全速执行，并且一旦函数调用返回，调试器将暂停。例如，如果下一行代码调用了 spam() 函数，但你实际上并不关心该函数中的代码，则可以单击 Step Over 按钮以正常速度执行该函数中的代码，然后在该函数返回时暂停执行。因此，使用 Step Over 按钮比使用 Step In 按钮更为常见。

11.5.4　Step Out

单击 Step Out 按钮将使调试器全速执行代码行，直到从当前函数返回为止。如果你已单击 Step In 按钮进入函数调用，而现在只想继续执行指令直到退出该函数，请单击 Step Out 按钮以"跳出"当前函数调用。

11.5.5　Stop

如果要完全停止调试并且不想继续执行程序的其余部分，请单击 Stop 按钮。单击 Stop 按钮将立即终止程序。

11.5.6 调试一个数字相加的程序

打开一个新的文件编辑器窗口,输入以下代码:

```
print('Enter the first number to add:')
first = input()
print('Enter the second number to add:')
second = input()
print('Enter the third number to add:')
third = input()
print('The sum is ' + first + second + third)
```

将它保存为 buggyAddingProgram.py,第一次运行它时不启用调试器。程序的输出结果像这样:

```
Enter the first number to add:
5
Enter the second number to add:
3
Enter the third number to add:
42
The sum is 5342
```

这个程序没有崩溃,但求和显然是错的。再次运行它,这次在调试器控制之下运行。

当你单击 Debug 按钮时,程序将暂停在第 1 行,这是将要执行的代码。Mu 看起来如图 11-1 所示。

单击一次 Step Over 按钮,执行第一个 print() 调用。这里应该单击 Step Over 按钮,而不是 Step In,因为你不希望进入 print() 函数的代码。(尽管 Mu 应该会阻止调试器进入 Python 的内置函数。)调试器转向第 2 行,文件编辑器中的第 2 行将高亮显示,如图 11-2 所示。这告诉你程序当前执行到哪里。

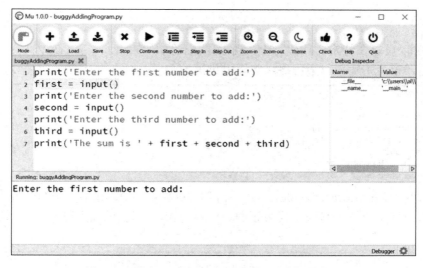

图 11-2　单击 Step Over 按钮后的 Mu 编辑器窗口

再次单击 Step Over 按钮,执行 `input()` 函数调用,当 Mu 等待你在输出窗格中为 `input()` 调用输入内容时,高亮将会消失。输入 5 并按回车键,高亮会重新出现。

继续单击 Step Over 按钮,输入 3 和 42 作为接下来的两个数,直到调试器位于第 7 行——程序中最后的 `print()` 调用。Mu 编辑器窗口应该如图 11-3 所示。

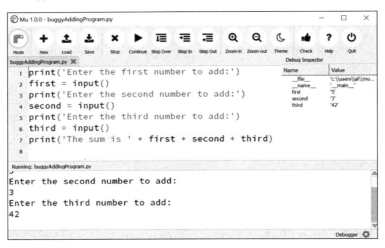

图 11-3　右侧的 Debug Inspector 窗格显示,变量设置为字符串而不是整数,从而导致该错误

在 Debug Inspector 窗格中可以看到,`first`、`second` 和 `third` 变量被设置为字符串值,而不是整型值。当最后一行执行时,这些字符串连接起来,而不是加起来,从而导致了这个 bug。

用调试器单步执行程序很有用,但也可能很慢。如果你希望程序正常运行,但在特定的代码行停止,那么可以使用断点让调试器做到这一点。

11.5.7　断点

"断点"可以设置在特定的代码行上,当程序执行到达该行时,它迫使调试器暂停。在一个新的文件编辑器窗口中输入以下程序,它模拟投掷 1000 次硬币,将该文件保存为 coinFlip.py:

```
import random
heads = 0
for i in range(1, 1001):
 ❶ if random.randint(0, 1) == 1:
        heads = heads + 1
    if i == 500:
     ❷ print('Halfway done!')
print('Heads came up ' + str(heads) + ' times.')
```

在半数时间里,`random.randint(0, 1)`调用❶将返回 0,在另外半数时间里将返回 1。这可以用来模拟硬币投掷,其中 1 代表正面。当不用调试器运行该程序时,它很快会输出下面的内容:

```
Halfway done!
Heads came up 490 times.
```

如果启用调试器来运行这个程序，那么就必须单击几千次 Step Over 按钮程序才能结束。如果你在程序执行到一半时对 `heads` 的值感兴趣，那么等 1000 次硬币投掷完 500 次后，可以在代码行 `print('Halfway done!')`❷上设置断点。要设置断点，请在文件编辑器中单击该行代码的行号，会出现一个红点来标识该断点，如图 11-4 所示。

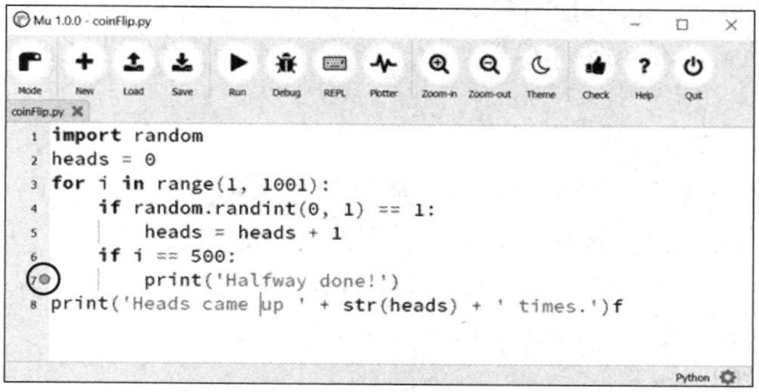

图 11-4　设置断点，让一个红点（圆圈内）出现在行号边上

不要在 `if` 语句上设置断点，因为 `if` 语句会在循环的每次迭代中都执行。在 `if` 语句内的代码上设置断点，调试器就会只在执行进入 `if` 语句时才中断。

带有断点的代码行旁边有一个红点。如果在调试器下运行该程序，那么开始它会暂停在第一行，像平时一样。但如果单击 Continue 按钮，程序将全速运行，直到遇到设置了断点的代码行。然后可以单击 Continue、Step Over、Step In 或 Step Out 按钮，让程序正常继续。

如果希望清除断点，请再次单击该行号，红点将消失，以后调试器将不会在该行代码上中断。

11.6　小结

断言、异常、日志和调试器都是在程序中发现和预防 bug 的有用工具。用 Python 语句实现断言，是实现"健全性检查"的好方式。如果没有将必要的条件保持为 `True`，那么断言将尽早给出警告。断言所针对的错误是程序不应该尝试恢复的，应该快速失败，否则，你应该抛出异常。

异常可以由 `try` 和 `except` 语句捕捉和处理。使用 `logging` 模块是一种很好的方式，可以在运行时查看代码的内部，它比使用 `print()` 函数要方便得多，因为它有不同的日志级别，并能将日志消息写入文本文件。

调试器让你每次单步执行一行代码。你也可以用正常速度运行程序，并让调试器暂停在设置了断点的代码行上。利用调试器，你可以看到程序在运行期间任何时候任意变量的值。

这些调试工具和技术将帮助你编写正确工作的程序。不小心在代码中引入 bug 是不可避免的，不论你有多少年的编码经验。

11.7　习题

1. 写一条 `assert` 语句，如果变量 `spam` 是一个小于 10 的整数，就触发 `AssertionError`。

2. 写一条 assert 语句，如果 eggs 和 bacon 包含的字符串相同（不区分大小写），就触发 AssertionError（也就是说，'hello' 和 'hello' 被认为相同，'goodbye' 和 'GOODbye' 也被认为相同）。

3. 编写一条 assert 语句，使其总是触发 AssertionError。

4. 为了能调用 logging.debug()，程序中必须加入哪两行代码？

5. 为了让 logging.debug() 将日志消息发送到名为 programLog.txt 的文件中，程序必须加入哪两行代码？

6. 5 个日志级别是什么？

7. 你可以加入哪一行代码来禁用程序中所有的日志消息？

8. 显示同样的消息，为什么使用日志消息比使用 print() 要好？

9. 调试控制窗口中的 Step Over、Step In 和 Step Out 按钮有什么区别？

10. 单击 Continue 按钮后，调试器何时会停下来？

11. 什么是断点？

12. 在 Mu 中，如何在一行代码上设置断点？

11.8 实践项目

作为实践，编程完成下面的任务。

调试硬币抛掷程序

下面程序实现一个简单的硬币抛掷猜测游戏。玩家有两次猜测机会（这是一个简单的游戏）。但是程序中有一些 bug，让程序运行几次，找出 bug，使该程序能正确运行：

```
import random
guess = ''
while guess not in ('heads', 'tails'):
    print('Guess the coin toss! Enter heads or tails:')
    guess = input()
toss = random.randint(0, 1) # 0 is tails, 1 is heads
if toss == guess:
    print('You got it!')
else:
    print('Nope! Guess again!')
    guesss = input()
    if toss == guess:
        print('You got it!')
    else:
        print('Nope. You are really bad at this game.')
```

第 12 章

从Web抓取信息

当没有 Wi-Fi 的时候，我才意识到，我在计算机上所做的事有很多实际上是在因特网上做的事，如收邮件、阅读朋友的推特，或回答问题"库特伍德·史密斯（Kurtwood Smith）在出演 1987 年的《机械战警》之前，演过主角吗？"[①]

因为计算机上如此多的工作都与因特网有关，所以如果程序能上网就太好了。"Web 抓取"是一个术语，即利用程序来下载并处理来自 Web 的内容。例如，Google 运行了许多 Web 抓取程序来对网页进行索引，以实现它的搜索引擎。在本章中，你将学习以下几个模块，让在 Python 中抓取网页变得很容易。

- webbrowser：是 Python 自带的，可打开浏览器获取指定页面。
- requests：从因特网上下载文件和网页。
- bs4：解析 HTML，即网页编写的格式。
- selenium：启动并控制一个 Web 浏览器。selenium 能够填写表单，并模拟鼠标在这个浏览器中单击。

12.1 项目：利用 webbrowser 模块的 mapIt.py

视频讲解

webbrowser 模块的 open() 函数可以启动一个新浏览器来打开指定的 URL。在交互式环境中输入以下代码：

```
>>> import webbrowser
>>> webbrowser.open('https://inve****thon.com/')
```

Web 浏览器的标签页将打开 Invent with Python 网站。这大概就是 webbrowser 模块能做的唯一的事情了。即使如此，open() 函数确实能让一些有趣的事情成为可能。例如，将一条街道的地址复制到剪贴板，并在 Google 地图上寻找它，这是很繁琐的事。你可以让这个任务减少几个步骤，方法是写一个简单的脚本，以利用剪贴板中的内容在浏览器中自动加载地图。这样，你只要将地址复制到剪贴板即可。运行该脚本，地图就会加载。

你的程序需要做到下列事情。

[①] 答案是没有。

1. 从命令行参数或剪贴板中取得街道地址。
2. 打开 Web 浏览器，指向该地址的 Google 地图页面。

这意味着代码需要做下列事情。

1. 从 `sys.argv` 读取命令行参数。
2. 读取剪贴板内容。
3. 调用 `webbrowser.open()` 函数打开外部浏览器。

打开一个新的文件编辑器窗口，将它保存为 mapIt.py。

第 1 步：弄清楚 URL

根据附录 B 中的指导，建立 mapIt.py，使得当你从命令行运行它时，像这样：

```
C:\> mapit 870 Valencia St, San Francisco, CA 94110
```

该脚本将使用命令行参数，而不是剪贴板。如果没有命令行参数，程序就知道要使用剪贴板的内容了。

首先你需要弄清楚对于指定的街道地址，要使用怎样的 URL。你在浏览器中打开 Google 地图并查找一个地址时，地址栏中的 URL 看起来很长，后缀为 maps/place/870+Valencia+St/@37.7590311,-122.4215096,17z/data=!3m1!4b1!4m2!3m1!1s0x808f7e3dadc07a37:0xc86b0b2bb93b73d8。

地址就在 URL 中，但其中还有许多附加的文本。网站常常在 URL 中添加额外的数据，帮助追踪访问者或定制网站。但如果你尝试使用这样的后缀 maps/place/870+Valencia+St+San+Francisco+CA/，就会发现仍然可以到达正确的页面。所以你的程序可以设置为打开一个浏览器，访问后缀为 maps/place/your_address_string'的 Google 网页（其中 `your_address_string` 是想查看的地图的地址）。

第 2 步：处理命令行参数

让你的代码看起来像这样：

```
#! python3
# mapIt.py - Launches a map in the browser using an address from the
# command line or clipboard.

import webbrowser, sys
if len(sys.argv) > 1:
    # Get address from command line.
    address = ' '.join(sys.argv[1:])

# TODO: Get address from clipboard.
```

在程序的#!行之后，需要导入 `webbrowser` 模块来加载浏览器；以及导入 `sys` 模块，用于读入可能的命令行参数。`sys.argv` 变量保存了程序的文件名和命令行参数的列表。如果这个列表中不只有文件名，那么 `len(sys.argv)` 的返回值就会大于 1，这意味着确实提供了命令行参数。

命令行参数通常用空格分隔，但在这个例子中，你希望将所有参数解释为一个字符串。因

为 `sys.argv` 是字符串的列表,所以你可以将它传递给 `join()` 方法,这将返回一个字符串。你不希望程序的名称出现在这个字符串中,因此不是使用 `sys.argv`,而是使用 `sys.argv[1:]` 来去掉这个数组的第一个元素。这个表达式求值得到的字符串保存在 `address` 变量中。

如果运行程序时在命令行中输入以下内容:

```
mapit 870 Valencia St, San Francisco, CA 94110
```

`sys.argv` 变量将包含这样的列表值:

```
['mapIt.py', '870', 'Valencia', 'St,', 'San', 'Francisco,', 'CA', '94110']
```

`address` 变量将包含字符串 `'870 Valencia St, San Francisco, CA 94110'`。

第 3 步:处理剪贴板内容,加载浏览器

让你的代码看起来像这样:

```python
#! python3
# mapIt.py - Launches a map in the browser using an address from the
# command line or clipboard.

import webbrowser, sys, pyperclip
if len(sys.argv) > 1:
    # Get address from command line.
    address = ' '.join(sys.argv[1:])
else:
    # Get address from clipboard.
    address = pyperclip.paste()

webbrowser.open(用 Google 网址替换/maps/place/' + address)
```

如果没有命令行参数,程序将假定地址保存在剪贴板中。可以用 `pyperclip.paste()` 取得剪贴板的内容,并将它保存在名为 `address` 的变量中。最后,启动外部浏览器访问 Google 地图的 URL,并调用 `webbrowser.open()`。

虽然你写的某些程序可能完成大型任务,从而为你节省数小时的时间,但使用一个程序在每次执行一个常用任务(例如取得一个地址的地图)时节省几秒时间,同样令人满意。表 12-1 比较了有 mapIt.py 和没有它时,显示地图所需的步骤。

表 12-1 手动取得地图和利用 mapIt.py 取得地图

手动取得地图	利用 mapIt.py
1. 高亮标记地址	1. 高亮标记地址
2. 复制地址	2. 复制地址
3. 打开 Web 浏览器	3. 运行 mapIt.py
4. 打开 Google 地图	
5. 单击地址文本字段	
6. 复制地址	
7. 按回车键	

程序让这个任务变得不那么繁琐。

第 4 步：类似程序的想法

只要你有一个 URL，webbrowser 模块就可以让用户不必打开浏览器而直接加载一个网站。其他程序可以利用这项功能完成以下任务。
- ❑ 在独立的浏览器窗口中，打开一个页面中的所有链接。
- ❑ 用浏览器打开本地天气的 URL。
- ❑ 打开你经常查看的几个社交网站。

12.2 用 requests 模块从 Web 下载文件

requests 模块让你很容易从 Web 下载文件，不必担心一些复杂的问题，如网络错误、连接问题和数据压缩。requests 模块不是 Python 自带的，所以必须先安装。通过命令行，运行 `pip install --user requests`（附录 A 详细介绍了如何安装第三方模块）。

导入 requests 模块是因为 Python 的 urllib2 模块用起来太复杂。实践时，请拿一支记号笔涂黑这一段，忘记我曾提到 urllib2。如果你需要从 Web 下载东西，使用 requests 模块就好了。

接下来做一个简单的测试，确保 requests 模块已经正确安装。在交互式环境中输入以下代码：

```
>>> import requests
```

如果没有错误信息显示，表示 requests 模块安装成功了。

12.2.1 用 requests.get() 函数下载一个网页

requests.get() 函数接收一个要下载的 URL 字符串。通过在 requests.get() 的返回值上调用 type()，你可以看到它返回一个 Response 对象，其中包含了 Web 服务器对你的请求做出的响应。稍后我将更详细地解释 Response 对象，现在请在交互式环境中输入以下代码，并保持计算机与因特网的连接：

```
>>> import requests
❶ >>> res = requests.get(automatetheboringstuff 网址的/files/rj.txt)
>>> type(res)
<class 'requests.models.Response'>
❷ >>> res.status_code == requests.codes.ok
True
>>> len(res.text)
178981
>>> print(res.text[:250])
The Project Gutenberg EBook of Romeo and Juliet, by William Shakespeare

This eBook is for the use of anyone anywhere at no cost and with
almost no restrictions whatsoever.  You may copy it, give it away or
re-use it under the terms of the Project
```

该 URL 指向一个文本页面，其中包含整部《罗密欧与朱丽叶》，它是由古登堡计划❶提供的。通过检查 Response 对象的 status_code 属性，你可以了解对这个网页的请求是否成功。如果该值等于 requests.codes.ok，那么一切都好❷（顺便说一下，HTTP 中 "OK" 的状态码是 200。你可能已经熟悉 404 状态码，它表示"没找到"）。你可以在维基百科找到完整的 HTTP 状态码及其含义列表。

如果请求成功，下载的页面就作为一个字符串保存在 Response 对象的 text 变量中。这个变量保存了包含整部戏剧的一个大字符串，调用 len(res.text) 表明它的长度超过 178 000 个字符。最后，调用 print(res.text[:250]) 显示前 250 个字符。

如果请求失败并显示错误信息，如 "Failed to establish a new connection" 或 "Max retries exceeded"，那么请检查你的网络连接。连接到服务器可能相当复杂，在这里我不能给出一个完整的问题清单。你可以在网络上搜索引号中的错误信息，找到常见的错误原因。

12.2.2 检查错误

正如你看到的，Response 对象有一个 status_code 属性，可以检查它是否等于 requests.codes.ok，从而了解下载是否成功。检查成功与否有一种简单的方法，就是在 Response 对象上调用 raise_for_status() 方法。如果下载文件出错，将抛出异常；如果下载成功，就什么也不做。在交互式环境中输入以下代码：

```
>>> res = requests.get('https://inv━/page_that_does_not_exist')
>>> res.raise_for_status()
Traceback (most recent call last):
  File "<stdin>", line 1, in <module>

  File "C:\Users\Al\AppData\Local\Programs\Python\Python37\lib\site-packages\requests\models
.py", line 940, in raise_for_status
    raise HTTPError(http_error_msg, response=self)
requests.exceptions.HTTPError: 404 Client Error: Not Found for url: https://inv━/page_
that_does_not_exist.html
```

调用 raise_for_status() 方法是一种很好的方式，确保程序在下载失败时停止。这是一件好事：你希望程序在发生未预期的错误时马上停止。如果下载失败对程序来说不够严重，可以用 try 和 except 语句将 raise_for_status() 代码行包裹起来，处理这一错误，不让程序崩溃：

```
import requests
res = requests.get('https://inv━/page_that_does_not_exist')
try:
    res.raise_for_status()
except Exception as exc:
    print('There was a problem: %s' % (exc))
```

这次 raise_for_status() 方法调用导致程序输出以下内容：

```
There was a problem: 404 Client Error: Not Found for url: https://
inv━/page_that_does_not_exist.html
```

程序总是在调用 requests.get() 之后再调用 raise_for_status()。确保下载成功后再让程序继续。

12.3 将下载的文件保存到硬盘

现在，可以用标准的 `open()` 函数和 `write()` 方法，将 Web 页面保存到硬盘中的一个文件中。但是，这里讲的方法稍稍有一点不同。首先，必须用"写二进制"模式打开该文件，即向函数传入字符串 `'wb'` 作为 `open()` 的第二参数。即使该页面是纯文本的，你也需要写入二进制数据，而不是文本数据，目的是保存该文本中的"Unicode 编码"。

为了将 Web 页面写入一个文件，可以使用 `for` 循环和 `Response` 对象的 `iter_content()` 方法。

```
>>> import requests
>>> res = requests.get('https://auto   /files/rj.txt')
>>> res.raise_for_status()
>>> playFile = open('RomeoAndJuliet.txt', 'wb')
>>> for chunk in res.iter_content(100000):
        playFile.write(chunk)

100000
78981
>>> playFile.close()
```

> **Unicode 编码**
>
> Unicode 编码超出了本书的范围，你可以自行查找以下文章来了解更多的相关内容。
> - Joel on Software: "The Absolute Minimum Every Software Developer Absolutely, Positively Must Know About Unicode and Character Sets (No Excuses!)"。
> - Ned Batchelder: "Pragmatic Unicode"。

`iter_content()` 方法在循环的每次迭代中返回一段内容，每一段都是 `bytes` 数据类型，你需要指定一段包含多少字节。100 000 字节通常是不错的选择，所以将"100 000"作为参数传递给 `iter_content()`。

文件 RomeoAndJuliet.txt 将存在于当前工作目录。请注意，虽然在网站上文件名是 pg1112.txt，但在你的硬盘上，该文件的名字不同。`requests` 模块只处理下载的网页内容。一旦网页下载后，它就只是程序中的数据。即使在下载该网页后断开了因特网连接，该页面的所有数据仍然会在你的计算机中。

`write()` 方法返回一个数字，表示写入文件的字节数。在前面的例子中，第一段包含 100 000 字节，文件剩下的部分只需要 78 981 字节。

回顾一下，下载并保存到文件的完整过程如下。

1. 调用 `requests.get()` 下载该文件。
2. 用 `'wb'` 调用 `open()`，以写二进制的方式打开一个新文件。
3. 利用 `Response` 对象的 `iter_content()` 方法做循环。

4. 在每次迭代中调用 write()，将内容写入该文件。
5. 调用 close() 关闭该文件。

这就是关于 requests 模块的全部内容。相对于写入文本文件的 open()/write()/close() 工作步骤，for 循环和 iter_content() 的部分可能看起来比较复杂，但这是为了确保 requests 模块即使下载巨大的文件也不会消耗太多内存。

12.4 HTML

在你拆解网页之前，需要学习一些 HTML 的基本知识。你也会看到如何利用 Web 浏览器的强大开发者工具，它们使得从 Web 抓取信息更容易。

12.4.1 学习 HTML 的资源

"超文本标记语言（HTML）"是编写 Web 页面的格式。本章假定你对 HTML 有一些基本经验。

12.4.2 快速复习

假定你有一段时间没有看过 HTML 了，这里是对基本知识的快速复习。HTML 文件是一个纯文本文件，带有 .html 文件扩展名。这种文件中的文本被"标签"环绕，标签是尖括号包围的单词。标签告诉浏览器以怎样的格式显示该页面。一个开始标签和一个结束标签可以包围某段文本，形成一个"元素"。"文本"（或"内部的 HTML"）是在开始标签和结束标签之间的内容。例如，下面的 HTML 在浏览器中显示 Hello, world!，其中 Hello 用粗体显示：

```
<strong>Hello</strong>, world!
```

这段 HTML 在浏览器中看起来如图 12-1 所示。

开始标签 `<strong>` 表明标签包围的文本将使用粗体，结束标签 `</strong>` 告诉浏览器粗体文本到此结束。

HTML 中有许多不同的标签。有一些标签具有额外的特性，在尖括号内以"属性"的方式展现。例如，`<a>` 标签包含一段文本，它应该是一个链接。这段文本链接的 URL 是由 href 属性确定的。下面是一个例子：

```
Al's free <a href="https://inv***">Python books</a>.
```

这段 HTML 在浏览器中看起来如图 12-2 所示。

图 12-1　浏览器渲染的 Hello, world!

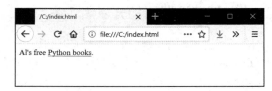

图 12-2　浏览器中渲染的链接

某些元素具有 `id` 属性,可以用来在页面上唯一地确定该元素。你常常会告诉程序,根据元素的 `id` 属性来寻找它。所以利用浏览器的开发者工具弄清楚元素的 `id` 属性是编写 Web 抓取程序常见的任务。

12.4.3 查看网页的 HTML 源代码

对于程序要处理的网页,你需要查看它的 HTML 源代码。要做到这一点,在浏览器的任意网页上单击鼠标右键(或在 macOS 上按快捷键 Ctrl-鼠标左键),选择 View Source 或 View page source,查看该网页的 HTML 文本,如图 12-3 所示。这是浏览器实际接收到的文本。浏览器知道如何通过这个 HTML 显示(即"渲染")网页。

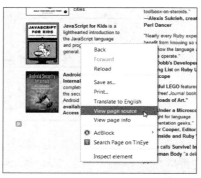

图 12-3 查看网页的源代码

我强烈建议你查看一些自己喜欢的网站的 HTML 源代码。在查看源代码时,如果你不能完全理解也没有关系。你不需要完全掌握 HTML 也能编写简单的 Web 抓取程序,毕竟你不是要编写自己的网站。不需要太多的知识,就能从已有的网站中挑选数据。

12.4.4 打开浏览器的开发者工具

除了查看网页的源代码,你还可以利用浏览器的开发者工具来检查页面的 HTML。在 Windows 版的 Chrome 和 IE 中,开发者工具已经安装了。可以按 F12 键,让它们出现,如图 12-4 所示。再次按 F12 键,可以让开发者工具消失。在 Chrome 中,也可以选择 View ▸ Developer ▸ Developer Tools,调出开发者工具。在 macOS 中按 Command-Option-I 快捷键,将打开 Chrome 的开发者工具。

图 12-4　Chrome 浏览器中的开发者工具窗口

对于 Firefox，可以在 Windows 和 Linux 操作系统中按 Ctrl-Shift-C 快捷键，或在 macOS 中按 Command-option-C 快捷键，调出开发者工具查看器。它的布局几乎与 Chrome 的开发者工具一样。

在 Safari 中，打开 Preferences 窗口，并在 Advanced 窗格选中 Show Develop menu in the menu bar 选项。在它启用后，你可以按 Command-option-I 快捷键，调出开发者工具。

在浏览器中启用或安装了开发者工具之后，可以在网页中任何部分单击鼠标右键，在弹出的菜单中选择 Inspect Element，查看页面中这一部分对应的 HTML。如果需要在 Web 抓取程序中解析 HTML，这很有帮助。

> **不要用正则表达式来解析 HTML**
>
> 在一个字符串中定位特定的一段 HTML，这似乎很适合使用正则表达式。但是，我建议你不要这么做。HTML 的格式可以有许多不同的方式，并且仍然被认为是有效的 HTML，但尝试用正则表达式来捕捉所有这些可能的变化将非常繁琐，并且容易出错。使用专门用于解析 HTML 的模块，如 Beautiful Soup，将更不容易导致 bug。
>
> 在 Stack Overflow 等论坛，你会看到更充分的讨论，从而了解为什么不应该用正则表达式来解析 HTML。

12.4.5　使用开发者工具来寻找 HTML 元素

程序利用 `requests` 模块下载了一个网页之后，你会得到该页的 HTML 内容，它将是一个字符串值。现在你需要弄清楚这段 HTML 的哪个部分对应于网页上你感兴趣的信息。这就是可以利用浏览器的开发者工具的地方。

假定你需要编写一个程序，从美国气象官网获取天气预报数据。在写代码之前，先做一点调查。如果你访问该网站，并查找邮政编码 94105，该网站将打开一个页面，显示该地区的天气预报。

如果你想抓取那个邮政编码对应的气温信息，怎么办？右击它在页面的位置（或在 macOS

上按 Control-鼠标左键），在弹出的菜单中选择 Inspect Element。这将打开开发者工具窗口，其中显示产生这部分网页的 HTML。图 12-5 所示为开发者工具打开显示气温的 HTML。请注意，如果美国气象网站改变了网页的设计，你需要重复这个过程来检查新的元素。

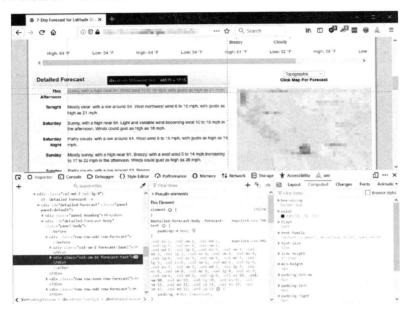

图 12-5　用开发者工具查看包含气温文本的元素

通过开发者工具，你可以看到网页中负责气温部分的 HTML 是`<div class= "col-sm-10 forecast-text">Sunny, with a high near 64. West wind 11 to 16 mph, with gusts as high as 21 mph.</div>`。这正是你要找的东西。看起来气温信息包含在一个`<div>`元素中，带有`forecast-text` CSS 类。在浏览器的开发者控制台中右击这个元素，在出现的菜单中选择 CopyCSS 选择器。这将一个类似`'div.row-odd:nth-child(1) > div:nth-child(2)'`这样的字符串复制到剪贴板上。你可以将这个字符串用于 Beautiful Soup 的`select()`或 selenium 的`find_element_by_css_selector()`方法，这将在本章后面解释。既然你知道了要找的是什么，`Beautiful Soup` 模块就可以帮助你在这个字符串中找到它。

12.5　用 bs4 模块解析 HTML

`Beautiful Soup` 是一个模块，用于从 HTML 页面中提取信息（用于这个目的时，它比正则表达式好很多）。`Beautiful Soup` 模块的名称是 bs4（表示 Beautiful Soup 第 4 版）。要安装它，需要在命令行中运行 `pip install beautifulsoup4`（关于安装第三方模块的指导，请查看附录 A）。虽然安装时使用的名字是 beautifulsoup4，但要导入它，就使用 `import bs4`。

在本章中，`Beautiful Soup` 的例子将解析（即分析并识别其中的一些部分）硬盘上的一个 HTML 文件。在 IDLE 中打开一个新的文件编辑器窗口，输入以下代码，并保存为 example.html，或者从异步社区本书对应页面下载它：

```
<!-- This is the example.html example file. -->

<html><head><title>The Website Title</title></head>
<body>
<p>Download my <strong>Python</strong> book from <a href="https://
inv▇▇">my website</a>.</p>
<p class="slogan">Learn Python the easy way!</p>
<p>By <span id="author">Al Sweigart</span></p>
</body></html>
```

你可以看到，即使是一个简单的 HTML 文件，也包含许多不同的标签和属性。对于复杂的网站，事情很快就变得令人困惑。好在，Beautiful Soup 让处理 HTML 变得容易很多。

12.5.1 从 HTML 创建一个 BeautifulSoup 对象

bs4.BeautifulSoup()函数调用时需要一个字符串，其中包含将要解析的 HTML。bs4.BeautifulSoup()函数返回一个 BeautifulSoup 对象。在交互式环境中输入以下代码，同时保持计算机与因特网的连接：

```
>>> import requests, bs4
>>> res = requests.get('https://nosta▇▇')
>>> res.raise_for_status()
>>> noStarchSoup = bs4.BeautifulSoup(res.text, 'html.parser')
>>> type(noStarchSoup)
<class 'bs4.BeautifulSoup'>
```

这段代码利用 requests.get()函数从 No Starch 出版社网站下载主页，然后将响应结果的 text 属性传递给 bs4.BeautifulSoup()。它返回的 BeautifulSoup 对象保存在变量 noStarchSoup 中。

也可以向 bs4.BeautifulSoup()传递一个 File 对象，以及第二个参数，告诉 Beautiful Soup 使用哪个解析器来分析 HTML。

在交互式环境中输入以下代码（确保 example.html 文件在工作目录中）：

```
>>> exampleFile = open('example.html')
>>> exampleSoup = bs4.BeautifulSoup(exampleFile, 'html.parser')
>>> type(exampleSoup)
<class 'bs4.BeautifulSoup'>
```

这里使用的'html.parser'解析器是 Python 自带的。但是，如果你安装了第三方 lxml 模块，你就可以使用更快的'lxml'解析器。按照附录 A 中的说明，运行 pip install --user lxml 来安装这个模块。如果忘记了包含第二个参数，将导致 UserWarning: No parser was explicitly specified warning。

有了 BeautifulSoup 对象之后，就可以利用它的方法，定位 HTML 文档中的特定部分。

12.5.2 用 select()方法寻找元素

调用一个 BeautifulSoup 对象的 select()方法，传入一个字符串作为 CSS "选择器"，就可以取得一个 Web 页面元素。选择器就像正则表达式：它们指定了要寻找的模式，在这个例子中，是在 HTML 页面中寻找，而不是在普通的文本字符串中寻找。

完整地讨论 CSS 选择器的语法超出了本书的范围（在本书的资源中，有很好的选择器指南），这里有一份选择器的简单介绍。表 12-2 举例展示了大多数常用 CSS 选择器的模式。

表 12-2 CSS 选择器的例子

传递给 select()方法的选择器	将匹配……
soup.select('div')	所有名为 `<div>` 的元素
soup.select('#author')	带有 id 属性为 author 的元素
soup.select('.notice')	所有使用 CSS class 属性名为 notice 的元素
soup.select('div span')	所有在 `<div>` 元素之内的 `<span>` 元素
soup.select('div > span')	所有直接在 `<div>` 元素之内的 `<span>` 元素，中间没有其他元素
soup.select('input[name]')	所有名为 `<input>`，并有一个 name 属性，其值无所谓的元素
soup.select('input[type="button"]')	所有名为 `<input>`，并有一个 type 属性，其值为 button 的元素

不同的选择器模式可以组合起来形成复杂的匹配。例如，soup.select('p #author') 将匹配所有 id 属性为 author 的元素，只要它也在一个 `<p>` 元素之内。你也可以在浏览器中右击元素，选择 Inspect Element，而不是自己编写选择器。当浏览器的开发者控制台打开后，右键单击元素的 HTML，选择 Copy ▶ CSS Selector，将选择器字符串复制到剪贴板上，然后粘贴到你的源代码中。

Select()方法将返回一个 Tag 对象的列表，这是 Beautiful Soup 表示一个 HTML 元素的方式。针对 BeautifulSoup 对象中的 HTML 的每次匹配，列表中都有一个 Tag 对象。Tag 值可以传递给 str()函数，显示它们代表的 HTML 标签。Tag 值也可以有 attrs 属性，它将该 Tag 的所有 HTML 属性作为一个字典。利用前面的 example.html 文件，在交互式环境中输入以下代码：

```
>>> import bs4
>>> exampleFile = open('example.html')
>>> exampleSoup = bs4.BeautifulSoup(exampleFile.read(), 'html.parser')
>>> elems = exampleSoup.select('#author')
>>> type(elems) # elems is a list of Tag objects.
<class 'list'>
>>> len(elems)
1
>>> type(elems[0])
<class 'bs4.element.Tag'>
>>> str(elems[0]) # The Tag object as a string.
'<span id="author">Al Sweigart</span>'
>>> elems[0].getText()
'Al Sweigart'
>>> elems[0].attrs
{'id': 'author'}
```

这段代码将带有 id="author" 的元素从示例 HTML 中找出来。我们使用 select('#author') 返回一个列表，其中包含所有带有 id="author" 的元素。我们将这个 Tag 对象的列表保存在变量 elems 中，len(elems) 告诉我们列表中只有一个 Tag 对象，且只有一次匹配。在该元素上调用 getText() 方法，以返回该元素的文本或内部的 HTML。一个元素的文本是在开始和结束标签之间的内容：在这个例子中，就是 'Al Sweigart'。

将该元素传递给 str()，以返回一个字符串，其中包含开始和结束标签，以及该元素的文本。最后，attrs 给了我们一个字典，其中包含该元素的属性 'id'，以及 id 属性的值 'author'。

也可以从 BeautifulSoup 对象中找出 <p> 元素。在交互式环境中输入以下代码：

```
>>> pElems = exampleSoup.select('p')
>>> str(pElems[0])
'<p>Download my <strong>Python</strong> book from <a href="https://
inv        ">my website</a>.</p>'
>>> pElems[0].getText()
'Download my Python book from my website.'
>>> str(pElems[1])
'<p class="slogan">Learn Python the easy way!</p>'
>>> pElems[1].getText()
'Learn Python the easy way!'
>>> str(pElems[2])
'<p>By <span id="author">Al Sweigart</span></p>'
>>> pElems[2].getText()
'By Al Sweigart'
```

这一次，select() 给我们一个列表，该列表包含 3 次匹配，我们将该列表保存在 pElems 中。在 pElems[0]、pElems[1] 和 pElems[2] 上使用 str()，这将每个元素显示为一个字符串。在每个元素上使用 getText() 以显示它的文本。

12.5.3 通过元素的属性获取数据

Tag 对象的 get() 方法让我们很容易从元素中获取属性值。向该方法传入一个属性名称的字符串，它将返回该属性的值。利用 example.html，在交互式环境中输入以下代码：

```
>>> import bs4
>>> soup = bs4.BeautifulSoup(open('example.html'), 'html.parser')
>>> spanElem = soup.select('span')[0]
>>> str(spanElem)
'<span id="author">Al Sweigart</span>'
>>> spanElem.get('id')
'author'
>>> spanElem.get('some_nonexistent_addr') == None
True
>>> spanElem.attrs
{'id': 'author'}
```

这里，我们使用 select() 来寻找所有 <span> 元素，然后将第一个匹配的元素保存在 spanElem 中。将属性名 'id' 传递给 get() 以返回该属性的值 'author'。

12.6　项目：打开所有搜索结果

每次我在 Google 上搜索一个主题时，不会一次只看一个搜索结果。通过鼠标中键单击搜索结果链接，或在单击时按住 Ctrl 键，我会在一些新的标签页中打开前几个链接以稍后查看。我经常用 Google 搜索，因此这个工作流程（开浏览器，查找一个主题，依次用鼠标中键单击几个链接）变得很乏味。如果我只要在命令行中输入查找主题，就能让计算机自动打开浏览器，并在新的标签页中显示前面几项的查询结果，那就太好了。让我们写一个脚本，针对位于 PyPI 官网的 Python Package Index，用它的搜索结果页面来做这个事情。像这样的程序可以改编并适用于许多其他网站，尽管 Google 和 DuckDuckGo 经常采用一些措施，使其搜索结果页面难以抓取。

程序需要完成以下任务。

1. 从命令行参数中获取查询关键字。
2. 取得查询结果页面。
3. 为每个结果打开一个浏览器标签页。

这意味着代码需要执行以下操作。

1. 从 `sys.argv` 中读取命令行参数。
2. 用 `requests` 模块取得查询结果页面。
3. 找到每个查询结果的链接。
4. 调用 `webbrowser.open()` 函数打开 Web 浏览器。

打开一个新的文件编辑器窗口，并将其保存为 searchpypi.py。

第 1 步：获取命令行参数，并请求查询页面

在开始编码之前，你首先要知道查询结果页面的 URL。查看浏览器地址栏，就会发现结果页面的 URL 类似于后缀为/search/?q=<SEARCH_TERM_HERE>的 PyPI 网址。`requests` 模块可以下载这个页面；然后可以用 `Beautiful Sou` 模块找到 HTML 中的查询结果的链接；最后，用 `webbrowser` 模块在浏览器标签页中打开这些链接。

让你的代码看起来像这样：

```
#! python3
# searchpypi.py - Opens several search results.

import requests, sys, webbrowser, bs4
print('Searching...')    # display text while downloading the search result page
res = requests.get('https://google.com/search?q=' 'https://p███████/search/?q='
+ ' '.join(sys.argv[1:]))
res.raise_for_status()

# TODO:  Retrieve top search result links.

# TODO: Open a browser tab for each result.
```

用户运行该程序时，将通过命令行参数指定查询的主题。这些参数将作为字符串保存在 `sys.argv` 列表中。

第 2 步：找到所有的结果

现在你需要使用 `Beautiful Soup` 从下载的 HTML 中提取排名靠前的查询结果链接。但

如何知道完成这项工作需要怎样的选择器呢？例如，你不能只查找所有的<a>标签，因为在这个 HTML 中，有许多链接你是不关心的，所以必须用浏览器的开发者工具来检查这个查询结果页面，尝试寻找一个选择器，它将挑选出你想要的链接。

在针对 Beautiful Soup 进行查询后，你可以打开浏览器的开发者工具，查看该页面上的一些链接元素。它们看起来很复杂，大概像这样：`<a class="package-snippet" href="HYPERLINK "view-source:https://****/project/xml-parser/"/project/xml-parser/">`。

该元素看起来复杂得难以置信，但这没有关系，只需要找到查询结果链接都具有的模式即可。确保你的代码看起来像这样：

```python
#! python3
# searchpypi.py - Opens several google results.
import requests, sys, webbrowser, bs4
--snip--
# Retrieve top search result links.
soup = bs4.BeautifulSoup(res.text, 'html.parser')
# Open a browser tab for each result.
linkElems = soup.select('.package-snippet')
```

但是，如果查看<a>元素，你就会发现结果链接都有 `class="package-snippet"`。查看余下的 HTML 源代码，看起来 `package-snippet` 类仅用于查询结果链接。你不需要知道 CSS 类 `package-snippet` 是什么，或者它会做什么。只需要利用它作为一个标记，查找你需要的<a>元素。可以通过下载页面的 HTML 文本创建一个 `BeautifulSoup` 对象，然后用选择器 `'.package-snippet'` 找到所有具有 CSS 类 `package-snippet` 的元素中的<a>元素。请注意，如果 PyPI 网站改变了布局，那么你可能需要更新这个程序，方法是将一个新的 CSS 选择器字符串传递给 `soup.select()`。程序的其余部分仍将适用。

第 3 步：针对每个结果打开 Web 浏览器

最后，我们将告诉程序，针对结果打开 Web 浏览器标签页。将下面的内容添加到程序的末尾：

```python
#! python3
# searchpypi.py - Opens several search results.
import requests, sys, webbrowser, bs4
--snip--
# Open a browser tab for each result.
linkElems = soup.select('.package-snippet')
numOpen = min(5, len(linkElems))
for i in range(numOpen):
    urlToOpen = 'https://' + linkElems[i].get('href')
    print('Opening', urlToOpen)
    webbrowser.open(urlToOpen)
```

在默认情况下，你会使用 `webbrowser` 模块以在新的标签页中打开前 5 个查询结果。但是，用户查询的主题可能少于 5 个查询结果。`soup.select()` 调用返回一个列表，该列表包含匹配 `'.package-snippet'` 选择器的所有元素，因此打开标签页的数目要么是 5，要么是这个列表的长度（取决于哪一个更小）。

内置的 Python 函数 `min()` 返回传入的整型或浮点型参数中最小的一个（也有内置的 `max()` 函数，返回传入的参数中最大的一个）。你可以使用 `min()` 弄清楚该列表中的链接是否少于 5

个，并且将要打开的链接数保存在变量 numOpen 中。然后可以调用 range(numOpen) 来执行一个 for 循环。

在该循环的每次迭代中，你会使用 webbrowser.open() 在 Web 浏览器中打开一个新的标签页。请注意，返回的<a>元素的 href 属性中不包含初始的 Google 网址部分，因此必须连接它和 href 属性的字符串。

现在可以马上打开前 5 个 PyPI 查找结果，例如，要查找 boring stuff，你只要在命令行中运行 searchpypi boring stuff！（了解如何在你的操作系统中方便地运行程序，请参看附录 B）。

第 4 步：类似程序的想法

分标签页浏览的好处在于很容易在新标签页中打开一些链接，可以稍后再来查看。一个自动打开几个链接的程序，很适合快捷地完成下列任务。

- 查找亚马逊这样的电商网站后，打开所有的产品页面。
- 打开针对一个产品的所有评论的链接。
- 查找 Flickr 或 Imgur 这样的照片网站后，打开查找结果中的所有照片的链接。

12.7　项目：下载所有 XKCD 漫画

博客和其他经常更新的网站通常有一个首页，其中有最新的帖子，以及一个"前一篇"按钮，将你带到以前的帖子。然后那个帖子也有一个"前一篇"按钮，以此类推。这创建了一条线索，可以从最近的页面浏览到该网站的第一个帖子。

如果你希望复制该网站的内容以在离线的时候阅读，那么可以手动导航至每个页面并保存。但这是很无聊的工作，所以让我们写一个程序来做这件事。

XKCD 是一个流行的极客漫画网站，它符合这个结构，如图 12-6 所示。官网首页有一个 Prev 按钮，让用户导航到前面的漫画。手动下载每张漫画要花较长的时间，你可以写一个脚本，在几分钟内完成这件事。

程序需要完成以下任务。

1. 加载 XKCD 主页。
2. 保存该页的漫画图片。
3. 转入前一张漫画的链接。
4. 重复直到第一张漫画。

这意味着代码需要执行以下操作。

1. 利用 requests 模块下载页面。
2. 利用 Beautiful Soup 找到页面中漫画图像的 URL。
3. 利用 iter_content() 下载漫画图像，并保存到硬盘。
4. 找到前一张漫画的 URL 链接，然后重复。

12.7 项目：下载所有 XKCD 漫画

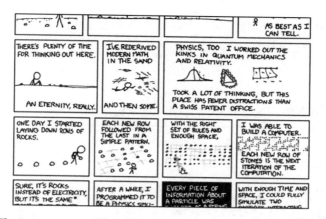

图 12-6　XKCD，"关于浪漫、讽刺、数学和语言的漫画网站"

打开一个新的文件编辑器窗口，将它保存为 downloadXkcd.py。

第 1 步：设计程序

打开一个浏览器的开发者工具，检查该页面上的元素，你会发现下面的内容。
- 漫画图像文件的 URL，由一个 `<img>` 元素的 href 属性给出。
- `<img>` 元素在 `<div id="comic">` 元素之内。
- Prev 按钮有一个 rel HTML 属性，值是 prev。
- 第一张漫画的 Prev 按钮链接到后缀为 # URL 的 XKCD 网址，表明没有前一个页面了。

让你的代码看起来像这样：

```python
#! python3
# downloadXkcd.py - Downloads every single XKCD comic.

import requests, os, bs4

url = 'https://■■■■■■'              # starting url
os.makedirs('xkcd', exist_ok=True)  # store comics in ./xkcd
while not url.endswith('#'):
    # TODO: Download the page.

    # TODO: Find the URL of the comic image.

    # TODO: Download the image.

    # TODO: Save the image to ./xkcd.

    # TODO: Get the Prev button's url.

print('Done.')
```

你会有一个 url 变量，开始的值是 `'http://■■■■■■'`，然后反复更新（在一个 for 循环中），变成当前页面的 Prev 链接的 URL。在循环的每一步，你将下载 URL 上的漫画。如果 URL 以 `'#'` 结束，那么你就知道需要结束循环。

将图像文件下载到当前目录的一个名为 xkcd 的文件夹中。调用 os.makedirs() 函数以确保这个文件夹存在。如果文件夹已经存在，那么关键字参数 `exist_ok=True` 可用于防止该函数抛出异常。剩下的代码只是注释，只列出了剩下程序的大纲。

第 2 步：下载网页

我们来实现下载网页的代码。让你的代码看起来像这样：

```
#! python3
# downloadXkcd.py - Downloads every single XKCD comic.

import requests, os, bs4

url = 'https://[redacted]'          # starting url
os.makedirs('xkcd',exist_ok=True)    # store comics in ./xkcd
while not url.endswith('#'):
    # Download the page.
    print('Downloading page %s...' % url)
    res = requests.get(url)
    res.raise_for_status()

    soup = bs4.BeautifulSoup(res.text, 'html.parser')

    # TODO: Find the URL of the comic image.

    # TODO: Download the image.

    # TODO: Save the image to ./xkcd.

    # TODO: Get the Prev button's url.

print('Done.')
```

首先，输出 `url`，这样用户就知道程序将要下载哪个 URL。然后利用 `requests` 模块的 `request.get()` 函数下载它。像以往一样，马上调用 `Response` 对象的 `raise_for_status()` 方法，如果下载发生问题，就抛出异常，并终止程序；否则，利用下载页面的文本创建一个 `BeautifulSoup` 对象。

第 3 步：寻找和下载漫画图像

让你的代码看起来像这样：

```
#! python3
# downloadXkcd.py - Downloads every single XKCD comic.

import requests, os, bs4

--snip--

    # Find the URL of the comic image.
    comicElem = soup.select('#comic img')
    if comicElem == []:
        print('Could not find comic image.')
    else:
        comicUrl = 'https:' + comicElem[0].get('src')
        # Download the image.
        print('Downloading image %s...' % (comicUrl))
        res = requests.get(comicUrl)
        res.raise_for_status()
```

```
        # TODO: Save the image to ./xkcd.
        # TODO: Get the Prev button's url.
print('Done.')
```

用开发者工具检查 XKCD 主页后，你知道漫画图像的<img>元素在<div>元素中，<div>带有的 id 属性设置为 comic。选择器'#comic img'将从 BeautifulSoup 对象中选出正确的<img>元素。

有一些 XKCD 页面有特殊的内容，不是一个简单的图像文件。这没问题，跳过它们就好了。如果选择器没有找到任何元素，那么 soup.select('#comic img')将返回一个空的列表。出现这种情况时，程序将输出一条错误信息，不下载图像，并继续执行。

否则，选择器将返回一个包含一个<img>元素的列表。可以从这个<img>元素中取得 src 属性，将 src 传递给 requests.get()，以下载这个漫画的图像文件。

第 4 步：保存图像，找到前一张漫画

让你的代码看起来像这样：

```
#! python3
# downloadXkcd.py - Downloads every single XKCD comic.

import requests, os, bs4

--snip--
        # Save the image to ./xkcd.
        imageFile = open(os.path.join('xkcd', os.path.basename(comicUrl)),'wb')
        for chunk in res.iter_content(100000):
            imageFile.write(chunk)
        imageFile.close()
    # Get the Prev button's url.
    prevLink = soup.select('a[rel="prev"]')[0]
    url = 'https://             ' + prevLink.get('href')

print('Done.')
```

这时，漫画的图像文件保存在变量 res 中。你需要将图像数据写入硬盘的文件。

你需要为本地的图像文件准备一个文件名，并将其传递给 open()。comicUrl 的值类似 'http://imgs.****/comics/heartbleed_explanation.png'。你可能注意到，它看起来很像文件路径。实际上，调用 os.path.basename()时传入 comicUrl，它只返回 URL 的最后部分：'heartbleed_explanation.png'。当将图像保存到硬盘时，你可以用它作为文件名。用 os.path.join()连接这个名称和 xkcd 文件夹的名称，这样程序就会在 Windows 操作系统下使用倒斜杠（\），在 macOS 和 Linux 操作系统下使用正斜杠（/）。既然你最后得到了文件名，就可以调用 open()，并用'wb'（写二进制）模式打开一个新文件。

回忆一下之前的内容，保存利用 Requests 下载的文件时，你需要循环处理 iter_content()方法的返回值。for 循环中的代码将一段图像数据写入文件（每次最多 10 万字节），然后关闭该文件。图像现在保存到硬盘。

选择器'a[rel="prev"]'识别出 rel 属性中设置为 prev 的<a>元素，利用这个<a>元素

的 `href` 属性可取得前一张漫画的 URL，然后将它保存在 `url` 中。接着，`while` 循环针对这张漫画，再次开始整个下载过程。

这个程序的输出看起来像这样：

```
Downloading page https://▇▇▇▇▇▇...
Downloading image https://▇▇▇▇▇▇/comics/phone_alarm.png...
Downloading page https://▇▇▇▇▇▇/1358/...
Downloading image https://imgs.▇▇▇▇▇▇/comics/nro.png...
Downloading page https://▇▇▇▇▇▇/1357/...
Downloading image https://imgs.▇▇▇▇▇▇/comics/free_speech.png...
Downloading page https://▇▇▇▇▇▇/1356/...
Downloading mage https://imgs.▇▇▇▇▇▇/comics/orbital_mechanics.png...
Downloading page https://▇▇▇▇▇▇/1355/...
Downloading image https://imgs.▇▇▇▇▇▇/comics/airplane_message.png...
Downloading page https://▇▇▇▇▇▇/1354/...
Downloading image https://imgs.▇▇▇▇▇▇/comics/heartbleed_explanation.png...
--snip--
```

这个项目是一个很好的例子，说明程序可以自动顺着链接从网络上抓取大量的数据。你可以从 Beautiful Soup 的文档了解它的更多功能。

第 5 步：类似程序的想法

下载页面并追踪链接是许多网络爬虫程序的基础。类似的程序也可以做下面的事情。
- 顺着网站的所有链接备份整个网站。
- 复制一个论坛的所有信息。
- 复制一个在线商店中所有产品的目录。

`requests` 和 `bs4` 模块功能很强大，只要你能弄清楚需要传递给 `requests.get()` 的 URL。但是，有时候这并不容易找到。或者，你希望编程浏览的网站可能要求你先登录。`selenium` 模块将让你的程序具有执行这种复杂任务的能力。

12.8 用 selenium 模块控制浏览器

`selenium` 模块可让 Python 直接控制浏览器，实现方法是单击链接并填写登录信息，几乎就像人类用户与页面交互一样。与 `requests` 和 `bs4` 相比，`selenium` 允许你用高级得多的方式与网页交互。但因为它启动了 Web 浏览器，假如你只是想从网络上下载一些文件，会有点慢，并且难以在后台运行。

尽管如此，如果你与网页交互的方式依赖于更新网页的 JavaScript 代码，那么你就需要使用 `selenium` 而不是 `requests`。这是因为像亚马逊这样的大型电商网站肯定会有软件系统来识别他们怀疑是脚本的流量，这些脚本可能会获取他们的信息或注册多个免费账户。这些网站可能会在一段时间后拒绝向你提供页面，让你编写的所有脚本失效。与 `requests` 相比，`selenium` 模块在这些网站上长期有效的可能性要大得多。

向网站"透露"你正在使用脚本的一种主要方式是 `user-agent` 字符串，它标识了 Web 浏览器，并包含在所有的 HTTP 请求中。例如，`requests` 模块的 `user-agent` 字符串是类似

'python-requests/2.21.0' 这样的东西。你可以访问一个网站查看你的 user-agent 字符串。使用 selenium，你更有可能"作为人类允许通过"，因为 selenium 的 user-agent 不仅和普通浏览器一样（例如，'Mozilla/5.0 (Windows NT 10.0; Win64; x64; rv:65.0) Gecko/20100101 Firefox/65.0'），而且它的流量模式也是一样的：一个由 selenium 控制的浏览器会像普通浏览器一样下载图片、广告、cookie 和隐私入侵追踪器。不过，selenium 仍然可以被网站检测到，各大票务和电子商务网站通常会屏蔽由 selenium 控制的浏览器，以防止网页被抓取。

12.8.1 启动 selenium 控制的浏览器

以下例子将展示如何控制 FireFox 浏览器。如果你还没有 FireFox，可以自行搜索并免费下载它。可以通过在命令行窗口上执行 `pip install --user selenium` 来安装 selenium，更多信息见附录 A。

导入 selenium 的模块需要一点技巧，不是 `import selenium`，而是要运行 `from selenium import webdriver`（为什么 selenium 模块要使用这种方式导入？答案超出了本书的范围）。

然后，你可以用 selenium 启动 FireFox 浏览器。在交互式环境中输入以下代码：

```
>>> from selenium import webdriver
>>> browser = webdriver.Firefox()
>>> type(browser)
<class 'selenium.webdriver.firefox.webdriver.WebDriver'>
>>> browser.get('https://inv****')
```

你会注意到，当 `webdriver.Firefox()` 被调用时，FireFox 浏览器启动了。对值 `webdriver.Firefox()` 调用 `type()`，揭示它具有 WebDriver 数据类型。调用 `browser.get('http://inv****')` 将浏览器指向 Invent with Python 官网。浏览器看起来应该如图 12-7 所示。

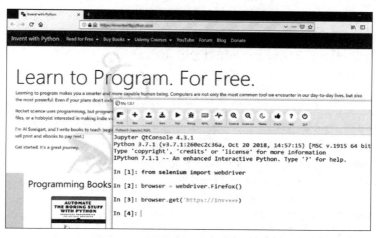

图 12-7 在 Mu 中调用 webdriver.Firefox() 和 get() 后，FireFox 浏览器出现了

如果遇到错误信息"'geckodriver' executable needs to be in PATH."，那么你需要手动下载 Firefox 的 webdriver，然后才能用 selenium 来控制它。如果你安装了 Firefox 以外的浏览器，selenium 也可以控制其他浏览器。

对于 Firefox，请在 GitHub 中搜索 mozilla/geckodriver/releases，然后下载你的操作系统的 geckodriver。（"Gecko"是 Firefox 中使用的浏览器引擎的名称。）例如，在 Windows 操作系统中，需要下载 geckodriver-v0.24.0-win64.zip；在 macOS 中，需要下载 geckodriver-v0.24.0- macos.tar.gz。较新版本的名字会有稍微不同。下载的 ZIP 文件将包含一个 geckodriver.exe（在 Windows 操作系统上）或 geckodriver（在 macOS 和 Linux 操作系统上）文件，你可以把它放在系统的 PATH 路径上。附录 B 有关于系统 PATH 的信息。

对于 Chrome 浏览器，请访问 ChromePriver 下载页面以下载你的操作系统的 ZIP 文件。这个 ZIP 文件将包含一个 chromedriver.exe（在 Windows 操作系统上）或 chromedriver（在 macOS 或 Linux 操作系统上）文件，可以将它放在系统的 PATH 路径上。

其他主要的网络浏览器也有 webdriver，可以通过在因特网上搜索"<浏览器名称> webdriver"来找到。

如果你在 selenium 的控制下打开新的浏览器仍然有问题，可能是因为当前版本的浏览器与 selenium 模块不兼容。一种解决方法是安装一个旧版本的浏览器，或者更简单地说，安装一个旧版本的 selenium 模块。你可以在 PyPI 官网上找到 selenium 版本号列表。不幸的是，selenium 和浏览器的版本之间的兼容性有时会失效，你也许需要在网上搜索可能的解决方案。附录 A 有更多关于运行 pip 来安装特定版本的 selenium 的信息。（例如，你可以运行 pip install –user –U selenium==3.14.1。）

12.8.2 在页面中寻找元素

WebDriver 对象有好几种方法用于在页面中寻找元素。它们被分成 find_element_* 和 find_elements_* 方法。find_element_* 方法返回一个 WebElement 对象，代表页面中匹配查询的第一个元素。find_elements_* 方法返回 WebElement_* 对象的列表，包含页面中所有匹配的元素。

表 12-3 展示了 find_element_* 和 find_elements_* 方法的几个例子，它们在变量 browser 中保存的 WebDriver 对象上调用。

表 12-3 selenium 的 WebDriver 方法，用于寻找元素

方法名	返回的 WebElement 对象/列表
browser.find_element_by_class_name(*name*) browser.find_elements_by_class_name(*name*)	使用 CSS 类 name 的元素
browser.find_element_by_css_selector(*selector*) browser.find_elements_by_css_selector(*selector*)	匹配 CSS selector 的元素
browser.find_element_by_id(*id*) browser.find_elements_by_id(*id*)	匹配 id 属性值的元素

方法名	返回的 WebElement 对象/列表
browser.find_element_by_link_text(*text*) browser.find_elements_by_link_text(*text*)	完全匹配提供的 text 的<a>元素
browser.find_element_by_partial_link_text(*text*) browser.find_elements_by_partial_link_text(*text*)	包含提供的 text 的<a>元素
browser.find_element_by_name(*name*) browser.find_elements_by_name(*name*)	匹配 name 属性值的元素
browser.find_element_by_tag_name(*name*) browser.find_elements_by_tag_name(*name*)	匹配标签 name 的元素 （大小写不敏感，<a>元素匹配'a'和'A'）

除了 *_by_tag_name() 方法，所有方法的参数都是区分大小写的。如果页面上没有元素可匹配该方法要查找的元素，那么 selenium 模块就会抛出 NoSuchElement 异常。如果你不希望这个异常让程序崩溃，就在代码中添加 try 和 except 语句。

一旦有了 WebElement 对象，就可以读取表 12-4 中的属性，或调用其中的方法，并了解它的更多功能。

表 12-4　WebElement 的属性和方法

属性或方法	描述
tag_name	标签名，例如'a'表示<a>元素
get_attribute(name)	该元素 name 属性的值
text	该元素内的文本，例如hello中的'hello'
clear()	对于文本字段或文本区域元素，清除其中输入的文本
is_displayed()	如果该元素可见，返回 True；否则返回 False
is_enabled()	对于输入元素，如果该元素启用，返回 True；否则返回 False
is_selected()	对于复选框或单选按钮元素，如果该元素被勾选，返回 True；否则返回 False
location	一个字典，包含键'x'和'y'，表示该元素在页面上的位置

例如，打开一个新的文件编辑器，输入以下程序：

```
from selenium import webdriver
browser = webdriver.Firefox()
browser.get('https://inv█████████')
try:
    elem = browser.find_element_by_class_name('cover-thumb')
    print('Found <%s> element with that class name!' % (elem.tag_name))
except:
    print('Was not able to find an element with that name.')
```

这里我们打开 FireFox，让它指向一个 URL。在这个页面上，我们试图找到带有类名'cover-thumb'的元素。如果找到这样的元素，我们就用 tag_name 属性将它的标签名输出。如果没有找到这样的元素，就输出不同的信息。

这个程序的输出结果如下：

```
Found <img> element with that class name!
```

我们发现了一个元素带有类名`'cover-thumb'`，它的标签名是`'img'`。

12.8.3 单击页面

`find_element_*`和`find_elements_*`方法返回的 WebElement 对象有一个`click()`方法，用于模拟鼠标在该元素上单击。这个方法可以用于链接跳转、单击单选按钮、单击提交按钮，或者触发该元素被鼠标单击时发生的任何事情。例如，在交互式环境中输入以下代码：

```
>>> from selenium import webdriver
>>> browser = webdriver.Firefox()
>>> browser.get('https://inv              ')
>>> linkElem = browser.find_element_by_link_text('Read Online for Free')
>>> type(linkElem)
<class 'selenium.webdriver.remote.webelement.FirefoxWebElement'>
>>> linkElem.click() # follows the "Read Online for Free" link
```

这段程序用于打开 FireFox，指向 Invent with Python 官网，并取得`<a>`元素的 WebElement 对象，它的文本是"Read Online for Free"，然后模拟单击这个元素。就像你自己单击这个链接一样，浏览器将跳转到这个链接。

12.8.4 填写并提交表单

要向 Web 页面的文本字段发送按键事件信息，只要找到那个文本字段的`<input>`或`<textarea>`元素，然后调用`send_keys()`方法即可。例如，在交互式环境中输入以下代码：

```
>>> from selenium import webdriver
>>> browser = webdriver.Firefox()
>>> browser.get('https://logi              ')
>>> userElem = browser.find_element_by_id('user_name')
>>> userElem.send_keys('your_real_username_here')

>>> passwordElem = browser.find_element_by_id('user_pass')
>>> passwordElem.send_keys('your_real_password_here')
>>> passwordElem.submit()
```

只要 MetaFilter 的登录页面没有在本书出版后改变 Username 和 Password 文本字段的 id，那么上面的代码就会用提供的文本填写这些文本字段（你总是可以用浏览器的开发者工具验证 id）。在任何元素上调用`submit()`方法，都等同于单击该元素所在表单的 Submit 按钮（你可以很容易地调用`emailElem.submit()`，代码所做的事情一样）。

> 警告：尽可能地避免将口令放在源代码中。当你的口令未加密而存放在硬盘上时，很容易不小心泄露给他人。如果可能，请让你的程序使用第8章中描述的pyinputplus.inputPassword()函数来提示用户从键盘上输入口令。

12.8.5 发送特殊键

`selenium`有一个模块，针对不能用字符串值输入的键盘按键。它的功能非常类似于转义字符。这些值保存在`selenium.webdriver.common.keys`模块的属性中。因为这个模块名非常长，所以可以在程序顶部运行 `from selenium.webdriver.common.keys import Keys` 导入模块，这样原来需要写 `selenium.webdriver.common.keys` 的地方，就只需写 `Keys`。表 12-5 列出了常用的 `Keys` 属性。

表 12-5　selenium.webdriver.common.keys 模块中常用的属性

属性	含义
Keys.DOWN, Keys.UP, Keys.LEFT, Keys.RIGHT	键盘箭头键
Keys.ENTER, Keys.RETURN	回车和换行键
Keys.HOME, Keys.END, Keys.PAGE_DOWN, Keys.PAGE_UP	Home 键、End 键、PageUp 和 Page Down 键
Keys.ESCAPE, Keys.BACK_SPACE, Keys.DELETE	Esc 键、Backspace 键和 Delete 键
Keys.F1, Keys.F2, ..., Keys.F12	键盘顶部的 F1 到 F12 键
Keys.TAB	Tab 键

例如，如果光标当前不在文本字段中，按 Home 键和 End 键将使浏览器滚动到页面的顶部或底部。在交互式环境中输入以下代码，注意 `send_keys()` 调用是如何滚动页面的：

```
>>> from selenium import webdriver
>>> from selenium.webdriver.common.keys import Keys
>>> browser = webdriver.Firefox()
>>> browser.get('https://no****')
>>> htmlElem = browser.find_element_by_tag_name('html')
>>> htmlElem.send_keys(Keys.END)       # scrolls to bottom
>>> htmlElem.send_keys(Keys.HOME)      # scrolls to top
```

`<html>` 标签是 HTML 文件中的基本标签：HTML 文件的完整内容包含在 `<html>` 和 `</html>` 标签之内。调用 `browser.find_element_by_tag_name('html')` 是向一般 Web 页面发送按键的好方法。当滚动到该页的底部，新的内容就会加载，这可能会有用。

12.8.6　单击浏览器按钮

利用以下的方法，selenium 也可以模拟单击各种浏览器按钮。
- `browser.back()` 单击 "返回" 按钮。
- `browser.forward()` 单击 "前进" 按钮。
- `browser.refresh()` 单击 "刷新" 按钮。
- `browser.quit()` 单击 "关闭窗口" 按钮。

12.8.7　关于 selenium 的更多信息

selenium 能做的事远远超出了这里所描述的。它还可以修改浏览器的 cookie，截取页面快照，以及运行定制的 JavaScript。要了解这些功能的更多信息，请参考 selenium 的技术文档。

12.9　小结

大多数繁琐的任务并不限于操作你计算机中的文件。编程下载网页可以让你的程序扩展到因特网。requests 模块让下载变得很简单，加上 HTML 的概念和选择器的基本知识，你就可以利用 Beautiful Soup 模块解析下载的网页了。

但要全面自动化所有针对网页的任务，你需要利用 selenium 模块直接控制 Web 浏览器。selenium 模块将允许你自动登录到网站并填写表单。因为使用 Web 浏览器是在因特网上收发信息的最常见方式，所以这是程序员工具箱中一件了不起的工具。

12.10　习题

1. 简单描述 webbrowser、requests、BeautifulSoup 和 selenium 模块之间的不同。
2. requests.get() 返回哪种类型的对象？如何以字符串的方式访问下载的内容？
3. 哪个 requests 方法用于检查下载是否成功？
4. 如何取得 requests 响应的 HTTP 状态码？
5. 如何将 requests 响应保存到文件？
6. 打开浏览器的开发者工具的快捷键是什么？
7. 在开发者工具中，如何查看页面上特定元素的 HTML？
8. 要找到 id 属性为 main 的元素，CSS 选择器的字符串是什么？
9. 要找到 CSS 类为 highlight 的元素，CSS 选择器的字符串是什么？
10. 要找到一个 \<div\> 元素中所有的 \<div\> 元素，CSS 选择器的字符串是什么？
11. 要找到一个 \<button\> 元素，且它的 value 属性被设置为 favorite，CSS 选择器的字符串是什么？
12. 假定你有一个 Beautiful Soup 的 Tag 对象保存在变量 spam 中，针对的元素是 \<div\>Hello, world!\</div\>。如何从这个 Tag 对象中取得字符串 'Hello world!'？
13. 如何将一个 Beautiful Soup 的 Tag 对象的所有属性保存到变量 linkElem 中？
14. 运行 import selenium 没有效果。如何正确地导入 selenium 模块？
15. find_element_* 和 find_elements_* 方法之间的区别是什么？
16. selenium 的 WebElement 对象有哪些方法来模拟鼠标单击和键盘按键？
17. 你可以在 Submit 按钮的 WebElement 对象上调用 send_keys(Keys.表达式 ENTER)，但利用 selenium 还有什么更容易的方法提交表单？
18. 利用 selenium 如何模拟单击浏览器的"前进""返回"和"刷新"按钮？

12.11　实践项目

作为实践，编程完成下列任务。

12.11.1　命令行电子邮件程序

编写一个程序，通过命令行接收电子邮件地址和文本字符串。然后利用 selenium 登录到你的电子邮件账号，将该字符串作为邮件，发送到提供的地址（你也许希望为这个程序建立一个独立的电子邮件账号）。

这是为程序添加通知功能的一种好方法。你也可以编写类似的程序，从 Facebook 或 Twitter 账号发送消息。

12.11.2　图像网站下载

编写一个程序，功能访问图像共享网站（如 Flickr 或 Imgur），查找某个类型的照片，然后下载所有查询结果的图像。可以编写一个程序，访问任何具有查找功能的图像网站。

12.11.3　2048

2048 是一个简单的游戏，通过箭头向上、下、左、右移动滑块，让滑块合并。实际上，你可以通过一遍一遍地重复"上、右、下、左"模式，获得相当高的分数。编写一个程序，打开 GitHub 上的 2048 游戏，不断发送向上、右、下、左移动滑块的命令来自动玩游戏。

12.11.4　链接验证

编写一个程序，对给定的网页 URL，下载该页面包含的所有链接的页面。程序应该标记出所有具有"404Not Found"状态码的页面，并将它们作为坏链接输出。

第 13 章 处理Excel电子表格

虽然我们通常不会把电子表格当成编程工具,但是很多人都会使用它们,以将信息组织到二维数据结构中,并用公式进行计算,然后以图表的形式输出。在接下来的两章中,我们将 Python 与两个流行的电子表格应用程序:Microsoft Excel 和 Google Sheets 集成。

Excel 是一款流行的、功能强大的 Windows 电子表格应用程序。openpyxl 模块允许你的 Python 程序读取和修改 Excel 电子表格文件。例如,你可能有一个枯燥的任务,那就是从一个电子表格中复制某些数据并粘贴到另一个电子表格中。或者你可能需要翻阅成千上万的行,然后根据一些标准挑选出其中的一小部分,并进行一些小修改。或者你可能要翻阅数百个部门预算的电子表格,寻找所有包含赤字的电子表格。这些正是 Python 可以为你做的那种繁琐的、没有技术含量的电子表格任务。

虽然 Excel 是微软公司的专有软件,但也有免费的替代品,它们可以在 Windows 操作系统、macOS 和 Linux 操作系统上运行。LibreOffice Calc 和 OpenOffice Calc 都可以处理 Excel 的.xlsx 文件格式的电子表格,这意味着 openpyxl 模块也可以在这两个应用程序的电子表格上工作。如果你的计算机上已经安装了 Excel,你可能会发现这两个程序更容易使用。但本章中的屏幕截图都是来自 Windows 10 操作系统上的 Excel 2010。

13.1 Excel 文档

首先,让我们来看一些基本定义。一个 Excel 电子表格文档称为一个"工作簿"。一个工作簿保存在扩展名为.xlsx 的文件中。每个工作簿可以包含多个"表"(也称为"工作表")。用户当前查看的表(或关闭 Excel 前最后查看的表)称为"活动表"。

每个表都有一些"列"(地址是从 A 开始的字母)和一些"行"(地址是从 1 开始的数字)。处于特定行和列的方格称为"单元格"。每个单元格包含一个数字或文本值,或者是空白。单元格形成的网格和数据构成了表。

13.2 安装 openpyxl 模块

Python 没有自带 openpyxl,所以必须安装。请按照附录 A 中安装第三方模块的说明来安装。模块的名称是 openpyxl。

本书使用的是 openpyxl 的 2.6.2 版本。重要的是，你必须通过运行 pip install --user --U openpyxl==2.6.2 来安装这个版本，因为较新版本的 openpyxl 与本书中的信息不兼容。要测试它是否安装正确，就在交互式环境中输入以下代码：

```
>>> import openpyxl
```

如果该模块正确安装，就不会产生错误信息。记得在运行本章的交互式环境例子之前，要导入 openpyxl 模块，否则会出现错误 NameError: name 'openpyxl' is not defined。

13.3 读取 Excel 文档

本章的例子将使用一个电子表格 example.xlsx，它保存在根文件夹中。你可以自己创建这个电子文档，或从异步社区本书对应页面下载。图 13-1 所示为 3 个默认的表，名为 Sheet1、Sheet2 和 Sheet3，这是 Excel 自动为新工作簿提供的（在不同操作系统和电子表格程序中，提供的默认表个数可能会不同）。

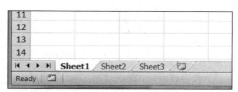

图 13-1　工作簿中表的标签页在 Excel 的左下角

示例文件中的 Sheet 1 应该如表 13-1 所示（如果你没有从网站下载 example.xlsx，就要在工作表中自己输入这些数据）。

表 13-1　example.xlsx 电子表格

	A	B	C
1	4/5/2015 1:34:02 PM	Apples	73
2	4/5/2015 3:41:23 AM	Cherries	85
3	4/6/2015 12:46:51 PM	Pears	14
4	4/8/2015 8:59:43 AM	Oranges	52
5	4/10/2015 2:07:00 AM	Apples	152
6	4/10/2015 6:10:37 PM	Bananas	23
7	4/10/2015 2:40:46 AM	Strawberries	98

既然有了示例电子表格，就来看看如何用 openpyxl 模块来操作它。

13.3.1　用 openpyxl 模块打开 Excel 文档

在导入 openpyxl 模块后，就可以使用 openpyxl.load_workbook() 函数了。在交互式环境中输入以下代码：

```
>>> import openpyxl
>>> wb = openpyxl.load_workbook('example.xlsx')
>>> type(wb)
<class 'openpyxl.workbook.workbook.Workbook'>
```

openpyxl.load_workbook() 函数接收文件名，并返回一个 workbook 数据类型的值。

这个 Workbook 对象代表这个 Excel 文件，这有点儿类似于 File 对象代表一个打开的文本文件。

要记住，example.xlsx 必须在当前工作目录中，你才能处理它。可以导入 os，使用函数 os.getcwd() 弄清楚当前工作目录是什么，并使用 os.chdir() 改变当前工作目录。

13.3.2 从工作簿中取得工作表

访问 sheetnames 属性可以取得工作簿中所有表名的列表。在交互式环境中输入以下代码：

```
>>> import openpyxl
>>> wb = openpyxl.load_workbook('example.xlsx')
>>> wb.sheetnames # The workbook's sheets' names.
['Sheet1', 'Sheet2', 'Sheet3']
>>> sheet = wb['Sheet3'] # Get a sheet from the workbook.
>>> sheet
<Worksheet "Sheet3">
>>> type(sheet)
<class 'openpyxl.worksheet.worksheet.Worksheet'>
>>> sheet.title # Get the sheet's title as a string.
'Sheet3'
>>> anotherSheet = wb.active # Get the active sheet.
>>> anotherSheet
<Worksheet "Sheet1">
```

每个表由一个 Worksheet 对象表示，取得它的方法是使用带方括号的工作表名称字符串，这和取得字典的键一样。最后，可以使用 Workbook 对象的 active 属性来取得工作簿的活动表。在取得 Worksheet 对象后，可以通过 title 属性取得它的名称。

13.3.3 从表中取得单元格

有了 Worksheet 对象后，就可以按名字访问 Cell 对象。在交互式环境中输入以下代码：

```
>>> import openpyxl
>>> wb = openpyxl.load_workbook('example.xlsx')
>>> sheet = wb['Sheet1'] # Get a sheet from the workbook.
>>> sheet['A1'] # Get a cell from the sheet.
<Cell 'Sheet1'.A1>
>>> sheet['A1'].value # Get the value from the cell.
datetime.datetime(2015, 4, 5, 13, 34, 2)
>>> c = sheet['B1'] # Get another cell from the sheet.
>>> c.value
'Apples'
>>> # Get the row, column, and value from the cell.
>>> 'Row %s, Column %s is %s' % (c.row, c.column, c.value)
'Row 1, Column B is Apples'
>>> 'Cell %s is %s' % (c.coordinate, c.value)
'Cell B1 is Apples'
>>> sheet['C1'].value
73
```

Cell 对象有一个 value 属性，它包含这个单元格中保存的值。Cell 对象也有 row、column 和 coordinate 属性，可以提供该单元格的位置信息。

这里，访问单元格 B1 的 Cell 对象的 value 属性，我们得到字符串 'Apples'。row 属性给出的是整数 1，column 属性给出的是 'B'，coordinate 属性给出的是 'B1'。

openpyxl 将自动解释列 A 中的日期，将它们返回为 datetime 值，而不是字符串。datetime 数据类型将在第 17 章中进一步解释。

用字母来指定列，这在程序中可能有点儿奇怪，特别是在 Z 列之后，列开始使用两个字母：AA、AB、AC 等表示。作为替代，在调用表的 cell() 方法时，传入整数作为该方法的 row 和 column 关键字参数，这样也可以得到一个单元格。第一行或第一列的整数是 1，不是 0。输入以下代码，继续演示交互式环境的例子：

```
>>> sheet.cell(row=1, column=2)
<Cell 'Sheet1'.B1>
>>> sheet.cell(row=1, column=2).value
'Apples'
>>> for i in range(1, 8, 2):  # Go through every other row:
...     print(i, sheet.cell(row=i, column=2).value)
...
1 Apples
3 Pears
5 Apples
7 Strawberries
```

可以看到，使用表的 cell() 方法，并传入 row=1 和 column=2，将得到单元格 B1 的 Cell 对象，就像指定 sheet['B1'] 一样。然后，利用 cell() 方法和它的关键字参数，就可以编写 for 循环以输出一系列单元格的值。

假定你想顺着 B 列输出所有奇数行单元格的值。通过传入 2 作为 range() 函数的"步长"参数，可以取得每隔一行的单元格（在这里就是所有奇数行）。for 循环的 i 变量被传递作为 cell() 方法的 row 关键字参数，而 column 关键字参数总是取 2。请注意传入的是整数 2，而不是字符串 'B'。

可以通过 Worksheet 对象的 max_row 和 max_column 属性来确定表的大小。在交互式环境中输入以下代码：

```
>>> import openpyxl
>>> wb = openpyxl.load_workbook('example.xlsx')
>>> sheet = wb['Sheet1']
>>> sheet.max_row  # Get the highest row number.
7
>>> sheet.max_column  # Get the highest column number.
3
```

请注意，max_column 属性是一个整数，而不是 Excel 中出现的字母。

13.3.4 列字母和数字之间的转换

要从字母转换到数字，就调用 openpyxl.utils.column_index_from_string() 函数。要从数字转换到字母，就调用 openpyxl.utils.get_column_letter() 函数。在交互式环境中输入以下代码：

```
>>> import openpyxl
>>> from openpyxl.utils import get_column_letter, column_index_from_string
>>> get_column_letter(1)  # Translate column 1 to a letter.
'A'
>>> get_column_letter(2)
```

```
'B'
>>> get_column_letter(27)
'AA'
>>> get_column_letter(900)
'AHP'
>>> wb = openpyxl.load_workbook('example.xlsx')
>>> sheet = wb['Sheet1']
>>> get_column_letter(sheet.max_column)
'C'
>>> column_index_from_string('A')  # Get A's number.
1
>>> column_index_from_string('AA')
27
```

在从 `openpyxl.utils` 模块引入这两个函数后,那就可以调用 `get_column_letter()` 了。传入像 27 这样的整数,弄清楚第 27 列的字母是什么。函数 `column_index_from_string()` 做的事情相反:传入一列的字母名称,它告诉你该列是第几列。要使用这些函数,不必加载一个工作簿。也可以加载一个工作簿,取得 Worksheet 对象,并使用 Worksheet 对象的属性,如 `max_column`,来取得一个整数。然后,将该整数传递给 `get_column_letter()`。

13.3.5 从表中取得行和列

可以将 Worksheet 对象切片,取得电子表格中一行、一列或一个矩形区域中的所有 Cell 对象。然后可以循环遍历这个切片中的所有单元格。在交互式环境中输入以下代码:

```
>>> import openpyxl
>>> wb = openpyxl.load_workbook('example.xlsx')
>>> sheet = wb['Sheet1']
>>> tuple(sheet['A1':'C3'])  # Get all cells from A1 to C3.
((<Cell 'Sheet1'.A1>, <Cell 'Sheet1'.B1>, <Cell 'Sheet1'.C1>), (<Cell
'Sheet1'.A2>, <Cell 'Sheet1'.B2>, <Cell 'Sheet1'.C2>), (<Cell 'Sheet1'.A3>,
<Cell 'Sheet1'.B3>, <Cell 'Sheet1'.C3>))
❶ >>> for rowOfCellObjects in sheet['A1':'C3']:
❷ ...     for cellObj in rowOfCellObjects:
...         print(cellObj.coordinate, cellObj.value)
...     print('--- END OF ROW ---')
A1 2015-04-05 13:34:02
B1 Apples
C1 73
--- END OF ROW ---
A2 2015-04-05 03:41:23
B2 Cherries
C2 85
--- END OF ROW ---
A3 2015-04-06 12:46:51
B3 Pears
C3 14
--- END OF ROW ---
```

这里,我们指明需要从 A1 到 C3 的矩形区域中的 Cell 对象,我们还得到了一个 Generator 对象,它包含该区域中的 Cell 对象。为了弄清楚这个 Generator 对象,可以对它使用 `tuple()` 方法以在一个元组中列出它的 Cell 对象。

这个元组包含 3 个元组:每个元组代表 1 行,从指定区域的顶部到底部。这 3 个内部元组中的每一个包含指定区域中一行的 Cell 对象,从最左边的单元格到最右边的单元格。总的来说,工作表的这个切片包含了从 A1 到 C3 区域的所有 Cell 对象,从左上角的单元格开始,到右下角的单元格结束。

要输出这个区域中所有单元格的值，我们使用两个 for 循环。外层 for 循环遍历这个切片中的每一行❶。然后针对每一行，内层 for 循环遍历该行中的每个单元格❷。

要访问特定行或列的单元格的值，也可以利用 Worksheet 对象的 rows 和 columns 属性。这些属性必须被 list() 函数转换为列表，才能使用方括号和索引。在交互式环境中输入以下代码：

```
>>> import openpyxl
>>> wb = openpyxl.load_workbook('example.xlsx')
>>> sheet = wb.active
>>> list(sheet.columns)[1] # Get second column's cells.
(<Cell 'Sheet1'.B1>, <Cell 'Sheet1'.B2>, <Cell 'Sheet1'.B3>, <Cell 'Sheet1'.
B4>, <Cell 'Sheet1'.B5>, <Cell 'Sheet1'.B6>, <Cell 'Sheet1'.B7>)
>>> for cellObj in list(sheet.columns)[1]:
        print(cellObj.value)

Apples
Cherries
Pears
Oranges
Apples
Bananas
Strawberries
```

利用 Worksheet 对象的 rows 属性，可以得到一个元组构成的元组。内部的每个元组都代表 1 行，包含该行中的 Cell 对象。columns 属性也会给你一个元组构成的元组，内部的每个元组都包含 1 列中的 Cell 对象。对于 example.xlsx，因为有 7 行 3 列，所以 rows 给出由 7 个元组构成的一个元组（每个内部元组包含 3 个 Cell 对象），columns 给出由 3 个元组构成的一个元组（每个内部元组包含 7 个 Cell 对象）。

要访问一个特定的元组，可以利用它在大的元组中的索引。例如，要得到代表 B 列的元组，可以用 sheet.columns[1]；要得到代表 A 列的元组，可以用 sheet.columns[0]。在得到了代表行或列的元组后，可以循环遍历它的对象，并输出它们的值。

13.3.6　工作簿、工作表、单元格

作为快速复习的内容，下面是从电子表格文件中读取单元格涉及的所有函数、方法和数据类型。

1. 导入 openpyxl 模块。
2. 调用 openpyxl.load_workbook() 函数。
3. 取得 Workbook 对象。
4. 使用 active 或 sheetnames 属性。
5. 取得 Worksheet 对象。
6. 使用索引或工作表的 cell() 方法，带上 row 和 column 关键字参数。
7. 取得 Cell 对象。
8. 读取 Cell 对象的 value 属性。

13.4 项目：从电子表格中读取数据

假定你有一张电子表格，其数据来自 2010 年美国人口普查。你有一个无聊的任务，要遍历表中的几千行，计算总的人口以及每个县的普查区的数目（普查区就是一个地理区域，是为人口普查而定义的）。每行表示一个人口普查区。我们将这个电子表格文件命名为 censuspopdata.xlsx，可以从异步社区本书对应页面下载它。它的内容如图 13-2 所示。

尽管 Excel 能够计算多个选中单元格的和，但你仍然需要选中 3000 个以上县的单元格。即使手动计算一个县的人口只需要几秒，处理整张电子表格也需要几小时。

在这个项目中，你要编写一个脚本，从人口普查电子表格文件中读取数据，并在几秒内计算出每个县的统计值。

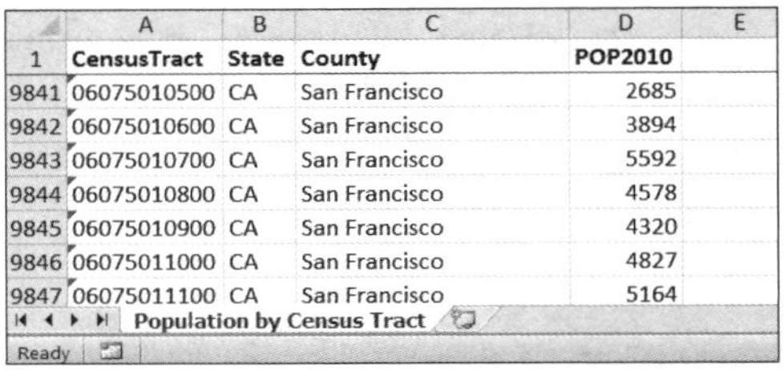

	A	B	C	D	E
1	CensusTract	State	County	POP2010	
9841	06075010500	CA	San Francisco	2685	
9842	06075010600	CA	San Francisco	3894	
9843	06075010700	CA	San Francisco	5592	
9844	06075010800	CA	San Francisco	4578	
9845	06075010900	CA	San Francisco	4320	
9846	06075011000	CA	San Francisco	4827	
9847	06075011100	CA	San Francisco	5164	

图 13-2 censuspopdata.xlsx 电子表格

程序需要完成以下任务。

1．从 Excel 电子表格中读取数据。

2．计算每个县中普查区的数目。

3．计算每个县的总人口。

4．输出结果。

这意味着代码需要执行以下操作。

1. 用 `openpyxl` 模块打开 Excel 文档并读取单元格。

2．计算所有普查区和人口数据，并将它保存到一个数据结构中。

3．利用 `pprint` 模块，将该数据结构写入一个扩展名为.py 的文本文件。

第 1 步：读取电子表格数据

`censuspopdata.xlsx` 电子表格中只有一张表，名为 `'Population by Census Tract'`。每一行都保存了一个普查区的数据。列分别是普查区的编号（A）、州的简称（B）、县的名称（C）、普查区的人口（D）。

打开一个新的文件编辑器窗口，输入以下代码，将文件保存为 readCensusExcel.py：

```
   #! python3
   # readCensusExcel.py - Tabulates population and number of census tracts for
   # each  county.

❶ import openpyxl, pprint
   print('Opening workbook...')
❷ wb = openpyxl.load_workbook('censuspopdata.xlsx')
❸ sheet = wb['Population by Census Tract']
   countyData = {}

   # TODO: Fill in countyData with each county's population and tracts.
   print('Reading rows...')
❹ for row in range(2, sheet.max_row + 1):
       # Each row in the spreadsheet has data for one census tract.
       state = sheet['B' + str(row)].value
```

```
        county = sheet['C' + str(row)].value
        pop    = sheet['D' + str(row)].value

# TODO: Open a new text file and write the contents of countyData to it.
```

这段代码导入了 `openpyxl` 模块,也导入了 `pprint` 模块,用 `pprint` 模块来输出最终的县的数据❶。然后代码打开了 `censuspopdata.xlsx` 文件❷,取得了包含人口普查数据的工作表❸,并开始迭代它的行❹。

请注意,你也创建了一个 `countyData` 变量,它将包含你计算的每个县的人口和普查区数目。在它里面存储任何数据之前,你应该确定它内部的数据结构。

第 2 步:填充数据结构

保存在 `countyData` 中的数据结构将是一个字典,以州的简称作为键。每个州的简称将映射到另一个字典,其中的键是该州的县的名称。每个县的名称又映射到一个字典,该字典只有两个键:`'tracts'` 和 `'pop'`。这些键映射到普查区数目和该县的人口。例如,该字典可能类似于:

```
{'AK': {'Aleutians East': {'pop': 3141, 'tracts': 1},
        'Aleutians West': {'pop': 5561, 'tracts': 2},
        'Anchorage': {'pop': 291826, 'tracts': 55},
        'Bethel': {'pop': 17013, 'tracts': 3},
        'Bristol Bay': {'pop': 997, 'tracts': 1},
        --snip--
```

如果前面的字典保存在 `countyData` 中,下面的表达式求值结果如下:

```
>>> countyData['AK']['Anchorage']['pop']
291826
>>> countyData['AK']['Anchorage']['tracts']
55
```

一般来说,`countyData` 字典中的键看起来像这样:

```
countyData[state abbrev][county]['tracts']
countyData[state abbrev][county]['pop']
```

既然知道了 `countyData` 的结构,那就可以编写代码,并用县的数据填充它了。将下面的代码添加到程序的末尾:

```
#! python 3
# readCensusExcel.py - Tabulates population and number of census tracts for
# each   county.

--snip--
    for row in range(2, sheet.max_row + 1):
        # Each row in the spreadsheet has data for one census tract.
        state = sheet['B' + str(row)].value
        county = sheet['C' + str(row)].value
        pop = sheet['D' + str(row)].value

        # Make sure the key for this state exists.
❶       countyData.setdefault(state, {})
        # Make sure the key for this county in this state exists.
❷       countyData[state].setdefault(county, {'tracts': 0, 'pop': 0})
```

```
                # Each row represents one census tract, so increment by one.
       ❸ countyData[state][county]['tracts'] += 1
                # Increase the county pop by the pop in this census tract.
       ❹ countyData[state][county]['pop'] += int(pop)

       # TODO: Open a new text file and write the contents of countyData to it.
```

最后的两行代码执行实际的计算工作，在 for 循环的每次迭代中，针对当前的县，增加 tracts 的值❸，并增加 pop 的值❹。

其他代码存在是因为只有 countyData 中存在键，你才能添加县字典作为州缩写键的值。（也就是说，如果'AK'键不存在，countyData['AK']['Anchorage']['tracts'] += 1 将导致一个错误。）为了确保州缩写的键存在，你需要调用 setdefault()方法，在 state 还不存在时设置一个默认值❶。

正如 countyData 字典需要一个字典作为每个州缩写的值一样，这样的字典又需要一个字典作为每个县的键的值❷。这样的每个字典又需要键'tracts'和'pop'，它们的初始值为整数 0（如果这个字典的结构令你混淆，回去看看本节开始处字典的例子）。

如果键已经存在，那么 setdefault()不会做任何事情，因此在 for 循环的每次迭代中调用它不会有问题。

第 3 步：将结果写入文件

for 循环结束后，countyData 字典将包含所有的人口和普查区信息，以县和州为键。这时，你可以编写更多代码，将数据写入文本文件或另一个 Excel 电子表格。目前，我们只是使用 pprint.pformat()函数，将变量字典的值作为一个巨大的字符串写入文件 census2010.py。在程序的末尾加上以下代码（确保它没有缩进，这样它就在 for 循环之外）：

```python
#! python 3
# readCensusExcel.py - Tabulates population and number of census tracts for
# each county.
--snip--

for row in range(2, sheet.max_row + 1):
--snip--

# Open a new text file and write the contents of countyData to it.
print('Writing results...')
resultFile = open('census2010.py', 'w')
resultFile.write('allData = ' + pprint.pformat(countyData))
resultFile.close()
print('Done.')
```

pprint.pformat()函数产生一个字符串，它本身就是格式化好的、有效的 Python 代码。将它输出到文本文件 census2010.py，你就通过 Python 程序生成了一个 Python 程序。这看起来可能有点复杂，但好处是你现在可以导入 census2010.py，就像导入任何其他 Python 模块一样。在交互式环境中，将当前工作目录变更到新创建的 census2010.py 文件所在的文件夹，然后导入它：

```
>>> import os
>>> import census2010
```

```
>>> census2010.allData['AK']['Anchorage']
{'pop': 291826, 'tracts': 55}
>>> anchoragePop = census2010.allData['AK']['Anchorage']['pop']
>>> print('The 2010 population of Anchorage was ' + str(anchoragePop))
The 2010 population of Anchorage was 291826
```

readCensusExcel.py 程序是可以扔掉的代码:当你把它的结果保存为 census2010.py 之后,就不需要再次运行该程序了。任何时候,只要需要县的数据,就可以执行 `import census2010` 来获得。

手动计算这些数据可能需要数小时,而使用这个程序只要几秒。利用 openpyxl,可以毫无困难地提取保存在 Excel 电子表格中的信息,并对它进行计算。从异步社区本书对应页面可以下载这个完整的程序。

第 4 步:类似程序的思想

许多公司和组织机构使用 Excel 来保存各种类型的数据,这使得电子表格会变得庞大,这并不少见。解析 Excel 电子表格的程序都有类似的结构:加载电子表格文件,准备一些变量或数据结构,然后循环遍历电子表格中的每一行。这样的程序还可以做下列事情。

- ❑ 比较一个电子表格中多行的数据。
- ❑ 打开多个 Excel 文件,跨电子表格比较数据。
- ❑ 检查电子表格是否有空行或无效的数据,如果有就发出警告。
- ❑ 从电子表格中读取数据,将它作为 Python 程序的输入。

13.5 写入 Excel 文档

openpyxl 也提供了一些方法写入数据,这意味着你的程序可以创建和编辑电子表格文件。利用 Python 创建一个包含几千行数据的电子表格是非常简单的。

13.5.1 创建并保存 Excel 文档

调用 openpyxl.Workbook()函数以创建一个新的空 Workbook 对象。在交互式环境中输入以下代码:

```
>>> import openpyxl
>>> wb = openpyxl.Workbook() # Create a blank workbook.
>>> wb.sheetnames # It starts with one sheet.
['Sheet']
>>> sheet = wb.active
>>> sheet.title
'Sheet'
>>> sheet.title = 'Spam Bacon Eggs Sheet' # Change title.
>>> wb.sheetnames
['Spam Bacon Eggs Sheet']
```

工作簿将从一个名为 Sheet 的工作表开始。你可以将新的字符串保存在它的 title 属性中,从而改变工作表的名字。

当修改 Workbook 对象或它的工作表和单元格时,电子表格文件不会保存,除非你调用

`save()`工作簿方法。在交互式环境中输入以下代码（让 example.xlsx 处于当前工作目录）：

```
>>> import openpyxl
>>> wb = openpyxl.load_workbook('example.xlsx')
>>> sheet = wb.active
>>> sheet.title = 'Spam Spam Spam'
>>> wb.save('example_copy.xlsx')    # Save the workbook.
```

这里，我们改变了工作表的名称。为了保存变更，我们将文件名作为字符串传递给 `save()` 方法。传入的文件名与最初的文件名不同，例如'example_copy.xlsx'，这将变更保存到电子表格的一份副本中。

当你编辑从文件中加载的一个电子表格时，总是应该将新的、编辑过的电子表格保存到不同的文件名中。这样，如果代码有 bug，导致新的保存到文件中的数据不对，那么还有最初的电子表格文件可以处理。

13.5.2 创建和删除工作表

利用 `create_sheet()` 方法和 `del` 操作符可以在工作簿中添加或删除工作表。在交互式环境中输入以下代码：

```
>>> import openpyxl
>>> wb = openpyxl.Workbook()
>>> wb.sheetnames
['Sheet']
>>> wb.create_sheet()  # Add a new sheet.
<Worksheet "Sheet1">
>>> wb.sheetnames
['Sheet', 'Sheet1']
>>> # Create a new sheet at index 0.
>>> wb.create_sheet(index=0, title='First Sheet')
<Worksheet "First Sheet">
>>> wb.sheetnames
['First Sheet', 'Sheet', 'Sheet1']
>>> wb.create_sheet(index=2, title='Middle Sheet')
<Worksheet "Middle Sheet">
>>> wb.sheetnames
['First Sheet', 'Sheet', 'Middle Sheet', 'Sheet1']
```

`create_sheet()` 方法返回一个新的 `Worksheet` 对象，其名为 `SheetX`，它默认是工作簿的最后一个工作表。或者，可以利用 `index` 和 `title` 关键字参数指定新工作表的索引和名称。

继续前面的例子，输入以下代码：

```
>>> wb.sheetnames
['First Sheet', 'Sheet', 'Middle Sheet', 'Sheet1']
>>> del wb['Middle Sheet']
>>> del wb['Sheet1']
>>> wb.sheetnames
['First Sheet', 'Sheet']
```

可以使用 `del` 操作符，从工作簿中删除一个工作表，就像用它从字典中删除一个键-值对一样。在工作簿中添加或删除工作表之后，记得调用 `save()` 方法来保存变更。

13.5.3 将值写入单元格

将值写入单元格，很像将值写入字典中的键。在交互式环境中输入以下代码：

```
>>> import openpyxl
>>> wb = openpyxl.Workbook()
>>> sheet = wb['Sheet']
>>> sheet['A1'] = 'Hello, world!' # Edit the cell's value.
>>> sheet['A1'].value
'Hello, world!'
```

如果你有单元格坐标的字符串，那么可以像字典的键一样，将它用于 `Worksheet` 对象，并指定要写入的单元格。

13.6 项目：更新电子表格

这个项目需要编写一个程序，用于更新产品销售电子表格中的单元格。程序将遍历这个电子表格，找到特定类型的产品，并更新它们的价格。请从异步社区本书对应页面下载电子表格 produceSales.xlsx。图 13-3 所示为这个电子表格的一部分。

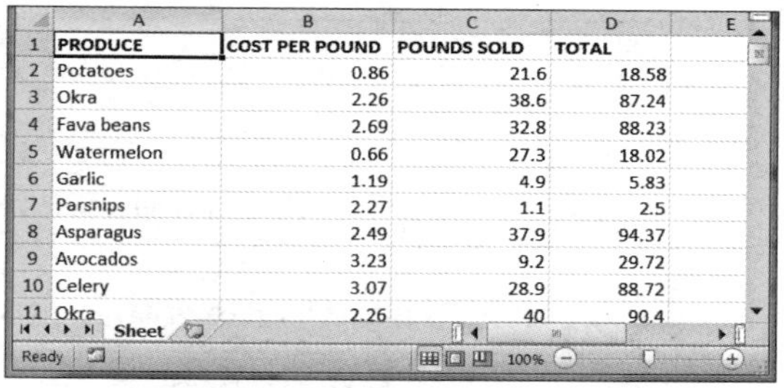

	A	B	C	D
1	PRODUCE	COST PER POUND	POUNDS SOLD	TOTAL
2	Potatoes	0.86	21.6	18.58
3	Okra	2.26	38.6	87.24
4	Fava beans	2.69	32.8	88.23
5	Watermelon	0.66	27.3	18.02
6	Garlic	1.19	4.9	5.83
7	Parsnips	2.27	1.1	2.5
8	Asparagus	2.49	37.9	94.37
9	Avocados	3.23	9.2	29.72
10	Celery	3.07	28.9	88.72
11	Okra	2.26	40	90.4

图 13-3 产品销售的电子表格

每一行代表一次单独的销售。列分别是销售产品的类型（A）、产品每磅的价格（B）、销售的磅数（C），以及这次销售的总收入（D）。TOTAL 列设置为 Excel 公式=ROUND(B3*C3, 2)，它将每磅的成本乘以销售的磅数，并将结果取整到分。有了这个公式，如果列 B 或 C 发生变化，TOTAL 列中的单元格将自动更新。

现在假设 `Garlic`、`Celery` 和 `Lemon` 的价格输入得不正确。这让你需要执行一项无聊的任务：遍历这个电子表格中的几千行，更新所有 `Garlic`、`Celery` 和 `Lemon` 行中每磅的价格。你不能简单地对价格查找替换，因为可能有其他的产品价格一样，你不希望错误地“更正”。对于几千行数据，手动操作可能要几小时。但你可以编写程序，几秒内完成这个任务。

程序需要完成以下任务。

1. 循环遍历所有行。
2. 如果该行是 `Garlic`、`Celery` 或 `Lemon`，就更新价格。

这意味着代码需要执行以下操作。

1. 打开电子表格文件。
2. 针对每一行，检查列 A 的值是不是 `Celery`、`Garlic` 或 `Lemon`。
3. 如果是，更新列 B 中的价格。
4. 将该电子表格保存为一个新文件（这样就不会丢失原来的电子表格，以防万一）。

第 1 步：利用更新信息建立数据结构

需要更新的价格如下。

Celery 1.19

```
Garlic      3.07
Lemon       1.27
```

你可以像这样编写代码：

```python
if produceName == 'Celery':
    cellObj = 1.19
if produceName == 'Garlic':
    cellObj = 3.07
if produceName == 'Lemon':
    cellObj = 1.27
```

这样硬编码产品和更新的价格有点不优雅。如果你需要用不同的价格或针对不同的产品再次更新这个电子表格，那就必须修改很多代码。每次修改代码，都有引入 bug 的风险。

更灵活的解决方案是将正确的价格信息保存在字典中，在编写代码时利用这个数据结构。在一个新的文件编辑器窗口中输入以下代码：

```python
#! python3
# updateProduce.py - Corrects costs in produce sales spreadsheet.

import openpyxl

wb = openpyxl.load_workbook('produceSales.xlsx')
sheet = wb['Sheet']

# The produce types and their updated prices
PRICE_UPDATES = {'Garlic': 3.07,
                 'Celery': 1.19,
                 'Lemon': 1.27}

# TODO: Loop through the rows and update the prices.
```

将它保存为 updateProduce.py。如果需要再次更新这个电子表格，只需要更新 PRICE_UPDATES 字典，不用修改其他代码。

第 2 步：检查所有行，更新不正确的价格

程序的下一部分将循环遍历电子表格中的所有行。将下面代码添加到 updateProduce.py 的末尾：

```python
#! python3
# updateProduce.py - Corrects costs in produce sales spreadsheet.

--snip--

# Loop through the rows and update the prices.
❶ for rowNum in range(2, sheet.max_row): # skip the first row
  ❷ produceName = sheet.cell(row=rowNum, column=1).value
  ❸ if produceName in PRICE_UPDATES:
        sheet.cell(row=rowNum, column=2).value = PRICE_UPDATES[produceName]

❹ wb.save('updatedProduceSales.xlsx')
```

我们从第 2 行开始循环遍历，因为第 1 行是表头❶。第 1 列的单元格（即列 A）将保存在

变量 produceName 中❷。如果 produceName 的值是 PRICE_UPDATES 字典中的一个键❸，那你就知道，这行的价格必须修改。正确的价格是 PRICE_ UPDATES[produceName]。

请注意，使用 PRICE_UPDATES 让代码变得很简洁。只需要一条 if 语句，而不是像 if produceName == 'Garlic'这样的代码，就能够更新所有类型的产品。因为代码没有硬编码产品名称，而是使用 PRICE_UPDATES 字典，在 for 循环中更新价格，所以如果产品销售电子表格需要进一步修改，那你只需要修改 PRICE_ UPDATES 字典即可，不用修改其他代码。

在遍历整个电子表格并进行修改后，代码将 Workbook 对象保存到 updatedProduceSales.xlsx❹。它没有覆写原来的电子表格，以防程序有 bug 将电子表格改错。在确认修改的电子表格正确后，你可以删除原来的电子表格。

你可以从异步社区本书对应页面下载这个程序的完整源代码。

第 3 步：类似程序的思想

因为许多办公室职员一直在使用 Excel 电子表格，所以能够自动编辑和写入 Excel 文件的程序将非常有用。这样的程序可以完成下列任务。
- ❏ 从一个电子表格读取数据，并将其写入其他电子表格的某些部分。
- ❏ 从网站、文本文件或剪贴板读取数据，将它写入电子表格。
- ❏ 自动清理电子表格中的数据。例如，可以利用正则表达式读取多种格式的电话号码，将它们转换成单一的标准格式。

13.7 设置单元格的字体风格

设置某些单元格行或列的字体风格，可以帮助你强调电子表格中重点的区域。例如，在这个产品销售电子表格中，程序可以对 Potatoes、Garlic 和 Parsnips 等行使用粗体。或者也许你希望对每磅价格超过 5 美元的行使用斜体。手动为大型电子表格的某些部分设置字体风格非常令人厌烦，但程序可以马上完成。

为了定义单元格的字体风格，需要从 openpyxl.styles 模块导入 Font()函数：

```
from openpyxl.styles import Font
```

这让你能输入 Font()，代替 openpyxl.styles.Font()（参见 2.8 节"导入模块"，复习这种方式的 import 语句）。

这里有一个例子，它创建了一个新的工作簿，将 A1 单元格设置为 24 点、斜体。在交互式环境中输入以下代码：

```
>>> import openpyxl
>>> from openpyxl.styles import Font
>>> wb = openpyxl.Workbook()
>>> sheet = wb['Sheet']
❶ >>> italic24Font = Font(size=24, italic=True) # Create a font.
❷ >>> sheet['A1'].font = italic24Font # Apply the font to A1.
>>> sheet['A1'] = 'Hello, world!'
>>> wb.save('styles.xlsx')
```

在这个例子中，Font(size=24, italic=True) 返回一个 Font 对象，它保存在 italic24Font 中❶。Font() 的关键字参数 size 和 italic 配置了该 Font 对象的风格信息。当 sheet['A1'].font 被赋值为 italic24Font 对象时❷，所有字体风格的信息将应用于单元格 A1。

13.8 Font 对象

要设置 font 属性，就向 Font() 函数传入关键字参数。表 13-2 所示为 Font() 函数可能的关键字参数。

表 13-2 Font style 属性的关键字参数

关键字参数	数据类型	描述
name	字符串	字体名称，如 'Calibri' 或 'Times New Roman'
size	整型	大小点数
bold	布尔型	True 表示粗体
italic	布尔型	True 表示斜体

可以调用 Font() 来创建一个 Font 对象，并将这个 Font 对象保存在一个变量中，然后将该变量赋给 Cell 对象的 font 属性。例如，下面的代码创建了各种字体风格：

```
>>> import openpyxl
>>> from openpyxl.styles import Font
>>> wb = openpyxl.Workbook()
>>> sheet = wb['Sheet']

>>> fontObj1 = Font(name='Times New Roman', bold=True)
>>> sheet['A1'].font = fontObj1
>>> sheet['A1'] = 'Bold Times New Roman'

>>> fontObj2 = Font(size=24, italic=True)
>>> sheet['B3'].font = fontObj2
>>> sheet['B3'] = '24 pt Italic'

>>> wb.save('styles.xlsx')
```

这里，我们将一个 Font 对象保存在 fontObj1 中，然后将 A1 的 Cell 对象的 font 属性设置为 fontObj1。我们对另一个 Font 对象重复这个过程，以设置第二个单元格的字体。运行这段代码后，电子表格中 A1 和 B3 单元格的字体风格将被设置为自定义的字体风格，如图 13-4 所示。

对于单元格 A1，我们将字体名称设置为 'Times New Roman'，并将 bold 设置为 True，这样我们的文本将以粗体 Times New Roman 的方式显示。我们没有指定大小，因此使用 openpyxl 的默认值 11。在单元格 B3 中，我们的文本是斜体，大小是 24。我们没有指定字体的名称，因此使用 openpyxl 的默认值 Calibri。

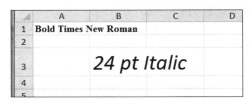

图 13-4 自定义字体风格的电子表格

13.9 公式

公式以一个等号开始，可以配置单元格来让它包含通过其他单元格计算得到的值。在本节中，你将利用 `openpyxl` 模块，用编程的方式在单元格中添加公式，就像添加普通的值一样。例如：

```
>>> sheet['B9'] = '=SUM(B1:B8)'
```

这里将=SUM(B1:B8)作为单元格 B9 的值，将 B9 单元格设置为一个公式，来计算单元格 B1 到 B8 的和，如图 13-5 所示。

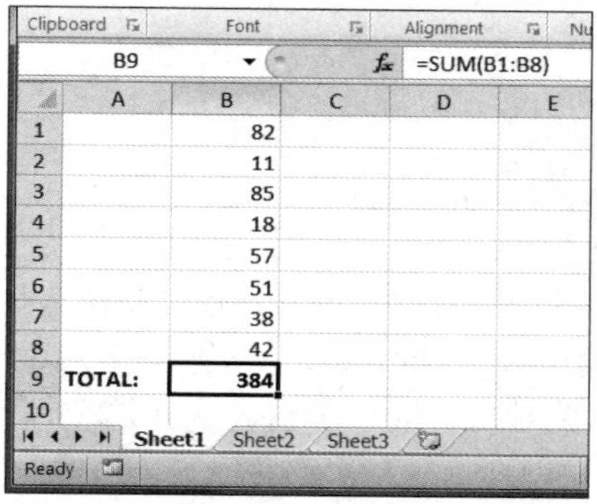

图 13-5　单元格 B9 包含了公式=SUM(B1:B8)，计算单元格 B1 到 B8 的和

为单元格设置公式就像设置其他文本值一样。在交互式环境中输入以下代码：

```
>>> import openpyxl
>>> wb = openpyxl.Workbook()
>>> sheet = wb.active
>>> sheet['A1'] = 200
>>> sheet['A2'] = 300
>>> sheet['A3'] = '=SUM(A1:A2)'  # Set the formula.
>>> wb.save('writeFormula.xlsx')
```

单元格 A1 和 A2 分别设置为 200 和 300。单元格 A3 设置为一个公式，求出 A1 和 A2 的和。如果在 Excel 中打开这个电子表格，那么 A3 的值将显示为 500。

Excel 公式为电子表格提供了一定程度的编程能力，但对于复杂的任务，它很快就会无能为力。例如，即使你非常熟悉 Excel 的公式，要想弄清楚=IFERROR (TRIM(IF(LEN(VLOOKUP(F7, Sheet2!$A$1:$B$10000, 2, FALSE))>0,SUBSTITUTE (VLOOKUP(F7, Sheet2!$A$1:$B$10000, 2, FALSE), " ", ""),"")), "")实际上做了什么，也是非常头痛的事。Python 代码的可读性要好得多。

13.10　调整行和列

在 Excel 中，调整行和列的大小非常容易，只需单击并拖动行的边缘或列的表头即可。但如果你需要根据单元格的内容来设置行或列的大小，或者希望一次性设置大量电子表格文件中的行列大小，那么编写 Python 程序来做就要快得多。

行和列也可以完全隐藏起来。它们可以被"冻结"，这样它们就总是显示在屏幕上，如果输出该电子表格，它们就出现在每一页上（这很适合做表头）。

13.10.1 设置行高和列宽

Worksheet 对象有 row_dimensions 和 column_dimensions 属性，分别用于控制行高和列宽。在交互式环境中输入以下代码：

```
>>> import openpyxl
>>> wb = openpyxl.Workbook()
>>> sheet = wb.active
>>> sheet['A1'] = 'Tall row'
>>> sheet['B2'] = 'Wide column'
>>> # Set the height and width:
>>> sheet.row_dimensions[1].height = 70
>>> sheet.column_dimensions['B'].width = 20
>>> wb.save('dimensions.xlsx')
```

工作表的 row_dimensions 和 column_dimensions 是像字典一样的值，row_dimensions 包含 RowDimension 对象，column_dimensions 包含 ColumnDimension 对象。在 row_dimensions 中，可以用行的编号来访问一个对象（在这个例子中是 1 或 2）。在 column_dimensions 中，可以用列的字母来访问一个对象（在这个例子中是 A 或 B）。

dimensions.xlsx 电子表格如图 13-6 所示。

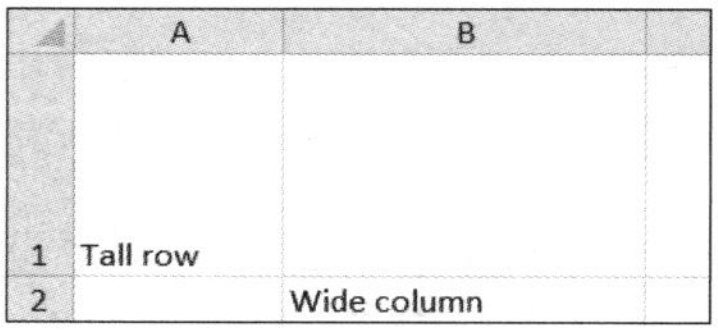

一旦有了 RowDimension 对象，就可以设置它的高度。一旦有了 ColumnDimension 对象，就可以设置它的宽度。行的高度可以设置为 0 到 409 之间的整数或浮点值，这个值表示高度的点数。一点等于 0.35mm（1/72 英寸）。默认的行高是 12.75。列宽可以设置为 0 到 255 之间的整数或浮点数，这个值表示使用默认字体大小时（11 点），单元格可以显示的字符数。默认的列宽是 8.43 个字符。列宽为零或行高为零将使单元格隐藏。

图 13-6 行 1 和列 B 设置了更大的高度和宽度

13.10.2 合并和拆分单元格

利用 merge_cells()工作表方法，可以将一个矩形区域中的单元格合并为一个单元格。在交互式环境中输入以下代码：

```
>>> import openpyxl
>>> wb = openpyxl.Workbook()
>>> sheet = wb.active
>>> sheet.merge_cells('A1:D3') # Merge all these cells.
>>> sheet['A1'] = 'Twelve cells merged together.'
>>> sheet.merge_cells('C5:D5') # Merge these two cells.
>>> sheet['C5'] = 'Two merged cells.'
>>> wb.save('merged.xlsx')
```

merge_cells()的参数是一个字符串,表示要合并的矩形区域左上角和右下角的单元格:'A1:D3'将 12 个单元格合并为一个单元格。要设置合并后单元格的值,只需要设置这一组合并单元格左上角的单元格的值。

如果运行这段代码,merged.xlsx 看起来如图 13-7 所示。

要拆分单元格,就调用 unmerge_cells()工作表方法。在交互式环境中输入以下代码:

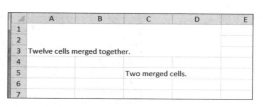

图 13-7　在电子表格中合并单元格

```
>>> import openpyxl
>>> wb = openpyxl.load_workbook('merged.xlsx')
>>> sheet = wb.active
>>> sheet.unmerge_cells('A1:D3')  # Split these cells up.
>>> sheet.unmerge_cells('C5:D5')
>>> wb.save('merged.xlsx')
```

如果保存变更,然后查看这个电子表格,就会看到合并的单元格恢复成了独立的单元格。

13.10.3　冻结窗格

对于太大而不能一屏显示的电子表格,"冻结"顶部的几行或最左边的几列是很有帮助的。例如,就算用户滚动电子表格,冻结的列或行表头也是始终可见的。这称为"冻结窗格"。在openpyxl 中,每个 Worksheet 对象都有一个 freeze_panes 属性,该属性可以设置为一个 Cell 对象或一个单元格坐标的字符串。请注意,单元格上边的所有行和左边的所有列都会冻结,但单元格所在的行和列不会冻结。

要解冻所有的单元格,就将 freeze_panes 设置为 None 或 'A1'。表 13-3 所示为 freeze_panes 设置的一些例子,其中的哪些行或列会冻结。

表 13-3　冻结窗格的例子

freeze_panes 的设置	冻结的行和列
sheet.freeze_panes = 'A2'	行 1
sheet.freeze_panes = 'B1'	列 A
sheet.freeze_panes = 'C1'	列 A 和列 B
sheet.freeze_panes = 'C2'	行 1、列 A 和列 B
sheet.freeze_panes = 'A1' 或 sheet.freeze_panes = None	没有冻结窗格

确保你有产品销售电子表格(produceSales)。然后在交互式环境中输入以下代码:

```
>>> import openpyxl
>>> wb = openpyxl.load_workbook('produceSales.xlsx')
>>> sheet = wb.active
>>> sheet.freeze_panes = 'A2'  # Freeze the rows above A2.
>>> wb.save('freezeExample.xlsx')
```

如果将 `freeze_panes` 属性设置为 `'A2'`，那么无论用户将电子表格滚动到何处，行 1 将永远可见，如图 13-8 所示。

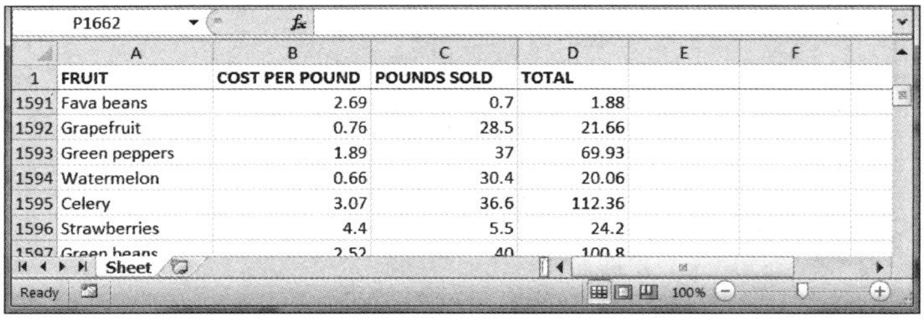

图 13-8　将 `freeze_panes` 设置为 `'A2'`，无论用户如何滚动电子表格，行 1 将永远可见

13.11　图表

openpyxl 支持利用工作表中单元格的数据来创建条形图、折线图、散点图和饼图。要创建图表，需要做下列事情。

1. 从一个矩形区域选择单元格来创建一个 `Reference` 对象。
2. 通过传入 `Reference` 对象来创建一个 `Series` 对象。
3. 创建一个 `Chart` 对象。
4. 将 `Series` 对象添加到 `Chart` 对象。
5. 可选地设置 `Chart` 对象的 `drawing.top`、`drawing.left`、`drawing.width` 和 `drawing.height` 属性。
6. 将 `Chart` 对象添加到 `Worksheet` 对象。

`Reference` 对象需要一些解释。`Reference` 对象是通过调用 `openpyxl.charts.Reference()` 函数并传入以下 3 个参数创建的。

1. 包含图表数据的 `Worksheet` 对象。
2. 两个整数的元组，代表矩形选择区域的左上角单元格，该区域包含图表数据：元组中第一个整数是行，第二个整数是列。请注意第一行是 1，不是 0。
3. 两个整数的元组，代表矩形选择区域的右下角单元格，该区域包含图表数据：元组中第一个整数是行，第二个整数是列。

图 13-9 所示为坐标参数的一些例子。

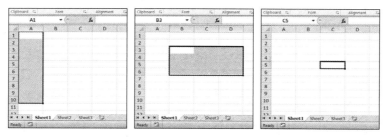

图 13-9　从左到右：(1,1), (10,1); (3,2), (6,4); (5,3), (5,3)

在交互式环境中输入以下代码,这可以创建一个条形图并将其添加到电子表格中:

```
>>> import openpyxl
>>> wb = openpyxl.Workbook()
>>> sheet = wb.active
>>> for i in range(1, 11):    # create some data in column A
...     sheet['A' + str(i)] = I
...
>>> refObj = openpyxl.chart.Reference(sheet, min_col=1, min_row=1,
max_col=1, max_row=10)
>>> seriesObj = openpyxl.chart.Series(refObj, title='First series')
>>> chartObj = openpyxl.chart.BarChart()
>>> chartObj.title = 'My Chart'
>>> chartObj.append(seriesObj)
>>> sheet.add_chart(chartObj, 'C5')
>>> wb.save('sampleChart.xlsx')
```

得到的电子表格如图 13-10 所示。

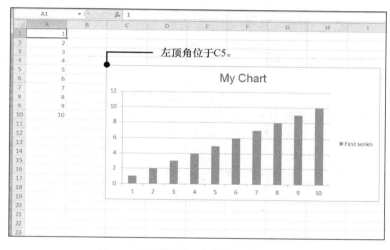

图 13-10　添加了一个图表的电子表格

通过调用 `openpyxl.charts.BarChart()` 我们创建了一个条形图。也可以调用 `openpyxl.charts.LineChart()`、`openpyxl.charts.ScatterChart()` 和 `openpyxl.charts.PieChart()` 来创建折线图、散点图和饼图。

13.12　小结

处理信息时比较难的部分通常不是处理本身,而是让程序得到正确格式的数据。一旦你将电子表格载入 Python,就可以提取并操作它的数据,比手动操作要快得多。

你也可以生成电子表格作为程序的输出。如果需要同时将包含几千条销售合同的文本文件或 PDF 转换成电子表格文件,那你就不需要慢慢地将它复制粘贴到 Excel 中。

有了 `openpyxl` 模块和一些编程知识,你会发现处理很大的电子表格也是小事一桩。

在下一章中，我们将学习使用 Python 与另一个电子表格程序：在线 Google Sheets 应用程序的交互。

13.13 习题

对于以下的问题，设想你有一个 Workbook 对象保存在变量 wb 中，一个 Worksheet 对象保存在 sheet 中，一个 Cell 对象保存在 cell 中，一个 Comment 对象保存在 comm 中，一个 Image 对象保存在 img 中。

1. openpyxl.load_workbook() 函数返回什么？
2. 工作簿属性 wb.sheetnames 返回什么？
3. 如何取得名为 'Sheet1' 的工作表的 Worksheet 对象？
4. 如何取得工作簿的活动工作表的 Worksheet 对象？
5. 如何取得单元格 C5 中的值？
6. 如何将单元格 C5 中的值设置为 "Hello"？
7. 如何取得表示单元格的行和列的整数？
8. 工作表属性 sheet.max_column 和 sheet.max_row 返回什么？这些属性的类型是什么？
9. 如果要取得列 'M' 的整数索引，需要调用什么函数？
10. 如果要取得列 14 的字符串名称，需要调用什么函数？
11. 如何取得从 A1 到 F1 的所有 Cell 对象的元组？
12. 如何将工作簿文件名保存为 example.xlsx？
13. 如何在一个单元格中设置公式？
14. 如果需要取得单元格中公式的结果，而不是公式本身，必须先做什么？
15. 如何将第 5 行的高度设置为 100？
16. 如何设置列 C 的宽度？
17. 什么是冻结窗格？
18. 创建一个条形图，需要调用哪 5 个函数和方法？

13.14 实践项目

作为实践，编程执行以下任务。

13.14.1 乘法表

创建程序 multiplicationTable.py，从命令行接收数字 *N*，在一个 Excel 电子表格中创建一个 *N*×*N* 的乘法表。例如，如果这样执行程序：

py multiplicationTable.py 6

它应该创建一个图 13-11 所示的电子表格。

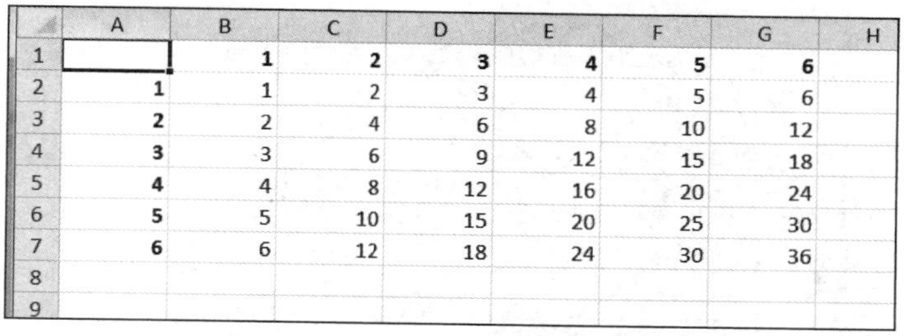

	A	B	C	D	E	F	G	H
1		**1**	**2**	**3**	**4**	**5**	**6**	
2	**1**	1	2	3	4	5	6	
3	**2**	2	4	6	8	10	12	
4	**3**	3	6	9	12	15	18	
5	**4**	4	8	12	16	20	24	
6	**5**	5	10	15	20	25	30	
7	**6**	6	12	18	24	30	36	
8								
9								

图 13-11 在电子表格中生成的乘法表

行 1 和列 A 应该用作标签，且使用粗体。

13.14.2 空行插入程序

创建一个程序 blankRowInserter.py，它接收两个整数和一个文件名字符串作为命令行参数。我们将第一个整数称为 *N*，第二个整数称为 *M*。程序应该从第 *N* 行开始，在电子表格中插入 *M* 个空行。例如，如果这样执行程序：

```
python blankRowInserter.py 3 2 myProduce.xlsx
```

那么执行之前和之后的电子表格如图 13-12 所示。

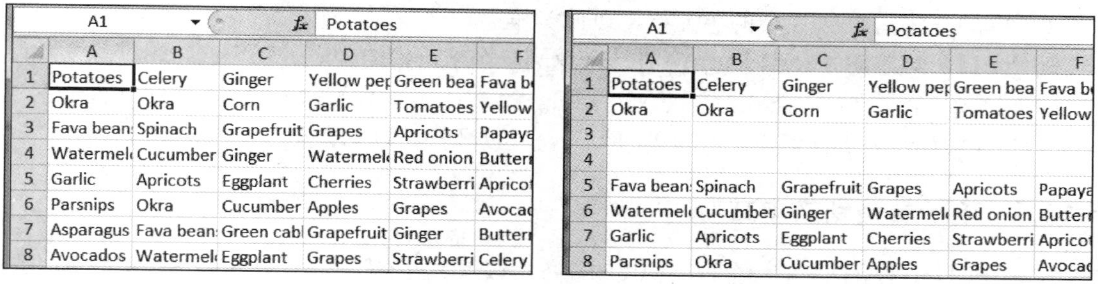

A1 Potatoes

	A	B	C	D	E	F
1	Potatoes	Celery	Ginger	Yellow pe	Green bea	Fava b
2	Okra	Okra	Corn	Garlic	Tomatoes	Yellow
3	Fava bean	Spinach	Grapefruit	Grapes	Apricots	Papaya
4	Watermel	Cucumber	Ginger	Watermel	Red onion	Butter
5	Garlic	Apricots	Eggplant	Cherries	Strawberri	Apricot
6	Parsnips	Okra	Cucumber	Apples	Grapes	Avocad
7	Asparagus	Fava bean	Green cabl	Grapefruit	Ginger	Butter
8	Avocados	Watermel	Eggplant	Grapes	Strawberri	Celery

A1 Potatoes

	A	B	C	D	E	F
1	Potatoes	Celery	Ginger	Yellow pe	Green bea	Fava b
2	Okra	Okra	Corn	Garlic	Tomatoes	Yellow
3						
4						
5	Fava bean	Spinach	Grapefruit	Grapes	Apricots	Papaya
6	Watermel	Cucumber	Ginger	Watermel	Red onion	Butter
7	Garlic	Apricots	Eggplant	Cherries	Strawberri	Apricot
8	Parsnips	Okra	Cucumber	Apples	Grapes	Avocad

图 13-12 在第 3 行插入两个空行之前（左边）和之后（右边）

此程序可以这样写：读入电子表格的内容，然后在写入新的电子表格时，利用 `for` 循环复制前面 *N* 行。对于剩下的行，行号加上 *M*，然后将其写入输出的电子表格。

13.14.3 电子表格单元格翻转程序

编写一个程序来翻转电子表格中行和列的单元格。例如，第 5 行第 3 列的值将出现在第 3 行第 5 列（反之亦然）。这应该针对电子表格中的所有单元格进行。例如，之前和之后的电子表格看起来应该如图 13-13 所示。

此程序可以这样写：利用嵌套的 `for` 循环，将电子表格中的数据读入一个列表的列表；这个数据结构用 `sheetData[x][y]` 表示列 x 和行 y 处的单元格；然后，在写入新电子表格时，将 `sheetData[y][x]` 写入列 x 和行 y 处的单元格。

13

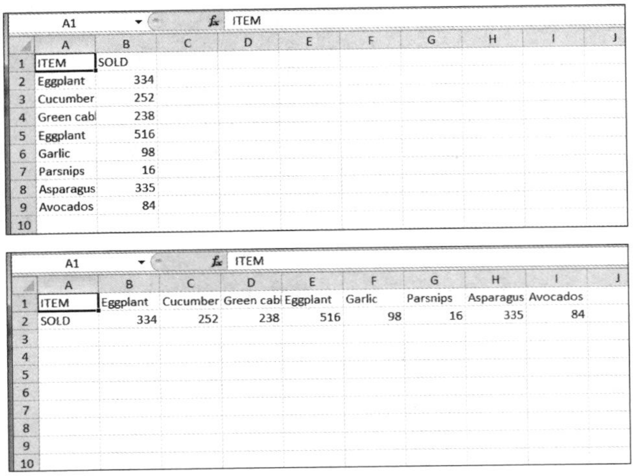

图 13-13　翻转之前（上面）和之后（下面）的电子表格

13.14.4　文本文件到电子表格

编写一个程序来读取几个文本文件的内容（可以自己创造这些文本文件），并将这些内容插入一个电子表格，每行写入一行文本。第一个文本文件中的行将写入列 A 中的单元格，第二个文本文件中的行将写入列 B 中的单元格，以此类推。

利用 `File` 对象的 `readlines()` 方法来返回一个字符串的列表，每个字符串就是文件中的一行。对于第一个文件，将第 1 行写入列 1 行 1。第 2 行应该写入列 1 行 2，以此类推。下一个用 `readlines()` 读入的文件将写入列 2，再下一个写入列 3，以此类推。

13.14.5　电子表格到文本文件

编写一个程序来执行与前一个程序相反的任务。该程序应该打开一个电子表格，将列 A 中的单元格写入一个文本文件，将列 B 中的单元格写入另一个文本文件，以此类推。

第 14 章 处理Google电子表格

Google Sheets 是一个免费的基于网络的电子表格应用，任何人只要有 Google 账户或 Gmail 地址，都可以使用它。对于 Excel，它已经成为一个有用的、功能丰富的竞争对手。Google Sheets 有自己的 API，但这个 API 在学习和使用上可能会带来一些困惑。本章将介绍 EZSheets 的第三方模块。虽然 EZSheets 的功能不如 Google Sheets 的官方 API 那么全面，但它让常见的电子表格任务很容易执行。

14.1 安装和设置 EZSheets

可以通过打开一个新的命令行窗口并运行 `pip install --user ezsheets` 来安装 EZSheets。安装 EZSheets 时也会安装 `google-api-python-client`、`google-auth-httplib2` 和 `google-auth-oauthlib` 模块。这些模块允许你的程序登录到 Google 的服务器上，并提出 API 请求。EZSheets 会处理与这些模块的交互，因为你不需要关心它们是如何工作的。

14.1.1 获取证书和令牌文件

在使用 EZSheets 之前，你需要为 Google 账户启用 Google Sheets 和 Google Drive API。请访问以下网页，然后单击每个网页顶部的 Enable API 按钮。

- Google Sheets API 首页。
- Google Drive API 首页。

你还需要获得以下 3 个文件，并将它们与使用 EZSheets 的 .py Python 脚本保存在同一个文件夹中。

- 一个名为 credentials-sheet.json 的证书文件。
- 一个名为 token-sheets.pickle 的 Google Sheets 令牌。
- 一个名为 token-drive.pickle 的 Google Drive 令牌。

证书文件将生成令牌文件。获取证书文件的最简单的方法是进入 Google Sheets Python 快速入门页面，单击 ENABLE THE GOOGLE SHEETS API 按钮，如图 14-1 所示。你需要登录到你的 Google 账户才能查看这个页面。

图 14-1　获取 credentials.json 文件

单击这个按钮会弹出一个窗口，里面有一个 DOWNLOAD CLIENT CONFIGURATION 链接，让你下载一个 credentials.json 文件。将此文件重命名为 credentials-sheets.json，并将它与 Python 脚本放在同一个文件夹中。

在有了 credentials-sheets.json 文件之后，运行 `import ezsheets` 模块。当你第一次导入 EZSheets 模块时，它会打开一个新的浏览器窗口，让你登录到你的 Google 账户。单击 Allow 按钮，如图 14-2 所示。

关于 Quickstart 的消息来自这一事实：你从 Google Sheets Python Quickstart 页面下载了证书文件。注意，这个窗口会打开两次：第一次为了 Google Sheets 访问，第二次为了 Google Drive 访问。EZSheets 使用 Google Drive 访问权限来上传、下载和删除电子表格。

在你登录后，浏览器窗口会提示你关闭它，而 token-sheets.pickle 和 token-drive.pickle 文件会出现在与 credentials-sheets.json 相同的文件夹中。你只需要在第一次运行 `import ezsheets` 时完成这个过程。

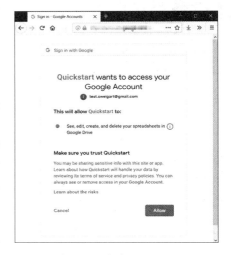

图 14-2　允许 Quickstart 访问你的 Google 账户

如果你在单击 Allow 按钮后遇到错误，并且页面似乎被挂起，那请确认你已经从本节开头的链接中启用了 Google Sheets 和 Drive API。Google 的服务器可能需要几分钟的时间来注册这一更改，所以你可能需要等待一会儿，然后才能使用 EZSheets。

不要与任何人分享证书或令牌文件：将它们当作口令一样对待。

14.1.2　撤销证书文件

如果你不小心将这些证书或令牌文件与他人共享，那他们不能更改你的 Google 账户口令，但可以访问你的电子表格。你可以通过访问 Google 云平台开发者的控制台页面，在 Google APIs 中的 API 和服务撤销这些文件。你需要登录到你的 Google 账户才能查看这个页面。单击侧边栏上的 Credentials 链接。然后单击你不小心分享的证书文件旁边的垃圾桶图标，如图 14-3 所示。

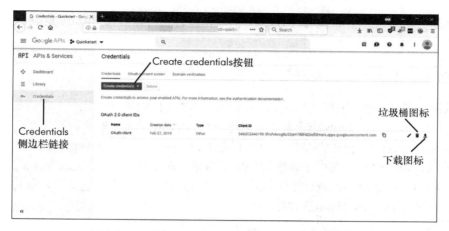

图 14-3　Google 云平台开发者控制台中的证书页面

要从这个页面生成一个新的证书文件，请单击 Create credentials 按钮，选择 OAuth client ID，如图 14-3 所示。接下来，对于应用程序类型，选择 Other，并给文件起一个你喜欢的名字。这个新的证书文件会在页面上列出，你可以单击下载图标下载。下载的文件会有一个长而复杂的文件名，你应该把它重命名为 EZSheets 试图加载的默认文件名：credentials-sheet.json。你也可以通过单击上一节中提到的 ENABLE THE GOOGLE SHEETS API 按钮生成一个新的证书文件。

14.2　Spreadsheet 对象

在 Google 电子表格中，一个"电子表格"可以包含多个"表"（也称为"工作表"），每个表都包含值的列和行。图 14-4 所示为一个名为"Education Data"的电子表格，其中包含 3 个表，分别为"Students""Classes"和"Resources"。每张表的第一列标为 A，第一行标为 1。

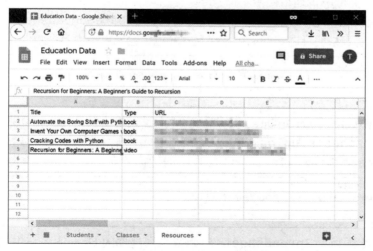

图 14-4　一个名为"Education Data"的电子表格，其中包含 3 个表

虽然你的大部分工作会涉及修改 `Sheet` 对象，但你也可以修改 `Spreadsheet` 对象，正如你将在下一小节中看到的那样。

14.2.1 创建、上传和列出电子表格

你可以通过现有的电子表格、空白电子表格或上传的电子表格，来创建一个新的 `Spreadsheet` 对象。要从现有的 Google Sheets 电子表格中创建一个 `Spreadsheet` 对象，你需要电子表格的 ID 字符串。Google Sheets 电子表格的唯一 ID 可以在 URL 中找到，在 spreadsheets/d/部分之后、/edit 部分之前。例如，图 14-4 所示的电子表格的 URL 是 https://docs.****.com/spreadsheets/d/1J-Jx6Ne2K_vqI9J2SO-TAXOFbxx_9tUjwnkPC22LjeU/edit#gid=15151537240/，因此它的 ID 是 `1J-Jx6Ne2K_vqI9J2SO-TAXOFbxx_9tUjwnkPC22LjeU`。

> 注意：本章中使用的具体电子表格ID针对的是我的Google账户的电子表格。如果你将它们输入你的交互式`shell`中，不会起作用。请转到Google sheets网站，在你的账户下创建电子表格，然后从地址栏中获取ID。

将电子表格的 ID 作为一个字符串传递给 `ezsheets.Spreadsheet()`函数，以获取电子表格的 `Spreadsheet` 对象：

```
>>> import ezsheets
>>> ss  = ezsheets.Spreadsheet('1J-Jx6Ne2K_vqI9J2SO-TAXOFbxx_9tUjwnkPC22LjeU')
>>> ss
Spreadsheet(spreadsheetId='1J-Jx6Ne2K_vqI9J2SO-TAXOFbxx_9tUjwnkPC22LjeU')
>>> ss.title
'Education Data'
```

方便起见，你也可以通过传递电子表格的完整 URL 来获取现有电子表格的 `Spreadsheet` 对象。或者，如果你的 Google 账户中只有一个具有该标题的电子表格，那么你可以将该电子表格的标题作为一个字符串传递给函数。

要创建一个新的空白电子表格，请调用 `ezsheets.createSpreadsheet()`函数，并传入一个字符串作为新电子表格的标题。例如，在交互式环境中输入以下内容：

```
>>> import ezsheets
>>> ss = ezsheets.createSpreadsheet('Title of My New Spreadsheet')
>>> ss.title
'Title of My New Spreadsheet'
```

要将现有的 Excel、OpenOffice、CSV 或 TSV 电子表格上传到 Google Sheets，请将电子表格的文件名传给 `ezsheets.upload()`。在交互式环境中输入以下内容，用你自己的电子表格文件替换 `my_spreadsheet.xlsx`：

```
>>> import ezsheets
>>> ss = ezsheets.upload('my_spreadsheet.xlsx')
>>> ss.title
'my_spreadsheet'
```

你可以通过调用 `listSpreadsheets()`函数来列出你的 Google 账户中的电子表格。上传电子表格后，在交互式环境中输入以下内容：

```
>>> ezsheets.listSpreadsheets()
{'1J-Jx6Ne2K_vqI9J2SO-TAXOFbxx_9tUjwnkPC22LjeU':'Education Data'}
```

listSpreadsheets()函数返回一个字典,其中的键是电子表格 ID,值是每个电子表格的标题。

一旦你获得了一个 Spreadsheet 对象,就可以使用它的属性和方法来操作托管在 Google Sheets 上的在线电子表格了。

14.2.2 电子表格的属性

虽然实际数据存在于电子表格的各个表中,但 Spreadsheet 对象具有属性:title、spreadsheetId、url、sheetTitles 和 sheets,用于操作电子表格本身。在交互式环境中输入以下内容:

```
>>> import ezsheets
>>> ss = ezsheets.Spreadsheet('1J-Jx6Ne2K_vqI9J2SO-TAXOFbxx_9tUjwnkPC22LjeU')
>>> ss.title           # The title of the spreadsheet.
'Education Data'
>>> ss.title = 'Class Data' # Change the title.
>>> ss.spreadsheetId # The unique ID (this is a read-only attribute).
'1J-Jx6Ne2K_vqI9J2SO-TAXOFbxx_9tUjwnkPC22LjeU'
>>> ss.url             # The original URL (this is a read-only attribute).
'https://docs.google.com/spreadsheets/d/1J-Jx6Ne2K_vqI9J2SO-TAXOFbxx_9tUjwnkPC22LjeU/'
>>> ss.sheetTitles    # The titles of all the Sheet objects
('Students', 'Classes', 'Resources')
>>> ss.sheets          # The Sheet objects in this Spreadsheet, in order.
(<Sheet sheetId=0, title='Students', rowCount=1000, columnCount=26>, <Sheet
sheetId=1669384683, title='Classes', rowCount=1000, columnCount=26>, <Sheet
sheetId=151537240, title='Resources', rowCount=1000, columnCount=26>)
>>> ss[0]              # The first Sheet object in this Spreadsheet.
<Sheet sheetId=0, title='Students', rowCount=1000, columnCount=26>
>>> ss['Students']    # Sheets can also be accessed by title.
<Sheet sheetId=0, title='Students', rowCount=1000, columnCount=26>
>>> del ss[0]         # Delete the first Sheet object in this Spreadsheet.
>>> ss.sheetTitles    # The "Students" Sheet object has been deleted:
('Classes', 'Resources')
```

如果有人通过 Google Sheets 网站修改电子表格,那么你的脚本可以调用 refresh()方法更新 Spreadsheet 对象,使它与在线数据相匹配:

```
>>> ss.refresh()
```

这不仅会刷新 Spreadsheet 对象的属性,还会刷新其包含的 Sheet 对象中的数据。你对电子表格对象所做的更改将实时反映到在线电子表格中。

14.2.3 下载和上传电子表格

你可以下载多种格式的 Google Sheets 电子表格:Excel、OpenOffice、CSV、TSV 和 PDF。也可以将它下载为一个 ZIP 文件,其中包含电子表格数据的 HTML 文件。EZSheets 包含一些函数,用于实现所有这些选项:

```
>>> import ezsheets
>>> ss = ezsheets.Spreadsheet('1J-Jx6Ne2K_vqI9J2SO-TAXOFbxx_9tUjwnkPC22LjeU')
```

```
>>> ss.title
'Class Data'
>>> ss.downloadAsExcel() # Downloads the spreadsheet as an Excel file.
'Class_Data.xlsx'
>>> ss.downloadAsODS() # Downloads the spreadsheet as an OpenOffice file.
'Class_Data.ods'
>>> ss.downloadAsCSV() # Only downloads the first sheet as a CSV file.
'Class_Data.csv'
>>> ss.downloadAsTSV() # Only downloads the first sheet as a TSV file.
'Class_Data.tsv'
>>> ss.downloadAsPDF() # Downloads the spreadsheet as a PDF.
'Class_Data.pdf'
>>> ss.downloadAsHTML() # Downloads the spreadsheet as a ZIP of HTML files.
'Class_Data.zip'
```

请注意，CSV 和 TSV 格式的文件只能包含一个工作表。因此，如果你下载这种格式的 Google Sheets 电子表格，就只会获得第一个工作表。要下载其他工作表，你需要将工作表对象的 `index` 属性更改为 0。有关如何操作的信息，请参阅 14.3.2 小节"创建和删除工作表"。

这些下载函数都会返回一个下载文件的文件名字符串。你也可以将新的文件名传递给下载函数，从而为电子表格指定文件名：

```
>>> ss.downloadAsExcel('a_different_filename.xlsx')
'a_different_filename.xlsx'
```

该函数应该返回更新后的文件名。

14.2.4　删除电子表格

要删除一个电子表格，请调用 `delete()` 方法：

```
>>> import ezsheets
>>> ss = ezsheets.createSpreadsheet('Delete me') # Create the spreadsheet.
>>> ezsheets.listSpreadsheets() # Confirm that we've created a spreadsheet.
{'1aCw2NNJSZblDbhygVv77kPsL3djmgV5zJZ1lSOZ_mRk': 'Delete me'}
>>> ss.delete() # Delete the spreadsheet.
>>> ezsheets.listSpreadsheets()
{}
```

`delete()` 方法会将你的电子表格移动到 Google Drive 的 Trash 文件夹中。你可以在 Google 云端硬盘中查看你的 Trash 文件夹的内容。要永久删除你的电子表格，请为 `permanent` 关键字参数传入 `True`：

```
>>> ss.delete(permanent=True)
```

一般来说，永久删除电子表格并不是一个好主意，因为要恢复一个被你的脚本中的 bug 意外删除的电子表格是不可能的。即使是免费的 Google Drive 账户也有千兆字节的可用存储空间，因此你基本上不需要担心空间不够的问题。

14.3　工作表对象

一个 `Spreadsheet` 对象将有一个或多个 `Sheet` 对象。`Sheet` 对象表示每个工作表中的数据的行和列。你可以使用方括号操作符和整数索引来访问这些工作表。

`Spreadsheet` 对象的 `sheets` 属性保存了一个元组，其中包含的 `Sheet` 对象按照它们在

电子表格中出现的顺序排列。要访问电子表格中的 Sheet 对象,请在交互式环境中输入以下内容:

```
>>> import ezsheets
>>> ss = ezsheets.Spreadsheet('1J-Jx6Ne2K_vqI9J2SO-TAXOFbxx_9tUjwnkPC22LjeU')
>>> ss.sheets         # The Sheet objects in this Spreadsheet, in order.
(<Sheet sheetId=1669384683, title='Classes', rowCount=1000, columnCount=26>,
<Sheet sheetId=151537240, title='Resources', rowCount=1000, columnCount=26>)
>>> ss.sheets[0] # Gets the first Sheet object in this Spreadsheet.
<Sheet sheetId=1669384683, title='Classes', rowCount=1000, columnCount=26>
>>> ss[0]            # Also gets the first Sheet object in this Spreadsheet.
<Sheet sheetId=1669384683, title='Classes', rowCount=1000, columnCount=26>
```

你也可以用方括号操作符和表的名称字符串来获取一个 Sheet 对象。Spreadsheet 对象的 sheetTitles 属性保存了一个元组,该元组包括所有工作表标题。例如,在交互式环境中输入以下内容:

```
>>> ss.sheetTitles # The titles of all the Sheet objects in this Spreadsheet.
('Classes', 'Resources')
>>> ss['Classes'] # Sheets can also be accessed by title.
<Sheet sheetId=1669384683, title='Classes', rowCount=1000, columnCount=26>
```

一旦你拥有了一个 Sheet 对象,就可以使用 Sheet 对象的方法从它读取数据或向它写入数据了,这将在下一小节中解释。

14.3.1 读取和写入数据

就像在 Excel 中一样,Google Sheets 工作表也有包含数据的、成列成行的单元格。你可以使用方括号操作符来读取和写入这些单元格中的数据。例如,要创建一个新的电子表格并向其添加数据,请在交互式环境中输入以下内容:

```
>>> import ezsheets
>>> ss = ezsheets.createSpreadsheet('My Spreadsheet')
>>> sheet = ss[0] # Get the first sheet in this spreadsheet.
>>> sheet.title
'Sheet1'
>>> sheet = ss[0]
>>> sheet['A1'] = 'Name' # Set the value in cell A1.
>>> sheet['B1'] = 'Age'
>>> sheet['C1'] = 'Favorite Movie'
>>> sheet['A1'] # Read the value in cell A1.
'Name'
>>> sheet['A2'] # Empty cells return a blank string.
''
>>> sheet[2, 1] # Column 2, Row 1 is the same address as B1.
'Age'
>>> sheet['A2'] = 'Alice'
>>> sheet['B2'] = 30
>>> sheet['C2'] = 'RoboCop'
```

这些指令能生成一个图 14-5 所示的 Google Sheets 电子表格。

多个用户可以同时刷新一个工作表。要刷新 Sheet 对象中的本地数据,请调用它的 refresh() 方法:

```
>>> sheet.refresh()
```

当第一次加载 Spreadsheet 对象时,Sheet 对象中的所有数据都会被加载,所以数据可以立即读取。但是,将值写入在线电子表格需要连接网络,需要大约 1 秒的时间。如果你有成千上万个单元格需要更新，那么一次更新一个单元格可能会相当慢。

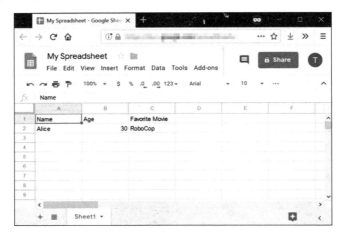

图 14-5　根据示例指令创建的电子表格

列和行寻址

单元格寻址在 Google Sheets 中的工作原理就像在 Excel 中的一样。唯一的区别在于，与 Python 的基于 0 的列表索引不同，Google Sheets 的列和行基于 1：第一个列或行位于索引 1，而不是 0。你可以用 convertAddress() 函数将 'A2' 字符串式的地址转换为（列、行）元组风格的地址（反之亦然）。getColumnLetterOf() 和 getColumnNumberOf() 函数也会完成字母和数字之间的列地址转换。在交互式环境中输入以下内容：

```
>>> import ezsheets
>>> ezsheets.convertAddress('A2') # Converts addresses...
(1, 2)
>>> ezsheets.convertAddress(1, 2) # ...and converts them back, too.
'A2'
>>> ezsheets.getColumnLetterOf(2)
'B'
>>> ezsheets.getColumnNumberOf('B')
2
>>> ezsheets.getColumnLetterOf(999)
'ALK'
>>> ezsheets.getColumnNumberOf('ZZZ')
18278
```

如果你在源代码中输入地址，那么使用 'A2' 字符串式的地址很方便。但是，如果你要在一个地址范围内循环使用（列、行）元组样式的地址，并且需要列的数字形式，那么使用（列、行）元组样式的地址就很方便。使用 convertAddress()、getColumnLetterOf() 和 getColumnNumberOf() 函数有助于你在需要的两种格式之间进行转换。

读取和写入整列和整行的内容

如前所述，一次写一个单元格的数据往往会花费太多时间。幸运的是，EZSheets 有 Sheet 方法可以同时读写整列和整行。getColumn()、getRow()、updateColumn() 和 updateRow()

14.3 工作表对象

方法将分别读取和写入列和行。这些方法会向 Google Sheets 服务器发出请求，以更新电子表格，因此它们需要你连接到因特网。在本节的例子中，我们将上传上一章中的 produceSales.xlsx 到 Google Sheets。前 8 行如表 14-1 所示。

表 14-1 produceSales.xlsx 电子表格的前 8 行

	A	B	C	D
1	PRODUCE	COST PER POUND	POUNDS SOLD	TOTAL
2	Potatoes	0.86	21.6	18.58
3	Okra	2.26	38.6	87.24
4	Fava beans	2.69	32.8	88.23
5	Watermelon	0.66	27.3	18.02
6	Garlic	1.19	4.9	5.83
7	Parsnips	2.27	1.1	2.5
8	Asparagus	2.49	37.9	94.37

要上传这个电子表格，请在交互式环境中输入以下内容：

```
>>> import ezsheets
>>> ss = ezsheets.upload('produceSales.xlsx')
>>> sheet = ss[0]
>>> sheet.getRow(1)   # The first row is row 1, not row 0.
['PRODUCE', 'COST PER POUND', 'POUNDS SOLD', 'TOTAL', '', '']
>>> sheet.getRow(2)
['Potatoes', '0.86', '21.6', '18.58', '', '']
>>> columnOne = sheet.getColumn(1)
>>> sheet.getColumn(1)
['PRODUCE', 'Potatoes', 'Okra', 'Fava beans', 'Watermelon', 'Garlic',
--snip--
>>> sheet.getColumn('A')   # Same result as getColumn(1)
['PRODUCE', 'Potatoes', 'Okra', 'Fava beans', 'Watermelon', 'Garlic',
--snip--
>>> sheet.getRow(3)
['Okra', '2.26', '38.6', '87.24', '', '']
>>> sheet.updateRow(3, ['Pumpkin', '11.50', '20', '230'])
>>> sheet.getRow(3)
['Pumpkin', '11.50', '20', '230', '', '']
>>> columnOne = sheet.getColumn(1)
>>> for i, value in enumerate(columnOne):
...     # Make the Python list contain uppercase strings:
...     columnOne[i] = value.upper()
...
>>> sheet.updateColumn(1, columnOne)   # Update the entire column in one
request.
```

getRow() 和 getColumn() 函数从特定行或列中的每一个单元格中获取数据，以作为一个值的列表。注意，空的单元格在列表中会变成空字符串值。你可以给 getColumn() 函数传递一个列号或字母，告诉它检索特定列的数据。上一个例子显示，getColumn(1) 和 getColumn('A') 返回的是同一个列表。

updateRow() 和 updateColumn() 函数用传入函数的值列表，分别覆盖该行或该列中的所有数据。在这个例子中，第 3 行最初包含了关于秋葵（okra）的信息，但是调用 updateRow() 函数会用 pumpkin 的数据来代替它。再次调用 sheet.getRow(3)，查看第 3 行中的新值。

接下来，让我们更新 produceSales 电子表格。如果你有很多单元格需要更新，那么一次更新一个单元格会很慢。以一个列表的方式获取一列或一行，更新这个列表，然后用这个列表更新整列或整行，这会快得多，因为所有的更改都可以在一次请求中进行。

要一次性获得所有行，可以调用 getRows() 方法，它返回一个列表的列表。外层列表中的一个内层列表代表了工作表中一个单独的行。你可以修改这个数据结构中的值来改变部分行的产品名称、销售的磅数和总成本。然后在交互式环境中输入以下内容，将它传递给 updateRows() 方法：

```
>>> rows = sheet.getRows()   # Get every row in the spreadsheet.
>>> rows[0]   # Examine the values in the first row.
['PRODUCE', 'COST PER POUND', 'POUNDS SOLD', 'TOTAL', '', '']
>>> rows[1]
['POTATOES', '0.86', '21.6', '18.58', '', '']
>>> rows[1][0] = 'PUMPKIN'   # Change the produce name.
>>> rows[1]
['PUMPKIN', '0.86', '21.6', '18.58', '', '']
>>> rows[10]
['OKRA', '2.26', '40', '90.4', '', '']
>>> rows[10][2] = '400'   # Change the pounds sold.
>>> rows[10][3] = '904'   # Change the total.
>>> rows[10]
['OKRA', '2.26', '400', '904', '', '']
>>> sheet.updateRows(rows)   # Update the online spreadsheet with the changes.
```

你可以在一次请求中更新整个工作表，方法是将 getRows() 返回的列表的列表传递给 updateRows()，其中包含了对第 1 行和第 10 行的修改。

注意，Google Sheets 中的行在结尾处有空字符串。这是因为上传的表的列数为 6，但我们只有 4 列数据。你可以通过 rowCount 和 columnCount 属性读取表中的行数和列数，然后设置这些值，就可以改变表的大小：

```
>>> sheet.rowCount              # The number of rows in the sheet.
23758
>>> sheet.columnCount           # The number of columns in the sheet.
6
>>> sheet.columnCount = 4       # Change the number of columns to 4.
>>> sheet.columnCount           # Now the number of columns in the sheet is 4.
4
```

这些指令应删除 produceSales 电子表格的第 5 列和第 6 列，如图 14-6 所示。

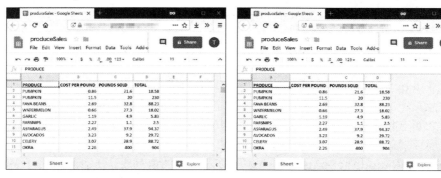

图 14-6　将列数改为 4 之前（左）和之后（右）的工作表

根据官方的描述文档，Google Sheets 电子表格可以有多达 500 万个单元格。但是，最好只用需要大小的电子表格，以减少更新和刷新数据所需的时间。

14.3.2 创建和删除工作表

所有的 Google Sheets 电子表格都是从一个名为 Sheet1 的单张表开始的。可以用 `createSheet()` 方法将额外的工作表添加到工作表列表的末尾，并传入一个字符串作为新工作表的标题。可选的第二个参数可以指定新工作表的整数索引。要创建一个电子表格，然后向其中添加新的工作表，请在交互式环境中输入以下内容：

```
>>> import ezsheets
>>> ss = ezsheets.createSpreadsheet('Multiple Sheets')
>>> ss.sheetTitles
('Sheet1',)
>>> ss.createSheet('Spam')  # Create a new sheet at the end of the list of sheets.
<Sheet sheetId=2032744541, title='Spam', rowCount=1000, columnCount=26>
>>> ss.createSheet('Eggs')  # Create another new sheet.
<Sheet sheetId=417452987, title='Eggs', rowCount=1000, columnCount=26>
>>> ss.sheetTitles
('Sheet1', 'Spam', 'Eggs')
>>> ss.createSheet('Bacon', 0)  # Create a sheet at index 0 in the list of sheets.
<Sheet sheetId=814694991, title='Bacon', rowCount=1000, columnCount=26>
>>> ss.sheetTitles
('Bacon', 'Sheet1', 'Spam', 'Eggs')
```

这些指令在电子表格中增加了 3 个新表：Bacon、Spam 和 Eggs（除了默认的 Sheet1 之外）。电子表格中的工作表是有序的，新的工作表会排在列表的最后，除非你向 `createSheet()` 传入第二个参数来指定工作表的索引。在这里，你在索引 0 处创建了名为 Bacon 的表，使 Bacon 成为电子表格中的第一个表，并将其他 3 个表向后移了一个位置。这与列表方法 `insert()` 的行为类似。

你可以看到屏幕底部的标签页上的新表，如图 14-7 所示。

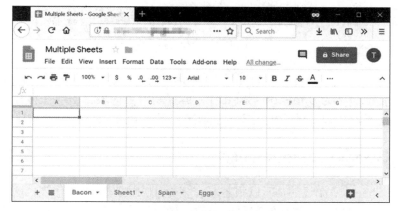

图 14-7　添加 Spam、Eggs 和 Bacon 表后的"多工作表"电子表格

`Sheet` 对象的 `delete()` 方法将从电子表格中删除该工作表。如果你想保留该工作表，但

删除它所包含的数据,请调用 `clear()` 方法来清除所有单元格,使之成为空白工作表。在交互式环境中输入以下内容:

```
>>> ss.sheetTitles
('Bacon', 'Sheet1', 'Spam', 'Eggs')
>>> ss[0].delete()            # Delete the sheet at index 0: the "Bacon" sheet.
>>> ss.sheetTitles
('Sheet1', 'Spam', 'Eggs')
>>> ss['Spam'].delete()       # Delete the "Spam" sheet.
>>> ss.sheetTitles
('Sheet1', 'Eggs')
>>> sheet = ss['Eggs']        # Assign a variable to the "Eggs" sheet.
>>> sheet.delete()            # Delete the "Eggs" sheet.
>>> ss.sheetTitles
('Sheet1',)
>>> ss[0].clear()             # Clear all the cells on the "Sheet1" sheet.
>>> ss.sheetTitles            # The "Sheet1" sheet is empty but still exists.
('Sheet1',)
```

删除工作表是永久性的,没有办法恢复数据。但是,你可以使用 `copyTo()` 方法将表复制到另一个电子表格中,从而进行备份,这将在下一小节中解释。

14.3.3 复制工作表

每个 `Spreadsheet` 对象都有一个有序列表,该列表包含了它的 `Sheet` 对象,你可以使用这个列表来重新排序(如上一小节所示),或将它复制到其他电子表格中。要将一个 `Sheet` 对象复制到另一个 `Spreadsheet` 对象,请调用 `copyTo()` 方法。将目标 `Spreadsheet` 对象作为参数传递给它。要创建两个电子表格,并将第一个电子表格的数据复制到另一个电子表格中,请在交互式环境中输入以下内容:

```
>>> import ezsheets
>>> ss1 = ezsheets.createSpreadsheet('First Spreadsheet')
>>> ss2 = ezsheets.createSpreadsheet('Second Spreadsheet')
>>> ss1[0]
<Sheet sheetId=0, title='Sheet1', rowCount=1000, columnCount=26>
>>> ss1[0].updateRow(1, ['Some', 'data', 'in', 'the', 'first', 'row'])
>>> ss1[0].copyTo(ss2)   # Copy the ss1's Sheet1 to the ss2 spreadsheet.
>>> ss2.sheetTitles      # ss2 now contains a copy of ss1's Sheet1.
('Sheet1', 'Copy of Sheet1')
```

请注意,由于目标电子表格(上面例子中的 `ss2`)已经有一个名为 `Sheet1` 的工作表,因此复制的工作表将被命名为 `Copy of Sheet1`。被复制的工作表将出现在目标电子表格的列表的最后。如果你愿意,可以更改它们的索引属性,在新的电子表格中重新排序。

14.4 利用 Google Sheets 配额

因为 Google Sheets 是在线的,所以很容易在多个用户之间共享工作表,这些用户可以同时访问工作表。但是,这也意味着读取和更新表的速度会比读取和更新存储在硬盘上的 Excel 文件要慢。此外,Google Sheets 对可以执行的读写操作数量也有限制。

根据 Google 的开发者指南,用户每天最多只能创建 250 个新的电子表格,免费的 Google 账户每 100 秒可以执行 100 次读取和 100 次写入请求。试图超过这个限度将引发 `googleapiclient.errors.HttpError: Quota exceeded for quota group` 异常。EZSheets 会自动捕捉到这个异常并重试请求。当这种情况发生时，读取或写入数据的函数调用将需要几秒（甚至需要一两分钟）才能返回。如果请求继续失败（如果另一个使用相同证书的脚本也在提出请求，这是有可能的），EZSheets 将重新抛出这个异常。

这意味着有时你的 EZSheets 方法调用可能需要几秒的时间才会返回。如果你想查看你的 API 使用量或增加你的配额，请访问 Google Cloud Platform 的 IAM & Admin Quotas 页面，了解如何为增加的使用量付费。如果你想要自己处理 HttpError 异常，可以将 `ezsheets.IGNORE_QUOTA` 设置为 `True`，当 EZSheets 的方法遇到这些异常时，它就会抛出这些异常。

14.5 小结

Google Sheets 是一个流行的在线电子表格应用程序，可在浏览器中运行。使用 EZSheets 第三方模块，你可以下载、创建、读取和修改电子表格。EZSheets 将电子表格表示为 `Spreadsheet` 对象，每个电子表格包含一个有序的 `Sheet` 对象列表。每个电子表格都有成行和成列的数据，你可以通过多种方式读取和更新。

虽然 Google Sheets 使共享数据和协同编辑变得很容易，但它的主要缺点是速度问题：你必须用 Web 请求更新电子表格，而这可能需要几秒的时间来执行。但对于大多数目的，这种速度限制不会影响使用 EZSheets 的 Python 脚本。Google Sheets 还限制了你可以进行修改的频度。

14.6 习题

1. EZSheets 需要哪 3 个文件来访问 Google Sheets？
2. EZSheets 有哪两种类型的对象？
3. 如何从 Google Sheets 电子表格中创建一个 Excel 文件？
4. 如何从 Excel 文件中创建 Google Sheets 电子表格？
5. `ss` 变量包含一个 `Spreadsheet` 对象。什么代码将从标题为 Students 的表格中的 B2 单元格读取数据？
6. 如何得到 999 列的列字母？
7. 如何找出一个工作表有多少行和多少列？
8. 如何删除一个电子表格？这种删除是永久的吗？
9. 哪些函数将分别创建一个新的 `Spreadsheet` 对象和一个新的 `Sheet` 对象？
10. 如果频繁地使用 EZSheets 发出读写请求，超过了 Google 账户的配额，会有什么后果？

14.7 实践项目

作为实践，编程执行以下任务。

14.7.1 下载 Google Forms 数据

Google Forms 允许你创建简单的在线表单，让你轻松收集人们的信息。他们输入的信息存储在一个 Google Sheets 中。对于这个项目，写一个程序，使其可以自动下载用户提交的表单信息。转到 Google 表单，开始编写一个新的表单；它将是空白的。在表格中添加询问用户姓名和电子邮件地址的字段。然后单击右上角的 Send 按钮，获得你的新表单的一个链接。尝试在这个表单中输入几个示例回复。

在表单的 Responses 标签页上，单击绿色的 Create Spreadsheet 按钮以创建一个电子表格，用来保存用户提交的回复。你应该在这个电子表格的前几行中看到你的示例回复。然后使用 EZSheets 编写一个 Python 脚本来收集这个电子表格上的电子邮件地址列表。

14.7.2 将电子表格转换为其他格式

你可以使用 Google Sheets 将电子表格文件转换为其他格式。编写一个脚本，将提交的文件传递给 upload()。一旦电子表格上传到 Google Sheets，就使用 downloadAsExcel()、downloadAsODS() 以及其他类似的函数下载它，从而创建该电子表格的其他格式的副本。

14.7.3 查找电子表格中的错误

在"数豆子"办公室忙活了一天，我完成了一个电子表格：把所有的豆子总数上传到 Google Sheets。这个电子表格是可以公开查看的（但不能编辑）。你可以用下面的代码获得这个电子表格：

```
>>> import ezsheets
>>> ss = ezsheets.Spreadsheet('1jDZEdvSIh4TmZxccyyOZXrH-ELlrwq8_YYiZrEOB4jg')
```

你可以在本书配套资源中查看这个电子表格。这个电子表格的第一张表的列是 Beans per Jar、Jars 和 Total Beans。Total Beans 列是 Beans per Jar 和 Jars 列中的数字的乘积。但是，在这张表格中的 15 000 行中，有一行是错误的。行数太多，无法手动核对。幸运的是，你可以写一个脚本来检查每一行的总数。

提示一下，你可以用 `ss[0].getRow(rowNum)` 来访问一行中的各个单元格，其中 `ss` 是 `Spreadsheet` 对象，`rowNum` 是行号。记住，Google Sheets 中的行号以 1 开始，而不是以 0 开始。单元格的值将是字符串，因此你需要将它们转换为整数，这样你的程序就可以使用它们了。如果该行的总数是正确的，表达式 `int(ss[0].getRow(2)[0]) * int(sss[0].getRow(2)[1]) == int(sss[0].getRow(2)[2])` 就会求值为 `True`。将这段代码放在一个循环中，以确定表中哪一行的总数不正确。

第 15 章 处理PDF和Word文档

PDF 和 Word 文档是二进制文件，它们比纯文本文件要复杂得多。除了文本，它们还保存了许多字体、颜色和布局信息。如果希望程序能读取或写入 PDF 和 Word 文档，那么需要做的就不只是将它们的文件名传递给 `open()` 了。

好在有一些 Python 模块使得处理 PDF 和 Word 文档变得容易。本章将介绍两个这样的模块：`PyPDF2` 和 `python-docx`。

15.1　PDF 文档

PDF 表示 Portable Document Format，使用 .pdf 文件扩展名。虽然 PDF 支持许多功能，但本章将专注于最常做的两件事：从 PDF 读取文本内容和从已有的文档生成新的 PDF。

用于处理 PDF 的模块是 `PyPDF2` 版本 1.26.0。安装这个版本很重要，因为 `PyPDF2` 的未来版本可能与本书的代码不兼容。要安装它，就要在命令行运行 `pip install-- user PyPDF2==1.26.0`。这个模块名称是区分大小写的，要确保 y 是小写，其他字母都是大写（请查看附录 A，了解安装第三方模块的所有细节）。如果该模块安装正确，那么在交互式环境中运行 `import PyPDF2`，应该不会显示任何错误。

> **有问题的 PDF 格式**
>
> 虽然 PDF 文档对文本布局非常好，让人们很容易打印并阅读，但软件要将它们解析为纯文本却并不容易。因此，`PyPDF2` 从 PDF 提取文本时可能会出错，甚至根本不能打开某些 PDF。遗憾的是，你对此没有什么办法，`PyPDF2` 可能就是不能处理某些 PDF 文档。话虽如此，但是我至今没有发现不能用 `PyPDF2` 打开的 PDF 文档。

15.1.1　从 PDF 提取文本

`PyPDF2` 没有办法从 PDF 文档中提取图像、图表或其他媒体，但它可以提取文本，并将文本返回为 Python 字符串。为了学习 PyPDF2 的工作原理，我们将它用于一个示例 PDF，如图 15-1 所示。

图 15-1　PDF 页面，我们将从中提取文本

从异步社区本书对应页面下载这个 PDF 文档，并在交互式环境中输入以下代码：

```
>>> import PyPDF2
>>> pdfFileObj = open('meetingminutes.pdf', 'rb')
>>> pdfReader = PyPDF2.PdfFileReader(pdfFileObj)
❶ >>> pdfReader.numPages
19
❷ >>> pageObj = pdfReader.getPage(0)
❸ >>> pageObj.extractText()
'OOFFFFIICCIIAALL  BBOOAARRDD  MMIINNUUTTEESS  Meeting of March 7,
2015 \n    The Board of Elementary and Secondary Education shall
provide leadership and create policies for education that expand opportunities
for children, empower  families and communities, and advance Louisiana in an
increasingly competitive global market. BOARD  of ELEMENTARY and  SECONDARY
EDUCATION   '
>>> pdfFileObj.close()
```

首先导入 PyPDF2 模块。然后以读二进制模式打开 meetingminutes.pdf，并将它保存在 pdfFileObj 中。为了取得表示这个 PDF 的 PdfFileReader 对象，请调用 PyPDF2.PdfFileReader()并向它传入 pdfFileObj。将这个 PdfFileReader 对象保存在 pdfReader 中。

该文档的总页数保存在 PdfFileReader 对象的 numPages 属性中❶。示例 PDF 文档有 19 页，但我们只提取第一页的文本。

要从一页中提取文本，需要通过 PdfFileReader 对象取得一个 Page 对象，它表示 PDF 中的一页。可以调用 PdfFileReader 对象的 getPage()方法❷，向它传入感兴趣的页码（在我们的例子中是 0），从而取得 Page 对象。

PyPDF2 在取得页面时使用从 0 开始的索引：第一页是 0 页，第二页是 1 页，以此类推。事情总是这样，即使文档中页面的页码不同。例如，假定你的 PDF 是从一个较长的报告中抽取出的 3

页，它的页码分别是 42、43 和 44。要取得这个文档的第一页，需要调用 pdfReader.getPage(0)，而不是 getPage(42) 或 getPage(1)。

在取得 Page 对象后，调用它的 extractText() 方法，以返回该页文本的字符串❸。文本提取并不完美：该 PDF 中的文本 Charles E. "Chas" Roemer, President 在函数返回的字符串中消失了，而且空格有时候也会没有。但是，这种近似的 PDF 文本内容，可能对你的程序来说已经足够了。

15.1.2 解密 PDF

某些 PDF 文档有加密功能，以防止别人阅读，只有在打开文档时提供口令才能阅读。在交互式环境中输入以下代码，处理下载的 PDF，它已经用口令 rosebud 加密：

```
>>> import PyPDF2
>>> pdfReader = PyPDF2.PdfFileReader(open('encrypted.pdf', 'rb'))
❶ >>> pdfReader.isEncrypted
True
>>> pdfReader.getPage(0)
❷ Traceback (most recent call last):
  File "<pyshell#173>", line 1, in <module>
    pdfReader.getPage()
  --snip--
  File "C:\Python34\lib\site-packages\PyPDF2\pdf.py", line 1173, in getObject
    raise utils.PdfReadError("file has not been decrypted")
PyPDF2.utils.PdfReadError: file has not been decrypted
>>> pdfReader = PyPDF2.PdfFileReader(open('encrypted.pdf', 'rb'))
❸ >>> pdfReader.decrypt('rosebud')
1
>>> pageObj = pdfReader.getPage(0)
```

所有 PdfFileReader 对象都有一个 isEncrypted 属性，如果 PDF 是加密的，它就是 True；如果不是，它就是 False❶。在文件用正确的口令解密之前，尝试调用函数来读取文件将会导致错误❷。

> 注意：由于 PyPDF2 版本 1.26.0 中的一个 bug，所以在打开加密的 PDF 之前调用 getPage() 会导致未来的 getPage() 调用失败，并出现以下错误：IndexError: list index out of range。这就是我们的例子用一个新的 PdfFileReader 对象重新打开文件的原因。

要读取加密的 PDF，就调用 decrypt() 函数，以传入口令字符串❸。在用正确的口令调用 decrypt() 后，你会看到调用 getPage() 不再导致错误。如果提供了错误的口令，那么 decrypt() 函数将返回 0，并且 getPage() 会继续失败。请注意，decrypt() 函数只解密了 PdfFileReader 对象，而不是实际的 PDF 文档。在程序中止后，硬盘上的文件仍然是加密的。在程序下次运行时，仍然需要再次调用 decrypt()。

15.1.3 创建 PDF

在 PyPDF2 中，与 PdfFileReader 对象相对的是 PdfFileWriter 对象，它可以创建一个新的 PDF 文档。但 PyPDF2 不能将任意文本写入 PDF，不像 Python 可以写入纯文本文件。PyPDF2 写入 PDF 的能力，仅限于从其他 PDF 中复制页面、旋转页面、重叠页面和加密文件。

PyPDF2 不允许直接编辑 PDF。必须创建一个新的 PDF，然后从已有的文档复制内容。本节的例子将遵循这种一般方式。

1. 打开一个或多个已有的 PDF（源 PDF），得到 `PdfFileReader` 对象。
2. 创建一个新的 `PdfFileWriter` 对象。
3. 将页面从 `PdfFileReader` 对象复制到 `PdfFileWriter` 对象中。
4. 利用 `PdfFileWriter` 对象写入输出的 PDF。

创建一个 `PdfFileWriter` 对象，只是在 Python 中创建了一个代表 PDF 文档的值，这并没有创建实际的 PDF 文件。要实际生成文件，必须调用 `PdfFileWriter` 对象的 `write()` 方法。

`write()` 方法接收一个普通的 `File` 对象，它以写二进制的模式打开。你可以用两个参数调用 Python 的 `open()` 函数，得到这样的 `File` 对象：一个是要打开的 PDF 文件名字符串；另一个是 `'wb'`，表明文件应该以写二进制的模式打开。

如果这听起来有些令人困惑，不用担心，在接下来的代码示例中你会看到这种工作方式。

复制页面

可以利用 PyPDF2，从一个 PDF 文档复制页面到另一个 PDF 文档。这让你能够组合多个 PDF 文档，去除不想要的页面或调整页面的次序。

从异步社区本书对应页面下载 meetingminutes.pdf 和 meetingminutes2.pdf，放在当前工作目录中。在交互式环境中输入以下代码：

```
>>> import PyPDF2
>>> pdf1File = open('meetingminutes.pdf', 'rb')
>>> pdf2File = open('meetingminutes2.pdf', 'rb')
❶ >>> pdf1Reader = PyPDF2.PdfFileReader(pdf1File)
❷ >>> pdf2Reader = PyPDF2.PdfFileReader(pdf2File)
❸ >>> pdfWriter = PyPDF2.PdfFileWriter()

>>> for pageNum in range(pdf1Reader.numPages):
❹        pageObj = pdf1Reader.getPage(pageNum)
❺        pdfWriter.addPage(pageObj)

>>> for pageNum in range(pdf2Reader.numPages):
❹        pageObj = pdf2Reader.getPage(pageNum)
❺        pdfWriter.addPage(pageObj)

❻ >>> pdfOutputFile = open('combinedminutes.pdf', 'wb')
>>> pdfWriter.write(pdfOutputFile)
>>> pdfOutputFile.close()
>>> pdf1File.close()
>>> pdf2File.close()
```

以读二进制的模式打开两个 PDF 文档，将得到的两个 `File` 对象保存在 `pdf1File` 和 `pdf2File` 中。调用 `PyPDF2.PdfFileReader()`，传入 `pdf1File`，得到一个表示 meetingminutes.pdf 的 `PdfFileReader` 对象❶。再次调用 `PyPDF2.PdfFileReader()`，传入 `pdf2File`，得到一个表示 meetingminutes2.pdf 的 `PdfFileReader` 对象❷。然后创建一个新的 `PdfFileWriter` 对象，它表示一个空白的 PDF 文档❸。

接下来，从两个源 PDF 复制所有的页面，将它们添加到 `PdfFileWriter` 对象。在 `PdfFileReader` 对象上调用 `getPage()`，取得 `Page` 对象❹。然后将这个 `Page` 对象传递给

PdfFileWriter 的 addPage()方法❺。这些步骤先是针对 pdf1Reader 进行，然后针对 pdf2Reader 进行。在完成复制页面后，向 PdfFileWriter 的 write()方法传入一个 File 对象，写入一个新的 PDF 文档，其名为 combinedminutes.pdf❻。

注意：PyPDF2不能在PdfFileWriter对象中间插入页面，addPage()方法只能够在末尾添加页面。

现在你创建了一个新的 PDF 文档，将来自 meetingminutes.pdf 和 meetingminutes2.pdf 的页面组合在一个文档中。要记住，传递给 PyPDF2.PdfFileReader()的 File 对象需要以读二进制的模式打开，即使用'rb'作为 open()的第二个参数。类似，传入 PyPDF2.PdfFileWriter()的 File 对象需要以写二进制的模式打开，即使用'wb'。

旋转页面

利用 rotateClockwise()和 rotateCounterClockwise()方法，PDF 文档的页面可以旋转 90 度的整数倍。向这些方法传入整数 90、180 或 270 就可以了。在交互式环境中输入以下代码，同时将 meetingminutes.pdf 放在当前工作目录中：

```
>>> import PyPDF2
>>> minutesFile = open('meetingminutes.pdf', 'rb')
>>> pdfReader = PyPDF2.PdfFileReader(minutesFile)
❶ >>> page = pdfReader.getPage(0)
❷ >>> page.rotateClockwise(90)
{'/Contents': [IndirectObject(961, 0), IndirectObject(962, 0),
--snip--
}
>>> pdfWriter = PyPDF2.PdfFileWriter()
>>> pdfWriter.addPage(page)
❸ >>> resultPdfFile = open('rotatedPage.pdf', 'wb')
>>> pdfWriter.write(resultPdfFile)
>>> resultPdfFile.close()
>>> minutesFile.close()
```

这里，我们使用 getPage(0)来选择 PDF 的第一页❶，然后对该页调用 rotateClockwise(90)❷。我们将旋转过的页面写入一个新的 PDF 文档，并保存为 rotatedPage.pdf❸。

得到的 PDF 文档有一个页面，顺时针旋转了 90 度，如图 15-2 所示。rotateClockwise()和 rotateCounterClockwise() 的返回值包含许多信息，你可以忽略。

叠加页面

PyPDF2 也可以将一页的内容叠加到另一页上，这可以用来在页面上添加公司标志、时间戳或水印。利用 Python，可以很容易为多个文件添加水印，并且只针对程序指定的页面添加。

从异步社区本书对应页面下载 watermark.pdf，将它和 meetingminutes.pdf 一起放在当前工作目录中。然后在交互式环境中输入以下代码：

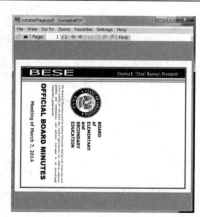

图 15-2　rotatedPage.pdf 文档，页面顺时针旋转了 90 度

```
>>> import PyPDF2
>>> minutesFile = open('meetingminutes.pdf', 'rb')
❶ >>> pdfReader = PyPDF2.PdfFileReader(minutesFile)
❷ >>> minutesFirstPage = pdfReader.getPage(0)
❸ >>> pdfWatermarkReader = PyPDF2.PdfFileReader(open('watermark.pdf', 'rb'))
❹ >>> minutesFirstPage.mergePage(pdfWatermarkReader.getPage(0))
❺ >>> pdfWriter = PyPDF2.PdfFileWriter()
❻ >>> pdfWriter.addPage(minutesFirstPage)

❼ >>> for pageNum in range(1, pdfReader.numPages):
        pageObj = pdfReader.getPage(pageNum)
        pdfWriter.addPage(pageObj)

>>> resultPdfFile = open('watermarkedCover.pdf', 'wb')
>>> pdfWriter.write(resultPdfFile)
>>> minutesFile.close()
>>> resultPdfFile.close()
```

这里我们生成了 meetingminutes.pdf 的 `PdfFileReader` 对象❶。调用 `getPage(0)` 以取得第一页的 `Page` 对象，并将它保存在 `minutesFirstPage` 中❷。然后生成 watermark.pdf 的 `PdfFileReader` 对象❸，并在 `minutesFirstPage` 上调用 `mergePage()`❹。传递给 `mergePage()` 的参数是 watermark.pdf 第一页的 `Page` 对象。

既然我们已经在 `minutesFirstPage` 上调用了 `mergePage()`，那么 `minutesFirstPage` 就代表加了水印的第一页。我们创建一个 `PdfFileWriter` 对象❺，并加入加了水印的第一页❻。然后循环遍历 meetingminutes.pdf 的剩余页面，将它们添加到 `PdfFileWriter` 对象中❼。最后，我们打开一个新的 PDF 文档 watermarkedCover.pdf，并将 `PdfFileWriter` 的内容写入该文档。

图 15-3 所示为结果。新的 PDF 文档 watermarkedCover.pdf 包含 meetingminutes.pdf 的全部内容，并在第一页加了水印。

图 15-3　最初的 PDF（左边）、水印 PDF（中间）以及合并的 PDF（右边）

加密 PDF

`PdfFileWriter` 对象也可以为 PDF 文档加密。在交互式环境中输入以下代码：

```
>>> import PyPDF2
>>> pdfFile = open('meetingminutes.pdf', 'rb')
>>> pdfReader = PyPDF2.PdfFileReader(pdfFile)
```

```
>>> pdfWriter = PyPDF2.PdfFileWriter()
>>> for pageNum in range(pdfReader.numPages):
        pdfWriter.addPage(pdfReader.getPage(pageNum))
>>> pdfWriter.encrypt('swordfish')   ❶
>>> resultPdf = open('encryptedminutes.pdf', 'wb')
>>> pdfWriter.write(resultPdf)
>>> resultPdf.close()
```

在调用 write() 方法保存文档之前, 调用 encrypt() 方法, 传入口令字符串❶。PDF 可以有一个"用户口令"(允许查看这个 PDF) 和一个"拥有者口令"(允许设置打印、注释、提取文本和其他功能的许可)。用户口令和拥有者口令分别是 encrypt() 的第一个和第二个参数。如果只给 encrypt() 传入一个字符串, 那么该字符串将同时作为两个口令使用。

在这个例子中, 我们将 meetingminutes.pdf 的页面复制到 PdfFileWriter 对象。用口令 swordfish 加密了 PdfFileWriter, 打开了一个名为 encryptedminutes.pdf 的新 PDF, 并将 PdfFileWriter 的内容写入新 PDF。任何人要查看 encryptedminutes.pdf, 都必须输入这个口令。在确保文件的副本被正确加密后, 你可能会删除原来的未加密的 meetingminutes.pdf 文档。

15.2 项目: 从多个 PDF 中合并选择的页面

假定你有一个很无聊的任务, 需要将几十个 PDF 文档合并成一个 PDF 文档。每一个文档都有一个封面作为第一页, 但你不希望合并后的文档中重复出现这些封面。即使有许多免费的程序可以合并 PDF, 很多也只是简单地将文档合并在一起。让我们来写一个 Python 程序, 定制需要合并到 PDF 中的页面。

总的来说, 程序需要完成以下任务。
1. 找到当前工作目录中的所有 PDF 文档。
2. 按文档名排序, 这样就能有序地添加这些 PDF。
3. 除了第一页之外, 将每个 PDF 的所有页面写入输出的文档。

从实现的角度来看, 代码需要执行以下操作。
1. 调用 os.listdir(), 找到当前工作目录中的所有文件, 并去除非 PDF 文档。
2. 调用 Python 的 sort() 列表方法, 将文档名按字母排序。
3. 为输出的 PDF 文档创建 PdfFileWriter 对象。
4. 循环遍历每个 PDF 文档, 为它创建 PdfFileReader 对象。
5. 针对每个 PDF 文档, 循环遍历每一页, 第一页除外。
6. 将页面添加到输出的 PDF。
7. 将输出的 PDF 写入一个文档, 名为 allminutes.pdf。

针对这个项目, 打开一个新的文件编辑器窗口, 将它保存为 combinePdfs.py。

第 1 步: 找到所有 PDF 文档

首先, 程序需要取得当前工作目录中所有带 .pdf 扩展名的文档列表, 并对它们排序。让你的代码看起来像这样:

```
#! python3
# combinePdfs.py - Combines all the PDFs in the current working directory into
# into a single PDF.
❶ import PyPDF2, os
# Get all the PDF filenames.
pdfFiles = []
for filename in os.listdir('.'):
    if filename.endswith('.pdf'):
      ❷ pdfFiles.append(filename)
❸ pdfFiles.sort(key = str.lower)

❹ pdfWriter = PyPDF2.PdfFileWriter()

# TODO: Loop through all the PDF files.

# TODO: Loop through all the pages (except the first) and add them.

# TODO: Save the resulting PDF to a file.
```

在#!行和介绍程序做什么的描述性注释之后，代码导入了 os 和 PyPDF2 模块❶。os.listdir('.')调用将返回当前工作目录中所有文档的列表。代码循环遍历这个列表，将带有.pdf 扩展名的文档添加到 pdfFiles 中❷。然后，列表按照字典顺序排序，调用 sort() 时需要带有 key/str.lower 关键字参数❸。

代码创建了一个 PdfFileWriter 对象，以保存合并后的 PDF 页面❹。最后，使用一些注释语句简要描述了剩下的程序。

第2步：打开每个 PDF 文档

现在，程序必须读取 pdfFiles 中的每个 PDF 文档。在程序中加入以下代码：

```
#! python3
# combinePdfs.py - Combines all the PDFs in the current working directory into
# a single PDF.

import PyPDF2, os

# Get all the PDF filenames.
pdfFiles = []
--snip--

# Loop through all the PDF files.
for filename in pdfFiles:
    pdfFileObj = open(filename, 'rb')
    pdfReader = PyPDF2.PdfFileReader(pdfFileObj)
    # TODO: Loop through all the pages (except the first) and add them.

# TODO: Save the resulting PDF to a file.
```

针对每个 PDF 文档，循环内的代码调用 open()，以'rb'作为第二个参数，用读二进制的模式打开文档。open()调用会返回一个 File 对象，它被传递给 PyPDF2.PdfFileReader()，以创建针对那个 PDF 文档的 PdfFileReader 对象。

第3步：添加每一页

针对每个 PDF 文档，程序需要循环遍历每一页，第一页除外。在程序中添加以下代码：

```
#! python3
# combinePdfs.py - Combines all the PDFs in the current working directory into
# a single PDF.

import PyPDF2, os

--snip--

# Loop through all the PDF files.
for filename in pdfFiles:
--snip--
    # Loop through all the pages (except the first) and add them.
❶   for pageNum in range(1, pdfReader.numPages):
        pageObj = pdfReader.getPage(pageNum)
        pdfWriter.addPage(pageObj)

# TODO: Save the resulting PDF to a file.
```

for 循环内的代码将每个 Page 对象复制到 PdfFileWriter 对象。要记住，你需要跳过第一页。因为 PyPDF2 认为 0 是第一页，所以循环应该从 1 开始❶，然后向上增长到 pdfReader.umPages 中的整数，但不包括它。

第 4 步：保存结果

在这些嵌套的 for 循环完成后，pdfWriter 变量将包含一个 PdfFileWriter 对象，以合并所有 PDF 的页面。最后一步是将这些内容写入硬盘上的一个文档。在程序中添加以下代码：

```
#! python3
# combinePdfs.py - Combines all the PDFs in the current working directory into
# a single PDF.

import PyPDF2, os

--snip--

# Loop through all the PDF files.
for filename in pdfFiles:
--snip--
    # Loop through all the pages (except the first) and add them.
    for pageNum in range(1, pdfReader.numPages):
    --snip--

# Save the resulting PDF to a file.
pdfOutput = open('allminutes.pdf', 'wb')
pdfWriter.write(pdfOutput)
pdfOutput.close()
```

向 open() 传入 'wb'，以写二进制的模式打开 PDF 文档 allminutes.pdf。然后，将得到的 File 对象传给 write() 方法，以创建实际的 PDF 文档。调用 close() 方法，结束程序。

第 5 步：类似程序的想法

利用其他 PDF 文档的页面创建 PDF 文档能让你的程序完成以下任务。
- ❏ 从 PDF 文档中截取特定的页面。
- ❏ 重新调整 PDF 文档中页面的次序。

❑ 创建一个 PDF 文档，只包含那些具有特定文本的页面。文本由 `extractText()` 来确定。

15.3 Word 文档

利用 `python-docx` 模块，Python 可以创建和修改 Word 文档，Word 文档带有.docx 文件扩展名。运行 `pip install --user -U python-docx==0.8.10` 可以安装该模块（附录 A 介绍了安装第三方模块的细节）。

> 注意：在第一次用 pip 安装 python-docx 时，注意要安装 python-docx，而不是 docx。安装名称 docx 是指另一个模块，本书没有介绍。但是，在导入 python-docx 模块时，需要执行 `import docx`，而不是 `import python-docx`。

如果你没有 Word 软件，那么 LibreOffice Writer 和 OpenOffice Writer 都是免费的替代软件，它们可以在 Windows 操作系统、macOS 和 Linux 操作系统上打开.docx 文档。尽管有针对 macOS 的 Word 版本，但本章将使用 Windows 操作系统的 Word 版本。

和纯文本相比，.docx 文档有很多结构。这些结构在 `python-docx` 中用 3 种不同的类型来表示。在最高一层，`Document` 对象表示整个文档。`Document` 对象包含一个 `Paragraph` 对象的列表表示文档中的段落（用户在 Word 文档中输入时，如果按回车键，新的段落就开始了）。每个 `Paragraph` 对象都包含一个 `Run` 对象的列表。图 15-4 所示的单句段落有 4 个 `Run` 对象。

Word 文档中的文本不仅仅是字符串，它还包含与之相关的字体、大小、颜色和其他样式信息。在 Word 文档中，样式是这些属性的集合。一个 `Run` 对象是相同样式文本的延续。当文本样式发生改变时，就需要一个新的 `Run` 对象。

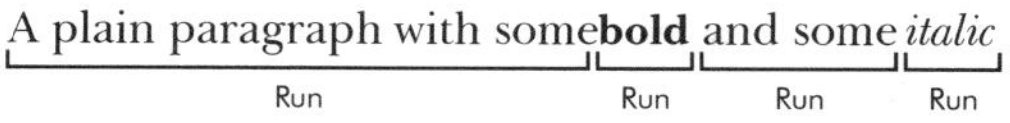

图 15-4　一个 `Paragraph` 对象中识别的 `Run` 对象

15.3.1　读取 Word 文档

让我们尝试使用 `docx` 模块。从异步社区本书对应页面下载 demo.docx，并将它保存在当前工作目录中。然后在交互式环境中输入以下代码：

```
>>> import docx
❶ >>> doc = docx.Document('demo.docx')
❷ >>> len(doc.paragraphs)
   7
❸ >>> doc.paragraphs[0].text
   'Document Title'
❹ >>> doc.paragraphs[1].text
   'A plain paragraph with some bold and some italic'
❺ >>> len(doc.paragraphs[1].runs)
   4
❻ >>> doc.paragraphs[1].runs[0].text
   'A plain paragraph with some '
❼ >>> doc.paragraphs[1].runs[1].text
   'bold'
❽ >>> doc.paragraphs[1].runs[2].text
   ' and some '
```

❾ >>> doc.paragraphs[1].runs[3].text
'italic'

在❶行，我们在 Python 中打开了一个.docx 文档，通过调用 `docx.Document()` 来传入文档名 demo.docx。这将返回一个 `Document` 对象，它有 `paragraphs` 属性，是 `Paragraph` 对象的列表。如果我们对 `doc.paragraphs` 调用 `len()`，将返回 7。这告诉我们，该文档有 7 个 `Paragraph` 对象❷。每个 `Paragraph` 对象都有一个 `text` 属性，该属性包含该段中文本的字符串（没有样式信息）。这里，第一个 `text` 属性包含'DocumentTitle'❸，第二个包含'A plain paragraph with some bold and some italic'❹。

每个 `Paragraph` 对象也有一个 `runs` 属性，它是 `Run` 对象的列表。`Run` 对象也有一个 `text` 属性，包含特定运行中的文本。我们看看第二个 `Paragraph` 对象中的 `text` 属性：'A plain paragraph with some bold and some italic'。对这个 `Paragraph` 对象调用 `len()`，结果告诉我们有 4 个 `Run` 对象❺。第一个对象包含'A plain paragraph with some '❻。然后，文本变为粗体样式，因此'bold'开始了一个新的 `Run` 对象❼。在这之后，文本又回到了非粗体的样式，这导致了第三个 `Run` 对象：' and some '❽。最后，第四个对象包含'italic'，是斜体样式❾。

有了 python-docx，Python 程序就能从.docx 文档中读取文本，像使用其他的字符串值一样使用它。

15.3.2 从.docx 文档中取得完整的文本

如果你只关心 Word 文档中的文本，不关心样式信息，那么可以利用 `getText()` 函数。它接收一个.docx 文档名，并返回其中文本的字符串。打开一个新的文件编辑器窗口，输入以下代码，并将其保存为 readDocx.py：

```python
#! python3

import docx

def getText(filename):
    doc = docx.Document(filename)
    fullText = []
    for para in doc.paragraphs:
        fullText.append(para.text)
    return '\n'.join(fullText)
```

`getText()` 函数打开了 Word 文档，循环遍历 `paragraphs` 列表中的所有 `Paragraph` 对象，然后将它们的文本添加到 `fullText` 列表中。循环结束后，`fullText` 中的字符串连接在一起，中间以换行符分隔。

readDocx.py 程序可以像其他模块一样导入。现在如果你只需要 Word 文档中的文本，就可以输入以下代码：

```
>>> import readDocx
>>> print(readDocx.getText('demo.docx'))
Document Title
A plain paragraph with some bold and some italic
Heading,  level  1
```

```
Intense quote
first item in unordered list
first item in ordered list
```

也可以调整 `getText()`，在返回字符串之前进行修改。例如，要让每一段缩进，就将文件中的 `append()` 调用替换为：

```
fullText.append('    ' + para.text)
```

要在段落之间增加空行，就将 `join()` 调用代码改成：

```
return '\n\n'.join(fullText)
```

可以看到，只需要几行代码就可以写出函数，读取 .docx 文档，并根据需要返回它的内容字符串。

15.3.3 设置 Paragraph 和 Run 对象的样式

在 Windows 操作系统的 Word 中，你可以按 Ctrl-Alt-Shift-S 快捷键显示样式窗口并查看样式，如图 15-5 所示。在 macOS 上，可以选择 View▶Styles 菜单项查看样式窗口。

Word 和其他文字处理软件一样通过利用样式来保持类似类型的文本在视觉展现上一致，这还易于修改。例如，也许你希望将内容段落设置为 11 点、Times New Roman、左对齐、右边不对齐的文本。可以用这些设置创建一种样式，将它赋给所有的文本段落。如果稍后想改变文档中所有内容段落的展现形式，只要改变这种样式，那么所有段落都会自动更新。

对于 Word 文档，有 3 种类型的样式："段落样式"可以应用于 `Paragraph` 对象，"字符样式"可以应用于 `Run` 对象，"链接的样式"可以应用于这两种对象。可以将 `Paragraph` 和 `Run` 对象的 `style` 属性设置为一个字符串，从而设置样式。这个字符串应该是一种样式的名称。如果 `style` 被设置为 `None`，就没有样式与 `Paragraph` 或 `Run` 对象关联。

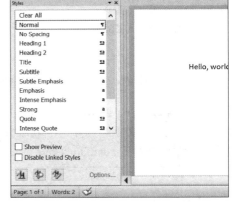

图 15-5　在 Windows 操作系统上按 Ctrl-Alt-Shift-S 快捷键，显示样式窗口

默认 Word 样式的字符串如下：

```
'Normal'            'Heading 5'         'List Bullet'       'List Paragraph'
'Body Text'         'Heading 6'         'List Bullet 2'     'MacroText'
'Body Text 2'       'Heading 7'         'List Bullet 3'     'No Spacing'
'Body Text 3'       'Heading 8'         'List Continue'     'Quote'
'Caption'           'Heading 9'         'List Continue 2'   'Subtitle'
'Heading 1'         'Intense Quote'     'List Continue 3'   'TOC Heading'
'Heading 2'         'List'              'List Number'       'Title'
'Heading 3'         'List 2'            'List Number 2'
'Heading 4'         'List 3'            'List Number 3'
```

如果对 `Run` 对象应用链接的样式，那么需要在样式名称末尾加上 `'Char'`。例如，对

Paragraph 对象设置 Quote 链接的样式，应该使用 `paragraphObj.style = 'Quote'`；但对于 Run 对象，应该使用 `runObj.style = 'QuoteChar'`。

在当前版本的 python-docx (0.8.10) 中，只能使用默认的 Word 样式以及打开的文件中已有的样式，不能创建新的样式，但这一点在将来的 python-docx 版本中可能会改变。

15.3.4 创建带有非默认样式的 Word 文档

如果想要创建的 Word 文档使用默认样式以外的样式，就需要打开一个空白 Word 文档，通过单击样式窗口底部的 New Style 按钮来自己创建样式，图 15-6 所示为 Windows 操作系统的情形。

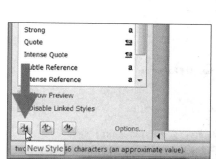

图 15-6　New Style 按钮（左边）和 "Create New Style from Formatting" 对话框（右边）

这将打开 "Create New Style from Formatting" 对话框，在这里可以输入新样式。然后回到交互式环境，用 `docx.Document()` 打开这个空白 Word 文档，将它作为 Word 文档的基础。这种样式的名称现在就可以被 python-docx 使用了。

15.3.5 Run 属性

通过 `text` 属性，Run 可以进一步设置样式。每个属性都可以被设置为 3 个值之一：`True`（该属性总是启用，不论其他样式是否应用于该 Run）、`False`（该属性总是禁用）或 `None`（默认使用该 Run 被设置的任何属性）。

表 15-1 列出了可以在 Run 对象上设置的 `text` 属性。

表 15-1　Run 对象的 `text` 属性

属性	描述
bold	文本以粗体出现
italic	文本以斜体出现
underline	文本带下划线
strike	文本带删除线

续表

属性	描述
double_strike	文本带双删除线
all_caps	文本以大写字母出现
small_caps	文本以大写字母出现，但大小写字母一样
shadow	文本带阴影
outline	文本以轮廓线出现，而不是以实心出现
rtl	文本从右至左书写
imprint	文本以刻入页面的方式出现
emboss	文本以凸出页面的方式出现

例如，为了改变 demo.docx 的样式，在交互式环境中输入以下代码：

```
>>> import docx
>>> doc = docx.Document('demo.docx')
>>> doc.paragraphs[0].text
'Document Title'
>>> doc.paragraphs[0].style # The exact id may be different:
_ParagraphStyle('Title') id: 3095631007984
>>> doc.paragraphs[0].style = 'Normal'
>>> doc.paragraphs[1].text
'A plain paragraph with some bold and some italic'
>>> (doc.paragraphs[1].runs[0].text, doc.paragraphs[1].runs[1].text, doc.
paragraphs[1].runs[2].text, doc.paragraphs[1].runs[3].text)
('A plain paragraph with some ', 'bold', ' and some ', 'italic')
>>> doc.paragraphs[1].runs[0].style = 'QuoteChar'
>>> doc.paragraphs[1].runs[1].underline = True
>>> doc.paragraphs[1].runs[3].underline = True
>>> doc.save('restyled.docx')
```

这里，我们使用了 `text` 和 `style` 属性，以便容易地看到文档的段落中有什么。我们可以看到，很容易将段落划分成 Run，并单独访问每个 Run。所以我们取得了第二段中的第一、第二和第四个 Run，设置每个 Run 的样式，并将结果保存到一个新文档。

文件顶部的单词 Document Title 将具有 Normal 样式，而不是 Title 样式。针对文本 A plain paragraph 的 Run 对象将具有 QuoteChar 样式。针对单词 bold 和 italic 的两个 Run 对象，它们的 `underline` 属性设置为 `True`。图 15-7 所示为文件中段落和 Run 的样式的展现形式。

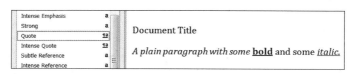

图 15-7　restyled.docx 文档

15.3.6　写入 Word 文档

在交互式环境中输入以下代码：

```
>>> import docx
>>> doc = docx.Document()
>>> doc.add_paragraph('Hello, world!')
<docx.text.Paragraph object at 0x0000000003B56F60>
>>> doc.save('helloworld.docx')
```

要创建自己的 .docx 文档，就调用 docx.Document()，返回一个新的、空白的 Word Document 对象。Document 对象的 add_paragraph() 方法将一段新文本添加到文档中，并返回添加的 Paragraph 对象的引用。在添加完文本之后，向 Document 对象的 save() 方法传入一个文件名字符串，将 Document 对象保存到文档。

这将在当前工作目录中创建一个文档，其名为 helloworld.docx。如果打开它，就像图 15-8 所示的样子。

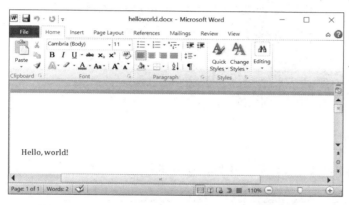

图 15-8　利用 add_paragraph('Hello world!') 创建的 Word 文档

再次调用 add_paragraph() 方法和新的段落文本来添加段落。或者，要在已有段落的末尾添加文本，可以调用 Paragraph 对象的 add_run() 方法，以向它传入一个字符串。在交互式环境中输入以下代码：

```
>>> import docx
>>> doc = docx.Document()
>>> doc.add_paragraph('Hello world!')
<docx.text.Paragraph object at 0x000000000366AD30>
>>> paraObj1 = doc.add_paragraph('This is a second paragraph.')
>>> paraObj2 = doc.add_paragraph('This is a yet another paragraph.')
>>> paraObj1.add_run(' This text is being added to the second paragraph.')
<docx.text.Run object at 0x0000000003A2C860>
>>> doc.save('multipleParagraphs.docx')
```

得到的文本如图 15-9 所示。请注意，文本 This text is being added to the second paragraph. 被添加到 paraObj1 中的 Paragraph 对象中，它是添加到 doc 中的第二段。add_paragraph() 和 add_run() 分别返回 Paragraph 和 Run 对象，这样你就不必多花一步来提取它们。

要记住，对于 python-docx 的 0.8.10 版本，新的 Paragraph 对象只能添加在文档的末尾，新的 Run 对象只能添加在 Paragraph 对象的末尾。

可以再次调用 save() 方法，保存所做的变更。

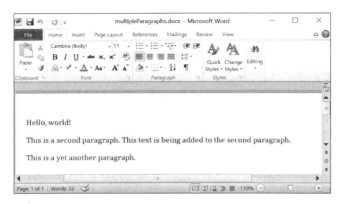

图 15-9　添加了多个 Paragraph 和 Run 对象的文档

`add_paragraph()` 和 `add_run()` 都接收可选的第二个参数，它是表示 Paragraph 或 Run 对象样式的字符串。例如：

```
>>> doc.add_paragraph('Hello, world!', 'Title')
```

这一行添加了一段，文本是 Hello, world!，样式是 Title。

15.3.7　添加标题

调用 `add_heading()` 将添加一个段落，并使用一种标题样式。在交互式环境中输入以下代码：

```
>>> doc = docx.Document()
>>> doc.add_heading('Header 0', 0)
<docx.text.Paragraph object at 0x00000000036CB3C8>
>>> doc.add_heading('Header 1', 1)
<docx.text.Paragraph object at 0x00000000036CB630>
>>> doc.add_heading('Header 2', 2)
<docx.text.Paragraph object at 0x00000000036CB828>
>>> doc.add_heading('Header 3', 3)
<docx.text.Paragraph object at 0x00000000036CB2E8>
>>> doc.add_heading('Header 4', 4)
<docx.text.Paragraph object at 0x00000000036CB3C8>
>>> doc.save('headings.docx')
```

`add_heading()` 的参数是一个标题文本的字符串，以及一个从 0 到 4 的整数。整数 0 表示标题是 Title 样式，这用于文档的顶部。整数 1 到 4 是不同的标题层次，1 是主要的标题，4 是最低层的子标题。`add_heading()` 返回一个 Paragraph 对象，让你不必多花一步从 Document 对象中提取它。

得到的 headings.docx 文档如图 15-10 所示。

图 15-10　带有标题 0 到 4 的 headings.docx 文档

15.3.8　添加换行符和换页符

要添加换行符（而不是开始一个新的段落），可以在 Run 对象上调用 `add_break()` 方法，换行符将出现在它后面。如果希望添加换页符，可以将 `docx.text.WD_BREAK.PAGE` 作为唯一的参数，传递给 `add_break()`，就像下面代码中间所做的一样：

```
>>> doc = docx.Document()
>>> doc.add_paragraph('This is on the first page!')
<docx.text.Paragraph object at 0x0000000003785518>
❶ >>> doc.paragraphs[0].runs[0].add_break(docx.enum.text.WD_BREAK.PAGE)
>>> doc.add_paragraph('This is on the second page!')
<docx.text.Paragraph object at 0x00000000037855F8>
>>> doc.save('twoPage.docx')
```

这创建了一个两页的 Word 文档，第一页上是 This is on the first page!，第二页上是 This is on the second page!。虽然在文本 This is on the first page!之后，第一页还有大量的空间，但是我们在第一段的第一个 Run 之后插入了分页符，强制下一段落出现在新的页面中❶。

15.3.9 添加图像

`Document` 对象有一个 `add_picture()`方法，可以让你在文档末尾添加图像。假定当前工作目录中有一个文件 zophie.png，你可以输入以下代码，在文档末尾添加 zophie.png，宽度为 1 英寸，高度为 4 厘米（Word 可以同时使用英制和公制单位）：

```
>>> doc.add_picture('zophie.png', width=docx.shared.Inches(1),
height=docx.shared.Cm(4))
<docx.shape.InlineShape object at 0x00000000036C7D30>
```

第一个参数是一个字符串，表示图像的文件名。可选的 `width` 和 `height` 关键字参数将设置该图像在文档中的宽度和高度；如果省略，宽度和高度将采用默认值，即该图像的正常尺寸。

你可能愿意用熟悉的单位来指定图像的高度和宽度，如英寸或厘米。所以在指定 `width` 和 `height` 关键字参数时，可以使用 `docx.shared.Inches()`和 `docx.shared.Cm()`函数。

15.4 从 Word 文档中创建 PDF

PyPDF2 模块不允许你直接创建 PDF 文档，但如果你在 Windows 操作系统上安装了 Microsoft Word，那么有一种方法可以用 Python 生成 PDF 文档。你需要运行 `pip install --user --U pywin32==224` 来安装 Pywin32 包。有了这个包和 docx 模块，你可以创建 Word 文档，然后用下面的脚本将其转换为 PDF。

打开一个新的文件编辑器窗口，输入下面的代码，然后保存为 convertWordToPDF.py：

```python
# This script runs on Windows only, and you must have Word installed.
import win32com.client # install with "pip install pywin32==224"
import docx
wordFilename = 'your_word_document.docx'
pdfFilename = 'your_pdf_filename.pdf'

doc = docx.Document()
# Code to create Word document goes here.
doc.save(wordFilename)

wdFormatPDF = 17 # Word's numeric code for PDFs.
wordObj = win32com.client.Dispatch('Word.Application')
docObj = wordObj.Documents.Open(wordFilename)
```

```
docObj.SaveAs(pdfFilename, FileFormat=wdFormatPDF)
docObj.Close()
wordObj.Quit()
```

要编写一个程序来用自己的内容制作 PDF，必须用 `python-docx` 模块创建一个 Word 文档，然后用 Pywin32 包的 `win32com.client` 模块将其转换为 PDF。将 `# Code to create Word document goes here.` 注释替换为 `docx` 函数调用，来为 Word 文档中的内容创建 PDF 文档。

这看起来似乎是一个复杂的制作 PDF 的方法，但事实表明，专业软件的解决方案往往同样复杂。

15.5 小结

文本信息不仅仅是纯文本文件，实际上，很有可能更经常遇到的是 PDF 和 Word 文档。可以利用 `PyPDF2` 模块来读写 PDF 文档。遗憾的是，从 PDF 文档读取文本并非总是能得到完美转换的字符串，因为 PDF 文档的格式很复杂，某些 PDF 可能根本读不出来。在这种情况下，你就不太走运了，除非将来 `PyPDF2` 更新，支持更多的 PDF 功能。

Word 文档更可靠，可以用 `python-docx` 模块来读取。可以通过 `Paragraph` 和 `Run` 对象来操作 Word 文档中的文本。可以设置这些对象的样式，尽管必须使用默认的样式或文档中已有的样式；可以添加新的段落、标题、换行换页符和图像，尽管只能在文档的末尾添加。

在处理 PDF 和 Word 文档时有很多限制，这是因为这些格式的本意是很好地展示给人看，而不是让软件易于解析。下一章将探讨存储信息的另外两种常见格式：JSON 和 CSV 文件。这些格式是设计给计算机使用的。你会看到，Python 处理这些格式要容易得多。

15.6 习题

1. 不能将 PDF 文档名的字符串传递给 `PyPDF2.PdfFileReader()` 函数。应该向该函数传递什么？
2. `PdfFileReader()` 和 `PdfFileWriter()` 需要的 `File` 对象，应该以何种模式打开？
3. 如何从 `PdfFileReader` 对象中取得第 5 页的 `Page` 对象？
4. `PdfFileReader` 的什么属性保存了 PDF 文档的页数？
5. 如果 `PdfFileReader` 对象表示的 PDF 文档是用口令 `swordfish` 加密的，应该先做什么才能从中取得 `Page` 对象？
6. 使用什么方法来旋转页面？
7. 什么方法返回文档 demo.docx 的 `Document` 对象？
8. `Paragraph` 对象和 `Run` 对象之间的区别是什么？
9. `doc` 变量保存了一个 `Document` 对象，如何从中得到 `Paragraph` 对象的列表？
10. 哪种类型的对象具有 `bold`、`underline`、`italic`、`strike` 和 `outline` 属性？
11. `bold` 属性值设置为 `True`、`False` 或 `None`，有什么区别？
12. 如何为一个新 Word 文档创建 `Document` 对象？

13. doc 变量保存了一个 Document 对象,如何添加一个文本是'Hello there!'的段落?
14. 哪些整数表示 Word 文档中可用的标题级别?

15.7 实践项目

作为实践,编程完成下列任务。

15.7.1 PDF 偏执狂

利用第 10 章的 `os.walk()` 函数编写一个脚本,遍历文件夹中的所有 PDF(包含子文件夹),用命令行提供的口令对这些 PDF 加密。用原来的文件名加上 `_encrypted.pdf` 后缀,保存每个加密的 PDF。在删除原来的文件之前,尝试用一个程序读取并解密该文件,确保它被正确地加密。

然后编写一个程序,找到文件夹中所有加密的 PDF 文档(包括它的子文件夹),然后利用提供的口令来创建 PDF 的解密副本。如果口令不对,程序应该输出一条消息,并继续处理下一个 PDF 文档。

15.7.2 定制邀请函,保存为 Word 文档

假设你有一个客人名单的文本文件。这个 guests.txt 文件每行有一个名字,像下面这样:

```
Prof. Plum
Miss Scarlet
Col. Mustard
Al Sweigart
RoboCop
```

写一个程序,生成定制邀请函的 Word 文档,如图 15-11 所示。

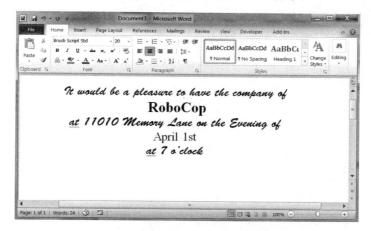

图 15-11　定制的邀请函脚本生成的 Word 文档

因为 `python-docx` 只能使用 Word 文档中已经存在的样式,所以你必须先将这些样式添加到

一个空白 Word 文档中，然后用 `python-docx` 打开该文档。在生成的 Word 文档中，每份邀请函应该占据一页，因此在每份邀请函的最后一段调用 `add_break()` 以添加分页符。这样，你只需要打开一份 Word 文档，就能打印所有的邀请函。

你可以从异步社区本书对应页面下载示例 guests.txt 文件。

15.7.3　蛮力 PDF 口令破解程序

假定有一个加密的 PDF 文档，你忘记了口令，但记得它是一个英语单词。尝试猜测遗忘的口令是很无聊的任务。作为替代，你可以写一个程序，尝试用所有可能的英语单词来解密这个 PDF 文档，直到找到有效的口令。这称为蛮力口令攻击。从异步社区本书对应页面下载文本文件 dictionary.txt。这个字典文件包含 44 000 多个英语单词，每个单词占一行。

利用第 9 章学过的文件读取技巧来读取这个文件，并创建一个单词字符串的列表。然后循环遍历这个列表中的每个单词，将它传递给 `decrypt()` 函数，如果这个函数返回整数 0，口令就是错的，程序应该继续尝试下一个口令。如果 `decrypt()` 函数返回 1，程序就应该终止循环，并输出破解的口令。你应该尝试每个单词的大小写形式（在我的笔记本电脑上，遍历来自字典文件的 88 000 个大小写单词只要几分钟时间。这就是不应该使用简单英语单词作为口令的原因）。

第 16 章　处理CSV文件和JSON数据

在第 15 章中，你学习了如何从 PDF 和 Word 文档中提取文本。这些文档是二进制格式，需要使用特殊的 Python 模块来访问它们的数据。CSV 和 JSON 文件则不同，它们是纯文本文件。可以用文本编辑器查看它们，如 IDLE 的文件编辑器。但 Python 也有专门的 csv 模块和 json 模块，每个模块都提供了一些函数，帮助你处理这些文件格式。

CSV 表示"Comma-Separated Values"（逗号分隔的值），CSV 文件是简化的电子表格，被保存为纯文本文件。Python 的 csv 模块让解析 CSV 文件变得容易。

JSON（发音为"JAY-sawn"或"Jason"，但如何发音并不重要。因为无论如何发音，都会有人说你发音错误）是一种格式，它以 JavaScript 源代码的形式将信息保存在纯文本文件中。（JSON 是 JavaScript Object Notation 的缩写。）你不需要知道 JavaScript 编程语言就可以使用 JSON 文件，但了解 JSON 格式是有用的，因为它用于许多 Web 应用程序中。

视频讲解

16.1　csv 模块

CSV 文件中的每行代表电子表格中的一行，逗号分隔了该行中的单元格。例如，电子表格 example.xlsx（可从异步社区下载）在一个 CSV 文件中看起来像这样：

```
4/5/2015 13:34,Apples,73
4/5/2015 3:41,Cherries,85
4/6/2015 12:46,Pears,14
4/8/2015 8:59,Oranges,52
4/10/2015 2:07,Apples,152
4/10/2015 18:10,Bananas,23
4/10/2015 2:40,Strawberries,98
```

我将使用这个文件作为本章的交互式环境的例子。可以从异步社区本书对应页面下载 example.csv，或在文本编辑器中输入文本并保存为 example.csv。

CSV 文件是简单的，它相对于 Excel 电子表格少了许多功能。例如，在 CSV 文件中：

- 值没有类型，所有东西都是字符串；
- 没有字体大小或颜色的设置；
- 没有多个工作表；

❏ 不能指定单元格的宽度和高度；
❏ 不能合并单元格；
❏ 不能嵌入图像或图表。

CSV 文件的优势是简单。CSV 文件被许多种类的程序广泛地支持，可以在文本编辑器中查看（包括 IDLE 的文件编辑器），它是表示电子表格数据的直接方式。CSV 格式和它声称的完全一致：它就是一个文本文件，具有用逗号分隔的值。

因为 CSV 文件就是文本文件，所以你可能会尝试将它们读入一个字符串，然后用从第 9 章学到的技术来处理这个字符串。例如，因为 CSV 文件中的每个单元格由逗号分隔，所以你可以只是对每行文本调用 `split()`方法来取得这些值。但并非 CSV 文件中的每个逗号都表示两个单元格之间的分界。CSV 文件也有自己的转义字符，允许逗号和其他字符作为值的一部分。`split()`方法不能处理这些转义字符。因为这些潜在的 bug，所以总是应该使用 `csv` 模块来读写 CSV 文件。

16.1.1 reader 对象

要用 `csv` 模块从 CSV 文件中读取数据，需要创建一个 `reader` 对象。`reader` 对象让你迭代遍历 CSV 文件中的每一行。在交互式环境中输入以下代码，同时将 example.csv 放在当前工作目录中：

```
❶ >>> import csv
❷ >>> exampleFile = open('example.csv')
❸ >>> exampleReader = csv.reader(exampleFile)
❹ >>> exampleData = list(exampleReader)
❺ >>> exampleData
[['4/5/2015 13:34', 'Apples', '73'], ['4/5/2015 3:41', 'Cherries', '85'],
['4/6/2015 12:46', 'Pears', '14'], ['4/8/2015 8:59', 'Oranges', '52'],
['4/10/2015 2:07', 'Apples', '152'], ['4/10/2015 18:10', 'Bananas', '23'],
['4/10/2015 2:40', 'Strawberries', '98']]
```

`csv` 模块是 Python 自带的，因此不需要安装就可以导入它❶。

要用 `csv` 模块读取 CSV 文件，首先用 `open()`函数打开它❷，就像打开任何其他文本文件一样。但是，不用在 `open()`返回的 File 对象上调用 `read()`或 `readlines()`方法，而是将它传递给 `csv.reader()`函数❸。这将返回一个 `reader` 对象供你使用。请注意，不能直接将文件名字符串传递给 `csv.reader()`函数。

要访问 `reader` 对象中的值，最直接的方法就是将它转换成一个普通 Python 列表，即将它传递给 `list()`❹。在这个 `reader` 对象上应用 `list()`函数，将返回一个列表的列表。可以将它保存在变量 exampleData 中。在交互式环境中输入 exampleData，将显示列表的列表❺。

既然已经将 CSV 文件表示为列表的列表，就可以用表达式 exampleData[row] [col] 来访问特定行和列的值。其中，row 是 exampleData 中一个列表的索引，col 是该列表中你想访问的项的索引。在交互式环境中输入以下代码：

```
>>> exampleData[0][0]
'4/5/2015 13:34'
>>> exampleData[0][1]
```

```
'Apples'
>>> exampleData[0][2]
'73'
>>> exampleData[1][1]
'Cherries'
>>> exampleData[6][1]
'Strawberries'
```

exampleData[0][0] 进入第一个列表，并给出第一个字符串；exampleData[0][2] 进入第一个列表，并给出第三个字符串；以此类推。

16.1.2 在 for 循环中，从 reader 对象读取数据

对于大型的 CSV 文件，你需要在一个 for 循环中使用 reader 对象。这样可以避免将整个文件一次性装入内存。例如，在交互式环境中输入以下代码：

```
>>> import csv
>>> exampleFile = open('example.csv')
>>> exampleReader = csv.reader(exampleFile)
>>> for row in exampleReader:
        print('Row #' + str(exampleReader.line_num) + ' ' + str(row))

Row #1 ['4/5/2015 13:34', 'Apples', '73']
Row #2 ['4/5/2015 3:41', 'Cherries', '85']
Row #3 ['4/6/2015 12:46', 'Pears', '14']
Row #4 ['4/8/2015 8:59', 'Oranges', '52']
Row #5 ['4/10/2015 2:07', 'Apples', '152']
Row #6 ['4/10/2015 18:10', 'Bananas', '23']
Row #7 ['4/10/2015 2:40', 'Strawberries', '98']
```

在导入 csv 模块，并从 CSV 文件得到 reader 对象之后，就可以循环遍历 reader 对象中的行了。每一行是一个值的列表，每个值表示一个单元格。

print() 函数将输出当前行的编号以及该行的内容。要取得行号，就使用 reader 对象的 line_num 变量，它包含了当前行的编号。

reader 对象只能循环遍历一次。要再次读取 CSV 文件，必须调用 csv.reader 来创建一个对象。

16.1.3 writer 对象

writer 对象让你将数据写入 CSV 文件。要创建一个 writer 对象，就使用 csv.writer() 函数。在交互式环境中输入以下代码：

```
>>> import csv
❶ >>> outputFile = open('output.csv', 'w', newline='')
❷ >>> outputWriter = csv.writer(outputFile)
>>> outputWriter.writerow(['spam', 'eggs', 'bacon', 'ham'])
21
>>> outputWriter.writerow(['Hello, world!', 'eggs', 'bacon', 'ham'])
32
>>> outputWriter.writerow([1, 2, 3.141592, 4])
16
>>> outputFile.close()
```

首先调用 open() 并传入 'w'，以写模式打开一个文件❶。这将创建对象。然后将它传递给

csv.writer()❷来创建一个 writer 对象。

在 Windows 操作系统上，需要为 open() 函数的 newline 关键字参数传入一个空字符串。这样做的技术原理超出了本书的范围，此处不予讨论。如果忘记设置 newline 关键字参数，那么 output.csv 中的行距将有两倍，如图 16-1 所示。

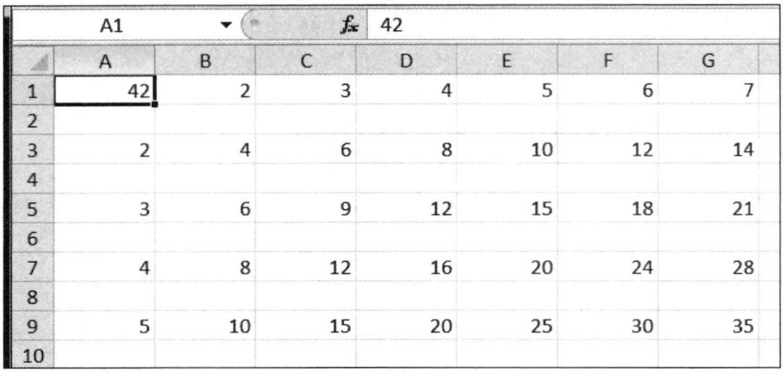

	A	B	C	D	E	F	G
1	42	2	3	4	5	6	7
2							
3	2	4	6	8	10	12	14
4							
5	3	6	9	12	15	18	21
6							
7	4	8	12	16	20	24	28
8							
9	5	10	15	20	25	30	35
10							

图 16-1　如果你在 open() 中忘记设置 newline='' 关键字参数，CSV 文件将有两倍行距

writer 对象的 writerow() 方法接收一个列表参数。列表中的每个词放在输出的 CSV 文件中的一个单元格中。writerow() 函数的返回值是写入文件的这一行的字符数（包括换行符）。

这段代码生成的文件像下面这样：

```
spam,eggs,bacon,ham
"Hello, world!",eggs,bacon,ham
1,2,3.141592,4
```

请注意，在 CSV 文件中，writer 对象使用双引号自动转义了 'Hello, world!' 中的逗号。csv 模块让你不必自己处理这些特殊情况。

16.1.4　delimiter 和 lineterminator 关键字参数

假定你希望用制表符代替逗号来分隔单元格，并希望有两倍行距，可以在交互式环境中输入下面这样的代码：

```
>>> import csv
>>> csvFile = open('example.tsv', 'w',  newline='')
❶ >>> csvWriter = csv.writer(csvFile, delimiter='\t', lineterminator='\n\n')
>>> csvWriter.writerow(['apples', 'oranges', 'grapes'])
24
>>> csvWriter.writerow(['eggs', 'bacon', 'ham'])
17
>>> csvWriter.writerow(['spam', 'spam', 'spam', 'spam', 'spam', 'spam'])
32
>>> csvFile.close()
```

这改变了文件中的分隔符和行终止字符。"分隔符"是一行中单元格之间出现的字符。默认情况下，CSV 文件的分隔符是逗号。"行终止字符"是出现在行末的字符。默认情况下，行终止字符是换行符。你可以利用 csv.writer() 的 delimiter 和 lineterminator 关键字参数，将这些字符改成不同的值。

传入 `delimiter='\t'` 和 `lineterminator='\n\n'` ❶，将单元格之间的字符改为制表符，将行之间的字符改为两个换行符。然后我们调用 `writerow()` 3 次，得到 3 行。

这产生了文件 example.tsv，它包含以下内容：

apples	oranges	grapes			
eggs	bacon	ham			
spam	spam	spam	spam	spam	spam

既然单元格是由制表符分隔的，我们就使用文件扩展名 .tsv 来表示制表符分隔的值。

16.1.5　DictReader 和 DictWriter CSV 对象

对于包含列标题行的 CSV 文件，通常使用 `DictReader` 和 `DictWriter` 对象，而不是使用 `reader` 和 `writer` 对象，因为这样会更方便。

`reader` 和 `writer` 对象通过使用列表对 CSV 文件的行进行读写。`DictReader` 和 `DictWriter` CSV 对象实现相同的功能，但使用的是字典，且它们使用 CSV 文件的第一行作为这些字典的键。

进入异步社区本书对应页面，下载 exampleWithHeader.csv 文件。这个文件和 example.csv 一样，只是第一行是列标题 Timestamp、Fruit 和 Quantity。

要读取该文件，请在交互式环境中输入以下内容：

```
>>> import csv
>>> exampleFile = open('exampleWithHeader.csv')
>>> exampleDictReader = csv.DictReader(exampleFile)
>>> for row in exampleDictReader:
...     print(row['Timestamp'], row['Fruit'], row['Quantity'])
...
4/5/2015   13:34   Apples       73
4/5/2015   3:41    Cherries     85
4/6/2015   12:46   Pears        14
4/8/2015   8:59    Oranges      52
4/10/2015  2:07    Apples       152
4/10/2015  18:10   Bananas      23
4/10/2015  2:40    Strawberries 98
```

在这个循环中，`DictReader` 对象将 row 设置为一个字典对象，该对象的键值来自第一行中的列标题。（从技术上来说，它把 row 设置为一个 `OrderedDict` 对象，你可以用和字典一样的方式使用它，它们之间的区别不在本书的范围之内。）使用 `DictReader` 对象意味着你不需要编写额外的代码来跳过第一行的列标题信息，因为 `DictReader` 对象会帮你做这件事。

如果你试图对 example.csv 使用 `DictReader` 对象，而 example.csv 在第一行中没有列标题信息，那么 `DictReader` 对象将使用 `'4/5/2015 13:34'`、`'Apples'` 和 `'73'` 作为字典键。为了避免这种情况，你可以在 `DictReader()` 函数中加入第二个参数，其中包含了预置的列标题名。

```
>>> import csv
```

```
>>> exampleFile = open('example.csv')
>>> exampleDictReader = csv.DictReader(exampleFile, ['time', 'name', 'amount'])
>>> for row in exampleDictReader:
...     print(row['time'], row['name'], row['amount'])
...
4/5/2015 13:34 Apples 73
4/5/2015 3:41 Cherries 85
4/6/2015 12:46 Pears 14
4/8/2015 8:59 Oranges 52
4/10/2015 2:07 Apples 152
4/10/2015 18:10 Bananas 23
4/10/2015 2:40 Strawberries 98
```

因为 `example.csv` 的第一行中每一列的标题都没有任何文字，所以我们创建了自己的列标题：`'time'`、`'name'`和`'amount'`。

`DictWriter` 对象使用字典来创建 CSV 文件。

```
>>> import csv
>>> outputFile = open('output.csv', 'w', newline='')
>>> outputDictWriter = csv.DictWriter(outputFile, ['Name', 'Pet', 'Phone'])
>>> outputDictWriter.writeheader()
>>> outputDictWriter.writerow({'Name': 'Alice', 'Pet': 'cat', 'Phone': '555- 1234'})
20
>>> outputDictWriter.writerow({'Name': 'Bob', 'Phone': '555-9999'})
15
>>> outputDictWriter.writerow({'Phone': '555-5555', 'Name': 'Carol', 'Pet': 'dog'})
20
>>> outputFile.close()
```

如果你想让文件包含一个标题行，那就调用 `writeheader()` 来写入这一行；否则，跳过调用 `writeheader()` 来省略文件中的标题行。然后，调用 `writerow()` 方法来写入 CSV 文件的每一行，并传入一个字典，该字典使用标题作为键，并包含要写入文件的数据。

这段代码创建的 output.csv 文件看起来是这样的：

```
Name,Pet,Phone
Alice,cat,555-1234
Bob,,555-9999
Carol,dog,555-5555
```

注意，传入 `writerow()` 的字典中的键-值对的顺序并不重要：它们是按照给 `DictWriter()` 的键的顺序写的。例如，在第 4 行，即使你把 `Phone` 的键和值放在 `Name` 和 `Pet` 的键和值之前，在输出结果中，电话号码仍然最后出现。

另外，请注意，任何缺失的键在 CSV 文件中都会是空的，例如，`{'Name': 'Bob','Phone': '555-999999'}`中没有'Pet'。

16.2 项目：从 CSV 文件中删除标题行

假设你有一个繁琐的任务，要删除几百个 CSV 文件的第一行。也许你会将它们送入一个自动化的过程，该过程只需要数据，不需要每列顶部的标题行。可以在 Excel 中打开每个文件，删除第一行，并重新保存该文件，但这需要几小时。让我们写一个程序来做这件事。

该程序需要打开当前工作目录中所有扩展名为.csv 的文件，读取 CSV 文件的内容，并除掉第一行的内容以重新写入同名的文件。这将用新的、无标题行的内容替换 CSV 文件的旧内容。

> **警告**：与往常一样，当你写程序修改文件时，一定要先备份这些文件，以防你的程序没有按期望的方式工作。你不希望意外删除原始文件。

总的来说，该程序需要完成以下任务。
1. 找出当前工作目录中的所有 CSV 文件。
2. 读取每个文件的全部内容。
3. 跳过第一行，将内容写入一个新的 CSV 文件。

在代码层面上，这意味着需要执行以下操作。
1. 循环遍历从 `os.listdir()` 得到的文件列表，跳过非 CSV 文件。
2. 创建一个 CSV `reader` 对象来读取该文件的内容，并利用 `line_num` 属性确定要跳过哪一行。
3. 创建一个 CSV `writer` 对象，将读入的数据写入新文件。

针对这个项目，打开一个新的文件编辑器窗口，并将其保存为 removeCsvHeader.py。

第 1 步：循环遍历每个 CSV 文件

程序需要做的第一件事情，就是循环遍历当前工作目录中所有 CSV 文件名的列表。让 removeCsvHeader.py 看起来像这样：

```python
#! python3
# removeCsvHeader.py - Removes the header from all CSV files in the current
# working directory.

import csv, os

os.makedirs('headerRemoved', exist_ok=True)

# Loop through every file in the current working directory.
for csvFilename in os.listdir('.'):
    if not csvFilename.endswith('.csv'):
      ❶ continue    # skip non-csv files

    print('Removing header from ' + csvFilename + '...')

    # TODO: Read the CSV file in (skipping first row).

    # TODO: Write out the CSV file.
```

`os.makedirs()` 调用将创建 `headerRemoved` 文件夹，所有的无标题行的 CSV 文件将写入该文件夹。针对 `os.listdir('.')` 进行 `for` 循环完成了一部分任务，但这会遍历工作目录中的所有文件，因此需要在循环开始处添加一些代码，跳过扩展名不是 .csv 的文件。如果遇到非 CSV 文件，`continue` 语句❶让循环转向下一个文件名。

为了让程序运行时有一些输出，可以输出一条消息说明程序在处理哪个 CSV 文件。然后，添加一些 TODO 注释，说明程序的其余部分应该做什么。

第 2 步：读入 CSV 文件

该程序不会从原来的 CSV 文件删除第一行。但是，它会创建新的 CSV 文件副本，不包含第一行。因为副本的文件名与原来的文件名一样，所以副本会覆盖原来的文件。

该程序需要有一种方法，用于了解它的循环当前是否在处理第一行。为 removeCsvHeader.py 添加以下代码：

```python
#! python3
# removeCsvHeader.py - Removes the header from all CSV files in the current
# working directory.

--snip--

    # Read the CSV file in (skipping first row).
    csvRows = []
    csvFileObj = open(csvFilename)
    readerObj = csv.reader(csvFileObj)
    for row in readerObj:
        if readerObj.line_num == 1:
            continue    # skip first row
        csvRows.append(row)
    csvFileObj.close()

    # TODO: Write out the CSV file.
```

reader 对象的 line_num 属性可以用来确定当前读入的是 CSV 文件的哪一行。另一个 for 循环会遍历 CSV reader 对象并返回所有行。除了第一行，所有行都被添加到 csvRows 中。

在 for 循环遍历每一行时，代码检查 readerObj.line_num 是否设为 1。如果是这样，它执行 continue 转向下一行，且不将它添加到 csvRows 中。对于之后的每一行，条件永远是 False，这些行将添加到 csvRows 中。

第 3 步：写入 CSV 文件，且没有第一行

现在 csvRows 包含了除第一行的所有行，该列表需要被写入 headerRemoved 文件夹中的一个 CSV 文件。将以下代码添加到 removeCsvHeader.py：

```python
#! python3
# removeCsvHeader.py - Removes the header from all CSV files in the current
# working directory.
--snip--

# Loop through every file in the current working directory.
❶ for csvFilename in os.listdir('.'):
    if not csvFilename.endswith('.csv'):
        continue # skip non-CSV files

    --snip--

    # Write out the CSV file.
    csvFileObj = open(os.path.join('headerRemoved', csvFilename), 'w',
newline='')
    csvWriter = csv.writer(csvFileObj)
    for row in csvRows:
        csvWriter.writerow(row)
    csvFileObj.close()
```

CSV writer 对象利用 csvFilename（这也是我们在 CSV reader 中使用的文件名），将列表写入 headerRemoved 中的一个 CSV 文件。这将覆盖原来的文件。

创建 writer 对象后，我们循环遍历存储在 csvRows 中的子列表，并将每个子列表写入 CSV 文件。

这段代码执行后，外层 for 循环❶将循环到 os.listdir('.') 中的下一个文件名。循环结束时，程序就结束了。

为了测试你的程序，从异步社区对应页面下载 removeCsvHeader.zip，并将它解压缩到一个文件夹。在该文件夹中运行 removeCsvHeader.py 程序。输出将是这样的：

```
Removing header from NAICS_data_1048.csv...
Removing header from NAICS_data_1218.csv...
--snip--
Removing header from NAICS_data_9834.csv...
Removing header from NAICS_data_9986.csv...
```

这个程序应该在每次从 CSV 文件中删除第一行时，输出一个文件名。

第 4 步：类似程序的想法

针对 CSV 文件写的程序类似于针对 Excel 文件写的程序，因为它们都是电子表格文件。你可以编程完成以下任务。

- 在一个 CSV 文件的不同行或多个 CSV 文件之间比较数据。
- 从 CSV 文件复制特定的数据到 Excel 文件，或反过来。
- 检查 CSV 文件中无效的数据或格式错误，并向用户提示这些错误。
- 从 CSV 文件读取数据，将其作为 Python 程序的输入。

16.3　JSON 和 API

JavaScript 对象表示法是一种流行的方式，可将数据格式化为人可读的字符串。JSON 是 JavaScript 程序编写数据结构的原生方式，类似于 Python 的 pprint() 函数产生的结果。不需要了解 JavaScript，你也能处理 JSON 格式的数据。

下面是 JSON 格式数据的一个例子：

```
{"name": "Zophie", "isCat": true,
 "miceCaught": 0, "napsTaken": 37.5,
 "felineIQ":  null}
```

了解 JSON 是很有用的，因为很多网站都提供 JSON 格式的内容作为程序与网站交互的方式。这就是所谓的提供"应用程序编程接口"（Application Programming Interface，API）。访问 API 和通过 URL 访问任何其他网页是一样的。不同的是，API 返回的数据是针对机器格式化的（例如用 JSON），API 不是人容易阅读的。

许多网站用 JSON 格式提供数据。Facebook、Twitter、Yahoo、Google、Tumblr、Wikipedia、Flickr、Data.gov、Reddit、IMDb、Rotten Tomatoes、LinkedIn 和许多其他流行的网站，都提供 API 让程序使用。有些网站需要注册，这几乎是免费的。你必须找到文档，了解程序需要请求什么 URL 才能获得想要的数据，以及返回的 JSON 数据结构的一般格式。这些文档应在提供

API 的网站上获取，如果它们有"Developers"页面，就去那里找找。

利用 API，可以编程完成下列任务。

- 从网站抓取原始数据（访问 API 通常比下载网页并用 Beautiful Soup 解析 HTML 更方便）。
- 自动从一个社交网络账户下载新的帖子，并发布到另一个账户。例如，可以把 Tumblr 的帖子上传到 Facebook。
- 从 IMDb、Rotten Tomatoes 和维基百科提取数据，将其放到计算机的一个文本文件中，以为你个人的电影收藏创建一个"电影百科全书"。

JSON 并不是将数据格式化为人类可读字符串的唯一方式。还有许多其他的格式，包括 XML（eXtensible Markup Language）、TOML（Tom's Obvious, Minimal Language）、YML（Yet another Markup Language）、INI（Initialization），甚至是过时的 ASN.1（Abstract Syntax Notation One）格式，这些格式都提供了一种结构，可将数据重新表示为人可读的文本。本书不会涉及这些格式，因为 JSON 已经迅速成为广泛使用的替代格式，但有一些第三方的 Python 模块可以轻松处理这些格式。

16.4　json 模块

Python 的 `json` 模块处理了 JSON 数据字符串和 Python 值之间转换的所有细节，并得到了 `json.loads()` 和 `json.dumps()` 函数。JSON 不能存储每一种 Python 值，它只能包含以下数据类型的值：字符串、整型、浮点型、布尔型、列表、字典和 `NoneType`。JSON 不能表示 Python 特有的对象，如 `File` 对象、`CSV reader` 或 `writer` 对象、`Regex` 对象或 `selenium WebElement` 对象。

16.4.1　用 loads() 函数读取 JSON

要将包含 JSON 数据的字符串转换为 Python 的值，就要将它传递给 `json.loads()` 函数（这个名字的意思是"load string"，而不是"loads"）。在交互式环境中输入以下代码：

```
>>> stringOfJsonData = '{"name": "Zophie", "isCat": true, "miceCaught": 0,
"felineIQ": null}'
>>> import json
>>> jsonDataAsPythonValue = json.loads(stringOfJsonData)
>>> jsonDataAsPythonValue
{'isCat': True, 'miceCaught': 0, 'name': 'Zophie', 'felineIQ': None}
```

导入 `json` 模块后，就可以调用 `loads()`，并向它传入一个 JSON 数据字符串。请注意，JSON 字符串总是用双引号。它将该数据返回为一个 Python 字典。Python 字典是没有顺序的，因此如果输出 `jsonDataAsPythonValue`，那么键-值对可能以不同的顺序出现。

16.4.2　用 dumps 函数写出 JSON

`json.dumps()` 函数（它表示"dump string"，而不是"dumps"）将一个 Python 值转换成 JSON 格式的数据字符串。在交互式环境中输入以下代码：

```
>>> pythonValue = {'isCat': True, 'miceCaught': 0, 'name': 'Zophie',
'felineIQ':  None}
>>> import json
>>> stringOfJsonData = json.dumps(pythonValue)
>>> stringOfJsonData
'{"isCat": true, "felineIQ": null, "miceCaught": 0, "name": "Zophie" }'
```

该值只能是以下基本 Python 数据类型之一：字典、列表、整型、浮点型、字符串、布尔型或 None。

16.5 项目：取得当前的天气数据

检查天气似乎相当简单：打开 Web 浏览器，在地址栏输入天气网站的 URL（或搜索天气，然后单击链接），等待页面加载，跳过所有的广告，等等。

其实，如果有一个程序能够下载今后几天的天气预报，并以纯文本方式输出，那么就可以跳过很多无聊的步骤。该程序利用第 12 章介绍的 requests 模块来从网站下载数据。

总的来说，该程序需要完成以下任务。
1. 从命令行读取请求的位置。
2. 从 OpenWeather 官网下载 JSON 天气数据。
3. 将 JSON 数据字符串转换成 Python 的数据结构。
4. 输出今天和未来两天的天气。

因此，代码将执行以下操作。
1. 连接 sys.argv 中的字符串以得到位置。
2. 调用 requests.get() 以下载天气数据。
3. 调用 json.loads() 以将 JSON 数据转换为 Python 数据结构。
4. 输出天气预报。

针对这个项目，打开一个新的文件编辑器窗口，并保存为 getOpenWeather.py。然后在浏览器中访问 OpenWeather 官网，注册一个免费账户，并获得一个 API 密钥（也叫应用程序 ID）对于 Open-Weather-Map 服务来说，它是一个字符串代码，形式如 '30144aba38018987d84710d0e319281e'。你不需要为这项服务付费，除非你打算每分钟调用 60 次以上的 API。保管好你的 API 密钥：任何知道它的人都可以写出脚本，并使用你的账户使用配额。

第 1 步：从命令行参数获取位置

该程序的输入来自命令行。让 getOpenWeather.py 看起来像这样：

```
#! python3
# getOpenWeather.py - Prints the weather for a location from the command line.

APPID = 'YOUR_APPID_HERE'

import json, requests, sys

# Compute location from command line arguments.
```

```
if len(sys.argv) < 2:
    print('Usage: getOpenWeather.py city_name, 2-letter_country_code')
    sys.exit()
location = ' '.join(sys.argv[1:])

# TODO: Download the JSON data from OpenWeatherMap.org's API.

# TODO: Load JSON data into a Python variable.
```

在 Python 中，命令行参数存储在 `sys.argv` 列表里。在#!行和 `import` 语句之后，程序会检查是否有多个命令行参数（回想一下，`sys.argv` 中至少有一个元素 `sys.argv[0]`，它包含了 Python 脚本的文件名）。如果该列表中只有一个元素，那么用户没有在命令行中提供位置，且程序向用户提供"Usage"（用法）信息，然后结束。

OpenWeatherMap 服务要求查询的格式为城市名称、逗号和两个字母的国家代码（如美国的 "US"）。你可以在维基百科上找到这些代码的列表。我们的脚本会显示检索到的 JSON 文本中的第一个城市的天气。遗憾的是，名字相同的城市，例如俄勒冈州的波特兰和缅因州的波特兰，都会被包含在内，不过 JSON 文本中会包含经纬度信息以区分不同城市。

命令行参数以空格分隔。命令行参数 San Francisco, CA 将使 `sys.argv` 保存 `['getOpenWeather.py', 'San', 'Francisco,', 'CA']`。因此，调用 `join()` 方法将 `sys.argv` 中除第一个字符串以外的字符串连接起来。将连接的字符串存储在变量 `location` 中。

第 2 步：下载 JSON 数据

OpenWeather 官网提供了 JSON 格式的实时天气信息。首先，你必须在网站上注册一个免费的 API 密钥。（这个密钥是用来限制你在他们的服务器上提出请求的频率，以降低他们的带宽费用。）你的程序只需要下载页面 http://api o**** data/2.5/forecast/daily?q=<Location>&cnt=3&APPID=<API key>，其中<Location>是想知道天气的城市，<API key>是你的个人 API 密钥。将以下代码添加到 getOpenWeather.py 中：

```
#! python3
# getOpenWeather.py - Prints the weather for a location from the command line.

--snip--

# Download the JSON data from OpenWeatherMap.org's API.
url ='https://api.op **** data/2.5/forecast/daily?q=%s&cnt=3&APPID=%s ' % (location,
APPID)
response = requests.get(url)
response.raise_for_status()

# Uncomment to see the raw JSON text:
#print(response.text)

# TODO: Load JSON data into a Python variable.
```

我们从命令行参数中得到了 `location`。为了生成要访问的网址，我们利用`%s` 占位符，将 `location` 保存的字符串插入 URL 字符串的那个位置。结果保存在 `url` 中，然后将 `url` 传入 `requests.get()`。`requests.get()`调用返回一个 Response 对象，它可以通过调用 `raise_for_status()`来检查错误。如果不发生异常，下载的文本将保存在 `response.text` 中。

第 3 步：加载 JSON 数据并输出天气

response.text 成员变量保存了一个 JSON 格式数据的大字符串。要将它转换为 Python 值，就调用 json.loads() 函数。JSON 数据会像这样：

```
{'city': {'coord': {'lat': 37.7771, 'lon': -122.42},
          'country': 'United States of America',
          'id': 5391959,
          'name': 'San Francisco',
          'population': 0},
 'cnt': 3,
 'cod': '200',
 'list': [{'clouds': 0,
           'deg': 233,
           'dt': 1402344000,
           'humidity': 58,
           'pressure': 1012.23,
           'speed': 1.96,
           'temp': {'day': 302.29,
                    'eve': 296.46,
                    'max': 302.29,
                    'min': 289.77,
                    'morn': 294.59,
                    'night': 289.77},
           'weather': [{'description': 'sky is clear',
                        'icon': '01d',
--snip--
```

可以将 weatherData 传入 pprint.pprint() 以查看这个数据。你可能要进入 OpenWeather 官网，找到关于这些字段含义的文档。例如，在线文档会告诉你，'day' 后面的 302.29 是白天的开尔文温度，而不是摄氏或华氏温度。

你想要的天气描述在 'main' 和 'description' 之后。为了输出整齐，在 getOpenWeather.py 中添加以下代码：

```
! python3
# getOpenWeather.py - Prints the weather for a location from the command line.

--snip--

# Load JSON data into a Python variable.
weatherData = json.loads(response.text)

# Print weather descriptions.
❶ w = weatherData['list']
print('Current weather in %s:' % (location))
print(w[0]['weather'][0]['main'], '-', w[0]['weather'][0]['description'])
print()
print('Tomorrow:')
print(w[1]['weather'][0]['main'], '-', w[1]['weather'][0]['description'])
print()
print('Day after tomorrow:')
print(w[2]['weather'][0]['main'], '-', w[2]['weather'][0]['description'])
```

请注意，代码将 weatherData['list'] 保存在变量 w 中，这将节省一些打字时间❶。可以用 w[0]、w[1] 和 w[2] 来取得今天、明天和后天天气的字典。这些字典都有 'weather' 键，其中包含一个列表值。你感兴趣的是第一个表项（一个嵌套的字典，包含几个键），其索引是 0。这里，我们输出保存在 `'main'` 和 `'description'` 键中的值，用连字符隔开。

如果用命令行参数 `getOpenWeather.py San Francisco, CA` 运行这个程序，那么输出结果看起来是这样的：

```
Current weather in San Francisco, CA:
Clear - sky is clear
Tomorrow:
Clouds - few clouds

Day after tomorrow:
Clear - sky is clear
```

（天气是我喜欢住在旧金山的原因之一！）

第 4 步：类似程序的想法

访问气象数据可以成为多种类型程序的基础。你可以创建类似程序，完成以下任务。

- 收集几个露营地点或远足路线的天气预报，看看哪一个天气最好。
- 如果需要将植物移到室内，编写一个程序定期检查天气并发送霜冻警报（第 15 章介绍了定时调度，第 16 章介绍了如何发送电子邮件）。
- 从多个站点获得并显示气象数据，或计算并显示多个天气预报的平均值。

16.6 小结

CSV 和 JSON 是常见的纯文本格式，用于保存数据。它们很容易被程序解析，同时仍然让人可读，因此它们经常被用作简单的电子表格或网络应用程序的数据。`csv` 和 `json` 模块大大简化了读取和写入 CSV 和 JSON 文件的过程。

前面几章教你如何利用 Python 从各种各样的文件格式中解析信息。一个常见的任务是接收多种格式的数据，解析它，并获得需要的特定信息。这些任务往往非常特别，商业软件并不是最有帮助的。通过编写自己的脚本，你可以让计算机处理大量以这些格式呈现的数据。

在第 18 章，你将从数据格式中挣脱，学习如何让程序与你通信、发送电子邮件和文本消息。

16.7 习题

1. 哪些功能 Excel 电子表格有，而 CSV 电子表格没有？
2. 向 `csv.reader()` 和 `csv.writer()` 传入什么来创建 `reader` 和 `writer` 对象？
3. 对于 `reader` 和 `writer` 对象，`File` 对象需要以什么模式打开？
4. 什么方法接收一个列表参数，并将其写入 CSV 文件？
5. `delimiter` 和 `lineterminator` 关键字参数有什么用？
6. 什么函数接收一个 JSON 数据的字符串，并返回一个 Python 数据结构？
7. 什么函数接收一个 Python 数据结构，并返回一个 JSON 数据的字符串？

16.8 实践项目

作为实践，编程完成下列任务。

Excel 到 CSV 的转换程序

Excel 可以将电子表格保存为 CSV 文件，实现只需要点几下鼠标。但如果有几百个 Excel 文件要转换为 CSV，就需要单击几小时。利用第 12 章的 `openpyxl` 模块，编程读取当前工作目录中的所有 Excel 文件，并输出为 CSV 文件。

一个 Excel 文件可能包含多个工作表，必须为每个表创建一个 CSV 文件。CSV 文件的文件名应该是<Excel 文件名>_<表标题>.csv，其中<Excel 文件名>是没有扩展名的 Excel 文件名（例如`'spam_data'`，而不是`'spam_data.xlsx'`），<表标题>是 `Worksheet` 对象的 `title` 变量中的字符串。

该程序将包含许多嵌套的 `for` 循环。程序的框架看起来像这样：

```
for excelFile in os.listdir('.'):
    # Skip non-xlsx files, load the workbook object.
    for sheetName in wb.get_sheet_names():
        # Loop through every sheet in the workbook.
        sheet = wb.get_sheet_by_name(sheetName)

        # Create the CSV filename from the Excel filename and sheet title.
        # Create the csv.writer object for this CSV file.

        # Loop through every row in the sheet.
        for rowNum in range(1, sheet.max_row + 1):
            rowData = []  # append each cell to this list
            # Loop through each cell in the row.
            for colNum in range(1, sheet.max_column + 1):
                # Append each cell's data to rowData.

            # Write the rowData list to the CSV file.

        csvFile.close()
```

从异步社区本书对应页面下载 ZIP 文件 excelSpreadsheets.zip，并将这些电子表格解压缩到程序所在的目录中。可以使用这些文件来测试程序。

第 17 章　保持时间、计划任务和启动程序

坐在计算机前看着程序运行是不错的，但在你没有直接监督时运行程序也是可以的。计算机的时钟可以调度程序在特定的时间和日期运行或定期运行。例如，程序可以每小时抓取一个网站，检查变更，或在凌晨 4 点你睡觉时，执行 CPU 密集型任务。Python 的 `time` 和 `datetime` 模块提供了这些函数。

利用 `subprocess` 和 `threading` 模块，你也可以编程以按时启动其他程序。通常，编程最快的方法是利用其他人已经写好的应用程序。

17.1　time 模块

计算机的系统时钟设置为特定的日期、时间和时区。内置的 `time` 模块让 Python 程序能读取系统时钟的当前时间。在 `time` 模块中，`time.time()` 和 `time.sleep()` 函数是最有用的函数。

视频讲解

17.1.1　time.time()函数

"UNIX 纪元"是编程中经常参考的时间：1970 年 1 月 1 日 0 点，即协调世界时（UTC）。`time.time()` 函数返回自那一刻以来的秒数，它是一个浮点值（回想一下，浮点值只是一个带小数点的数）。这个数字称为 UNIX "纪元时间戳"。例如，在交互式环境中输入以下代码：

```
>>> import time
>>> time.time()
1543813875.3518236
```

这里，我在 2018 年 12 月 2 日，太平洋标准时间 9:11 pm，调用 `time.time()`。返回值是 UNIX 纪元的那一刻与 `time.time()` 被调用的那一刻之间的秒数。

纪元时间戳可以用于"剖析"代码，也就是测量一段代码的运行时间。如果在代码块开始时调用 `time.time()`，并在结束时再次调用，就可以用第二个时间戳减去第一个，得到这两次调用之间的时间。例如，打开一个新的文件编辑器窗口，然后输入以下程序：

```
  import time
❶ def calcProd():
      # Calculate the product of the first 100,000 numbers.
      product = 1
      for i in range(1, 100000):
```

```
            product = product * i
        return product
❷ startTime = time.time()
  prod = calcProd()
❸ endTime = time.time()
❹ print('The result is %s digits long.' % (len(str(prod))))
❺ print('Took %s seconds to calculate.' % (endTime - startTime))
```

在❶行，我们定义了函数 calcProd()，循环遍历 1 至 99 999 的整数，并返回它们的乘积。在❷行，我们调用 time.time()，将结果保存在 startTime 中。调用 calcProd() 后，我们再次调用 time.time()，将结果保存在 endTime 中❸。最后我们输出 calcProd() 返回的乘积的长度❹，以及运行 calcProd() 的时间❺。

将该程序保存为 calcProd.py，并运行它。输出结果看起来像这样：

```
The result is 456569 digits long.
Took 2.844162940979004 seconds to calculate.
```

注意：另一种剖析代码的方法是利用 cProfile.run() 函数。与简单的 time.time() 技术相比，它提供了更详细的信息。

time.time() 函数的返回值是有用的，但不是人类可读的。time.ctime() 函数返回一个关于当前时间的字符串描述。你也可以选择传入由 time.time() 函数返回的自 UNIX 纪元以来的秒数，以得到一个时间的字符串值。在交互式环境中输入以下代码：

```
>>> import time
>>> time.ctime()
'Mon Jun 15 14:00:38 2020'
>>> thisMoment = time.time()
>>> time.ctime(thisMoment)
'Mon Jun 15 14:00:45 2020'
```

17.1.2 time.sleep() 函数

如果需要让程序暂停一下，就调用 time.sleep() 函数，并传入希望程序暂停的秒数。在交互式环境中输入以下代码：

```
>>> import time
>>> for i in range(3):
❶       print('Tick')
❷       time.sleep(1)
❸       print('Tock')
❹       time.sleep(1)
Tick
Tock
Tick
Tock
Tick
Tock
❺ >>> time.sleep(5)
```

for 循环将输出 Tick❶，暂停 1 秒❷，输出 Tock❸，暂停 1 秒❹，再输出 Tick，暂停 1 秒，如此继续，直到 Tick 和 Tock 分别被输出 3 次。

time.sleep()函数将"阻塞"（也就是说，它不会返回或让程序执行其他代码），直到传递给 time.sleep()的秒数流逝。例如，如果输入 time.sleep(5)❺，那你会在 5 秒后才看到下一个提示符（>>>）。

17.2 数字四舍五入

在处理时间时，你经常会遇到小数点后有许多数字的浮点值。为了让这些值更易于处理，可以用 Python 内置的 round()函数将它们缩短，该函数按照指定的精度四舍五入一个浮点数。只要传入要处理的数字，再加上可选的第二个参数，指明需要传入小数点后多少位即可。如果省略第二个参数，round()会将数字四舍五入到最接近的整数。在交互式环境中输入以下代码：

```
>>> import time
>>> now = time.time()
>>> now
1543814036.6147408
>>> round(now, 2)
1543814036.61
>>> round(now, 4)
1543814036.6147
>>> round(now)
1543814037
```

导入 time，并将 time.time()保存在 now 中之后，我们调用 round(now, 2)，来将 now 舍入到小数点后两位数字；round(now, 4)舍入到小数点后 4 位数字；round(now)舍入到最接近的整数。

17.3 项目：超级秒表

假设要记录在没有自动化的繁琐任务上花了多少时间。你没有物理秒表，要为便携式计算机或智能手机找到一个免费、没有广告且不会将你的浏览历史发送给市场营销人员的秒表应用又出乎意料地困难（在你同意的许可协议中，它说它可以这样做。你确实阅读了许可协议，不是吗？）。你可以自己用 Python 写一个简单的秒表程序。

总的来说，程序需要完成以下任务。
1. 记录从按回车键开始每次按键的时间，每次按键都是一个新的"单圈"。
2. 输出圈数、总时间和单圈时间。

这意味着代码需要执行以下操作。
1. 在程序开始时，调用 time.time()得到当前时间，并将它保存为一个时间戳。在每个单圈开始时都一样。
2. 记录圈数，每次用户按回车键时加 1。
3. 用时间戳相减，计算流逝的时间。
4. 处理 KeyboardInterrupt 异常，这样用户可以按 Ctrl-C 快捷键退出。

打开一个新的文件编辑器窗口，并保存为 stopwatch.py。

第1步：设置程序来记录时间

秒表程序需要用到当前时间，因此要导入 `time` 模块。程序在调用 `input()` 之前，也应该向用户输出一些简短的说明，这样计时器可以在用户按回车键后开始。然后，代码将开始记录单圈时间。

在文件编辑器中输入以下代码，为其余的代码编写 TODO 注释作为占位符：

```
#! python3
# stopwatch.py - A simple stopwatch program.

import time

# Display the program's instructions.
print('Press ENTER to begin. Afterward, press ENTER to "click" the stopwatch. Press Ctrl-C to quit.')
input()                    # press Enter to begin
print('Started.')
startTime = time.time()    # get the first lap's start time
lastTime = startTime
lapNum = 1

# TODO: Start tracking the lap times.
```

既然我们已经编码显示了用户说明，那就开始第一圈，记下时间，并将圈数设为 1。

第2步：记录并输出单圈时间

现在，让我们开始为每一个新的单圈编码，计算前一圈花了多少时间，并计算自启动秒表后经过的总时间。我们将显示单圈时间和总时间，并为每个新的单圈增加圈计数。将下面的代码添加到程序中：

```
#! python3
# stopwatch.py - A simple stopwatch program.

import time

--snip--
# Start tracking the lap times.
❶ try:
  ❷ while True:
      input()
    ❸ lapTime = round(time.time() - lastTime, 2)
    ❹ totalTime = round(time.time() - startTime, 2)
    ❺ print('Lap #%s: %s (%s)' % (lapNum, totalTime, lapTime), end='')
      lapNum += 1
      lastTime = time.time() # reset the last lap time
❻ except KeyboardInterrupt:
    # Handle the Ctrl-C exception to keep its error message from displaying.
    print('\nDone.')
```

如果用户按 Ctrl-C 快捷键停止秒表，程序将抛出 `KeyboardInterrupt` 异常。如果程序的

执行不是一个 `try` 语句,程序就会崩溃。为了防止崩溃,我们将这部分程序包装在一个 `try` 语句中❶。我们将在 `except` 子句中处理异常❻,所以当 Ctrl-C 快捷键按下并引发异常时,程序执行转向 `except` 子句,并输出 Done,而不是 `KeyboardInterrupt` 错误信息。在此之前,执行处于一个无限循环中❷,调用 `input()` 并等待,直到用户按回车键结束一圈。当一圈结束时,我们用当前时间 `time.time()` 减去该圈开始的时间 `lastTime`,计算该圈花了多少时间❸。我们用当前时间减去秒表最开始启动的时间 `startTime`,计算总共流逝的时间❹。

由于这些时间计算的结果在小数点后有许多位(如 4.766272783279419),因此我们在❸和❹行用 `round()` 函数,将浮点值四舍五入到小数点后两位。

在❺行,我们输出圈数、消耗的总时间和单圈时间。由于用户为 `input()` 调用按回车键时,会在屏幕上输出一个换行,因此我们向 `print()` 函数传入 `end=''`,避免输出重复空行。输出单圈信息后,我们将计数器 `lapNum` 加 1,将 `lastTime` 设置为当前时间(这就是下一圈的开始时间),从而为下一圈做好准备。

第 3 步:类似程序的想法

时间记录为程序提供了几种可能性。虽然可以下载应用程序来做其中一些事情,但自己编程的好处是它们是免费的,而且不会充斥着广告和无用的功能。可以编写类似的程序来完成以下任务。

- 创建一个简单的工时表应用程序,当输入一个人的名字时,用当前的时间记录下他们进入或离开的时间。
- 为你的程序添加一个功能,显示自一项处理开始以来的时间,如利用 `requests` 模块进行的下载。
- 间歇性地检查程序已经运行了多久,并为用户提供一个机会取消耗时太长的任务。

17.4 datetime 模块

`time` 模块用于取得 UNIX 纪元时间戳,并加以处理。但是,如果以更方便的格式显示日期或对日期进行算术运算(例如,搞清楚 205 天前是什么日期或 123 天后是什么日期),就应该使用 `datetime` 模块。

`datetime` 模块有自己的 `datetime` 数据类型。`datetime` 值表示一个特定的时刻。在交互式环境中输入以下代码:

```
>>> import datetime
❶ >>> datetime.datetime.now()
❷ datetime.datetime(2019, 2, 27, 11, 10, 49, 55, 53)
❸ >>> dt = datetime.datetime(2019, 10, 21, 16, 29, 0)
❹ >>> dt.year, dt.month, dt.day
(2019, 10, 21)
❺ >>> dt.hour, dt.minute, dt.second
(16, 29, 0)
```

根据你的计算机的时钟,调用 `datetime.datetime.now()`❶会返回一个 `datetime` 对象

❷,以表示当前的日期和时间。这个对象包含当前时刻的年、月、日、时、分、秒和微秒。也可以利用 datetime.datetime() 函数❸,并向它传入代表年、月、日、时、分、秒的整数,以得到特定时刻的 datetime 对象。这些整数将保存在 datetime 对象的 year、month、day❹、hour、minute 和 second❺属性中。

UNIX 纪元时间戳可以通过 datetime.datetime.fromtimestamp() 转换为 datetime 对象。datetime 对象的日期和时间将根据本地时区转换。在交互式环境中输入以下代码:

```
>>> import datetime, time
>>> datetime.datetime.fromtimestamp(1000000)
datetime.datetime(1970, 1, 12, 5, 46, 40)
>>> datetime.datetime.fromtimestamp(time.time())
datetime.datetime(2019, 10, 21, 16, 30, 0, 604980)
```

调用 datetime.datetime.fromtimestamp() 并传入 1000000,返回一个 datetime 对象,表示 UNIX 纪元后 1 000 000 秒的时刻。传入 time.time(),即当前时刻的 UNIX 纪元时间戳,则返回当前时刻的 datetime 对象。因此,表达式 datetime.datetime.now() 和 datetime.datetime.fromtimestamp(time.time()) 做的事情相同,它们都返回当前时刻的 datetime 对象。

datetime 对象可以用比较操作符进行比较,弄清楚谁在前面。后面的 datetime 对象是"更大"的值。在交互式环境中输入以下代码:

```
❶ >>> halloween2019 = datetime.datetime(2019, 10, 31, 0, 0, 0)
❷ >>> newyears2020 = datetime.datetime(2020, 1, 1, 0, 0, 0)
  >>> oct31_2019 = datetime.datetime(2019, 10, 31, 0, 0, 0)
❸ >>> halloween2019 == oct31_2019
  True
❹ >>> halloween2019 > newyears2020
  False
❺ >>> newyears2020 > halloween2019
  True
  >>> newyears2020 != oct31_2019
  True
```

为 2019 年 10 月 31 日的第一个时刻(午夜)创建一个 datetime 对象,将它保存在 halloween2019 中❶。为 2020 年 1 月 1 日的第一个时刻创建一个 datetime 对象,将它保存在 newyears2020 中❷。然后,为 2019 年 10 月 31 日的午夜创建另一个对象,将它保存在 oct31_2019 中。比较 halloween2019 和 oct31_2019,它们是相等的❸。比较 newyears2020 和 halloween2019,newyears2020 大于(晚于)halloween2019❹❺。

17.4.1　timedelta 数据类型

datetime 模块还提供了 timedelta 数据类型,它表示一个"时段",而不是一个"时刻"。在交互式环境中输入以下代码:

```
❶ >>> delta = datetime.timedelta(days=11, hours=10, minutes=9, seconds=8)
❷ >>> delta.days, delta.seconds, delta.microseconds
  (11, 36548, 0)
  >>> delta.total_seconds()
```

```
986948.0
>>> str(delta)
'11 days, 10:09:08'
```

要创建 `timedelta` 对象,就用 `datetime.timedelta()` 函数。`datetime.timedelta()` 函数接收关键字参数 `weeks`、`days`、`hours`、`minutes`、`seconds`、`milliseconds` 和 `microseconds`。没有 `month` 和 `year` 关键字参数,这是因为"月"和"年"是可变的时间,依赖于特定月份或年份。`timedelta` 对象拥有的总时间以天、秒、微秒来表示。这些数字分别保存在 `days`、`seconds` 和 `microseconds` 属性中。`total_seconds()` 方法返回只以秒表示的时间。将一个 `timedelta` 对象传入 `str()`,将返回格式良好的、人类可读的字符串表示形式。

在这个例子中,我们将关键字参数传入 `datetime.timedelta()`,指定 11 天、10 小时、9 分和 8 秒的时间,将返回的 `timedelta` 对象保存在 `delta` 中❶。该 `timedelta` 对象的 `days` 属性为 11,`seconds` 属性为 36 548(10 小时、9 分钟、8 秒,以秒表示)❷。调用 `total_seconds()` 可得到 11 天、10 小时、9 分和 8 秒是 986 948 秒。最后,将这个 `timedelta` 对象传入 `str()`,返回一个字符串,明确解释了这段时间。

算术运算符可以用于对 `datetime` 值进行"日期运算"。例如,要计算今天之后 1000 天的日期,可在交互式环境中输入以下代码:

```
>>> dt = datetime.datetime.now()
>>> dt
datetime.datetime(2018, 12, 2, 18, 38, 50, 636181)
>>> thousandDays = datetime.timedelta(days=1000)
>>> dt + thousandDays
datetime.datetime(2021, 8, 28, 18, 38, 50, 636181)
```

首先,生成表示当前时刻的 `datetime` 对象,将其保存在 `dt` 中。然后生成一个 `timedelta` 对象,它表示 1000 天,保存在 `thousandDays` 中。将 `dt` 与 `thousandDays` 相加,得到一个 `datetime` 对象,表示现在之后的 1000 天。Python 将完成日期运算,弄清楚 2018 年 12 月 2 日之后的 1000 天将是 2021 年 8 月 28 日。这很有用,因为如果要从一个给定的日期计算 1000 天之后,需要记住每个月有多少天、闰年的因素和其他棘手的细节。`datetime` 模块将为你处理所有这些问题。

利用+和-运算符,`timedelta` 对象可以与 `datetime` 对象或其他 `timedelta` 对象相加或相减。利用*和/运算符,`timedelta` 对象可以乘以或除以整数或浮点数。在交互式环境中输入以下代码:

```
❶ >>> oct21st = datetime.datetime(2019, 10, 21, 16, 29, 0)
❷ >>> aboutThirtyYears = datetime.timedelta(days=365 * 30)
  >>> oct21st
  datetime.datetime(2019, 10, 21, 16, 29)
  >>> oct21st - aboutThirtyYears
  datetime.datetime(1989, 10, 28, 16, 29)
  >>> oct21st - (2 * aboutThirtyYears)
  datetime.datetime(1959, 11, 5, 16, 29)
```

这里,我们生成了一个 DateTime 对象,表示 2019 年 10 月 21 日❶;生成了一个 `timedelta` 对象,表示大约 30 年的时间(我们假设每年为 365 天)❷。从 oct21st 中减去 aboutThirtyYears,我们就得到一个 `datetime` 对象,它表示 2019 年 10 月 21 日前 30 年的一天。从 oct21st 中减去 2 * aboutThirtyYears，得到一个 datetime 对象，它表示 2019 年 10 月 21 日之前 60 年的一天。

17.4.2　暂停直至特定日期

time.sleep() 方法可以暂停程序若干秒。利用一个 while 循环，可以让程序暂停一段特定的时间。例如，下面的代码会继续循环，直到 2016 年万圣节：

```
import datetime
import time
halloween2016 = datetime.datetime(2016, 10, 31, 0, 0, 0)
while datetime.datetime.now() < halloween2016:
    time.sleep(1)
```

time.sleep(1) 调用将暂停你的 Python 程序，这样计算机就不会浪费 CPU 处理周期来一遍又一遍地检查时间。相反，while 循环只是每秒检查一次，在 2016 年万圣节（或你编程让它停止的时间）后继续执行后面的程序。

17.4.3　将 datetime 对象转换为字符串

UNIX 纪元时间戳和 datetime 对象对人类来说都不是很方便阅读。利用 strftime() 方法可以将 datetime 对象显示为字符串。（strftime() 方法名中的 f 表示格式，即 format。）

strftime() 方法使用的指令类似于 Python 的字符串格式化。表 17-1 所示为完整的 strftime() 指令。

表 17-1　完整的 strftime() 指令

strftime 指令	含义
%Y	带世纪的年份，例如 '2014'
%y	不带世纪的年份，'00' 至 '99'（1970 至 2069）
%m	数字表示的月份，'01' 至 '12'
%B	完整的月份，例如 'November'
%b	简写的月份，例如 'Nov'
%d	一月中的第几天，'01' 至 '31'
%j	一年中的第几天，'001' 至 '366'
%w	一周中的第几天，'0'（周日）至 '6'（周六）
%A	完整的周几，例如 'Monday'
%a	简写的周几，例如 'Mon'
%H	小时（24 小时时钟），'00' 至 '23'
%I	小时（12 小时时钟），'01' 至 '12'
%M	分，'00' 至 '59'
%S	秒，'00' 至 '59'
%p	'AM' 或 'PM'
%%	就是 '%' 字符

向 `strftime()` 传入一个定制的格式字符串，其中包含格式化指定（以及任何需要的斜线、冒号等）。`strftime()` 将返回一个格式化的字符串，以表示 `datetime` 对象的信息。在交互式环境中输入以下代码：

```
>>> oct21st = datetime.datetime(2019, 10, 21, 16, 29, 0)
>>> oct21st.strftime('%Y/%m/%d %H:%M:%S')
'2019/10/21 16:29:00'
>>> oct21st.strftime('%I:%M %p')
'04:29 PM'
>>> oct21st.strftime("%B of '%y")
"October of '19"
```

这里，我们有一个 `datetime` 对象，它表示 2019 年 10 月 21 日下午 4 点 29 分，保存在 `oct21st` 中。向 `strftime()` 传入定制的格式字符串 `'%Y/%m/%d %H:%M:%S`，并返回一个字符串，它包含以斜杠分隔的 2019、10 和 21，以及以冒号分隔的 16、29 和 00。传入 `'%I:%M% p'` 则返回 `'04:29 PM'`，传入 `"%B of '%y"` 则返回 `"October of '19"`。请注意，`strftime()` 不是以 `datetime.datetime` 开始的。

17.4.4 将字符串转换成 datetime 对象

如果有一个字符串的日期信息，如 `'2019/10/21 16:29:00'` 或 `'October 21, 2019'`，需要将它转换为 `datetime` 对象，就用 `datetime.datetime.strftime()` 函数。`strptime()` 函数与 `strftime()` 函数相反。自定义的格式字符串使用的指令与 `strftime()` 的相同。必须将该格式字符串传入 `strptime()`，这样它就知道如何解析和理解日期字符串（`strptime()` 函数名中 p 表示解析，即 parse）了。

在交互式环境中输入以下代码：

```
❶ >>> datetime.datetime.strptime('October 21, 2019', '%B %d, %Y')
datetime.datetime(2019, 10, 21, 0, 0)
>>> datetime.datetime.strptime('2019/10/21 16:29:00', '%Y/%m/%d %H:%M:%S')
datetime.datetime(2019, 10, 21, 16, 29)
>>> datetime.datetime.strptime("October of '19", "%B of '%y")
datetime.datetime(2019, 10, 1, 0, 0)
>>> datetime.datetime.strptime("November of '63", "%B of '%y")
datetime.datetime(2063, 11, 1, 0, 0)
```

要从字符串 `'October 21, 2019'` 取得一个 `datetime` 对象，需要将该字符串作为第一个参数传递给 `strptime()`，并将对应于 `'October 21, 2019'` 的定制格式字符串作为第二个参数❶。带有日期信息的字符串必须准确匹配定制的格式字符串，否则 Python 将抛出 `ValueError` 异常。

17.5 回顾 Python 的时间函数

在 Python 中，日期和时间可能涉及好几种不同的数据类型和函数。下面回顾一下表示时间的 3 种不同类型的值。

- UNIX 纪元时间戳（`time` 模块中使用）是一个浮点值或整型值，表示自 1970 年 1 月 1 日午夜 0 点以来的秒数。

- ❑ `datetime` 对象（属于 `datetime` 模块）包含一些整型值，保存在 `year`、`month`、`day`、`hour`、`minute` 和 `second` 等属性中。
- ❑ `timedelta` 对象（属于 `datetime` 模块）表示的是一段时间，而不是一个特定的时刻。

下面回顾一下时间函数及其参数和返回值。

- ❑ `time.time()` 函数返回一个浮点值，表示当前时刻的 UNIX 纪元时间戳。
- ❑ `time.sleep(seconds)` 函数让程序暂停 `seconds` 参数指定的秒数。
- ❑ `datetime.datetime(year, month, day, hour, minute, second)` 函数返回参数指定的时刻的 `datetime` 对象。如果没有提供 `hour`、`minute` 或 `second` 参数，那么它们默认为 0。
- ❑ `datetime.datetime.now()` 函数返回当前时刻的 `datetime` 对象。
- ❑ `datetime.datetime.fromtimestamp(epoch)` 函数返回 `epoch` 时间戳参数表示的时刻的 `datetime` 对象。
- ❑ `datetime.timedelta(weeks, days, hours, minutes, seconds, milliseconds, microseconds)` 函数返回一个表示一段时间的 `timedelta` 对象。该函数的关键字参数都是可选的，不包括 `month` 或 `year`。
- ❑ `total_seconds()` 方法用于 `timedelta` 对象，返回 `timedelta` 对象表示的秒数。
- ❑ `strftime(format)` 方法返回一个时间字符串，由 `datetime` 对象表示，该时间字符串采用基于 `format` 字符串的自定义格式。详细格式参见表 17-1。
- ❑ `datetime.datetime.strptime(time_string, format)` 函数返回一个 `datetime` 对象，它的时刻由 `time_string` 指定，并利用 `format` 字符串参数来解析。详细格式参见表 17-1。

17.6 多线程

为了引入多线程的概念，让我们来看一个例子。假设你想安排一些代码在特定时间运行，那么可以在程序启动时添加如下代码：

```
import time, datetime

startTime = datetime.datetime(2029, 10, 31, 0, 0, 0)
while datetime.datetime.now() < startTime:
    time.sleep(1)

print('Program now starting on Halloween 2029')
--snip--
```

这段代码指定 2029 年 10 月 31 日作为开始时间，从当前时刻开始不断调用 `time.sleep(1)`，直到开始时间 `startTime`。在等待 `time.sleep()` 的循环调用完成时，程序不能做任何事情，它只是待在那里，直到 2029 年万圣节。这是因为 Python 程序在默认情况下只有一个执行线程。

要理解什么是执行线程，就要回忆第 2 章关于控制流的讨论，当时你想象程序的执行就像把手指放在一行代码上，然后移动到下一行或是控制流语句让它去的任何地方。"单线程"程序只有一个"手指"。但"多线程"程序有多个"手指"。每个"手指"仍然移动到控制流语句定义的下一行代码,但这些"手指"可以在程序的不同地方同时执行不同的代码行。(到目前为止,本书所有的程序都是单线程的。)

不必让所有的代码等待 `time.sleep()` 函数完成后再执行,你可以使用 Python 的 `threading` 模块以在单独的线程中执行延迟或安排的代码。这个单独的线程将因为 `time.sleep()` 调用而暂停。同时,程序可以在原来的线程中做其他工作。

要得到单独的线程,首先要调用 `threading.Thread()` 函数来生成一个 `Thread` 对象。在新的文件中输入以下代码,并保存为 threadDemo.py:

```
import threading, time
print('Start of program.')

❶ def takeANap():
      time.sleep(5)
      print('Wake up!')

❷ threadObj = threading.Thread(target=takeANap)
❸ threadObj.start()

print('End of program.')
```

在❶行,我们定义了一个希望用于新线程的函数。为了创建一个 `Thread` 对象,我们调用 `threading.Thread()`,并传入关键字参数 `target=takeANap`❷。这意味着我们要在新线程中调用的函数是 `takeANap()`。请注意,关键字参数是 `target=takeANap`,而不是 `target=takeANap()`。这是因为你想将 `takeANap()` 函数本身作为参数,而不是调用 `takeANap()` 并传入它的返回值。

我们将 `threading.Thread()` 创建的 `Thread` 对象保存在 `threadObj` 中,然后调用 `threadObj.start()`❸来创建新的线程,并开始在新线程中执行目标函数。如果运行该程序,输出结果将像这样:

```
Start of program.
End of program.
Wake up!
```

这可能有点令人困惑。如果 `print('End of program.')` 是程序的最后一行,你可能会认为它是最后输出的内容。`Wake up!` 在它后面,是因为当 `threadObj.start()` 被调用时,`threadObj` 的目标函数在一个新的执行线程中运行。将它看成出现在 `takeANap()` 函数开始处第二根"手指"。主线程继续执行 `print('End of program.')`。同时,新线程已执行了 `time.sleep(5)` 调用,暂停 5 秒。之后它从 5 秒"小睡"中醒来,输出了 `'Wake up!'`,然后从 `takeANap()` 函数返回。按时间顺序,`'Wake up!'` 是程序最后输出的内容。

通常,程序在文件的最后一行代码执行后终止(或调用 `sys.exit()`)。但 threadDemo.py 有两个线程。第一个是最初的线程,从程序开始处开始,在执行 `print('End of program.')` 后结束。第二个线程是调用 `threadObj.start()` 时创建的,始于 `takeANap()` 函数的开始处,在 `takeANap()` 返回后结束。

在程序的所有线程终止之前,Python 程序不会终止。在运行 threadDemo.py 时,即使最初的线程已经终止，第二个线程仍然执行 `time.sleep(5)` 调用。

17.6.1 向线程的目标函数传递参数

如果想让在新线程中运行的目标函数有参数，那么可以将目标函数的参数传入 `threading.Thread()`。例如，假设想在自己的线程中运行以下 `print()` 调用：

```
>>> print('Cats', 'Dogs', 'Frogs', sep=' & ')
Cats & Dogs & Frogs
```

该 `print()` 调用有 3 个常规参数：`'Cats'`、`'Dogs'` 和 `'Frogs'`。还有一个关键字参数：`sep=' & '`。常规参数可以作为一个列表，传递给 `threading.Thread()` 中的 `args` 关键字参数。关键字参数可以作为一个字典，传递给 `threading.Thread()` 中的 `kwargs` 关键字参数。

在交互式环境中输入以下代码：

```
>>> import threading
>>> threadObj = threading.Thread(target=print, args=['Cats', 'Dogs', 'Frogs'],
kwargs={'sep': ' & '})
>>> threadObj.start()
Cats & Dogs & Frogs
```

为了确保参数 `'Cats'`、`'Dogs'` 和 `'Frogs'` 传递给新线程中的 `print()`，我们将 `args=['Cats', 'Dogs', 'Frogs']` 传入 `threading.Thread()`。为了确保关键字参数 `sep=' & '` 传递给新线程中的 `print()`，我们将 `kwargs={'sep': ' & '}` 传入 `threading.Thread()`。

`threadObj.start()` 调用将创建一个新线程来调用 `print()` 函数，它会传入 `'Cats'`、`'Dogs'` 和 `'Frogs'` 作为参数，并传入 `' & '` 作为 `sep` 关键字参数。

下面所列的创建新线程调用 `print()` 的方法是不正确的：

```
threadObj = threading.Thread(target=print('Cats', 'Dogs', 'Frogs', sep=' & '))
```

这行代码最终会调用 `print()` 函数，并将它的返回值（`print()` 的返回值总是 `None`）作为 `target` 关键字参数。它没有传递 `print()` 函数本身。如果要向新线程中的函数传递参数，就要使用 `threading.Thread()` 函数的 `args` 和 `kwargs` 关键字参数。

17.6.2 并发问题

可以轻松地创建多个新线程，让它们同时运行。但多线程也可能会导致所谓的并发问题。如果这些线程同时读写变量，就会导致互相干扰，从而会发生并发问题。并发问题可能很难一致地重现，因此难以调试。

多线程编程本身就是一个广泛的主题，超出了本书的范围。必须记住的是：为了避免并发问题，绝不能让多个线程读取或写入相同的变量。当创建一个新的 `Thread` 对象时，要确保其目标函数只使用该函数中的局部变量。这将避免程序中难以调试的并发问题。

注意：在 No Starch 出版社官网本书对应页面，有关于多线程编程的初学者教程。

17.7 项目：多线程 XKCD 下载程序

在第 12 章，你编写了一个程序以从 XKCD 网站下载所有的 XKCD 漫画。这是一个单线程程序：它一次下载一幅漫画。程序运行的大部分时间用于建立网络连接来开始下载，以及将下载的图像写入硬盘。如果你有宽带因特网连接，那么单线程程序并没有充分利用可用的带宽。

多线程程序可以让一些线程下载漫画，同时让另一些线程建立连接或将漫画图像文件写入硬盘。它更有效地使用 Internet 连接，更迅速地下载这些漫画。打开一个新的文件编辑器窗口，并保存为 multidownloadXkcd.py。你将修改这个程序，并添加多线程。经过全面修改的源代码可从异步社区本书对应页面下载。

第 1 步：修改程序以使用函数

该程序的大部分是来自第 12 章的代码，所以我会跳过 Requests 和 BeautifulSoup 代码的解释。需要完成的主要变更是导入 `threading` 模块，并定义 `downloadXkcd()` 函数，该函数接收开始和结束的漫画编号作为参数。

例如，调用 `downloadXkcd(140,280)` 将循环执行下载代码，依次下载漫画。你创建的每个线程都会调用 `downloadXkcd()`，并传入不同范围的漫画进行下载。

将下面的代码添加到 threadedDownloadXkcd.py 程序中：

```
#! python3
# threadedDownloadXkcd.py - Downloads XKCD comics using multiple threads.

import requests, os, bs4, threading
❶ os.makedirs('xkcd', exist_ok=True)        # store comics in ./xkcd

❷ def downloadXkcd(startComic, endComic):
    ❸ for urlNumber in range(startComic, endComic):
        # Download the page.
        print('Downloading page http://       /%s...' % (urlNumber))
        ❹ res = requests.get('http://       /%s' % (urlNumber))
        res.raise_for_status()

        ❺ soup = bs4.BeautifulSoup(res.text, 'html.parser')

        # Find the URL of the comic image.
        ❻ comicElem = soup.select('#comic img')
        if comicElem == []:
            print('Could not find comic image.')
        else:
            ❼ comicUrl = comicElem[0].get('src')
            # Download the image.
            print('Downloading image %s...' % (comicUrl))
            ❽ res = requests.get('https:'+comicUrl)
            res.raise_for_status()

            # Save the image to ./xkcd.
            imageFile = open(os.path.join('xkcd', os.path.basename(comicUrl)), 'wb')
            for chunk in res.iter_content(100000):
                imageFile.write(chunk)
            imageFile.close()
```

```
# TODO: Create and start the Thread objects.
# TODO: Wait for all threads to end.
```

导入需要的模块后，❶行创建了一个目录来保存漫画，然后开始定义 downloadXkcd()❷。循环遍历指定范围中的所有编号❸，并下载每个页面❹。用 Beautiful Soup 查看每一页的 HTML❺以找到漫画图像❻。如果页面上没有当前漫画图像，就输出一条消息；否则，取得图片的 URL❼，并下载图像❽。最后，将图像保存到我们创建的目录中。

第 2 步：创建并启动线程

既然已经定义了 downloadXkcd()，我们将创建多个线程，每个线程调用 downloadXkcd()，以从 XKCD 网站下载不同类型的漫画。将下面的代码添加到 multidownloadXkcd.py 中，放在 downloadXkcd()函数定义之后：

```python
#! python3
# threadedDownloadXkcd.py - Downloads XKCD comics using multiple threads.

--snip--

# Create and start the Thread objects.
downloadThreads = []                # a list of all the Thread objects
for i in range(0, 140, 10):         # loops 14 times, creates 14 threads
    start = i
    end = i + 9
    if start == 0:
        start = 1 # There is no comic 0, so set it to 1.
    downloadThread = threading.Thread(target=downloadXkcd, args=(start, end))
    downloadThreads.append(downloadThread)
    downloadThread.start()
```

首先，我们创建了一个空列表 downloadThreads，该列表帮助我们追踪创建的多个 Thread 对象。然后开始 for 循环。在每次循环中，我们利用 threading.Thread()创建一个 Thread 对象，将它追加到列表中，并调用 start()，以开始在新线程中运行 downloadXkcd()。因为 for 循环将变量 i 设置为从 0 到 140，步长为 10，所以 i 在第一次迭代时为 0，第二次迭代时为 10，第三次迭代时为 20，以此类推。因为我们将 args=(start, end)传递给 threading.Thread()，所以在第一次迭代时，传递给 downloadXkcd()的两个参数将是 1 和 9，第二次迭代是 10 和 19，第三次迭代是 20 和 29，以此类推。

随着调用 Thread 对象的 start()方法，新的线程开始运行 downloadXkcd()中的代码，主线程将继续 for 循环的下一次迭代，并创造下一个线程。

第 3 步：等待所有线程结束

主线程继续正常执行，同时我们创建的其他线程来下载漫画。但是假定主线程中有一些代码，你希望所有下载线程完成后再执行。调用 Thread 对象的 join()方法将阻塞，直到该线程完成。利用一个 for 循环，来遍历 downloadThreads 列表中的所有 Thread 对象，主线程可以调用其他每个线程的 join()方法。将以下代码添加到程序的末尾：

```
#! python3
# threadedDownloadXkcd.py - Downloads XKCD comics using multiple threads.
--snip--

# Wait for all threads to end.
for downloadThread in downloadThreads:
    downloadThread.join()
print('Done.')
```

所有的 `join()` 调用返回后，`'Done.'` 字符串才会输出，如果一个 `Thread` 对象已经完成，那么调用它的 `join()` 方法时，该方法就会立即返回。如果想用只在下载完所有漫画后才能运行的代码来扩展这个程序，那么可以用新的代码替换 `print('Done.')`。

17.8 从 Python 启动其他程序

利用内置的 `subprocess` 模块中的 `Popen()` 函数，Python 程序可以启动计算机中的其他程序（`Popen()` 函数名中的 P 表示 process，即进程）。如果你打开了一个应用程序的多个实例，那么每个实例都是同一个程序的不同进程。例如，如果你同时打开了 Web 浏览器的多个窗口，那么每个窗口都是 Web 浏览器程序的不同进程。图 17-1 所示是同时打开多个计算器进程的例子。

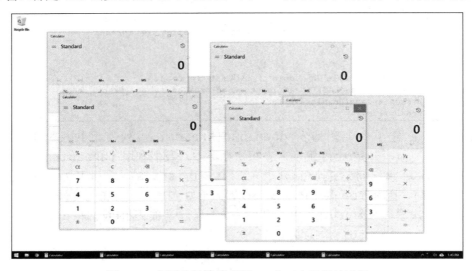

图 17-1 相同的计算器程序，6 个正在运行的进程

每个进程可以有多个线程。不像线程，进程无法直接读写另一个进程的变量。如果你认为多线程程序是多个手指在追踪源代码，那么同一个程序打开多个进程就像有一个朋友拿着程序源代码的独立副本。你们都独立地执行相同的程序。

如果想在 Python 脚本中启动一个外部程序，就将该程序的文件名传递给 `subprocess.Popen()`（在 Windows 操作系统中，右键单击该应用程序的开始菜单，然后选择"属性"，查看应用程序的文件名。在 macOS 上，按住 Ctrl 键单击该应用程序并选择 Show Package Contents，找到可执行文件的路径）。`Popen()` 函数随后将立即返回。请记住，启动的程序和你的 Python 程序不在同一线程中运行。

在 Windows 操作系统上，在交互式环境中输入以下代码：

```
>>> import subprocess
>>> subprocess.Popen('C:\\Windows\\System32\\calc.exe')
<subprocess.Popen object at 0x0000000003055A58>
```

在 Ubuntu Linux 操作系统上，可以输入以下代码：

```
>>> import subprocess
>>> subprocess.Popen('/snap/bin/gnome-calculator')
<subprocess.Popen object at 0x7f2bcf93b20>
```

在 macOS 上，过程稍有不同。参见 17.8.5 小节"用默认的应用程序打开文件"。

返回值是一个 Popen 对象，它有两个有用的方法：poll() 和 wait()。

可以认为 poll() 方法是反复问你的司机"我们还没到吗？"，直到你们到达为止。如果这个进程在 poll() 调用时仍在运行，那么 poll() 方法就返回 None。如果该程序已经终止，那么它会返回该进程的整数"退出代码"。退出代码用于说明进程是无错终止（退出代码为 0），还是一个错误导致终止（退出代码非 0，通常为 1，但可能根据程序而不同）。

wait() 方法就像是等着你的司机到达你们的目的地。wait() 方法将阻塞，直到启动的进程终止。如果你希望你的程序暂停直到用户完成其他程序，这非常有用。wait() 的返回值是进程的整数"退出代码"。

在 Windows 操作系统上，在交互环境中输入以下代码。请注意，wait() 的调用将阻塞，直到退出启动的 MS Paint 程序：

```
   >>> import subprocess
❶  >>> paintProc = subprocess.Popen('c:\\Windows\\System32\\mspaint.exe')
❷  >>> paintProc.poll() == None
   True
❸  >>> paintProc.wait()  # Doesn't return until MS Paint closes.
   0
   >>> paintProc.poll()
   0
```

这里，我们打开了 MS Paint 进程❶。在它仍在运行时，我们检查 poll() 是否返回 None❷。它应该返回 None，因为该进程仍在运行。然后，我们关闭 MS Paint 程序，并对已终止的进程调用 wait()❸。wait() 和 poll() 现在返回 0，说明该进程终止且无错。

注意：与 mspaint.exe 不同的是，如果你在 Windows 10 操作系统上使用 subprocess.Popen() 运行 calc.exe，你会发现即使计算器应用程序仍在运行，wait() 也会立即返回。这是因为 calc.exe 会启动计算器程序，然后立即关闭自己。Windows 操作系统的计算器程序是一个"受信任的微软商店程序"，它的细节不在本书的范围之内。你只要知道，程序可以以许多特定于应用程序和操作系统的方式运行。

17.8.1 向 Popen() 传递命令行参数

用 Popen() 创建进程时，程序可以向进程传递命令行参数。要做到这一点，需要向 Popen()

传递一个列表作为唯一的参数。该列表中的第一个字符串是要启动的程序的可执行文件名，所有后续的字符串将是在该程序启动时，传递给该程序的命令行参数。实际上，这个列表将作为被启动程序的 `sys.argv` 的值。

大多数具有图形用户界面（GUI）的应用程序，不像基于命令行的程序那样尽可能地使用命令行参数。但大多数 GUI 应用程序将接收一个参数，表示应用程序启动时立即打开的文件。例如，如果你使用的是 Windows 操作系统，那么创建一个简单的文本文件 C:\Users\Al\hello.txt，然后在交互式环境中输入以下代码：

```
>>> subprocess.Popen(['C:\\Windows\\notepad.exe', 'C:\\Users\\Al\\hello.txt'])
<subprocess.Popen object at 0x00000000032DCEB8>
```

这不仅会启动记事本应用程序，也会让它立即打开 C:\Users\Al\hello.txt。

17.8.2 Task Scheduler、launchd 和 cron

如果你精通计算机，那么可能知道 Windows 操作系统上的 Task Scheduler，macOS 上的 launchd 或 Linux 操作系统上的 cron 调度程序。这些工具文档齐全，而且可靠，它们都允许你安排应用程序在特定的时间启动。如果想更多地了解它们，可以在 No Starch 出版社官网本书对应页面找到教程的链接。

利用操作系统内置的调度程序，你不必自己写时钟检查代码来安排你的程序。但是，如果只需要程序稍作停顿，那就用 `time.sleep()` 函数。或者不使用操作系统的调度程序，代码可以循环直到特定的日期和时间，每次循环时调用 `time.sleep(1)`。

17.8.3 用 Python 打开网站

`webbrowser.open()` 函数可以从程序启动 Web 浏览器，并打开指定的网站，而不是用 `subprocess.Popen()` 打开浏览器应用程序。详细内容参见第 12 章的"项目：利用 webbrowser 模块的 mapIt.py"一节。

17.8.4 运行其他 Python 脚本

可以在 Python 中启动另一个 Python 脚本，就像任何其他的应用程序一样。只需向 `Popen()` 传入 python.exe 可执行文件，并将想运行的.py 脚本的文件名作为它的参数即可启动脚本。例如，下面代码将运行第 1 章的 hello.py 脚本：

```
>>> subprocess.Popen(['C:\\Users\\<YOUR USERNAME>\\AppData\\Local\\Programs\\ Python\\
Python38\\python.exe', 'hello.py'])
<subprocess.Popen object at 0x000000000331CF28>
```

向 `Popen()` 传入一个列表，其中包含 Python 可执行文件的路径字符串，以及脚本文件名的字符串。如果要启动的脚本需要命令行参数，那就将它们添加到列表中，并放在脚本文件名后面。在 Windows 操作系统上，Python 可执行文件的路径是 C:\Users\<YOUR USERNAME>\AppData\Local\Programs\Python\Python38\python.exe。在 macOS 上，路径是/Library/Frameworks/

Python. framework/Versions/3.8/bin/python3。在 Linux 操作系统上，路径是/usr/bin/python3.8。

不同于将 Python 程序导入为一个模块，如果 Python 程序启动了另一个 Python 程序，那么两者将在独立的进程中运行，不能分享彼此的变量。

17.8.5 用默认的应用程序打开文件

双击计算机上的.txt 文件，会自动启动与.txt 文件扩展名关联的应用程序。计算机上已经设置了一些这样的文件扩展名关联。利用 `Popen()`，Python 也可以用这种方式打开文件。

每个操作系统都有一个程序，其行为等价于双击文档文件来打开它。在 Windows 操作系统上，这是 `start` 程序。在 macOS 上，这是 `open` 程序。在 Ubuntu Linux 操作系统上，这是 `see` 程序。在交互式环境中输入以下代码，根据操作系统，向 `Popen()` 传入`'start'`、`'open'`或`'see'`：

```
>>> fileObj = open('hello.txt', 'w')
>>> fileObj.write('Hello, world!')
12
>>> fileObj.close()
>>> import subprocess
>>> subprocess.Popen(['start', 'hello.txt'], shell=True)
```

这里，我们将 `Hello, world!`写入一个新的 hello.txt 文件。然后调用 `Popen()`，以传入一个列表，其中包含程序名称（在这个例子中，是 Windows 操作系统上的`'start'`）以及文件名。我们也传入了 `shell=True` 关键字参数，这只在 Windows 操作系统上需要。操作系统知道所有的文件关联，能弄清楚应该启动哪个程序，例如 Notepad.exe，用来处理 hello.txt 文件。

在 macOS 上，`open` 程序用于打开文档文件和程序。如果你使用 macOS，在交互式环境中输入以下代码：

```
>>> subprocess.Popen(['open', '/Applications/Calculator.app/'])
<subprocess.Popen object at 0x10202ff98>
```

计算器应用程序应该会打开。

17.9 项目：简单的倒计时程序

就像很难找到一个简单的秒表应用程序一样，也很难找到一个简单的倒计时程序。让我们来写一个倒计时程序，在倒计时结束时报警。

总的来说，程序要做到以下几点。

1. 从 60 倒数。
2. 倒数至 0 时播放声音文件（alarm.wav）。

这意味着代码需要做到以下几点。

1. 在显示倒计时的每个数字之后，调用 `time.sleep()`暂停 1 秒。
2. 调用 `subprocess.Popen()`，用默认的应用程序播放声音文件。

打开一个新的文件编辑器窗口，并保存为 countdown.py。

第 1 步：倒计时

这个程序需要使用 time 模块的 time.sleep()函数、subprocess 模块的 subprocess.Popen()函数。输入以下代码并保存为 countdown.py：

```python
#! python3
# countdown.py - A simple countdown script.

import time, subprocess

❶ timeLeft = 60
   while timeLeft > 0:
❷     print(timeLeft, end='')
❸     time.sleep(1)
❹     timeLeft = timeLeft - 1

# TODO: At the end of the countdown, play a sound file.
```

导入 time 和 subprocess 后，创建变量 timeLeft，也保存倒计时剩下的秒数❶。它从 60 开始，或者可以根据需要更改这里的值，甚至通过命令行参数设置它。

在 while 循环中，显示剩余次数❷，暂停 1 秒❸，再减少 timeLeft 变量的值❹，然后循环再次开始。只要 timeLeft 大于 0，循环就继续。在这之后，倒计时就结束了。

第 2 步：播放声音文件

虽然有第三方模块用于播放各种声音文件，但快速而简单的方法是启动用户使用的任何播放声音文件的应用程序。操作系统通过.wav 文件扩展名，会弄清楚应该启动哪个应用程序来播放该文件。这个.wav 文件很容易转换成其他声音文件格式，如.mp3 或.ogg。

可以使用计算机上的任何声音文件在倒计时结束时播放，也可以从异步社区本书对应页面下载 alarm.wav。

在程序中添加以下代码：

```python
#! python3
# countdown.py - A simple countdown script.

import time, subprocess

--snip--

# At the end of the countdown, play a sound file.
subprocess.Popen(['start', 'alarm.wav'], shell=True)
```

while 循环结束后，alarm.wav（或你选择的声音文件）将播放，通知用户倒计时结束。在 Windows 操作系统上，要确保传入 Popen()的列表中包含'start'，并传入关键字参数 shell=True。在 macOS 上，传入'open'，而不是'start'，并去掉 shell=True。

除了播放声音文件，你还可以在一个文本文件中保存一条消息，例如 Break time is over！。然后在倒计时结束时用 Popen()打开它。这实际上创建了一个带消息的弹出窗口。或者你可以在倒计时结束时，用 webbrowser.open()函数打开特定网站。不像在网上找到的一些免费倒计时应用程序，你自己的倒计时程序的警报可以是任何你希望的方式。

第 3 步：类似程序的想法

倒计时是简单的延时，然后继续执行程序。这也可以用于其他应用程序和功能，如以下程序。

- 利用 `time.sleep()` 给用户一个机会按 **Ctrl-C** 快捷键来取消操作，例如删除文件。你的程序可以输出 "Press Ctrl-C to cancel"，然后用 `try` 和 `except` 语句处理所有 `KeyboardInterrupt` 异常。
- 对于长期的倒计时，可以用 `timedelta` 对象来测量直到未来某个时间点（生日或周年纪念等）的天、时、分和秒数。

17.10 小结

对于许多编程语言（包括 Python），UNIX 纪元（1970 年 1 月 1 日午夜 0 点）是一个标准的参考时间。虽然 `time.time()` 函数模块返回一个 UNIX 纪元时间戳（也就是自 UNIX 纪元以来的秒数的浮点值），但 `datetime` 模块更适合执行日期计算、格式化和解析日期信息的字符串。

`time.sleep()` 函数将阻塞（即不返回）若干秒。它可以用于在程序中暂停。但如果想安排程序在特定时间启动，No Starch 出版社官网本书对应页面上的指南可以告诉你如何使用操作系统已经提供的调度程序。

`threading` 模块用于创建多个线程，如果需要下载多个文件或同时执行其他任务，这非常有用。但是要确保线程只读写局部变量，否则可能会遇到并发问题。

最后，Python 程序可以用 `subprocess.Popen()` 函数启动其他应用程序。命令行参数可以传递给 `Popen()` 调用，用该应用程序打开特定的文档。另外，也可以用 `Popen()` 启动 `start`、`open` 或 `see` 程序，利用计算机的文件关联，自动弄清楚用来打开文件的应用程序。通过利用计算机上的其他应用程序，Python 程序可以利用它们的能力，满足你的自动化需求。

17.11 习题

1. 什么是 UNIX 纪元？
2. 什么函数返回自 UNIX 纪元以来的秒数？
3. 如何让程序刚好暂停 5 秒？
4. `round()` 函数返回什么？
5. `datetime` 对象和 `timedelta` 对象之间的区别是什么？
6. 利用 `datetime` 模块，弄清楚 2019 年 1 月 7 日是星期几。
7. 假设你有一个函数名为 `spam()`，如何在一个独立的线程中调用该函数并运行其中的代码？

8. 为了避免多线程的并发问题，应该怎样做？

17.12 实践项目

作为实践，编程完成下列任务。

17.12.1 美化的秒表

扩展本章的秒表项目，让它利用`rjust()`和`ljust()`字符串方法来"美化"输出。（这些方法在第 6 章中介绍过。）输出结果不是像这样：

```
Lap #1: 3.56 (3.56)
Lap #2: 8.63 (5.07)
Lap #3: 17.68 (9.05)
Lap #4: 19.11 (1.43)
```

而是像这样：

```
Lap # 1:    3.56  ( 3.56)
Lap # 2:    8.63  ( 5.07)
Lap # 3:   17.68  ( 9.05)
Lap # 4:   19.11  ( 1.43)
```

请注意，对于`lapNum`、`lapTime`和`totalTime`等整型和浮点型变量，你需要字符串版本，以便对它们调用字符串方法。

接下来，利用第 6 章中介绍的`pyperclip`模块，将文本输出复制到剪贴板，以便用户可以将输出快速粘贴到一个文本文件或电子邮件中。

17.12.2 计划的 Web 漫画下载

编写一个程序来检查几个 Web 漫画的网站，如果自该程序上次访问以来漫画有更新，就自动下载。操作系统的调度程序（Windows 操作系统上的 Tasks Scheduler，macOS 上的 launchd，以及 Linux 操作系统上的 cron）可以每天运行你的 Python 程序一次。Python 程序本身可以下载漫画，然后将它复制到桌面上，这样很容易找到。你就不必自己查看网站是否有更新了（在 No Starch 出版社官网本书对应页面上有一份 Web 漫画的列表）。

第 18 章 发送电子邮件和短信

检查和回答电子邮件会占用人们大量的时间。当然，你不能实现只编写一个程序来处理所有的电子邮件，因为每个消息都需要有回复。但是，一旦知道怎么编写收发电子邮件的程序，就可以自动化大量与电子邮件相关的任务。

例如，也许你有一个电子表格，其中包含许多客户记录，你希望根据他们的年龄和位置信息，向每个客户发送不同格式的邮件。商业软件可能无法做到这一点。好在，你可以编写自己的程序来发送这些电子邮件，节省大量复制和粘贴电子邮件的时间。

你可以编写程序发送电子邮件和短信，也能远程收到通知。如果要自动化的任务需要执行几小时，你一定不希望每过几分钟就回到计算机旁边检查程序的状态。设计好程序可以在任务完成时向手机发送短信，让你在离开计算机时，能专注于做更重要的事情。

本章主要介绍 ezgmail 模块。它既是一个从 Gmail 账户发送和读取邮件的简单方法，也是一个使用标准 SMTP 和 IMAP 电子邮件协议的 Python 模块。

> **警告：**我强烈建议你为所有发送或接收邮件的脚本设置一个单独的电子邮件账户。这将防止程序中的 bug 影响你的个人电子邮件账户（例如，删除电子邮件或不小心向你的联系人发送垃圾邮件）。最好的办法是先试运行，把实际发送或删除邮件的代码注释掉，然后用一个临时的 print() 调用代替。这样你就可以在真正运行之前测试程序。

18.1 使用 Gmail API 发送和接收电子邮件

由于额外的安全和反垃圾邮件措施，因此通过 ezgmail 模块控制 Gmail 账户比本章后面讨论的 smtplib 和 imapclient 更容易。ezgmail 是我写的一个模块，它基于官方 Gmail API，并提供了一些功能，使人们可以轻松地从 Python 中使用 Gmail。你可以在 GitHub 找到关于 ezgmail 的完整细节。ezgmail 不是由 Google 制作的，也不附属于 Google。

要安装 ezgmail，在 Windows 操作系统上运行 pip install--user--upgrade ezgmail（或在 macOS 和 Linux 操作系统上使用 pip3）。--upgrade 选项将确保你安装最新版本的软件包，与 Gmail API 这样一个不断变化的在线服务交互，这是非常有必要的。

18.1.1 启用 Gmail API

在编写代码之前，你必须先注册一个 Gmail 电子邮件账户。然后，进入 Gmail→API→Guides→Python→Python QuickStart，单击该页面上的 Enable the Gmail API 按钮，并填写弹出的表格。

填写完表格后，页面上会显示证书.json 文件的链接，你需要下载并将它放在与.py 文件相同的文件夹中。credentials.json 文件中包含了客户端 ID 和客户端密码信息，这些信息应该和你的 Gmail 口令一样，不要与其他人分享。

然后，在交互式环境中，输入以下代码：

```
>>> import ezgmail, os
>>> os.chdir(r'C:\path\to\credentials_json_file')
>>> ezgmail.init()
```

确保将当前的工作目录设置为 credentials.json 所在的文件夹，并且连接到因特网。ezgmail.init()函数将打开你的浏览器，并进入一个 Google 登录页面。

输入你的 Gmail 地址和口令，页面可能会弹出警告"This app isn't verified"（此应用未验证），但这没有问题。单击 Advanced 按钮，然后转到 Go to Quickstart (unsafe)。（如果你为别人编写 Python 脚本，并且不希望这个警告让他们看见，你需要了解 Google 的 App 验证过程，这不在本书的范围之内。）当下一个页面提示你"QuickStart wants to access your Google Account"（QuickStart 想要访问你的 Google 账户）时，单击 Allow 按钮，然后关闭浏览器。

这会生成一个 token.json 文件，它让你的 Python 脚本访问你输入的 Gmail 账户。浏览器只有在找不到已有的 token.json 文件时才会打开登录页面。有了 credentials.json 和 token.json，你的 Python 脚本就可以从你的 Gmail 账户发送和读取电子邮件，而不需要你在源代码中包含 Gmail 口令。

18.1.2 从 Gmail 账户发送邮件

一旦你有了 token.json 文件，`ezgmail` 模块应该可以通过一个函数调用来发送邮件：

```
>>> import ezgmail
>>> ezgmail.send('recipient@example.com', 'Subject line', 'Body of the email')
```

如果想将文件附加到你的电子邮件中，可以为 `send()` 函数提供一个额外的列表参数：

```
>>> ezgmail.send('recipient@example.com', 'Subject line', 'Body of the email',
['attachment1.jpg',    'attachment2.mp3'])
```

请注意，作为安全和反垃圾邮件功能的一部分，Gmail 可能不会发送文本完全相同的重复邮件（因为这些很可能是垃圾邮件），或包含.exe 或.zip 文件附件的邮件（因为它们很可能是病毒）。

你也可以提供可选的关键字参数 `cc` 和 `bcc` 来抄送和密件抄送：

```
>>> import ezgmail
>>> ezgmail.send('recipient@example.com', 'Subject line', 'Body of the email',
cc='friend@example.com', bcc='otherfriend@example.com,someoneelse@example.com')
```

18.1 使用 Gmail API 发送和接收电子邮件

如果你需要记住 token.json 文件是针对哪个 Gmail 地址，你可以检查 `ezgmail.EMAIL_ADDRESS`。注意，这个变量只有在 `ezgmail.init()` 或其他 `ezgmail` 函数被调用后才会被填充：

```
>>> import ezgmail
>>> ezgmail.init()
>>> ezgmail.EMAIL_ADDRESS
'example@gmail.com'
```

请确保一样对待 token.json 文件和你的口令。如果其他人获得这个文件，他们就可以访问你的 Gmail 账户（尽管他们无法更改你的 Gmail 口令）。要撤销之前发出的 token.json 文件，请访问 Google 账号的安全性页面，并撤销对 QuickStart 应用程序的访问。你需要运行 `ezgmail.init()` 并再次进行登录，以获得一个新的 token.json 文件。

18.1.3 从 Gmail 账户读取邮件

Gmail 将相互回复的邮件组织成对话主线。当你在网页浏览器或通过应用程序登录 Gmail 时，你真正看到的是对话主线，而不是单个邮件（即使主线中只有一封邮件）。

ezgmail 有 `GmailThread` 和 `GmailMessage` 对象，分别代表对话主线和单个邮件。一个 `GmailThread` 对象有一个 `messages` 属性，它持有一个 `GmailMessage` 对象的列表。`unread()` 函数返回一个 `GmailThread` 对象的列表，这个列表可以传递给 `ezgmail.summary()`，输出该列表中的对话主线的摘要：

```
>>> import ezgmail
>>> unreadThreads = ezgmail.unread() # List of GmailThread objects.
>>> ezgmail.summary(unreadThreads)
Al, Jon - Do you want to watch RoboCop this weekend? - Dec 09
Jon - Thanks for stopping me from buying Bitcoin. - Dec 09
```

`summary()` 函数可以方便地显示对话主线的快速摘要，但是要访问特定的邮件（和邮件的部分），你需要检查 `GmailThread` 对象的 `messages` 属性。`messages` 属性包含了一个 `GmailMessage` 对象的列表，这些对象有 `subject`（主题）、`body`（正文）、`timestamp`（时间戳）、`sender`（发件人）和 `recipient`（收件人）等描述邮件的属性：

```
>>> len(unreadThreads)
2
>>> str(unreadThreads[0])
"<GmailThread len=2 snippet= Do you want to watch RoboCop this weekend?'>"
>>> len(unreadThreads[0].messages)
2
>>> str(unreadThreads[0].messages[0])
"<GmailMessage from='Al Sweigart <al@inventwithpython.com>' to='Jon Doe <example@gmail.com>' timestamp=datetime.datetime(2018, 12, 9, 13, 28, 48) subject='RoboCop' snippet='Do you want to watch RoboCop this weekend?'>"
>>> unreadThreads[0].messages[0].subject
'RoboCop'
>>> unreadThreads[0].messages[0].body
'Do you want to watch RoboCop this weekend?\r\n'
>>> unreadThreads[0].messages[0].timestamp
datetime.datetime(2018, 12, 9, 13, 28, 48)
```

```
>>> unreadThreads[0].messages[0].sender
'Al Sweigart <al@inventwithpython.com>'
>>> unreadThreads[0].messages[0].recipient
'Jon Doe <example@gmail.com>'
```

类似于 `ezgmail.unread()` 函数，`ezgmail.relative()` 函数将返回 Gmail 账户中最近的 25 个主线。你可以传递一个可选的 `maxResults` 关键字参数来改变这个限制：

```
>>> recentThreads = ezgmail.recent()
>>> len(recentThreads)
25
>>> recentThreads = ezgmail.recent(maxResults=100)
>>> len(recentThreads)
46
```

18.1.4　从 Gmail 账户中搜索邮件

除了使用 `ezgmail.unread()` 和 `ezgmail.recent()`，你还可以通过调用 `ezgmail.search()` 来搜索特定的邮件，就像你在邮箱的搜索框中查询一样：

```
>>> resultThreads = ezgmail.search('RoboCop')
>>> len(resultThreads)
1
>>> ezgmail.summary(resultThreads)
Al, Jon - Do you want to watch RoboCop this weekend? - Dec 09
```

前面的 `search()` 调用得到的结果，应该与在搜索框中输入"RoboCop"相同，如图 18-1 所示。

图 18-1　在 Gmail 网站上搜索"RoboCop"邮件

和 `unread()` 和 `recent()` 一样，`search()` 函数也会返回一个 `GmailThread` 对象的列表。你也可以将任何一个可以输入搜索框中的特殊搜索操作符传递给 `search()` 函数，如下面这些。

`'label:UNREAD'` 用于未读邮件。
`'from:al@inventwithpython.com'` 用于来自 al@inventwithpython.com 的邮件。
`'subject:hello'` 用于主题中包含 hello 的邮件。
`'has:attachment'` 用于有附件的邮件。

可以在 Google 的支持页面找到完整的搜索操作符列表。

18.1.5　从 Gmail 账户下载附件

GmailMessage 对象有一个 attachments 属性，它是一个邮件附件文件名的列表。可以将这些名称中的任何一个传递给 GmailMessage 对象的 downloadAttachment() 方法来下载文件。也可以用 downloadAllAttachments() 方法一次下载所有文件。默认情况下，ezgmail 会将附件保存到当前的工作目录中，但是你也可以给 downloadAttachment() 和 downloadAllAttachments() 传递一个额外的 downloadFolder 关键字参数。例如：

```
>>> import ezgmail
>>> threads = ezgmail.search('vacation photos')
>>> threads[0].messages[0].attachments
['tulips.jpg', 'canal.jpg', 'bicycles.jpg']
>>> threads[0].messages[0].downloadAttachment('tulips.jpg')
>>> threads[0].messages[0].downloadAllAttachments(downloadFolder='vacation2019')
['tulips.jpg', 'canal.jpg', 'bicycles.jpg']
```

如果一个文件与附件的文件名相同，下载的附件会自动覆盖。

18.2　SMTP

正如 HTTP 是计算机用来通过因特网发送网页的协议，"简单邮件传输协议"（SMTP）是用于发送电子邮件的协议。SMTP 规定电子邮件应该如何格式化、加密、在邮件服务器之间传递，以及在你单击发送后，计算机要处理的所有其他细节。但是，你并不需要知道这些技术细节，因为 Python 的 smtplib 模块将它们简化成几个函数。

SMTP 只负责向别人发送电子邮件。另一个协议名为 IMAP，负责取回发送给你的电子邮件，在 18.4 节 "IMAP" 中介绍。

除了 SMTP 和 IMAP 之外，现在大多数基于 Web 的电子邮件提供商有其他的安全措施，以防止垃圾邮件、网络钓鱼和其他恶意电子邮件的使用。这些措施可以防止 Python 脚本通过 smtplib 和 imapclient 模块登录到电子邮件账户。然而，这些服务许多有 API 和特定的 Python 模块，允许脚本访问它们。本章介绍了 Gmail 的模块。对于其他的模块，你需要查阅它们的在线文档。

18.3　处理电子邮件

你可能对发送电子邮件很熟悉，通过 Outlook、Thunderbird 或某个网站（如 Gmail 或雅虎邮箱）来发送。不幸的是，Python 没有像这些服务一样提供一个漂亮的图形用户界面。作为替代，你可以调用函数来执行 SMTP 的每个重要步骤，就像下面的交互式环境的例子：

注意：不要在交互式环境中输入这个例子，它不会工作，因为 smtp.example.com、bob@example.com、MY_SECRET_PASSWORD 和 alice@example.com 只是占位符。这段代码仅仅概述了 Python 发送电子邮件的过程。

```
>>> import smtplib
>>> smtpObj = smtplib.SMTP('smtp.example.com', 587)
>>> smtpObj.ehlo()
(250, b'mx.example.com at your service, [216.172.148.131]\nSIZE 35882577\
n8BITMIME\nSTARTTLS\nENHANCEDSTATUSCODES\nCHUNKING')
>>> smtpObj.starttls()
(220, b'2.0.0 Ready to start TLS')
>>> smtpObj.login('bob@example.com', 'MY_SECRET_PASSWORD')
(235, b'2.7.0 Accepted')
>>> smtpObj.sendmail('bob@example.com','alice@example.com','Subject:So
long.\nDear Alice, so long and thanks for all the fish. Sincerely, Bob')
{}
>>> smtpObj.quit()
(221, b'2.0.0 closing connection ko10sm23097611pbd.52 - gsmtp')
```

在下面的几小节中，我们将探讨每一个步骤，用你的信息替换占位符，连接并登录到 SMTP 服务器，发送电子邮件，并从服务器断开连接。

18.3.1 连接到 SMTP 服务器

如果你曾设置过 Thunderbird、Outlook 或其他程序连接到你的电子邮件账户，你可能熟悉配置 SMTP 服务器和端口。这些设置因电子邮件提供商的不同而不同，但在网上搜索"<你的提供商> SMTP 设置"，应该能找到相应的服务器和端口。

SMTP 服务器的域名通常是电子邮件提供商的域名前面加上 SMTP。例如，Gmail 的 SMTP 服务器是 smtp.gmail.com。表 18-1 列出了一些常见的电子邮件提供商及其 SMTP 服务器（端口是一个整数值，几乎总是 587，该端口由命令加密标准 TLS 使用）。

表 18-1 电子邮件提供商及其 SMTP 服务器

提供商	SMTP 服务器域名
Gmail*	smtp.gmail.com
Outlook/Hotmail	smtp-mail.outlook.com
Yahoo Mail*	smtp.mail.yahoo.com
AT&T	smpt.mail.att.net（端口 465）
Comcast	smtp.comcast.net
Verizon	smtp.verizon.net（端口 465）

*附加的安全措施让 Python 无法使用 smtplib 模块登录这些服务器。ezgmail 模块可以为 Gmail 账户绕过这个困难。

得到电子邮件提供商的域名和端口信息后，调用 `smtplib.SMTP()` 创建一个 SMTP 对象，并传入域名作为字符串参数，传入端口作为整数参数。SMTP 对象表示与 SMTP 邮件服务器的连接，它有一些发送电子邮件的方法。例如，下面的调用创建了一个 SMTP 对象，并连接到一个想象的电子邮件服务器：

```
>>> smtpObj = smtplib.SMTP('smtp.                    ', 587)
>>> type(smtpObj)
<class 'smtplib.SMTP'>
```

输入 `type(smtpObj)` 表明，`smtpObj` 中保存了一个 SMTP 对象。你需要这个 SMTP 对象，以便调用它的方法登录并发送电子邮件。如果 `smtplib.SMTP()` 调用不成功，你的 SMTP 服务器可能不支持 TLS 端口 587。在这种情况下，你需要利用 `smtplib.SMTP_SSL()` 和 465 端口来创建 SMTP 对象。

```
>>> smtpObj = smtplib.SMTP_SSL('smtp.███████████', 465)
```

注意：如果没有连接到因特网，Python 将抛出 `socket.gaierror: [Errno 11004] getaddrinfo failed` 或类似的异常。

对于你的程序，TLS 和 SSL 之间的区别并不重要。只需要知道你的 SMTP 服务器使用哪种加密标准，这样就知道如何连接它。在接下来的所有交互式环境示例中，`smtpObj` 变量将包含 `smtplib.SMTP()` 或 `smtplib.SMTP_SSL()` 函数返回的 SMTP 对象。

18.3.2 发送 SMTP 的"Hello"消息

得到 SMTP 对象后，调用它的 `ehlo()` 方法以向 SMTP 电子邮件服务器"打招呼"。这种问候是 SMTP 中的第一步，对于建立到服务器的连接是很重要的。你不需要知道这些协议的细节，只要确保得到 SMTP 对象后，第一件事就是调用 `ehlo()` 方法，否则以后的方法调用会导致错误。下面是一个 `ehlo()` 调用和返回值的例子：

```
>>> smtpObj.ehlo()
(250, b'mx.███████████ at your service, [216.172.148.131]\nSIZE 35882577\n8BITMIME\nSTARTTLS\nENHANCEDSTATUSCODES\nCHUNKING')
```

如果在返回的元组中，第一项是整数 250（SMTP 中"成功"的代码），那么问候成功了。

18.3.3 开始 TLS 加密

如果要连接到 SMTP 服务器的 587 端口（即使用 TLS 加密），那么接下来需要调用 `starttls()` 方法。这是为连接实现加密必需的步骤。如果要连接到 465 端口（使用 SSL），加密已经设置好了，你应该跳过这一步。

下面是 `starttls()` 方法调用的例子：

```
>>> smtpObj.starttls()
(220, b'2.0.0 Ready to start TLS')
```

`starttls()` 让 SMTP 连接处于 TLS 模式。返回值 220 告诉你，该服务器已准备就绪。

18.3.4 登录到 SMTP 服务器

到 SMTP 服务器的加密连接建立后，可以调用 `login()` 方法，用你的用户名（通常是你的电子邮件地址）和电子邮件口令登录。

```
>>> smtpObj.login('my_email_address@example.com', 'MY_SECRET_PASSWORD')
(235, b'2.7.0 Accepted')
```

传入电子邮件地址字符串作为第一个参数，传入口令字符串作为第二个参数。返回值 235 表示认证成功。如果口令不正确，Python 会抛出 smtplib.SMTPAuthenticationError 异常。

> **警告：** 将口令放在源代码中要当心。如果有人复制了你的程序，他们就能访问你的电子邮件账户！调用 input()，让用户输入口令是一个好主意。每次运行程序时输入口令可能不方便，但这种方法不会在未加密的文件中留下你的口令，其他人不会轻易地得到它。

18.3.5 发送电子邮件

登录到电子邮件提供商的 SMTP 服务器后，可以调用 sendmail() 方法来发送电子邮件。sendmail() 方法调用看起来像这样：

```
>>> smtpObj.sendmail('my_email_address@example.com', 'recipient@example.com',
'Subject: So long.\nDear Alice, so long and thanks for all the fish.
Sincerely, Bob')
{}
```

sendmail() 方法需要以下 3 个参数。
- 你的电子邮件地址字符串（电子邮件的 "from" 地址）。
- 收件人的电子邮件地址字符串，或多个收件人的字符串列表（作为 "to" 地址）。
- 电子邮件正文字符串。

电子邮件正文字符串必须以 'Subject: \n' 开头，以作为电子邮件的主题行。'\n' 换行符将主题行与电子邮件的正文分开。

sendmail() 的返回值是一个字典。对于电子邮件传送失败的每个收件人，该字典中会有一个键-值对。空的字典意味着对已所有收件人成功发送电子邮件。

18.3.6 从 SMTP 服务器断开

确保在完成发送电子邮件时，调用 quit() 方法，这让程序从 SMTP 服务器断开：

```
>>> smtpObj.quit()
(221, b'2.0.0 closing connection ko10sm23097611pbd.52 - gsmtp')
```

返回值 221 表示会话结束。

要复习连接和登录服务器、发送电子邮件和断开的所有步骤，请参阅 18.3 节 "发送电子邮件"。

18.4 IMAP

正如 SMTP 是用于发送电子邮件的协议，因特网消息访问协议（IMAP）规定了如何与电子邮件服务提供商的服务器通信，取回发送到你的电子邮件地址的电子邮件。Python 带有一个 imaplib 模块，但实际上第三方的 imapclient 模块更好用。本章介绍了如何使用 imapclient。

imapclient 模块从 IMAP 服务器下载电子邮件，格式相当复杂。你很可能希望将它们从这种格式转换成简单的字符串。pyzmail 模块可以替你完成解析这些邮件的辛苦工作。

在 Windows 操作系统上用 pip install --user -U imapclient==2.1.0 和 pip install --user -U pyzmail36==1.0.4（或在 macOS 和 Linux 操作系统上用 pip3），从命令行窗口安装 imapclient 和 pyzmail。附录 A 包含了安装第三方模块的步骤。

18.5　用 IMAP 获取和删除电子邮件

在 Python 中，查找和获取电子邮件是一个多步骤的过程，需要使用第三方模块 imapclient 和 pyzmail。作为概述，这里有一个完整的例子，包括登录到 IMAP 服务器、搜索电子邮件、获取它们，然后从中提取电子邮件的文本：

```
>>> import imapclient
>>> imapObj = imapclient.IMAPClient('imap.             ', ssl=True)
>>> imapObj.login('my_email_address@example.com', 'MY_SECRET_PASSWORD')
'my_email_address@example.com Jane Doe authenticated (Success)'
>>> imapObj.select_folder('INBOX', readonly=True)
>>> UIDs = imapObj.search(['SINCE 05-Jul-2019'])
>>> UIDs
[40032, 40033, 40034, 40035, 40036, 40037, 40038, 40039, 40040, 40041]
>>> rawMessages = imapObj.fetch([40041], ['BODY[]', 'FLAGS'])
>>> import pyzmail
>>> message = pyzmail.PyzMessage.factory(rawMessages[40041][b'BODY[]'])
>>> message.get_subject()
'Hello!'
>>> message.get_addresses('from')
[('Edward Snowden', 'esnowden@nsa.gov')]
>>> message.get_addresses('to')
[('Jane Doe', 'jdoe@example.com')]
>>> message.get_addresses('cc')
[]
>>> message.get_addresses('bcc')
[]
>>> message.text_part != None
True
>>> message.text_part.get_payload().decode(message.text_part.charset)
'Follow the money.\r\n\r\n-Ed\r\n'
>>> message.html_part != None
True
>>> message.html_part.get_payload().decode(message.html_part.charset)
'<div dir="ltr"><div>So long, and thanks for all the fish!<br><br></div>-Al<br></div>\r\n'
>>> imapObj.logout()
```

你不必记住这些步骤。在详细介绍每一步之后，你可以回来看这个概述，加强记忆。

18.5.1　连接到 IMAP 服务器

就像你需要一个 SMTP 对象连接到 SMTP 服务器并发送电子邮件一样，你也需要一个 IMAPClient 对象连接到 IMAP 服务器并接收电子邮件。首先，你需要电子邮件服务提供商的 IMAP 服务器域名。这和 SMTP 服务器的域名不同。表 18-2 列出了几个流行的电子邮件服务提供商的 IMAP 服务器。

表 18-2　电子邮件提供商及其 IMAP 服务器

提供商	IMAP 服务器域名
Gmail*	imap.gmail.com
Outlook/Hotmail *	imap-mail.outlook.com
Yahoo Mail*	imap.mail.yahoo.com
AT&T	imap.mail.att.net
Comcast	imap.comcast.net
Verizon	incoming.verizon.net

*附加的安全措施让 Python 无法使用 `imapclient` 模块登录这些服务器。

得到 IMAP 服务器域名后，调用 `imapclient.IMAPClient()` 函数来创建一个 `IMAPClient` 对象。大多数电子邮件提供商要求 SSL 加密，传入 `ssl=True` 关键字参数。在交互式环境中输入以下代码（使用你的提供商的域名）：

```
>>> import imapclient
>>> imapObj = imapclient.IMAPClient('imap.                    ', ssl=True)
```

在接下来的小节里所有交互式环境的例子中，`imapObj` 变量将包含 `imapclient.IMAPClient()` 函数返回的 `IMAPClient` 对象。在这里，客户端是连接到服务器的对象。

18.5.2　登录到 IMAP 服务器

取得 `IMAPClient` 对象后，调用它的 `login()` 方法，传入用户名（这通常是你的电子邮件地址）和口令字符串。

```
>>> imapObj.login('my_email_address@example.com', 'MY_SECRET_PASSWORD')
'my_email_address@example.com Jane Doe authenticated (Success)'
```

警告：要记住，永远不要直接在代码中写入口令！应该让程序从 `input()` 接收输入的口令。

如果 IMAP 服务器拒绝用户名/口令的组合，Python 会抛出 `imaplib.error` 异常。

18.5.3　搜索电子邮件

登录后，实际获取你感兴趣的电子邮件分为两步。首先，必须选择要搜索的文件夹。然后，必须调用 `IMAPClient` 对象的 `search()` 方法，向其传入 IMAP 搜索关键词字符串。

选择文件夹

几乎每个账户默认有一个 INBOX 文件夹，但也可以调用 `IMAPClient` 对象的 `list_folders()` 方法来获取文件夹列表。这将返回一个元组的列表。每个元组包含一个文件夹的信息。输入以下代码，继续演示交互式环境的例子：

```
>>> import pprint
>>> pprint.pprint(imapObj.list_folders())
[(('\\HasNoChildren',), '/', 'Drafts'),
```

```
(('\\HasNoChildren',), '/', 'Filler'),
(('\\HasNoChildren',), '/', 'INBOX'),
(('\\HasNoChildren',), '/', 'Sent'),
--snip--
(('\\HasNoChildren', '\\Flagged'), '/', 'Starred'),
(('\\HasNoChildren', '\\Trash'), '/', 'Trash')]
```

每个元组的3个值，例如(('\\HasNoChildren',), '/', 'INBOX')，其解释如下。
- 该文件夹的标志的元组（这些标志代表到底是什么超出了本书的讨论范围，你可以放心地忽略该字段）。
- 名称字符串中用于分隔父文件夹和子文件夹的分隔符。
- 该文件夹的全名。

要选择一个文件夹进行搜索，就调用 IMAPClient 对象的 select_folder() 方法，传入该文件夹的名称字符串：

```
>>> imapObj.select_folder('INBOX', readonly=True)
```

可以忽略 select_folder() 的返回值。如果所选文件夹不存在，Python 会抛出 imaplib.error 异常。

readonly=True 关键字参数可以防止你在随后的方法调用中，不小心更改或删除该文件夹中的任何电子邮件。除非你想删除电子邮件，否则将 readonly 设置为 True 总是个好主意。

执行搜索

文件夹选中后，就可以用 IMAPClient 对象的 search() 方法搜索电子邮件。search() 的参数是一个字符串列表，每一个被格式化为 IMAP 搜索键。表 18-3 介绍了 IMAP 的各种搜索键。

请注意，在处理标志和搜索键方面，某些 IMAP 服务器的实现可能稍有不同。可能需要在交互式环境中试验一下，看看它们实际的行为如何。

在传入 search() 方法的列表参数中，可以有多个 IMAP 搜索键字符串。返回的消息将匹配所有的搜索键。如果想匹配任何一个搜索键，使用 OR 搜索键。对于 NOT 和 OR 搜索键，它们后边分别跟着一个和两个完整的搜索键。

表 18-3　IMAP 搜索键

搜索键	含义
'ALL'	返回该文件夹中的所有邮件。如果你请求一个大文件夹中的所有消息，可能会遇到 imaplib 的大小限制。参见本小节"大小限制"部分
'BEFORE date', 'ON date', 'SINCE date'	这3个搜索键分别返回给定 date 之前、当天和之后 IMAP 服务器接收的消息。日期的格式必须为 05-Jul-2015。此外，虽然 'SINCE 05-Jul-2015' 将匹配7月5日当天和之后的消息，但 'BEFORE 05-Jul-2015' 仅匹配7月5日之前的消息，不包括7月5日当天
'SUBJECT string', 'BODY string', 'TEXT string'	分别返回 string 出现在主题、正文、主题或正文中的消息。如果 string 中有空格，就使用双引号：'TEXT "search with spaces"'

续表

搜索键	含义
`'FROM string'`, `'TO string'`, `'CC string'`, `'BCC string'`	返回所有消息,其中 string 分别出现在 "from" 邮件地址、"to" 邮件地址、"cc"(抄送)地址或 "bcc"(密件抄送)地址中。如果 string 中有多个电子邮件地址,就用空格将它们分开,并使用双引号:`'CC "firstcc@example.com secondcc@example.com"'`
`'SEEN'`, `'UNSEEN'`	分别返回包含和不包含 \Seen 标记的所有信息。如果电子邮件已经被 fetch() 方法调用访问(稍后描述),或者你曾在电子邮件程序或网络浏览器中单击过它,就会有 \Seen 标记。比较常用的说法是电子邮件"已读",而不是"已看",但它们的意思一样
`'ANSWERED'`, `'UNANSWERED'`	分别返回包含和不包含 \Answered 标记的所有消息。如果消息已答复,就会有 \Answered 标记
`'DELETED'`, `'UNDELETED'`	分别返回包含和不包含 \Deleted 标记的所有信息。用 delete_messages() 方法删除的邮件就会有 \Deleted 标记,直到调用 expunge() 方法才会永久删除(请参阅 18.5.7 小节"删除电子邮件")。请注意,一些电子邮件提供商,例如 Gmail,会自动清除邮件
`'DRAFT'`, `'UNDRAFT'`	分别返回包含和不包含 \Draft 标记的所有消息。草稿邮件通常保存在单独的草稿文件夹中,而不是在收件箱中
`'FLAGGED'`, `'UNFLAGGED'`	分别返回包含和不包含 \Flagged 标记的所有消息。这个标记通常用来标记电子邮件为"重要"或"紧急"
`'LARGER N'`, `'SMALLER N'`	分别返回大于或小于 N 个字节的所有消息
`'NOT search-key'`	返回搜索键不会返回的那些消息
`'OR search-key1 search-key2'`	返回符合第一个或第二个搜索键的消息

下面是 search() 方法调用的一些例子,以及它们的含义。

imapObj.search(['ALL'])返回当前选定的文件夹中的每一个消息。

imapObj.search(['ON 05-Jul-2019'])返回在 2019 年 7 月 5 日发送的每个消息。

imapObj.search(['SINCE 01-Jan-2019', 'BEFORE 01-Feb-2019', 'UNSEEN'])返回 2019 年 1 月发送的所有未读消息(注意,这意味着从 1 月 1 日直到 2 月 1 日,但不包括 2 月 1 日)。

imapObj.search(['SINCE 01-Jan-2019', 'FROM alice@example. com'])返回自 2019 年开始以来,发自 alice@example.com 的消息。

imapObj.search(['SINCE 01-Jan-2019', 'NOT FROM alice@example. com'])返回自 2019 年开始以来,除 alice@example.com 外,其他所有人发来的消息。

imapObj.search(['OR FROM alice@example.com FROM bob@example. com'])返回发自 alice@example.com 或 bob@example.com 的所有信息。

imapObj.search(['FROM alice@example.com', 'FROM bob@example. com'])为恶作剧例子。该搜索不会返回任何消息,因为消息必须匹配所有搜索关键词。因为只能有一个"from"地址,所以一条消息不可能既来自 alice@example.com,又来自 bob@example.com。

search() 方法不返回电子邮件本身,而是返回邮件的唯一 ID(UID)。然后,可以将这些 UID 传入 fetch() 方法,获得邮件内容。

输入以下代码，继续演示交互式环境的例子：

```
>>> UIDs = imapObj.search(['SINCE   05-Jul-2019'])
>>> UIDs
[40032, 40033, 40034, 40035, 40036, 40037, 40038, 40039, 40040, 40041]
```

这里，`search()`返回的消息 ID 列表（针对 7 月 5 日以来接收的消息）保存在 UIDs 中。计算机上返回的 UIDs 列表与这里显示的不同，它们对于特定的电子邮件账户是唯一的。如果你稍后将 UID 传递给其他函数调用，请用你收到的 UID 值，而不是本书例子中输出的。

大小限制

如果你的搜索匹配大量的电子邮件，Python 可能抛出异常 `imaplib.error: got more than 10000 bytes`。如果发生这种情况，必须断开并重连 IMAP 服务器，然后再试。

这个限制是防止 Python 程序消耗太多内存。遗憾的是，默认大小限制往往太小。可以执行下面的代码，将限制从 10 000 字节改为 10 000 000 字节：

```
>>> import imaplib
>>> imaplib._MAXLINE = 10000000
```

这能避免该异常再次出现。也许要在你写的每一个 IMAP 程序中加上这两行。

18.5.4 取邮件并标记为已读

得到 UID 的列表后，可以调用 `IMAPClient` 对象的 `fetch()`方法，来获得实际的电子邮件内容。

UID 列表是 `fetch()`的第一个参数。第二个参数应该是`['BODY[]']`，它告诉 `fetch()`下载 UID 列表中指定电子邮件的所有正文内容。

让我们继续演示交互式环境的例子：

```
>>> rawMessages = imapObj.fetch(UIDs, ['BODY[]'])
>>> import pprint
>>> pprint.pprint(rawMessages)
{40040: {'BODY[]': 'Delivered-To: my_email_address@example.com\r\n'
                   'Received: by 10.76.71.167 with SMTP id '
--snip--

                   '\r\n'
                   '------=_Part_6000970_707736290.1404819487066--\r\n',
         'SEQ': 5430}}
```

导入 pprint，将 `fetch()`的返回值（保存在变量 `rawMessages` 中）传入 `pprint.pprint()`，"美观地输出"它。你会看到，这个返回值是消息的嵌套字典，其中以 UID 作为键。每条消息都保存为一个字典，包含两个键：`'BODY[]'`和`'SEQ'`。`'BODY[]'`键映射到电子邮件的实际正文。`'SEQ'`键是序列号，它与 UID 的作用类似。你可以放心地忽略它。

如你所见，在`'BODY[]'`键中的消息内容是相当难理解的。这种格式称为 RFC 822，是专为 IMAP 服务器读取而设计的。但你并不需要理解 RFC 822 格式，本章稍后的 `pyzmail` 模块将替你来理解它。

如果你选择一个文件夹进行搜索，就用 `readonly=True` 关键字参数来调用 `select_`

folder()。这样做可以防止意外删除电子邮件，但这也意味着你用 fetch() 方法获取邮件时，它们不会标记为已读。如果确实希望在获取邮件时将它们标记为已读，就需要将 readonly=False 传入 select_folder()。如果所选文件夹已处于只读模式，可以用另一个 select_folder() 调用重新选择当前文件夹，这次用 readonly=False 关键字参数：

```
>>> imapObj.select_folder('INBOX', readonly=False)
```

18.5.5 从原始消息中获取电子邮件地址

对于只想读邮件的人来说，fetch() 方法返回的原始消息仍然不太有用。pyzmail 模块解析这些原始消息，将它们作为 PyzMessage 对象返回，使邮件的主题、正文、"收件人"字段、"发件人"字段和其他部分能用 Python 代码轻松访问。

用下面的代码继续演示交互式环境的例子（使用你自己的邮件账户的 UID，而不是这里显示的）：

```
>>> import pyzmail
>>> message = pyzmail.PyzMessage.factory(rawMessages[40041][b'BODY[]'])
```

首先，导入 pyzmail。然后，为了创建一个电子邮件的 PyzMessage 对象，调用 pyzmail.PyzMessage.factory() 函数，并传入原始邮件的 'BODY[]' 部分。结果保存在 message 中。现在，message 中包含一个 PyzMessage 对象，它有几个方法，可以很容易地获得电子邮件主题行，以及所有发件人和收件人的地址。get_subject() 方法将主题返回为一个简单字符串。get_addresses() 方法针对传入的字段，返回一个地址列表。例如，该方法调用可能像这样：

```
>>> message.get_subject()
'Hello!'
>>> message.get_addresses('from')
[('Edward Snowden', 'esnowden@nsa.gov')]
>>> message.get_addresses('to')
[('Jane Doe', 'my_email_address@example.com')]
>>> message.get_addresses('cc')
[]
>>> message.get_addresses('bcc')
[]
```

请注意，get_addresses() 的参数是 'from'、'to'、'cc' 或 'bcc'。get_addresses() 的返回值是一个元组列表。每个元组包含两个字符串：第一个是与该电子邮件地址关联的名称，第二个是电子邮件地址本身。如果请求的字段中没有地址，get_addresses() 返回一个空列表。在这里，'cc' 抄送和 'bcc' 密件抄送字段都没有包含地址，所以返回空列表。

18.5.6 从原始消息中获取正文

电子邮件可以是纯文本、HTML 或两者的混合。纯文本电子邮件只包含文本；而 HTML 电子邮件可以有颜色、字体、图像和其他功能，使得电子邮件看起来像一个小网页。如果电子邮件仅仅是纯文本，它的 PyzMessage 对象会将 html_part 属性设为 None。同样，如果电子邮件只是 HTML，它的 PyzMessage 对象会将 text_part 属性设为 None。

否则，`text_part` 或 `html_part` 将有一个 `get_payload()` 方法，将电子邮件的正文返回为 bytes 数据类型（bytes 数据类型超出了本书的范围）。但是，这仍然不是我们可以使用的字符串。最后一步对 `get_payload()` 返回的 bytes 值调用 `decode()` 方法。`decode()` 方法接收一个参数：这条消息的字符编码，它保存在 `text_part.charset` 或 `html_part.charset` 属性中。最后，这返回了邮件正文的字符串。

输入以下代码，继续演示交互式环境的例子：

```
❶ >>> message.text_part != None
   True
   >>> message.text_part.get_payload().decode(message.text_part.charset)
❷ 'So long, and thanks for all the fish!\r\n\r\n-Al\r\n'
❸ >>> message.html_part != None
   True
❹ >>> message.html_part.get_payload().decode(message.html_part.charset)
   '<div dir="ltr"><div>So long, and thanks for all the fish!<br><br></div>-Al
   <br></div>\r\n'
```

我们正在处理的电子邮件包含纯文本和 HTML 内容，因此保存在 `message` 中的 `PyzMessage` 对象的 `text_part` 和 `html_part` 属性不等于 `None`❶❸。对消息的 `text_part` 调用 `get_payload()`，然后在 bytes 值上调用 `decode()`，返回电子邮件的文本版本的字符串❷。对消息的 `html_part` 调用 `get_payload()` 和 `decode()`，返回电子邮件的 HTML 版本的字符串❹。

18.5.7　删除电子邮件

要删除电子邮件，就向 `IMAPClient` 对象的 `delete_messages()` 方法传入一个消息 UID 的列表。这为电子邮件加上\Deleted 标志。调用 `expunge()` 方法，将永久删除当前选中的文件夹中带\Deleted 标志的所有电子邮件。请看下面的交互式环境的例子：

```
❶ >>> imapObj.select_folder('INBOX', readonly=False)
❷ >>> UIDs = imapObj.search(['ON 09-Jul-2019'])
   >>> UIDs
   [40066]
   >>> imapObj.delete_messages(UIDs)
❸ {40066: ('\\Seen', '\\Deleted')}
   >>> imapObj.expunge()
   ('Success', [(5452, 'EXISTS')])
```

这里，我们调用了 `IMAPClient` 对象的 `select_folder()` 方法，传入 `'INBOX'` 作为第一个参数，选择了收件箱。我们也传入了关键字参数 `readonly=False`，这样我们就可以删除电子邮件❶了。我们搜索收件箱中的特定日期收到的消息，将返回的消息 ID 保存在 UIDs 中❷。调用 `delete_message()` 并传入 UIDs 以返回一个字典，其中每个键-值对是一个消息 ID 和消息标志的元组，它现在应该包含\Deleted 标志❸。然后调用 `expunge()`，永久删除带\Deleted 标志的邮件。如果清除邮件没有问题，就返回一条成功信息。请注意，一些电子邮件提供商，如 Gmail，会自动清除用 `delete_messages()` 删除的电子邮件，而不是等待来自 IMAP 客户端的 `expunge` 命令。

18.5.8 从 IMAP 服务器断开

如果程序已经完成了获取和删除电子邮件任务，就调用 IMAPClient 的 logout()方法从 IMAP 服务器断开连接：

```
>>> imapObj.logout()
```

如果程序运行了几分钟或更长时间，IMAP 服务器可能会超时或自动断开。在这种情况下，接下来程序对 IMAPClient 对象的方法调用会抛出异常，像下面这样：

```
imaplib.abort: socket error: [WinError 10054] An  existing connection was
forcibly closed by the remote host
```

在这种情况下，程序必须调用 imapclient.IMAPClient()，来再次连接服务器。

你现在有办法让 Python 程序登录到一个电子邮件账户，并获取电子邮件。需要回忆所有步骤时，你可以随时参考 18.5 节"用 IMAP 获取和删除电子邮件"。

18.6　项目：向会员发送会费提醒电子邮件

假定你一直"自愿"为"强制自愿俱乐部"记录会员会费。这确实是一项枯燥的工作，包括维护一个电子表格，记录每个月谁交了会费，并用电子邮件提醒那些没交的会员。你不必自己查看电子表格，而是向会费逾期的会员复制、粘贴和发送相同的电子邮件。让我们编写一个脚本，帮你完成任务。

在较高的层面上，下面是程序要完成的任务。
1. 从 Excel 电子表格中读取数据。
2. 找出上个月没有交费的所有会员。
3. 找到他们的电子邮件地址，向他们发送针对个人的提醒。

这意味着代码需要执行以下操作。
1. 用 openpyxl 模块打开并读取 Excel 文档的单元格（处理 Excel 文档参见第 13 章）。
2. 创建一个字典，包含会费逾期的会员。
3. 调用 smtplib.SMTP()、ehlo()、starttls()和 login()，登录 SMTP 服务器。
4. 针对会费逾期的所有会员，调用 sendmail()方法，发送针对个人的电子邮件提醒。

打开一个新的文件编辑器窗口，并保存为 sendDuesReminders.py。

第 1 步：打开 Excel 文件

假定用来记录会费支付的 Excel 电子表格看起来如图 18-2 所示，放在名为 duesRecords.xlsx 的文件中。可以从异步社区本书对应页面下载该文件。

该电子表格中包含每个成员的姓名和电子邮件地址。每个月有一列，用来记录会员的付款状态。在成员支付会费后，对应的单元格就记为 paid。

该程序必须打开 duesRecords.xlsx，通过读取 sheet.max_column 属性，弄清楚最近一个月的列（可以参考第 13 章，了解用 openpyxl 模块访问 Excel 电子表格文件单元格的更多信息）。在文件编辑器窗口中输入以下代码：

```
#! python3
# sendDuesReminders.py - Sends emails based on payment status in spreadsheet.

import openpyxl, smtplib, sys

# Open the spreadsheet and get the latest dues status.
❶ wb = openpyxl.load_workbook('duesRecords.xlsx')
❷ sheet = wb.get_sheet_by_name('Sheet1')
❸ lastCol = sheet.max_column
❹ latestMonth = sheet.cell(row=1, column=lastCol).value

# TODO: Check each member's payment status.

# TODO: Log in to email account.

# TODO: Send out reminder emails.
```

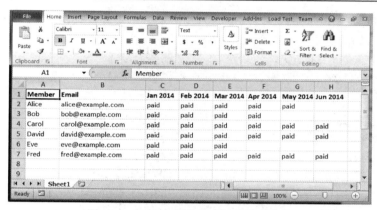

图 18-2　记录会员会费支付的电子表格

导入 openpyxl、smtplib 和 sys 模块后，我们打开 duesRecords.xlsx 文件，将得到的 Workbook 对象保存在 wb 中❶。然后取得 Sheet1，将得到的 Worksheet 对象保存在 sheet 中❷。既然有了 Worksheet 对象，就可以访问行、列和单元格了。我们将最后一列保存在 lastCol 中❸，然后用行号 1 和 lastCol 来访问应该记录着最近月份的单元格。取得该单元格的值，并将其保存在 latestMonth 中❹。

第 2 步：查找所有未支付会费的成员

一旦确定了最近一个月的列数（保存在 lastCol 中），就可以循环遍历第一行（这是列标题）之后的所有行，看看哪些成员在该月会费的单元格中写着 paid。如果会员没有支付会费，就可以从列 1 和列 2 中分别抓取成员的姓名和电子邮件地址。这些信息将放入 unpaidMembers 字典，它记录最近一个月没有交费的所有成员。将以下代码添加到 sendDuesReminder.py 中：

```
#! python3
# sendDuesReminders.py - Sends emails based on payment status in spreadsheet.
```

```
--snip--

# Check each member's payment status.
unpaidMembers = {}
❶ for r in range(2, sheet.max_row + 1):
    ❷ payment = sheet.cell(row=r, column=lastCol).value
      if payment != 'paid':
        ❸ name = sheet.cell(row=r, column=1).value
        ❹ email = sheet.cell(row=r, column=2).value
        ❺ unpaidMembers[name] = email
```

这段代码设置了一个空字典 unpaidMembers，然后循环遍历第一行之后所有的行❶。对于每一行，最近月份的值保存在 payment 中❷。如果 payment 不等于 'paid'，则第一列的值保存在 name 中❸，第二列的值保存在 email 中❹，将 name 和 email 添加到 unpaidMembers 中❺。

第 3 步：发送定制的电子邮件提醒

得到所有未付费成员的名单后，就可以向他们发送电子邮件提醒了。将下面的代码添加到程序中，但要代入你的真实电子邮件地址和提供商的信息：

```
#! python3
# sendDuesReminders.py - Sends emails based on payment status in spreadsheet.

--snip--

# Log in to email account.
smtpObj = smtplib.SMTP('smtp.                ', 587)
smtpObj.ehlo()
smtpObj.starttls()
smtpObj.login('my_email_address@example.com', sys.argv[1])
```

调用 smtplib.SMTP() 并传入提供商的域名和端口，来创建一个 SMTP 对象。调用 ehlo() 和 starttls()，然后调用 login()，并传入你的电子邮件地址和 sys.argv[1]（其中保存着你的口令字符串）。在每次运行程序时，将口令作为命令行参数输入，避免在源代码中保存口令。

程序登录到你的电子邮件账户后，就应该遍历 unpaidMembers 字典，向未支付会费的会员的电子邮件地址发送针对个人的电子邮件。将以下代码添加到 sendDuesReminders.py：

```
#! python3
# sendDuesReminders.py - Sends emails based on payment status in spreadsheet.

--snip--

# Send out reminder emails.
for name, email in unpaidMembers.items():
  ❶ body = "Subject: %s dues unpaid.\nDear %s,\nRecords show that you have not
    paid dues for %s. Please make this payment as soon as possible. Thank you!'" %
    (latestMonth, name, latestMonth)
  ❷ print('Sending email to %s...' % email)
  ❸ sendmailStatus = smtpObj.sendmail('my_email_address@example.com', email, body)

  ❹ if sendmailStatus != {}:
        print('There was a problem sending email to %s: %s' % (email, sendmailStatus))
smtpObj.quit()
```

这段代码循环遍历 unpaidMembers 中的姓名和电子邮件。对于每个没有付费的成员，我们用最新的月份和成员的名称定制了一条消息，并保存在 body 中❶。输出表示正在向这个会员的电子邮件地址发送电子邮件❷。然后调用 sendmail()，向它传入地址和定制的消息❸。返回值保存在 sendmailStatus 中。

回忆一下，如果 SMTP 服务器在发送某个电子邮件时报告错误，sendmail() 方法将返回一个非空的字典值。for 循环的最后部分在❹行检查返回的字典是否非空，如果非空，则输出收件人的电子邮件地址以及返回的字典。

程序完成发送所有电子邮件后，调用 quit() 方法，与 SMTP 服务器断开连接。

如果运行该程序，输出结果会像这样：

```
Sending email to alice@example.com...
Sending email to bob@example.com...
Sending email to eve@example.com...
```

收件人会收到一封关于他们未支付会费的邮件，看起来就像你手动发送的邮件一样。

18.7　使用短信电子邮件网关发送短信

与计算机相比，人们可能离他们的智能手机更近，所以短信通常是比电子邮件更直接、更可靠的通知发送方式。此外，短信通常较短，因此人们更有可能去读短信。

最简单、但不是最可靠的发送短信的方法，是使用 SMS（短信服务）电子邮件网关，即一个电子邮件服务器。手机供应商通过电子邮件接收文本，然后以短信的形式转发给收件人。

你可以用 ezgmail 或 smtplib 模块编写一个程序来发送这些邮件。手机号码和电话公司的邮件服务器构成了收件人的电子邮件地址。邮件的主题和正文将成为短信的正文。例如，要向 Verizon 客户拥有的电话号码 415-555-1234 发送短信，你会发送一封邮件到 4155551234@vtext.com。

你可以通过网络搜索"sms email gateway provider name"（SMS 电子邮件网关提供商名称），找到手机提供商的 SMS 电子邮件网关，表 18-4 列出了几个常用提供商的网关。许多供应商都有单独的电子邮件服务器服务、SMS（短信服务）和 MMS（多媒体消息服务，没有字符限制）。如果你想发送一张照片，你必须使用 MMS 网关，并将文件附加到邮件中。

表 18-4　常用移动电话提供商的 SMS 电子邮件网关

移动电话供应商	SMS 网关	MMS 网关
AT&T	number@txt.att.net	number@mms.att.net
Boost Mobile	number@sms.myboostmobile.com	同 SMS
Cricket	number@sms.cricketwireless.net	number@mms.cricketwireless.net
Google Fi	number@msg.fi.google.com	同 SMS
Metro PCS	number@mymetropcs.com	同 SMS
Republic Wireless	number@text.republicwireless.com	同 SMS
Sprint	number@messaging.sprintpcs.com	number@pm.sprint.com
T-Mobile	number@tmomail.net	同 SMS

移动电话供应商	SMS 网关	MMS 网关
U.S. Cellular	number@email.uscc.net	number@mms.uscc.net
Verizon	number@vtext.com	number@vzwpix.com
Virgin Mobile	number@vmobl.com	number@vmpix.com
XFinity Mobile	number@vtext.com	number@mypixmessages.com

如果你不知道收件人的手机供应商，可以尝试使用运营商查询网站，应该可以提供一个电话号码的运营商。找到这些网站的最好方法是在网上搜索"find cell phone provider for number"（查找手机号码的运营商）。在这些网站中，许多可以让你免费查询电话号码（但是如果你需要通过他们的 API 查询几百个或几千个电话号码，会向你收费）。

虽然短信电子邮件网关免费又简单，但有以下几个主要的缺点。

- 你无法保证短信会及时到达，甚至无法保证短信到达。
- 你无法知道短信是否到达。
- 短信收件人无法回复。
- 如果你发了太多的邮件，短信网关可能会阻止你，而且没有办法知道有多少算是"太多"。
- 短信网关今天能发送一条短信，并不意味着明天也能发。

当你需要偶尔发送非紧急信息时，通过短信网关发送短信是理想的选择。如果你需要更可靠的服务，请使用非电子邮件短信网关服务，如下文所述。

18.8 用 Twilio 发送短信

在本节中，你将学习如何注册免费的 Twilio 服务，并用它的 Python 模块发送短信。Twilio 是一个"SMS 网关服务"，这意味着它是一种服务——让你通过程序发送短信。虽然每月发送多少短信会有限制，并且文本前面会加上 Sent from a Twilio trial account，但这项试用服务也许能满足你的个人程序。免费试用没有限期，不必升级到付费的套餐。

Twilio 不是唯一的 SMS 网关服务。如果你不喜欢使用 Twilio，可以在线搜索 free sms gateway、python sms api，甚至 twilio alternatives，寻找替代服务。

在注册 Twilio 账户之前，请在 Windows 操作系统上用 `pip install--user-- upgrade twilio` 安装 twilio 模块（或在 macOS 和 Linux 操作系统上使用 `pip3`）。附录 A 详细介绍了如何安装第三方模块。

> 注意：本节特别针对美国。Twilio确实也在美国以外的国家提供手机短信服务。但twilio模块及其函数在美国以外的国家也能用。

18.8.1 注册 Twilio 账号

访问 Twilio 官方网站并填写注册表单。注册了新账户后，你需要提供一个手机号码，验证短信将发给该号码。访问 Verified Caller IDs 页面，添加一个你能使用的手机号码。Twilio 将向这个号码发送一个验证码，你必须在页面上输入它，以验证手机号码（这项验证是必要的，防止有人利用该服务向任意的手机号码发送垃圾短信）。现在，就可以用 `twilio` 模块向这个电话号码发送短信了。

Twilio 提供的试用账户包括一个电话号码，它将作为短信的发送者。你需要两个信息：你的账户 SID 和 AUTH（认证）标志。在登录 Twilio 账户时，可以在 Dashboard 页面上找到这些信息。从 Python 程序登录时，这些值将作为你的 Twilio 用户名和口令。

18.8.2　发送短信

一旦安装了 `twilio` 模块，注册了 Twilio 账号，验证了你的手机号码，登记了 Twilio 电话号码，获得了账户的 SID 和 auth 标志，你就做好通过 Python 脚本向你自己发短信的准备了。

与所有的注册步骤相比，实际的 Python 代码很简单。保持计算机连接到因特网，在交互式环境中输入以下代码，用你的真实信息替换 `accountSID`、`authToken`、`myTwilioNumber` 和 `myCellPhone` 变量的值：

```
❶ >>> from twilio.rest import Client
   >>> accountSID = 'ACxxxxxxxxxxxxxxxxxxxxxxxxxxxxxxxx'
   >>> authToken  = 'xxxxxxxxxxxxxxxxxxxxxxxxxxxxxxxx'
❷ >>> twilioCli = Client(accountSID, authToken)
   >>> myTwilioNumber = '+14955551234'
   >>> myCellPhone    = '+14955558888'
❸ >>> message = twilioCli.messages.create(body='Mr. Watson - Come here - I want
   to see you.', from_=myTwilioNumber, to=myCellPhone)
```

输入最后一行后不久，你会收到一条短信，内容为：Sent from your Twilio trial account - Mr. Watson - Come here – I want to see you.。

基于 `twilio` 模块的设计方式，导入它时需要使用 `from twilio.rest import Client`，而不仅仅是 `import twilio`❶。将账户的 SID 保存在 `accountSID` 中，认证标志保存在 `authToken` 中，然后调用 `Client()`，并传入 `accountSID` 和 `authToken`。`Client()` 调用返回一个 `Client` 对象❷。该对象有一个 `message` 属性，该属性又有一个 `create()` 方法，可以用来发送短信。这个方法将告诉 Twilio 的服务器发送短信。将你的 Twilio 号码和手机号码分别保存在 `myTwilioNumber` 和 `myCellPhone` 中，然后调用 `create()`，传入关键字参数，指明短信的正文、发件人的号码（`myTwilioNumber`），以及收信人的电话号码（`myCellPhone`）❸。

`create()` 方法返回的 `Message` 对象将包含已发送短信的相关信息。输入以下代码，继续演示交互式环境的例子：

```
>>> message.to
'+14955558888'
>>> message.from_
'+14955551234'
>>> message.body
'Mr. Watson - Come here - I want to see you.'
```

`to`、`from_` 和 `body` 属性应该分别保存了你的手机号码、Twilio 号码和消息。请注意，发送手机号码是在 `from_` 属性中，末尾有一个下划线，而不是 `from`。这是因为 `from` 是一个 Python

关键字（例如，你在 `from modulename import *` 形式的 `import` 语句中见过它），因此它不能作为一个属性名。输入以下代码，继续演示交互式环境的例子：

```
>>> message.status
'queued'
>>> message.date_created
datetime.datetime(2019, 7, 8, 1, 36, 18)
>>> message.date_sent == None
True
```

`status` 属性应该包含一个字符串。如果消息被创建和发送，`date_created` 和 `date_sent` 属性应该包含一个 `datetime` 对象。如果已收到短信，而 `status` 属性却设置为 `'queued'`，`date_sent` 属性设置为 `None`，这似乎有点奇怪。这是因为你先将 `Message` 对象记录在 `message` 变量中，然后短信才实际发送。你需要重新获取 `Message` 对象，查看它最新的 `status` 和 `date_sent`。每个 Twilio 消息都有唯一的字符串 ID（SID），可用于获取 `Message` 对象的最新更新。输入以下代码，继续演示交互式环境的例子：

```
>>> message.sid
'SM09520de7639ba3af137c6fcb7c5f4b51'
❶ >>> updatedMessage = twilioCli.messages.get(message.sid)
>>> updatedMessage.status
'delivered'
>>> updatedMessage.date_sent
datetime.datetime(2019, 7, 8, 1, 36, 18)
```

输入 `message.sid` 将显示这个消息的 SID。将这个 SID 传入 Twilio 客户端的 `get()` 方法 ❶，你可以取得一个新的 `Message` 对象，它包含最新的消息。在这个新的 `Message` 对象中，`status` 和 `date_sent` 属性是正确的。

`status` 属性将设置为下列字符串之一：`'queued'`、`'sending'`、`'sent'`、`'delivered'`、`'undelivered'` 或 `'failed'`。这些状态不言自明，对于更准确的细节，请查看相关资源和图书。

用 Python 接收短信

遗憾的是，用 Twilio 接收短信比发送短信更复杂一些。Twilio 需要你有一个网站，用于运行自己的 Web 应用程序。这已超出了本书的范围，但你可以在网上找到更多细节。

18.9 项目："只给我发短信"模块

最常用你的程序发短信的人，可能就是你自己。当你远离计算机时，短信是通知你自己的好方式。如果你已经用程序自动化了一个无聊的任务，它需要运行几小时，你可以让它在完成时用短信通知你。或者可以定期运行某个程序，它有时需要与你联系，例如天气检查程序用短信提醒你带伞。

举一个简单的例子，下面是一个 Python 小程序，包含了 `textmyself()` 函数，它将传入的字符串参数作为短信发出。打开一个新的文件编辑器窗口，输入以下代码，用自己的信息替换账户 SID、认证标志和电话号码，将它保存为 textMyself.py：

```python
#! python3
# textMyself.py - Defines the textmyself() function that texts a message
# passed to it as a string.

# Preset  values:
accountSID = 'ACxxxxxxxxxxxxxxxxxxxxxxxxxxxxxx'
authToken = 'xxxxxxxxxxxxxxxxxxxxxxxxxxxxxx'
myNumber = '+15559998888'
twilioNumber = '+15552225678'
from twilio.rest import Client

❶ def textmyself(message):
❷     twilioCli = Client(accountSID, authToken)
❸     twilioCli.messages.create(body=message, from_=twilioNumber, to=myNumber)
```

该程序保存了账户的 SID、认证标志、发送号码及接收号码。然后它定义了 `textmyself()` 来接收参数❶，创建 `Client` 对象❷，并用你传入的消息调用 `create()`❸。

如果你想让其他程序使用 `textmyself()` 函数，只需将 textMyself.py 文件和 Python 脚本放在同一个文件夹中，只要想在程序中发短信给你，就添加以下代码：

```python
import textmyself
textmyself.textmyself('The boring task is finished.')
```

注册 Twilio 和编写短信代码只需做一次。在此之后，从任何其他程序中发短信都只需两行代码。

18.10 小结

通过因特网和手机网络，我们可以用几十种不同的方式相互通信，但以电子邮件和短信为主。你的程序可以通过这些渠道沟通，这给它们带来强大的新通知功能。甚至可以编程运行在不同的计算机上，相互之间通过电子邮件通信，一个程序用 SMTP 发送电子邮件，另一个用 IMAP 收取。

Python 的 `smtplib` 提供了一些函数，利用 SMTP，通过电子邮件提供商的 SMTP 服务器发送电子邮件。同样，第三方的 `imapclient` 和 `pyzmail` 模块让你访问 IMAP 服务器，并取回发送给你的电子邮件。虽然 IMAP 比 SMTP 复杂一些，但它也相当强大，允许你搜索特定电子邮件、下载它们、解析它们，并提取主题和正文作为字符串值。

短信与电子邮件有点不同，因为它不像电子邮件，发送短信不仅需要因特网连接。好在，像 Twilio 这样的服务提供了模块，允许你通过程序发送短信。一旦通过了初始设置过程，就能够只用几行代码来发送短信。

掌握了这些模块，就可以针对特定的情况编程，在这些情况下发送通知或提醒。现在，你的程序性能将超越运行它们的计算机。

18.11 习题

1. 发送电子邮件的协议是什么？检查和接收电子邮件的协议是什么？
2. 必须调用哪 4 个 `smtplib` 函数/方法，才能登录到 SMTP 服务器？
3. 必须调用哪两个 `imapclient` 函数/方法，才能登录到 IMAP 服务器？
4. 应传递给 `imapObj.search()` 什么样的参数？
5. 如果你的代码收到了错误信息 got more than 10000 bytes，你该怎么做？
6. `imapclient` 模块负责连接到 IMAP 服务器和查找电子邮件。什么模块负责读取 `imapclient` 收集的电子邮件？
7. 在使用 Gmail API 时，credentials.json 和 token.json 文件是什么？
8. 在 Gmail API 中，`thread` 和 `message` 对象有什么区别？
9. 利用 `ezgmail.search()`，如何找到有文件附件的邮件？
10. 在发送短信之前，你需要从 Twilio 得到哪 3 种信息？

18.12 实践项目

作为实践，编程完成以下任务。

18.12.1 随机分配家务活的电子邮件程序

编写一个程序，接收一个电子邮件地址的列表以及一个需要做的家务活列表，并随机将家务活分配给每个地址。用电子邮件通知每个人分配给他们的家务活。如果你觉得需要挑战，就记录每个人之前分配家务活的记录，这样就可以确保程序不会向任何人分配与上一次相同的家务活。另一个可能的功能，就是安排程序每周自动运行一次。

这里有一个提示：如果将一个列表传入 `random.choice()` 函数，它将从该列表中返回一个随机选择的项。你的部分代码看起来可能像这样：

```
chores = ['dishes', 'bathroom', 'vacuum', 'walk dog']
randomChore = random.choice(chores)
chores.remove(randomChore) # this chore is now taken, so remove it
```

18.12.2 伞提醒程序

第 12 章展示了如何利用 `requests` 模块从 National Weather Service 官网中抓取数据。编写一个程序，在你早晨快醒来时运行，检查当天是否会下雨。如果会下雨，让程序用短信提醒你出门之前带一把伞。

18.12.3 自动退订

编程扫描你的电子邮件账户，在所有邮件中找到所有退订链接，并自动在浏览器中打开它们。该程序必须登录到你的电子邮件服务提供商的 IMAP 服务器，并下载所有电子邮件。可以用 `Beautiful Soup`（在第 12 章中介绍）检查所有出现 unsubscribe（退订）的 HTML 链接标签。

得到这些 URL 的列表后，可以用 `webbrowser.open()` 在浏览器中自动打开所有这些链接。

仍然需要手动操作并完成所有额外的步骤，以从这些邮件列表中退订。在大多数情况下，这需要单击一个链接确认。

但这个脚本让你不必查看所有电子邮件即可找到退订链接。然后，可以将这个脚本转给你的朋友，让他们能够针对他们的电子邮件账户运行它（要确保你的邮箱口令没有硬编码在源代码中）。

18.12.4 通过电子邮件控制你的计算机

编写一个程序，每 15 分钟检查一次电子邮件账户，获取用电子邮件发送的所有指令，并自动执行这些指令。例如，BitTorrent 是一个对等网络下载系统。利用免费的 BitTorrent 软件，如 qBittorrent，可以在家用计算机上下载很大的媒体文件。如果你用电子邮件向该程序发送一个（完全合法的，根本不是盗版的）BitTorrent 链接，该程序将检查电子邮件，发现这个消息，提取链接，然后启动 qBittorrent，开始下载文件。通过这种方式，你可以在离开家的时候让家用计算机开始下载，这些（完全合法的，根本不是盗版的）下载在你回家前就能完成。

第 17 章介绍了如何利用 `subprocess.Popen()` 函数启动计算机上的程序。下面的调用将启动 qBittorrent 程序，并打开一个 torrent 文件：

```
qbProcess = subprocess.Popen(['C:\\Program Files (x86)\\qBittorrent\\qbittorrent.exe', 'shakespeare_complete_works.torrent'])
```

当然，你希望该程序确保邮件来自你自己。具体来说，你可能希望该邮件包含一个口令，因为在电子邮件中伪造"`from`"地址对黑客来说很容易。该程序应该删除它发现的邮件，这样就不会在每次检查电子邮件账户时重复执行命令。作为一个额外的功能，让程序每次执行命令时，用电子邮件或短信给你发一条确认信息。因为该程序运行时你不会坐在运行它的计算机前面，所以利用日志函数（参见第 11 章）写文本文件日志是一个好主意，你可以检查是否发生错误。

qBittorrent（以及其他 BitTorrent 应用程序）有一个功能：下载完成后，它可以自动退出。第 17 章解释了如何用 Popen 对象的 `wait()` 方法确定启动的应用程序何时已经退出。`wait()` 方法调用将阻塞，直到 qBittorrent 停止，然后程序可以通过电子邮件或短信通知你下载已经完成。

可以为这个项目添加许多可能的功能。如果遇到困难，可以从异步社区本书对应页面下载这个程序（torrentStarter.py）的示例实现。

第 19 章 操作图像

如果你有一台数码相机,或者只是将照片从手机上传到 Facebook,你可能随时会遇到数字图像文件。你可能知道如何使用基本的图形软件,如 Microsoft Paint 或 Paintbrush,甚至用更高级的应用程序,如 Adobe Photoshop。但是,如果需要编辑大量的图像,手动编辑可能是漫长、繁琐的工作。

请用 Python。`pillow` 是一个第三方 Python 模块,用于处理图像文件。该模块包含一些函数,可以很容易地裁剪图像、调整图像大小,以及编辑图像的内容。它可以像 Microsoft Paint 或 Adobe Photoshop 一样处理图像,有了这种能力,Python 可以轻松地自动编辑成千上万的图像。你可以通过运行 `pip install--user -U pillow==6.0.0` 来安装 pillow。附录 A 有更多关于安装第三方模块的细节。

19.1 计算机图像基础

为了处理图像,你需要了解计算机如何处理图像中的颜色和坐标的基本知识,以及如何在 `pillow` 中处理颜色和坐标。但在继续探讨之前,先要安装 `pillow` 模块。

视频讲解

19.1.1 颜色和 RGBA 值

计算机程序通常将图像中的颜色表示为 RGBA 值。RGBA 值是一组数字,指定颜色中的红、绿、蓝和 alpha(透明度)的值。这些值是从 0(根本没有)到 255(最高)的整数。这些 RGBA 值分配给单个像素,像素是计算机屏幕上能显示一种颜色的最小点(你可以想到,屏幕上有几百万像素)。像素的 RGB 值设置准确地告诉它应该显示哪种颜色。图像也有一个 alpha 值,用于生成 RGBA 值。如果图像显示在屏幕上,遮住了背景图像或桌面墙纸,alpha 值决定了"透过"这个图像的像素你可以看到多少背景。

在 `pillow` 中,RGBA 值表示为 4 个整数值的元组。例如,红色表示为(255, 0, 0, 255)。这种颜色中红的值为最大,没有绿和蓝,并且 alpha 值最大,这意味着它完全不透明。绿色表示为(0, 255, 0, 255),蓝色是(0, 0, 255, 255)。白色是各种颜色的组合,即(255, 255, 255, 255);而黑色没有任何颜色,是(0, 0, 0, 255)。

如果颜色的 alpha 值为 0,那么不论 RGB 值是什么,该颜色都是不可见的。毕竟,不可见的红色看起来就和不可见的黑色一样。

pillow 使用了 HTML 使用的标准颜色名称。表 19-1 列出了一些标准颜色的名称及其 RGBA 值。

表 19-1 标准颜色名称及其 RGBA 值

名称	RGBA 值	名称	RGBA 值
白色	(255, 255, 255, 255)	红色	(255, 0, 0, 255)
绿色	(0, 255, 0, 255)	蓝色	(0, 0, 255, 255)
灰色	(128, 128, 128, 255)	黄色	(255, 255, 0, 255)
黑色	(0, 0, 0, 255)	紫色	(128, 0, 128, 255)

pillow 提供 ImageColor.getcolor() 函数,所以你不必记住想用的颜色的 RGBA 值。该函数接收一个颜色名称字符串作为第一个参数,字符串 'RGBA' 作为第二个参数,返回一个 RGBA 元组。

要了解该函数的工作方式,就在交互式环境中输入以下代码:

```
❶ >>> from PIL import ImageColor
❷ >>> ImageColor.getcolor('red', 'RGBA')
   (255, 0, 0, 255)
❸ >>> ImageColor.getcolor('RED', 'RGBA')
   (255, 0, 0, 255)
   >>> ImageColor.getcolor('Black', 'RGBA')
   (0, 0, 0, 255)
   >>> ImageColor.getcolor('chocolate', 'RGBA')
   (210, 105, 30, 255)
   >>> ImageColor.getcolor('CornflowerBlue', 'RGBA')
   (100, 149, 237, 255)
```

首先,你需要从 PIL 导入 ImageColor 模块❶(不是从 pillow,稍后你就会明白为什么)。传递给 ImageColor.getcolor() 的颜色名称字符串是不区分大小写的,因此传入 'red'❷和传入 'RED'❸将得到同样的 RGBA 元组。还可以传递更多的不常见的颜色名称,如 'chocolate' 和 'Cornflower Blue'。

pillow 支持大量的颜色名称,从 'aliceblue' 到 'whitesmoke'。在 No Starch 出版社官网本书对应页面的资源中,可以找到超过 100 种标准颜色名称的完整列表。

19.1.2 坐标和 Box 元组

图像像素用 x 和 y 坐标指定,它们分别指定像素在图像中的水平和垂直位置。原点是位于图像左上角的像素,用符号(0, 0)指定。第一个 0 表示 x 坐标,它以原点处为 0,从左至右增加。第二个 0 表示 y 坐标,它以原点处为 0,从上至下增加。这值得重复一下:y 坐标向下走为增加,你可能还记得数学课上使用的 y 坐标,与此相反。图 19-1 所示为这个坐标系统的工作方式。

pillow 中的许多函数和方法需要一个"矩形元组"参数。这意味着 pillow 需要一个 4 个整数坐标的元组,用于表示图像中的一个矩形区域。4 个整数按顺序分别如下。

- 左：该矩形的最左边的 x 坐标。
- 顶：该矩形的顶边的 y 坐标。
- 右：该矩形的最右边一个像素的 x 坐标。此整数必须比左边整数大。
- 底：该矩形的底边一个像素的 y 坐标。此整数必须比顶边整数大。

注意，该矩形包括左和顶坐标，直到但不包括右和底坐标。例如，矩形元组（3，1，9，6）表示图 19-2 所示的黑色矩形的所有像素。

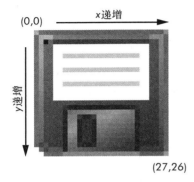
图 19-1　27 像素×26 像素的图像的 x 和 y 坐标，某种古老的数据存储装置

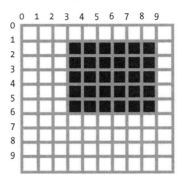
图 19-2　由矩形元组（3，1，9，6）表示的区域

19.2 用 pillow 操作图像

既然知道了 pillow 中颜色和坐标的工作方式，就让我们用 pillow 来处理图像。图 19-3 所示的图像将用于本章中所有交互式环境的例子。你可以从异步社区本书对应页面中下载它。

图 19-3　我的猫 Zophie。照片上看起来增加了 10 磅（对猫来说很多）

将图像文件 zophie.png 放在当前工作目录中，你就可以将 Zophie 的图像加载到 Python 中，像这样：

```
>>> from PIL import Image
>>> catIm = Image.open('zophie.png')
```

要加载图像，就从 pillow 导入 Image 模块，并调用 Image.open()，传入图像的文件名。然后，可以将加载的图像保存在 catIm 这样的变量中。pillow 的模块名称是 PIL，这保持了老模块 Python Imaging Library 的向后兼容，这就是为什么必须执行 from PIL import Image，而不是执行 from Pillow import Image。由于 pillow 的创建者设计 pillow 模块的方式，你必须使用 from PIL import Image 形式的 import 语句，而不是简单地执行 import PIL。

如果图像文件不在当前工作目录，就调用 os.chdir() 函数，将工作目录变为包含图像文件的文件夹：

```
>>> import os
>>> os.chdir('C:\\folder_with_image_file')
```

Image.open() 函数的返回值是 Image 对象数据类型，它是 pillow 将图像表示为 Python 值的方法。可以调用 Image.open() 方法，传入文件名字符串，从一个图像文件（任何格式）加载一个 Image 对象。调用 save() 方法，对 Image 对象的所有更改都可以保存到图像文件中（也是任何格式）。所有的旋转、调整大小、裁剪、绘画和其他图像操作，都通过这个 Image 对象上的方法调用来完成。

为了让本章的例子更简短，我假定你已导入了 pillow 的 Image 模块，并将 Zophie 的图像保存在了变量 catIm 中。要确保 zophie.png 文件在当前工作目录中，让 Image.open() 函数能找到它。否则，必须在 Image.open() 的字符串参数中指定完整的绝对路径。

19.2.1 处理 Image 数据类型

Image 对象有一些有用的属性，提供了加载的图像文件的基本信息：它的宽度和高度、文件名和图像格式（如 JPEG、GIF 或 PNG）。

例如，在交互式环境中输入以下代码：

```
>>> from PIL import Image
>>> catIm = Image.open('zophie.png')
>>> catIm.size
❶ (816, 1088)
❷ >>> width, height = catIm.size
❸ >>> width
816
❹ >>> height
1088
>>> catIm.filename
'zophie.png'
>>>   catIm.format
'PNG'
>>> catIm.format_description
'Portable network graphics'
```

```
❺ >>> catIm.save('zophie.jpg')
```

从 zophie.png 得到一个 Image 对象并将其保存在 catIm 中后,我们可以看到该对象的 size 属性是一个元组,包含该图像的宽度和高度的像素数❶。我们可以将元组中的值赋给 width 和 height 变量❷,以便分别访问宽度❸和高度❹。filename 属性描述了原始文件的名称。format 和 format_description 属性是字符串,描述了原始文件的图像格式(format_description 比较详细)。

最后,调用 save() 方法,传入 'zophie.jpg',将新图像以文件名 zophie.jpg 保存到硬盘上 ❺。pillow 看到文件扩展名是 .jpg,就自动使用 JPEG 图像格式来保存图像。现在硬盘上应该有两个图像: zophie.png 和 zophie.jpg。虽然这些文件都基于相同的图像,但它们不一样,因为格式不同。

pillow 还提供了 Image.new() 函数,它返回一个 Image 对象。这很像 Image.open(),不过 Image.new() 返回的对象表示空白的图像。Image.new() 的参数如下。

- 字符串 'RGBA',将颜色模式设置为 RGBA(还有其他模式,但本书没有涉及)。
- 大小,是两个整数元组,作为新图像的宽度和高度。
- 图像开始采用的背景颜色,是一个表示 RGBA 值的 4 整数元组。你可以用 ImageColor.getcolor() 函数的返回值作为这个参数。另外,Image.new() 也支持传入标准颜色名称的字符串。

例如,在交互式环境中输入以下代码:

```
   >>> from PIL import Image
❶ >>> im = Image.new('RGBA', (100, 200), 'purple')
   >>> im.save('purpleImage.png')
❷ >>> im2 = Image.new('RGBA', (20, 20))
   >>> im2.save('transparentImage.png')
```

这里,我们创建了一个 Image 对象,它有 100 像素宽、200 像素高,带有紫色背景❶。然后,该图像存入文件 purpleImage.png 中。我们再次调用 Image.new(),创建另一个 Image 对象,这次传入(20, 20)作为大小,没有指定背景色❷。如果未指定颜色参数,默认的颜色是不可见的黑色(0, 0, 0, 0),因此第二个图像具有透明背景,我们将这个 20 像素×20 像素的透明正方形存入 transparentImage.png。

19.2.2 裁剪图像

"裁剪"图像是指在图像内选择一个矩形区域,并删除矩形之外的一切。Image 对象的 crop() 方法接收一个矩形元组,并返回一个 Image 对象,以表示裁剪后的图像。裁剪不是在原图上发生的,也就是说,原始的 Image 对象原封不动,crop() 方法返回一个新的 Image 对象。请记住,矩形元组(这里就是要裁剪的区域)包括左列和顶行的像素,直至但不包括右列和底行的像素。

在交互式环境中输入以下代码:

```
>>> from PIL import Image
>>> catIm = Image.open('zophie.png')
>>> croppedIm = catIm.crop((335, 345, 565, 560))
>>> croppedIm.save('cropped.png')
```

这将得到一个新的 Image 对象,它是裁剪后的图像,保存在 croppedIm 中。然后调

用 `croppedIm` 的 `save()`，将裁剪后的图像存入 cropped.png。新文件 cropped.png 从原始图像创建，如图 19-4 所示。

图 19-4　新图像只有原始图像裁剪后的部分

19.2.3　复制和粘贴图像到其他图像

`copy()`方法返回一个新的 `Image` 对象，它和原来的 `Image` 对象具有一样的图像。如果需要修改图像，同时也希望保持原有的版本不变，该方法非常有用。例如，在交互式环境中输入以下代码：

```
>>> from PIL import Image
>>> catIm = Image.open('zophie.png')
>>> catCopyIm = catIm.copy()
```

`catIm` 和 `catCopyIm` 变量包含了两个独立的 `Image` 对象，它们的图像相同。既然 `catCopyIm` 中保存了一个 `Image` 对象，那么你可以随意修改 `catCopyIm`，将它存入一个新的文件名，而 zophie.png 没有改变。例如，让我们尝试用 `paste()`方法修改 `catCopyIm`。

`paste()`方法在 `Image` 对象上调用，将另一个图像粘贴在它上面。我们继续演示交互式环境的例子，将一个较小的图像粘贴到 `catCopyIm`：

```
>>> faceIm = catIm.crop((335, 345, 565, 560))
>>> faceIm.size
(230, 215)
>>> catCopyIm.paste(faceIm, (0, 0))
>>> catCopyIm.paste(faceIm, (400, 500))
>>> catCopyIm.save('pasted.png')
```

首先我们向 `crop()`传入一个矩形元组，指定 zophie.png 中的一个矩形区域，该区域包含 Zophie 的脸。这将创建一个 `Image` 对象，表示 230 像素×215 像素的裁剪区域，被保存在 `faceIm` 中。现在，我们可以将 `faceIm` 粘贴到 `catCopyIm`。`paste()`方法有两个参数：一个"源"`Image`

对象；一个包含 x 和 y 坐标的元组，指明源 Image 对象粘贴到主 Image 对象时左上角的位置。这里，我们在 catCopyIm 上两次调用 paste()，第一次传入(0，0)，第二次传入(400，500)。这将 faceIm 两次粘贴到 catCopyIm：一次 faceIm 的左上角在(0，0)，一次 faceIm 的左上角在(400，500)。最后，我们将修改后的 catCopyIm 存入 pasted.png。图 19-5 所示为 pasted.png。

注意：尽管名称是 copy()和 paste()，但Pillow中的方法不使用计算机的剪贴板。

请注意，paste()方法在原图上修改它的 Image 对象，它不会返回粘贴后图像的 Image 对象。如果想调用 paste()，又要保持原始图像的未修改版本，就需要先复制图像，然后在副本上调用 paste()。

假定要用 Zophie 的头平铺整个图像，如图 19-6 所示，可以用两个 for 循环来实现这个效果。继续交互式环境的例子，输入以下代码：

```
>>> catImWidth, catImHeight = catIm.size
>>> faceImWidth, faceImHeight = faceIm.size
❶ >>> catCopyTwo = catIm.copy()
❷ >>> for left in range(0, catImWidth, faceImWidth):
❸         for top in range(0, catImHeight, faceImHeight):
              print(left, top)
              catCopyTwo.paste(faceIm, (left, top))
0 0
0 215
0 430
0 645
0 860
0 1075
230 0
230 215
--snip--
690 860
690 1075
>>> catCopyTwo.save('tiled.png')
```

图 19-5　猫 Zophie，包含　　　　图 19-6　嵌套的 for 循环与 paste()，
两次粘贴它的脸　　　　　　　　　用于复制猫脸（可以称之为 dupli-cat）

这里，我们将 catIm 的高度和宽度保存在 catImWidth 和 catImHeight 中。在❶行，我们得到了 catIm 的副本，并保存在 catCopyTwo。既然有了一个副本可以粘贴，我们就开始循环，将 faceIm 粘贴到 catCopyTwo。外层 for 循环的 left 变量从 0 开始，增量是 faceImWidth（即 230）❷。内层 for 循环的 top 变量从 0 开始，增量是 faceImHeight（即 215）❸。这些嵌套的 for 循环生成了 left 和 top 的值，将 faceIm 图像按照网格粘贴到 Image 对象 catCopyTwo，如图 19-6 所示。为了看到嵌套循环的工作过程，我们输出了 left 和 top。粘贴完成后，我们将修改后的 catCopyTwo 保存到 tiled.png。

19.2.4　调整图像大小

resize()方法在 Image 对象上调用，返回指定宽度和高度的一个新 Image 对象。它接收两个整数的元组作为参数，表示返回图像的新高度和宽度。在交互式环境中输入以下代码：

```
>>> from PIL import Image
>>> catIm = Image.open('zophie.png')
❶ >>> width, height = catIm.size
❷ >>> quartersizedIm = catIm.resize((int(width / 2), int(height / 2)))
>>> quartersizedIm.save('quartersized.png')
❸ >>> svelteIm = catIm.resize((width, height + 300))
>>> svelteIm.save('svelte.png')
```

这里，我们将 catIm.size 元组中的两个值赋给变量 width 和 height❶。使用 width 和 height，而不是 catIm.size[0] 和 catIm.size[1]，这可以让接下来的代码更易读。

第一个 resize()调用传入 int(width / 2)作为新宽度，传入 int(height / 2)作为新高度❷，因此 resize()返回的 Image 对象具有原始图像的一半长度和宽度，是原始图像大小的 1/4。resize()方法的元组参数中只允许使用整数，这就是为什么需要调用 int()对两个除以 2 的值取整。

这个大小调整保持了相同比例的宽度和高度，但传入 resize()的新宽度和高度不必与原始图像成比例。svelteIm 变量保存了一个 Image 对象，宽度与原始图像相同，但高度增加了 300 像素❸，让 Zophie 显得更苗条。

请注意，resize()方法不会在原图上修改 Image 对象，而是返回一个新的 Image 对象。

19.2.5　旋转和翻转图像

图像可以用 rotate()方法旋转，该方法返回旋转后的新 Image 对象，并保持原始 Image 对象不变。rotate()的参数是一个整数或浮点数，表示图像逆时针旋转的度数。在交互式环境中输入以下代码：

```
>>> from PIL import Image
>>> catIm = Image.open('zophie.png')
>>> catIm.rotate(90).save('rotated90.png')
>>> catIm.rotate(180).save('rotated180.png')
>>> catIm.rotate(270).save('rotated270.png')
```

注意，可以"链式"调用方法，对 rotate()返回的 Image 对象直接调用 save()。第一个 rotate() 和 save() 调用得到一个逆时针旋转 90 度的新 Image 对象,并将旋转后的图像存入 rotated90.png。第二个和第三个调用做的事情一样,但旋转了 180 度和 270 度。结果如图 19-7 所示。

图 19-7　原始图像(左)和逆时针旋转 90 度、180 度和 270 度的图像

注意,当图像旋转 90 度或 270 度时,宽度和高度会变化。如果旋转其他角度,图像会保持原始尺寸。在 Windows 操作系统上,使用黑色的背景来填补旋转造成的缝隙。在 macOS 上,使用透明的像素来填补缝隙。

rotate() 方法有一个可选的 expand 关键字参数,如果设置为 True,就会放大图像的尺寸,以适应整个旋转后的新图像。例如,在交互式环境中输入以下代码:

```
>>> catIm.rotate(6).save('rotated6.png')
>>> catIm.rotate(6, expand=True).save('rotated6_expanded.png')
```

第一次调用将图像旋转 6 度,并存入 rotate.png(参见图 19-8 所示的左边的图像)。第二次调用将图像旋转 6 度,expand 设置为 True,并存入 rotate6_expanded.png(如图 19-8 所示的右侧的图像)。

图 19-8　图像普通旋转 6 度(左),以及使用 expand=True(右)

利用 transpose() 方法,还可以将图像"镜像翻转"。必须向 transpose() 方法传入

Image.FLIP_LEFT_RIGHT 或 Image.FLIP_TOP_BOTTOM。在交互式环境中输入以下代码：

```
>>> catIm.transpose(Image.FLIP_LEFT_RIGHT).save('horizontal_flip.png')
>>> catIm.transpose(Image.FLIP_TOP_BOTTOM).save('vertical_flip.png')
```

像 rotate() 一样，transpose() 会创建一个新 Image 对象。这里我们传入 Image.FLIP_LEFT_RIGHT，让图像水平翻转，然后存入 horizontal_flip.png。要垂直翻转图像，请传入 Image.FLIP_TOP_BOTTOM，并存入 vertical_flip.png。结果如图 19-9 所示。

图 19-9 原始图像（左），水平翻转（中），垂直翻转（右）

19.2.6 更改单个像素

单个像素的颜色可以通过 getpixel() 方法和 putpixel() 方法取得和设置。它们都接收一个元组，表示像素的 x 和 y 坐标。putpixel() 方法还接收一个元组，作为该像素的颜色。这个颜色参数是 4 整数 RGBA 元组或 3 整数 RGB 元组。在交互式环境中输入以下代码：

```
>>> from PIL import Image
❶ >>> im = Image.new('RGBA', (100, 100))
❷ >>> im.getpixel((0, 0))
(0, 0, 0, 0)
❸ >>> for x in range(100):
        for y in range(50):
❹           im.putpixel((x, y), (210, 210, 210))

>>> from PIL import  ImageColor
❺ >>> for x in range(100):
        for y in range(50, 100):
❻           im.putpixel((x, y), ImageColor.getcolor('darkgray', 'RGBA'))
>>> im.getpixel((0,  0))
(210, 210, 210, 255)
>>> im.getpixel((0, 50))
(169, 169, 169, 255)
>>> im.save('putPixel.png')
```

在❶行，我们得到一个新图像，这是一个 100 像素×100 像素的透明正方形。对一些坐标调用 getpixel() 将返回 (0, 0, 0, 0)，因为图像是透明的❷。要给图像中的像素上色，我们可以使用嵌套的 for 循环，遍历图像上半部分的所有像素❸，用 putpixel() 设置每个像素的颜色

❹。这里我们向 `putpixel()` 传入 RGB 元组（210，210，210），即浅灰色。

假定我们希望图像下半部分是深灰色，但不知道深灰色的 RGB 元组。`putpixel()` 方法不接收 `'darkgray'` 这样的标准颜色名称，因此必须使用 `ImageColor.getcolor()` 来获得 `'darkgray'` 的颜色元组。循环遍历图像的下半部分像素❺，向 `putpixel()` 传入 `ImageColor.getcolor()` 的返回值❻，你现在应该得到一个图像，上半部分是浅灰色，下半部分是深灰色，如图 19-10 所示。可以对一些坐标调用 `getpixel()`，确认指定像素的颜色符合你的期望。最后，将图像存入 putPixel.png。

图 19-10　putPixel.png 中的图像

当然，在图像上一次绘制一个像素不是很方便。如果需要绘制形状，就使用本章稍后介绍的 `ImageDraw` 模块。

19.3　项目：添加徽标

假设你有一项无聊的工作，要调整数千张图片的大小，并在每张图片的角上增加一个小徽标水印。使用基本的图形程序，如 Paintbrush 或 Paint，完成这项工作需要很长时间。像 Photoshop 这样的应用程序可以批量处理，但这个软件要花几百美元。让我们写一个脚本来完成工作。

假定图 19-11 所示是要添加到每个图像右下角的标识：带有白色边框的黑猫图标，图像的其余部分是透明的。

总的来说，程序应该完成以下任务。
- 载入徽标图像。
- 循环遍历工作目标中的所有 .png 和 .jpg 文件。
- 检查图片是否宽于或高于 300 像素。
- 如果是，将宽度或高度中较大的一个减小为 300 像素，并按比例缩小另一维度。
- 在角上粘贴徽标图像。
- 将改变的图像存入另一个文件夹。

图 19-11　添加到图像中的徽标

这意味着代码需要执行以下操作。
- 打开 catlogo.png 文件将其作为 `Image` 对象。
- 循环遍历 `os.listdir('.')` 返回的字符串。
- 通过 `size` 属性取得图像的宽度和高度。
- 计算调整后图像的新高度和宽度。
- 调用 `resize()` 方法来调整图像大小。
- 调用 `paste()` 方法来粘贴徽标。
- 调用 `save()` 方法保存更改，使用原来的文件名。

第 1 步：打开徽标图像

针对这个项目，打开一个新的文件编辑器窗口，输入以下代码，并保存为 resizeAndAddLogo.py：

```
#! python3
# resizeAndAddLogo.py - Resizes all images in current working directory to fit
# in a 300x300 square, and adds catlogo.png to the lower-right corner.

import os
from PIL import Image

❶ SQUARE_FIT_SIZE = 300
❷ LOGO_FILENAME = 'catlogo.png'

❸ logoIm = Image.open(LOGO_FILENAME)
❹ logoWidth, logoHeight = logoIm.size

# TODO: Loop over all files in the working directory.

# TODO: Check if image needs to be resized.

# TODO: Calculate the new width and height to resize to.

# TODO: Resize the image.

# TODO: Add the logo.

# TODO: Save changes.
```

在程序开始时设置 SQUARE_FIT_SIZE❶ 和 LOGO_FILENAME❷ 常量，这让程序以后更容易修改。假定你要添加的徽标不是猫图标，或者假定将输出图像的最大尺寸减少到 300 像素。有了程序开始时定义的这些常量，你可以打开代码，修改一下这些值，就大功告成了（或者你可以让这些常量的值从命令行参数获得）。没有这些常量，就要在代码中寻找所有的 300 和 'catlogo.png'，将它们替换为新项目的值。总之，使用常量可以使程序更加通用。

徽标 Image 对象从 Image.open() 返回❸。为了增强可读性，logoWidth 和 logoHeight 被赋予 logoIm.size 中的值❹。

该程序的其余部分目前是 TODO 注释，说明了程序的框架。

第 2 步：遍历所有文件并打开图像

现在，需要找到当前工作目录中的每个 .png 文件和 .jpg 文件。请注意，你不希望将徽标图像添加到徽标图像本身，所以程序应该跳过所有名为 LOGO_FILENAME 的图像文件。在程序中添加以下代码：

```
#! python3
# resizeAndAddLogo.py - Resizes all images in current working directory to fit
# in a 300x300 square, and adds catlogo.png to the lower-right corner.

import os
from PIL import Image

--snip--

os.makedirs('withLogo', exist_ok=True)
# Loop over all files in the working directory.
❶ for filename in os.listdir('.'):
    ❷ if not (filename.endswith('.png') or filename.endswith('.jpg')) \
        or filename == LOGO_FILENAME:
```

```
❸ continue    # skip non-image files and the logo file itself
❹ im = Image.open(filename)
  width, height = im.size
```
`--snip--`

首先，os.makedirs()调用创建了一个文件夹 withLogo，用于保存完成的带有徽标的图像，而不是覆盖原始图像文件。关键字参数 exist_ok=True 将防止 os.makedirs()在 withLogo 已存在时抛出异常。在用 os.listdir('.')遍历工作目录中的所有文件时❶，较长的 if 语句❷检查每个 filename 是否以.png 或.jpg 结束。如果不是，或者该文件是徽标图像本身，循环就跳过它，使用 continue❸去处理下一个文件。如果 filename 确实以'.png'或'.jpg'结束(而且不是徽标文件)，就将它打开为一个 Image 对象❹，并设置 width 和 height。

第 3 步：调整图像的大小

只在有宽度或高度超过 SQUARE_FIT_SIZE 时（在这个例子中，是 300 像素），该程序才应该调整图像的大小，因此将所有调整大小的代码放在一个检查 width 和 height 变量的 if 语句内。在程序中添加以下代码：

```
#! python3
# resizeAndAddLogo.py - Resizes all images in current working directory to fit
# in a 300x300 square, and adds catlogo.png to the lower-right corner.

import os
from PIL import Image

--snip--

    # Check if image needs to be resized.
    if width > SQUARE_FIT_SIZE and height > SQUARE_FIT_SIZE:
        # Calculate the new width and height to resize to.
        if width > height:
❶           height = int((SQUARE_FIT_SIZE / width) * height)
            width = SQUARE_FIT_SIZE
        else:
❷           width = int((SQUARE_FIT_SIZE / height) * width)
            height = SQUARE_FIT_SIZE

        # Resize the image.
        print('Resizing %s...' % (filename))
❸       im = im.resize((width, height))
```
`--snip--`

如果确实需要调整图像大小，就需要弄清楚它是太宽还是太高。如果 width 大于 height，则高度应该根据宽度同比例减小❶。这个比例是当前宽度除以 SQUARE_FIT_SIZE 的值。新的高度值是这个比例乘以当前高度值。由于除法运算符返回一个浮点值，而 resize()要求的尺寸是整数，因此要记得将结果用 int()函数转换成整数。最后，新的 width 值就设置为 SQUARE_FIT_SIZE。

如果 height 大于或等于 width（这两种情况都在 else 子句中处理），那么进行同样的计算，只是交换 height 和 width 变量的位置❷。

在 width 和 height 包含新图像尺寸后，将它们传入 resize() 方法，并将返回的 Image 对象保存在 im 中❸。

第 4 步：添加徽标，并保存更改

不论图像是否调整大小，徽标都应粘贴到图像右下角。徽标粘贴的确切位置取决于图像的大小和徽标的大小。图 19-12 展示了如何计算粘贴的位置。粘贴徽标的左坐标将是图像宽度减去徽标宽度，顶坐标将是图像高度减去徽标高度。

用代码将徽标粘贴到图像中后，应保存修改后的 Image 对象。将以下代码添加到程序中：

```
#! python3
# resizeAndAddLogo.py - Resizes all images in current working directory to fit
# in a 300x300 square, and adds catlogo.png to the lower-right corner.

import os
from PIL import Image

--snip--

    # Check if image needs to be resized.
    --snip--

    # Add the logo.
❶   print('Adding logo to %s...' % (filename))
❷   im.paste(logoIm, (width - logoWidth, height - logoHeight), logoIm)

    # Save changes.
❸   im.save(os.path.join('withLogo', filename))
```

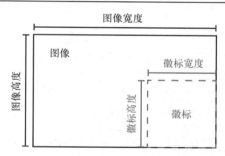

图 19-12　在右下角放置徽标，左坐标和顶坐标应该是图像宽度/高度减去徽标宽度/高度

新的代码输出一条消息，告诉用户徽标已被加入❶，将 logoIm 粘贴到 im 中计算的坐标处❷，并将变更保存到 withLogo 目录的 filename 中❸。如果运行这个程序，zophie.png 文件是工作目录中唯一的图像，输出结果会是这样：

```
Resizing zophie.png...
Adding logo to zophie.png...
```

图像 zophie.png 将变成 225 像素×300 像素的图像，如图 19-13 所示。请记住，如果没有传入 logoIm 作为第三个参数，那么 paste() 方法不会粘贴透明的像素。这个程序可以在短短几分钟内自动调整几百幅图像，并"加上徽标"。

图 19-13　图像 zophie.png 调整了大小并加上了徽标（左）。如果忘记了第三个参数，
徽标中透明的像素将被复制为不透明的白色像素（右）

第 5 步：类似程序的想法

能够批量合成图像或修改图像大小的功能，在许多应用中都有用。可以编写类似的程序来完成以下任务。

- 为图像添加文字或网站 URL。
- 为图像添加时间戳。
- 根据图像的大小，将图像复制或移动到不同的文件夹中。
- 为图像添加一个几乎透明的水印，防止他人复制。

19.4　在图像上绘画

如果需要在图像上画线、画矩形、画圆形或其他简单形状，就用 pillow 的 `ImageDraw` 模块。在交互式环境中输入以下代码：

```
>>> from PIL import Image, ImageDraw
>>> im = Image.new('RGBA', (200, 200), 'white')
>>> draw = ImageDraw.Draw(im)
```

首先，我们导入 `Image` 和 `ImageDraw`。然后，创建一个新的图像，在这个例子中，创建的是 200 像素×200 像素的白色图像，将这个 `Image` 对象保存在 `im` 中。我们将该 `Image` 对象传入 `ImageDraw.Draw()` 函数，得到一个 `ImageDraw` 对象。这个对象有一些方法，可以在 `Image` 对象上绘制形状和文字。将 `ImageDraw` 对象保存在变量 `draw` 中，这样就能在接下来的例子中方便地使用它。

19.4.1　绘制形状

下面的 `ImageDraw` 模块的方法可在图像上绘制各种形状。这些方法的 `fill` 和 `outline` 参数是可选的，如果未指定，默认均为白色。

点

`point(xy, fill)`方法绘制单个像素。xy 参数表示要画的点的列表。该列表可以是 x 和 y 坐标的元组的列表，例如 [(x, y), (x, y), ...]；或是没有元组的 x 和 y 坐标的列表，例如 [x1, y1, x2, y2, ...]。fill 参数是点的颜色，要么是一个 RGBA 元组，要么是颜色名称的字符串，如 'red'。fill 参数是可选的。

线

`line(xy, fill, width)`方法绘制一条线或一系列的线。xy 要么是一个元组的列表，例如 [(x, y), (x, y), ...]，要么是一个整数列表，例如 [x1, y1, x2, y2, ...]。每个点都是正在绘制的线上的一个连接点。可选的 fill 参数是线的颜色，是一个 RGBA 元组或颜色名称。可选的 width 参数是线的宽度，如果未指定，默认值为 1。

矩形

`rectangle(xy, fill, outline)`方法绘制一个矩形。xy 参数是一个矩形元组，形式为 (left, top, right, bottom)。left 和 top 值指定了矩形左上角的 x 和 y 坐标，right 和 bottom 指定了矩形的右下角的 x 和 y 坐标。可选的 fill 参数是颜色，将填充该矩形的内部。可选的 outline 参数是矩形轮廓的颜色。

椭圆

`ellipse(xy, fill, outline)`方法绘制一个椭圆。如果椭圆的长轴和短轴一样，该方法将绘制一个圆。xy 参数是一个矩形元组(left, top, right, bottom)，它表示正好包含该椭圆的矩形。可选的 fill 参数是椭圆内的颜色，可选的 outline 参数是椭圆轮廓的颜色。

多边形

`polygon(xy, fill, outline)`方法绘制任意的多边形。xy 参数是一个元组列表，例如 [(x, y), (x, y), ...]；或者是一个整数列表，例如 [x1, y1, x2, y2, ...]，表示多边形边的连接点。最后一对坐标将自动连接到第一对坐标。可选的 fill 参数是多边形内部的颜色，可选的 outline 参数是多边形轮廓的颜色。

绘制示例

在交互式环境中输入以下代码：

```
>>> from PIL import Image, ImageDraw
>>> im = Image.new('RGBA', (200, 200), 'white')
>>> draw = ImageDraw.Draw(im)
❶ >>> draw.line([(0, 0), (199, 0), (199, 199), (0, 199), (0, 0)], fill='black')
❷ >>> draw.rectangle((20, 30, 60, 60), fill='blue')
❸ >>> draw.ellipse((120, 30, 160, 60), fill='red')
❹ >>> draw.polygon(((57, 87), (79, 62), (94, 85), (120, 90), (103, 113)),
    fill='brown')
❺ >>> for i in range(100, 200, 10):
```

```
        draw.line([(i, 0), (200, i - 100)], fill='green')
>>> im.save('drawing.png')
```

为 200 像素×200 像素的白色图像生成 Image 对象后，将它传入 ImageDraw.Draw()，获得 ImageDraw 对象。将 ImageDraw 对象保存在 draw 中，可以对 draw 调用绘图方法。这里，我们在图像边缘画上窄的黑色轮廓❶；画一个蓝色的矩形，左上角在（20, 30），右下角在（60, 60）❷；画一个红色的椭圆，由（120, 30）到（160, 60）的矩形来定义❸；画一个棕色的多边形，有 5 个顶点❹，以及一些绿线的图案，用 for 循环绘制❺。得到的 drawing.png 文件如图 19-14 所示。

图 19-14　得到的图像 drawing.png

ImageDraw 对象还有另外几个绘制形状的方法，读者可自行查询完整的技术文档。

19.4.2　绘制文本

ImageDraw 对象还有 text()方法，用于在图像上绘制文本。text()方法有 4 个参数：xy、text、fill 和 font。

- xy 参数是两个整数的元组，指定文本区域的左上角。
- text 参数是想写入的文本字符串。
- 可选参数 fill 是文本的颜色。
- 可选参数 font 是一个 ImageFont 对象，用于设置文本的字体和大小。后续内容更详细地介绍了这个参数。

因为通常很难预先知道一块文本在给定的字体下的大小，所以 ImageDraw 模块也提供了 textsize()方法。它的第一个参数是要测量的文本字符串，第二个参数是可选的 ImageFont 对象。textsize()方法返回一个两整数元组，表示在以指定的字体写入图像时文本的宽度和高度。可以利用这个宽度和高度，来精确计算文本放在图像上的位置。

text()的前 3 个参数非常简单。在用 text()向图像绘制文本之前，让我们来看看可选的第四个参数，即 ImageFont 对象。

text()和 textsize()都接收可选的 ImageFont 对象作为最后一个参数。要创建这种对象，先执行以下命令：

```
>>> from PIL import ImageFont
```

既然已经导入 pillow 的 ImageFont 模块，就可以调用 ImageFont.truetype()函数，它有两个参数。第一个参数是字符串，表示字体的 TrueType 文件，这是硬盘上实际的字体文件。TrueType 字体文件具有.ttf 文件扩展名，通常可以在以下文件夹中找到。

- 在 Windows 操作系统上：C:\Windows\Fonts。
- 在 macOS 上：/Library/Fonts 和/System/Library/Fonts。
- 在 Linux 操作系统上：/usr/share/fonts/truetype。

实际上并不需要输入这些路径作为 TrueType 字体文件的字符串的一部分，因为 Python 会自动在这些目录中搜索字体。如果无法找到指定的字体，Python 会显示错误。

`ImageFont.truetype()` 的第二个参数是一个整数，表示字体大小的点数（而不是像素）。请记住，pillow 创建的 PNG 图像默认是每英寸 72 像素，一点是 1/72 英寸。

在交互式环境中输入以下代码，用你的操作系统中实际的文件夹名称替换 `FONT_FOLDER`：

```
>>> from PIL import Image, ImageDraw, ImageFont
>>> import os
❶ >>> im = Image.new('RGBA', (200, 200), 'white')
❷ >>> draw = ImageDraw.Draw(im)
❸ >>> draw.text((20, 150), 'Hello', fill='purple')
>>> fontsFolder = 'FONT_FOLDER' # e.g. '/Library/Fonts'
❹ >>> arialFont = ImageFont.truetype(os.path.join(fontsFolder, 'arial.ttf'), 32)
❺ >>> draw.text((100, 150), 'Howdy', fill='gray', font=arialFont)
>>> im.save('text.png')
```

导入 `Image`、`ImageDraw`、`ImageFont` 和 `os` 后，我们生成一个 `Image` 对象，它是新的 200 像素×200 像素白色图像❶，并通过这个 `Image` 对象得到一个 `ImageDraw` 对象❷。我们使用 `text()` 在（20, 150）以紫色绘制 `Hello`❸。在这次 `text()` 调用中，我们没有传入可选的第四个参数，因此这段文本的字体和大小没有定制。

要设置字体和大小，我们首先将文件夹名称（如/Library/Fonts）保存在 `fontsFolder` 中。然后调用 `ImageFont.truetype()`，传入我们想要的字体的 `.ttf` 文件，之后是表示字体大小的整数❹。将 `ImageFont.truetype()` 返回的 `Font` 对象保存在 `arialFont` 这样的变量中，然后将该变量传入 `text()`，作为最后的关键字参数。❺行的 `text()` 调用绘制了 `Howdy`，采用灰色、32 点 Arial 字体。

得到的 text.png 文件如图 19-15 所示。

图 19-15　得到的图像 text.png

19.5　小结

图像由像素的集合构成，每个像素具有表示颜色的 RGBA 值，可以通过 x 和 y 坐标来定位。两种常见的图像格式是 JPEG 和 PNG。pillow 模块可以处理这两种图像格式和其他格式。

当图像被加载为 `Image` 对象时，它的宽度和高度作为两整数元组，保存在 `size` 属性中。`Image` 数据类型的对象也有一些方法用于实现常见的图像处理，方法有 `crop()`、`copy()`、`paste()`、`resize()`、`rotate()` 和 `transpose()`。要将 `Image` 对象保存为图像文件，就调用 `save()` 方法。

如果希望程序在图像上绘制形状，就使用 `ImageDraw` 的方法绘制点、线、矩形、椭圆和多边形。该模块也提供了一些方法，可用你选择的字体和大小绘制文本。

虽然像 Photoshop 这样高级（且昂贵）的应用程序提供了自动批量处理功能，但你可以用 Python 脚本免费完成许多相同的修改。在前面的章节中，你编写 Python 程序来处理纯文本文件、电子表格、PDF 和其他格式。利用 pillow 模块，你已将编程能力扩展到处理图像。

19.6 习题

1. 什么是 RGBA 值？
2. 如何利用 `pillow` 模块得到 `'CornflowerBlue'` 的 RGBA 值？
3. 什么是矩形元组？
4. 哪个函数针对名为 `zophie.png` 的图像文件返回一个 `Image` 对象？
5. 如何得到一个 `Image` 对象的图像的宽度和高度？
6. 调用什么方法会得到一个 100 像素×100 像素的图像的 `Image` 对象，但不包括它左下角的 1/4？
7. 将 `Image` 对象修改后，如何将它保存为图像文件？
8. 什么模块包含 `pillow` 的形状绘制代码？
9. `Image` 对象没有绘制方法。哪种对象有？如何获得这种类型的对象？

19.7 实践项目

作为实践，编程完成以下任务。

19.7.1 扩展和修正本章项目的程序

本章的 resizeAndAddLogo.py 程序使用 PNG 和 JPEG 文件，但 `pillow` 还支持许多格式，不仅仅是这两个。扩展 resizeAndAddLogo.py，让它也能处理 GIF 和 BMP 图像。

另一个小问题是，只有文件扩展名为小写时，程序才修改 PNG 和 JPEG 文件。例如，它会处理 zophie.png，但不处理 zophie.PNG。修改代码，让文件扩展名检查不区分大小写。

最后，添加到右下角的徽标本来只是一个小标记，但如果该图像与徽标本身差不多大，结果将类似于图 19-16。修改 resizeAndAddLogo.py，使得图像的宽度和高度必须至少是徽标的两倍，然后才粘贴徽标；否则，它应该跳过添加徽标。

图 19-16　如果图像不比徽标大很多，结果会很难看

19.7.2 在硬盘上识别照片文件夹

我有一个坏习惯，从数码相机将文件传输到硬盘的临时文件夹后，会忘记这些文件夹。下面来编程扫描整个硬盘，找到这些遗忘的"照片文件夹"。

编写一个程序，遍历硬盘上的每个文件夹，找到可能的照片文件夹。当然，首先你必须定义什么是"照片文件夹"——假定就是超过半数文件是照片的任何文件夹。你如何定义什么文件是照片？

首先，照片文件必须具有文件扩展名 .png 或 .jpg。此外，照片是很大的图像。照片文件的宽度和高度都必须大于 500 像素。这是比较含蓄的假定，因为大多数数码相机照片的宽度和高度都是几千像素。

作为提示，下面是这个程序的粗略框架：

```python
#! python3
# Import modules and write comments to describe this program.

for foldername, subfolders, filenames in os.walk('C:\\'):
    numPhotoFiles = 0
    numNonPhotoFiles = 0
    for filename in filenames:
        # Check if file extension isn't .png or .jpg.
        if TODO:
            numNonPhotoFiles += 1
            continue    # skip to next filename

        # Open image file using Pillow.

        # Check if width & height are larger than 500.
        if TODO:
            # Image is large enough to be considered a photo.
            numPhotoFiles += 1
        else:
            # Image is too small to be a photo.
            numNonPhotoFiles += 1

    # If more than half of files were photos,
    # print the absolute path of the folder.
    if TODO:
        print(TODO)
```

程序运行时，它应该在屏幕上输出所有照片文件夹的绝对路径。

19.7.3 定制的座位卡

第 15 章包含了一个实践项目，利用纯文本文件的客人名单来创建定制的邀请函。作为附加项目，请使用 pillow 模块为客人创建定制的座位卡图像。从异步社区本书对应页面中下载资源文件 guests.txt，对于其中列出的客人，生成带有客人名字和一些鲜花装饰的图像文件。在本书提供的资源中，包含一个版权为公共领域的鲜花图像。

为了确保每个座位卡大小相同，在图像的边缘添加一个黑色的矩形，这样在图像输出时，可以沿线裁剪。pillow 生成的 PNG 文件被设置为每英寸 72 个像素，因此 4 英寸×5 英寸的卡片需要使用 288 像素×360 像素的图像。

第 20 章　用GUI自动化控制键盘和鼠标

掌握编辑电子表格、下载文件和运行程序的各种 Python 模块，是很有用的。但有时候没有模块对应你要操作的应用程序。在计算机上的终极自动化任务，就是写程序直接控制键盘和鼠标。这些程序可以控制其他应用，向它们发送虚拟的按键和鼠标点击事件，就像你自己坐在计算机前与应用交互一样。

这种技术被称为"图形用户界面自动化"，简称"GUI 自动化"。有了 GUI 自动化，你的程序就像一个用户坐在计算机前一样，能做任何事情。GUI 自动化就像是对机械臂进行编程。你可以通过编程让机械臂在你的键盘上打字，并为你移动鼠标。这种技术对于需要大量的机械式单击或填写表格的任务特别有用。

一些公司销售的创新的（也是价格昂贵的）"自动化解决方案"，通常被称为"机器人过程自动化"（RPA）。这些产品实际上和你用 pyautogui 模块制作的 Python 脚本没有什么区别。该模块具有模拟鼠标移动、单击和鼠标滚轮滚动的函数。本章只介绍 PyAutoGUI 功能的子集。

20.1　安装 pyautogui 模块

视频讲解

pyautogui 模块可以向 Windows 操作系统、macOS 和 Linux 操作系统发送虚拟按键和鼠标单击事件。Windows 操作系统和 macOS 用户可以简单地使用 pip 来安装 PyAutoGUI。但是，Linux 操作系统用户首先需要安装一些 PyAutoGUI 依赖的软件。

要安装 PyAutoGUI，请运行 pip install --user pyautogui。不要使用 sudo 和 pip；你可能为 Python 安装了添加一些模块，而操作系统也使用了它，这将导致与所有依赖原始配置的脚本产生冲突。但是，当你使用 apt-get 安装应用程序时，应该使用 sudo 命令。

附录 A 有安装第三方模块的完整信息。要测试 PyAutoGUI 是否正确安装，就在交互式环境运行 **import pyautogui**，并检查错误信息。

> 警告：不要把你的程序保存为 pyautogui.py，否则当你运行 import pyautogui 时，Python 会导入你的程序，而不是导入 PyAutoGUI。你会得到类似 AttributeError: module 'pyautogui' has no attribute 'click' 这样的错误信息。

20.2 在 macOS 上设置无障碍应用程序

作为一项安全措施，macOS 通常不会让程序控制鼠标或键盘。要使 PyAutoGUI 在 macOS 上工作，你必须将运行 Python 脚本的程序设置为无障碍应用程序。没有这一步，你的 PyAutoGUI 函数调用将没有任何效果。

无论你是在 Mu、IDLE 还是命令行窗口上运行 Python 程序，都要打开该程序。然后打开 System Preferences 并进入 Accessibility 标签页。当前打开的应用程序将出现在 Allow the apps below to control your computer 标签下。勾选 Mu、IDLE、Terminal，或任何你用来运行 Python 脚本的应用程序。系统会提示输入口令，确认这些更改。

20.3 走对路

在开始 GUI 自动化之前，你需要知道如何避免可能发生的问题。Python 能以想象不到的速度移动鼠标和按键。实际上，它可能太快，导致其他程序跟不上。而且，如果出了问题，但你的程序继续到处移动鼠标，可能很难搞清楚程序到底在做什么，或者如何从问题中恢复。你的程序可能失去控制，即使它完美地执行你的指令。如果程序自己在移动鼠标，停止它可能很难，你不能单击 IDLE 窗口来关闭它。好在有几种方法来避免 GUI 自动化问题或使其从问题中恢复。

20.3.1 暂停和自动防故障装置

如果你的程序出现错误，无法使用键盘和鼠标关闭程序，你可以使用 PyAutoGUI 的故障安全功能，快速地将鼠标指针滑动到屏幕的 4 个角之一。每个 PyAutoGUI 函数调用在执行动作后都有 1/10 秒的延迟，以便让你有足够的时间将鼠标指针移动到一个角落。如果 PyAutoGUI 随后发现鼠标指针在角落里，会引发 `pyautogui.FailSafeException` 异常。非 PyAutoGUI 指令不会有这个 1/10 秒的延迟。

如果你发现自己需要停止 PyAutoGUI 程序，只需将鼠标指针移向角落即可。

20.3.2 通过注销关闭所有程序

停止失去控制的 GUI 自动化程序，最简单的方法可能是使用注销功能，这将关闭所有运行的程序。在 Windows 和 Linux 操作系统上，注销的快捷键是 Ctrl-Alt-Del。在 macOS 上，注销的快捷键是 Command-Shift-Option-Q。注销后你会丢失所有未保存的工作，但至少不需要等计算机完全重启。

20.4 控制鼠标指针

在本节中，你将学习如何利用 PyAutoGUI 移动鼠标指针，并追踪它在屏幕上的位置，但首先需要理解 PyAutoGUI 如何处理坐标。

PyAutoGUI 的鼠标函数使用 x、y 坐标。图 20-1 所示为计算机屏幕的坐标系统。它与第 19 章中讨论的图像坐标系统类似。"原点"的 x、y 都是 0，在屏幕的左上角。向右 x 坐标值增加，向下 y 坐标值增加。所有坐标都是正整数，没有负数坐标。

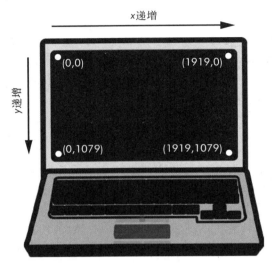

图 20-1　分辨率为 1920 像素 × 1080 像素的计算机屏幕上的坐标

"分辨率"是指屏幕的宽度和高度的像素值。如果屏幕的分辨率设置为 1920 像素 × 1080 像素，那么左上角的坐标是(0, 0)，右下角的坐标是(1919, 1079)。

pyautogui.size()函数返回两个整数的元组，包含屏幕的宽度和高度的像素数。在交互式环境中输入以下内容：

```
>>> import pyautogui
>>> wh = pyautogui.size()  # Obtain the screen resolution.
>>> wh
Size(width=1920, height=1080)
>>> wh[0]
1920
>>> wh.width
1920
```

在分辨率为 1920 像素 × 1080 像素的计算机上，pyautogui.size()返回(1920, 1080)。根据屏幕分辨率的不同，返回值可能不一样。size()返回的 size 对象是一个命名的元组。

"命名的元组"有数字索引，就像普通的元组一样，属性名也像对象一样：wh[0]和 wh.width 都是以屏幕的宽度为值。（命名的元组超出了本书的范围。只要记住，你可以像使用元组一样使用它们。）

20.4.1　移动鼠标指针

既然理解了屏幕坐标，下面就让我们来移动鼠标指针。pyautogui.moveTo()函数将鼠标指针立即移动到屏幕的指定位置。表示 x、y 坐标的整数值分别构成了函数的第一个和第二个参数。可选的 duration 整数或浮点数关键字参数指定了将鼠标指针移到目的位置所需的秒数；如果不指定，默认值是 0，表示立即移动（在 pyautogui 函数中，所有的 duration 关键字参数都是可选的）。在交互式环境中输入以下内容：

```
>>> import pyautogui
>>> for i in range(10):  # Move mouse in a square.
...     pyautogui.moveTo(100, 100, duration=0.25)
...     pyautogui.moveTo(200, 100, duration=0.25)
...     pyautogui.moveTo(200, 200, duration=0.25)
...     pyautogui.moveTo(100, 200, duration=0.25)
```

这个例子根据提供的坐标，以正方形的模式顺时针移动鼠标指针，移动了 10 次。每次移动耗时 0.25 秒，因为有关键字参数指定 duration=0.25。如果没有指定函数调用的第三个参数，鼠标指针就会马上从一个点移到另一个点。

pyautogui.move() 函数"相对于当前的位置"移动鼠标指针。下面的例子同样以正方形的模式移动鼠标指针，只是它从代码开始运行时鼠标指针所在的位置开始，按正方形移动：

```
>>> import pyautogui
>>> for i in range(10):
...     pyautogui.move(100, 0, duration=0.25)      # right
...     pyautogui.move(0, 100, duration=0.25)      # down
...     pyautogui.move(-100, 0, duration=0.25)     # left
...     pyautogui.move(0, -100, duration=0.25)     # up
```

pyautogui.move() 也接收 3 个参数：向右水平移动多少个像素，向下垂直移动多少个像素，以及（可选的）花多少时间完成移动。为第一个或第二个参数提供负整数，鼠标指针将向左或向上移动。

20.4.2 获取鼠标指针位置

调用 pyautogui.position() 函数，可以确定鼠标指针当前的位置。它将返回函数调用时，鼠标指针 x、y 坐标的元组。在交互式环境中输入以下内容，每次调用后请移动鼠标指针：

```
>>> pyautogui.position()  # Get current mouse position.
Point(x=311, y=622)
>>> pyautogui.position()  # Get current mouse position again.
Point(x=377, y=481)
>>> p = pyautogui.position()  # And again.
>>> p
Point(x=1536, y=637)
>>> p[0]  # The x-coordinate is at index 0.
1536
>>> p.x  # The x-coordinate is also in the x attribute.
1536
```

当然，返回值取决于鼠标指针的位置。

20.5 控制鼠标交互

既然你知道了如何移动鼠标指针，弄清楚了它在屏幕上的位置，就可以开始单击、拖动和滚动鼠标。

20.5.1 单击鼠标

要向计算机发送虚拟的鼠标单击事件，就调用 `pyautogui.click()` 函数。默认情况下，单击将使用鼠标左键，单击发生在鼠标指针当前所在位置。如果希望单击在鼠标指针当前位置以外的地方发生，可以传入 x、y 坐标作为可选的第一个和第二个参数。

如果想指定鼠标按键，就加入 `button` 关键字参数，值分别为 `'left'`、`'middle'` 或 `'right'`。例如，`pyautogui.click(100, 150, button='left')` 将在坐标 (100, 150) 处单击鼠标左键。而 `pyautogui.click(200, 250, button='right')` 将在坐标 (200, 250) 处单击鼠标右键。

在交互式环境中输入以下内容：

```
>>> import pyautogui
>>> pyautogui.click(10, 5)  # Move mouse to (10, 5) and click.
```

你应该看到鼠标指针移到屏幕左上角的位置并单击。完整的"单击"是指按鼠标按键，然后放开，同时不移动位置。实现单击也可以调用 `pyautogui.mouseDown()`，这只是按下鼠标按键；再调用 `pyautogui.mouseUp()`，释放鼠标按键。这些函数的参数与 `click()` 相同。实际上，`click()` 函数只是这两个函数调用的方便封装。

为了更方便，`pyautogui.doubleClick()` 函数只执行双击鼠标左键事件。`pyautogui.rightClick()` 和 `pyautogui.middleClick()` 函数将分别执行右键和中键单击事件。

20.5.2 拖动鼠标

"拖动"意味着移动鼠标指针，同时按住一个按键不放。例如，可以通过拖动文件图标，在文件夹之间移动文件，或在日历应用中移动预约。

`pyautogui` 提供了 `pyautogui.dragTo()` 和 `pyautogui.drag()` 函数，将鼠标指针拖动到一个新的位置。`dragTo()` 和 `drag()` 的参数与 `moveTo()` 和 `move()` 相同：x 坐标/水平移动，y 坐标/垂直移动，以及可选的时间间隔（在 macOS 上，如果鼠标移动太快，拖动会不对，所以建议提供 `duration` 关键字参数）。

要尝试使用这些函数，请打开一个绘图应用，如 Windows 操作系统上的 Paint、macOS 上的 Paintbrush，或 Linux 操作系统上的 GNU Paint（如果没有绘图应用，则可以在线绘图工具）。我将使用 PyAutoGUI 在这些应用中绘图。

让鼠标指针停留在绘图应用的画布上，同时选中铅笔或画笔工具，在新的文件编辑器窗口中输入以下内容，保存为 spiralDraw.py：

```
  import pyautogui, time
❶ time.sleep(5)
❷ pyautogui.click()    # Click to make the window active.
  distance = 300
  change = 20
  while distance > 0:
```

```
❸ pyautogui.drag(distance, 0, duration=0.2)        # Move right.
❹ distance = distance - change
❺ pyautogui.drag(0, distance, duration=0.2)        # Move down.
❻ pyautogui.drag(-distance, 0, duration=0.2)       # Move left.
  distance = distance - change
  pyautogui.drag(0, -distance, duration=0.2)       # Move up.
```

在运行这个程序时，会有 5 秒的延迟❶，让你选中铅笔或画笔工具，并让鼠标指针停留在画图工具的窗口上。然后 spiralDraw.py 将控制鼠标，单击画图程序获得焦点❷。如果窗口有闪烁的鼠标指针，它就获得了"焦点"，这时你的动作（例如打字或这个例子中的拖动鼠标）就会影响该窗口。画图程序获取焦点后，spiralDraw.py 将绘制一个正方形旋转图案，如图 20-2 左边所示。虽然你也可以使用第 19 章中讨论的 pillow 模块来创建一个正方形的螺旋形图像，但是通过控制鼠标在 Paint 中绘制图像，你可以利用这个程序的各种笔刷样式来创建图像，如图 20-2 右边所示，以及实现其他高级功能，如渐变或颜色填充。你可以自己预选笔刷设置（或者让你的 Python 代码选择这些设置），然后运行螺旋绘图程序。

distance 变量从 300 开始，所以在 while 循环的第一次迭代中，第一次 drag() 调用将鼠标指针向右拖动 300 像素，花了 0.2 秒❸。然后 distance 降到 280❹，第二次 drag() 调用将鼠标指针向下拖动 280 像素❺。第三次 drag() 调用将鼠标指针水平拖动-280（向左 280）❻。distance 降到 260，最后一次 drag() 调用将鼠标指针向上拖动 260。每次迭代，鼠标指针都向右、向下、向左、向上拖动，distance 都比前一次迭代小一点。通过这段代码循环，就可以移动鼠标指针，画出正方形旋转图案。

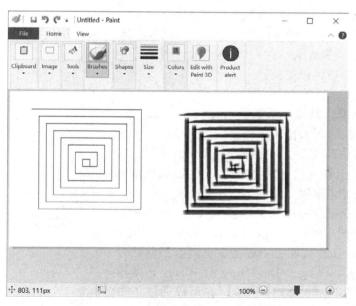

图 20-2　pyautogui.drag()例子的结果，用 MS Paint 的不同画笔绘制

可以手动（或者说用鼠标）画出这个漩涡，但一定要画得很慢才能这么精确。而 PyAutoGUI 只需几秒就能画完！

> **注意**：在本书编写时，PyAutoGUI无法将鼠标单击或按键事件发送至某些程序，例如杀毒软件（为了防止病毒禁用该软件）或Windows操作系统上的视频游戏（使用不同的方法接收鼠标和键盘输入）。你可以查看最新的PyAutoGUI在线文档，看看是否添加了这些功能。

20.5.3 滚动鼠标

最后一个 `pyautogui` 鼠标函数是 `scroll()`。你向它提供一个整型参数，说明向上或向下滚动多少单位。单位的意义在每个操作系统和应用上不一样，所以你必须试验，看看在你当前的情况下能滚动多远。

滚动发生在鼠标的当前位置。传递正整数表示向上滚动，传递负整数表示向下滚动。将鼠标指针停留在 Mu 编辑器窗口上，在 Mu 编辑器的交互式环境中运行以下代码：

```
>>> pyautogui.scroll(200)
```

如果鼠标指针在可以向上滚动的文本字段上，你会看到 Mu 向上滚动。

20.6　规划鼠标运动

编写一个能自动单击屏幕的程序的难点之一，就是找到你想单击的物品的 x 坐标和 y 坐标。`pyautogui.mouseInfo()`函数可以帮助你解决这个问题。

`pyautogui.mouseInfo()`函数需要在交互式环境中调用，而不是作为程序的一部分。它启动了一个名为 MouseInfo 的小应用程序，该应用程序是 PyAutoGUI 的一部分。这个应用程序的窗口看起来如图 20-3 所示。

在交互式环境中输入以下代码：

```
>>> import pyautogui
>>> pyautogui.mouseInfo()
```

这导致 MouseInfo 窗口出现。该窗口提供了关于鼠标指针当前位置的信息，以及鼠标指针处的像素的颜色，以 3 个整数的 RGB 元组和十六进制值的形式显示。颜色本身会出现在窗口中的颜色框中。

为了帮助记录这些坐标或像素信息，你可以单击 8 个复制或日志记录按钮中的一个。Copy All、Copy XY、Copy RGB 和 Copy RGB Hex 按钮将对应的信息复制到剪贴板上。Log All、Log XY、Log RGB 和 Log RGB Hex 按钮将对应的信息写入窗口中的大文本字段。你可以通过单击 Save Log 按钮，保存这个文本字段中的文本。

默认情况下，3 秒按钮延迟复选框被勾选，在单击复制或日志访谈录按钮与复制或日志记录之间，会有 3 秒的延迟。这让你有很短的时间来单击按钮，然后将鼠标指针移动到所需的位置。

图 20-3　MouseInfo 应用程序的窗口

取消勾选此复选框,将鼠标指针移动到指定位置,然后按 F1 到 F8 键复制或使用日志记录鼠标指针位置,这样可能更容易。你可以查看 MouseInfo 窗口顶部的复制和日志记录菜单,了解哪些键映射到哪些按钮。

例如,取消勾选 3 秒按钮延迟复选框,然后按 F6 键的同时在屏幕上移动鼠标指针,并注意鼠标指针是如何在屏幕上移动的。鼠标指针的 x 和 y 坐标被记录在窗口中间的大文本字段中。你可以在以后的 PyAutoGUI 脚本中使用这些坐标。

20.7 处理屏幕

你的 GUI 自动化程序没有必要盲目地单击和输入。PyAutoGUI 拥有屏幕快照的功能,可以根据当前屏幕的内容创建图形文件。这些函数也可以返回一个 `pillow` 的 `Image` 对象,包含当前屏幕的内容。如果你是跳跃式地阅读本书,可能需要阅读第 19 章,安装 `pillow` 模块,然后再继续学习本节的内容。

在 Linux 操作系统计算机上,需要安装 `scrot` 程序才能在 PyAutoGUI 中使用屏幕快照功能。在命令行窗口中,执行 `sudo apt-get install scrot` 安装该程序。如果你使用 Windows 操作系统或 macOS,就跳过这一步,继续学习本节的内容。

20.7.1 获取屏幕快照

要在 Python 中获取屏幕快照,就调用 `pyautogui.screenshot()` 函数。在交互式环境中输入以下内容:

```
>>> import pyautogui
>>> im = pyautogui.screenshot()
```

`im` 变量将包含一个屏幕快照的 `Image` 对象。现在可以调用 `im` 变量中 `Image` 对象的方法,就像所有其他 `Image` 对象一样。第 19 章中包含了有关 `Image` 对象的更多内容。

20.7.2 分析屏幕快照

假设你的 GUI 自动化程序中,有一步是单击灰色按钮。在调用 `click()` 方法之前,你可以获取屏幕快照,查看脚本要单击处的像素。如果它的颜色和灰色按钮不一样,那么程序就知道出问题了。也许窗口发生了意外的移动,或者弹出式对话框挡住了该按钮。这时,不应该继续(可能会单击到错误的信息,造成严重破坏),程序可以"看到"它没有单击在正确的信息上,并自行停止。

你可以通过 `pixel()` 函数获得屏幕上某一像素点的 RGB 颜色值。在交互式环境中输入以下内容:

```
>>> import pyautogui
>>> pyautogui.pixel((0, 0))
(176, 176, 175)
>>> pyautogui.pixel((50, 200))
(130, 135, 144)
```

传递给 pixel() 一个坐标的元组，如 (0, 0) 或 (50, 200)，它将告诉你图像中这些坐标处的像素的颜色。pixel() 的返回值是一个由 3 个整数组成的 RGB 元组，表示像素中的红、绿、蓝三色。（没有第四个 alpha 值，因为截图图像是完全不透明的。）

PyAutoGUI 的 pixelMatchesColor() 函数将返回 True，如果屏幕上给定的 *x* 和 *y* 坐标处的像素与给定的颜色相匹配，则返回 True。第一个和第二个参数是整数的 *x* 和 *y* 坐标，第三个参数是屏幕像素必须匹配的 RGB 颜色的 3 个整数元组。在交互式环境中输入以下内容：

```
>>> import  pyautogui
❶ >>> pyautogui.pixel((50, 200))
(130, 135, 144)
❷ >>> pyautogui.pixelMatchesColor(50, 200, (130, 135, 144))
True
❸ >>> pyautogui.pixelMatchesColor(50, 200, (255, 135, 144))
False
```

在用 pixel() 取得特定坐标处像素颜色的 RGB 元组之后❶，将同样的坐标和 RGB 元组传递给 pixelMatchesColor()❷，这应该返回 True。然后改变 RGB 元组中的一个值，用同样的坐标再次调用 pixelMatchesColor()❸，这应该返回 False。你的 GUI 自动化程序要调用 click() 之前，这种方法应该有用。请注意，给定坐标处的颜色应该"完全"匹配。即使只是稍有差异（例如，是(255, 255, 254)而不是(255, 255, 255)），函数也会返回 False。

20.8　图像识别

如果事先不知道 PyAutoGUI 应该单击哪里，该怎么办？可以使用图像识别功能，向 PyAutoGUI 提供希望单击的图像，让它去弄清楚坐标。

例如，如果你以前获得了屏幕快照，截取了提交按钮的图像，保存为 submit.png，那么 locateOnScreen() 函数将返回图像所在处的坐标。要了解 locateOnScreen() 函数的工作方式，请获取屏幕上一小块区域的屏幕快照，保存该图像，并在交互式环境中输入以下内容，用你的屏幕快照文件名代替 'submit.png'：

```
>>> import pyautogui
>>> b = pyautogui.locateOnScreen('submit.png')
>>> b
Box(left=643,  top=745,  width=70,  height=29)
>>> b[0]
643
>>> b.left
643
```

Box 对象是一个命名的元组，它由 locateOnScreen() 函数返回，是屏幕上首次发现该图像时左边的 *x* 坐标、顶边的 *y* 坐标、宽度以及高度。如果你用自己的屏幕快照在你的计算机上尝试，那么返回值会和这里显示的不一样。

如果屏幕上找不到该图像，locateOnScreen() 函数将返回 None。请注意，要成功识别，屏幕上的图像必须与提供的图像完全匹配。即使只差一个像素，locateOnScreen() 函数也会引发 ImageNotFoundException 异常。如果你改变了屏幕分辨率，之前截取的图片可能会与当前屏幕上的图片不一致。你可以在操作系统的显示设置中更改缩放比例，如

图 20-4 所示。

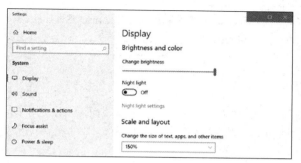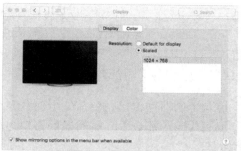

图 20-4　Windows 10 操作系统（左）和 macOS（右）中的缩放比例显示设置

如果该图像在屏幕上能够找到多处，locateAllOnScreen()函数将返回一个 Generator 对象。可以将它传递给 list()，返回一个 4 个整数元组的列表。在屏幕上找到图像的每个位置，都会有一个 4 个整数元组。继续在交互式环境的例子中输入以下内容（用你自己的图像文件名取代'submit.png'）：

```
>>> list(pyautogui.locateAllOnScreen('submit.png'))
[(643, 745, 70, 29), (1007, 801, 70, 29)]
```

每个 4 整数元组代表了屏幕上的一个区域。如果图像只找到一次，那么就使 list()和 locateAllOnScreen()返回的列表只包含一个元组。

在得到图像所在屏幕区域的 4 个整数元组后，就可以单击这个区域的中心，将该元组传递给 click()，在交互式环境中输入以下内容：

```
>>> pyautogui.click((643, 745, 70, 29))
```

作为快捷方式，你也可以直接将图像文件名传递给 click()函数：

```
>>> pyautogui.click('submit.png')
```

moveTo()和 dragTo()函数也接收图像文件名参数。请记住，如果 locateOnScreen()在屏幕上找不到图像，就会引发异常，因此应该在 try 语句中调用它：

```
try:
    location = pyautogui.locateOnScreen('submit.png')
except:
    print('Image could not be found.')
```

没有 try 和 except 语句，未捕获的异常将导致程序崩溃。由于你无法确定程序总能找到该图像，因此在调用 locateOnScreen()时最好使用 try 和 except 语句。

20.9　获取窗口信息

使用图像识别功能在屏幕上找东西是一种很脆弱的方式，只要有一个像素点的颜色不一样，pyautogui.locateOnScreen()就找不到图像。如果你需要找到屏幕上某个特定窗口的位置，使用 PyAutoGUI 的窗口功能会更快、更可靠。

注意：到0.9.46版为止，PyAutoGUI的窗口功能仅适用于Windows操作系统，不适用于macOS或Linux操作系统。这些功能来自PyAutoGUI包含的 `PyGetWindow` 模块。

20.9.1 获取活动窗口

屏幕上的活动窗口是当前处于前台并且接收键盘输入的窗口。如果你当前正在使用 Mu 编辑器编写代码，那么 Mu 编辑器的窗口为活动窗口。屏幕上的所有窗口中，同时仅有一个处于活动状态。

在交互式环境中，调用 `pyautogui.getActiveWindow()` 函数以获取 `Window` 对象（在 Windows 操作系统上运行时，从技术上讲是 `Win32Window` 对象）。

拥有该 `Window` 对象后，你可以获取它的所有属性。这些属性描述了它的大小、位置和标题。

`left`、`right`、`top`、`bottom`：一个整数，表示窗口边的 x 或 y 坐标。

`topleft`、`topright`、`bottomleft`、`bottomright`：两个整数的命名元组，表示窗口角的 (x, y) 坐标。

`midleft`、`midright`、`midleft`、`midright`：两个整数的命名元组，表示窗口边中间的 (x, y) 坐标。

`width, height`：一个整数，表示窗口的一个维度，以像素为单位。

`size`：两个整数的命名元组，表示窗口的（宽度，高度）。

`area`：一个整数，表示窗口的面积，以像素为单位。

`center`：两个整数的命名元组，表示窗口的中心 (x, y) 坐标。

`centerx`、`centery`：一个整数，表示窗口中心的 x 或 y 坐标。

`box`：4 个整数的命名元组，表示窗口（左侧、顶部、宽度、高度）。

`title`：窗口顶部标题栏中的文本字符串。

例如，要从窗口对象中获取窗口的位置、大小和标题信息，请在交互式环境中输入以下内容：

```
>>> import pyautogui
>>> fw = pyautogui.getActiveWindow()
>>> fw
Win32Window(hWnd=2034368)
>>> str(fw)
'<Win32Window left="500", top="300", width="2070", height="1208", title="Mu 1.0.1  #  test1.py">'
>>> fw.title
'Mu 1.0.1  #   test1.py'
>>> fw.size
(2070, 1208)
>>> fw.left, fw.top, fw.right, fw.bottom
(500, 300, 2070, 1208)
>>> fw.topleft
(256, 144)
>>> fw.area
```

```
2500560
>>> pyautogui.click(fw.left + 10, fw.top + 20)
```

现在，你可以用这些属性来计算窗口内的精确坐标。如果你知道要单击的按钮总是位于窗口左上角的右侧10像素和向下20像素，并且窗口的左上角位于屏幕坐标（300，500），那么调用 `pyautogui.click(310, 520)`（或 `pyautogui.click(fw. left + 10 fw.top + 20)`，如果 `fw` 包含该窗口的 Window 对象）将单击该按钮。这样，你就不必依靠速度较慢、可靠性较低的 `locateOnScreen()` 函数来找到按钮。

20.9.2 获取窗口的其他方法

尽管 `getActiveWindow()` 对于获取函数调用时处于活动状态的窗口很有用，但你需要使用其他函数才能获取屏幕上其他窗口的 Window 对象。

以下4个函数返回 Window 对象的列表。如果它们找不到任何窗口，就会返回一个空列表。

`pyautogui.getAllWindows()`：返回屏幕上所有可见窗口的 Window 对象列表。

`pyautogui.getWindowsAt(x, y)`：返回所有包含点 (x, y) 的可见窗口的 Window 对象列表。

`pyautogui.getWindowsWithTitle(title)`：返回所有在标题栏中包含字符串 `title` 的可见窗口的 Window 对象的列表。

`pyautogui.getActiveWindow()`：返回当前接收键盘焦点的窗口的 Window 对象。

PyAutoGUI 还有 `pyautogui.getAllTitles()` 函数，该函数返回所有可见窗口的字符串列表。

20.9.3 操纵窗口

窗口属性不仅可以告诉你窗口的大小和位置，还可以做更多的事情。你也可以设置它们的值，以便调整窗口大小或移动窗口。例如，在交互式环境中输入以下内容：

```
>>> import pyautogui
>>> fw = pyautogui.getActiveWindow()
❶ >>> fw.width # Gets the current width of the window.
1669
❷ >>> fw.topleft # Gets the current position of the window.
(174, 153)
❸ >>> fw.width = 1000 # Resizes the width.
❹ >>> fw.topleft = (800, 400) # Moves the window.
```

首先，我们使用 Window 对象的属性来查找有关窗口大小❶和位置❷的信息。在 Mu 编辑器中调用这些函数后，窗口应该变窄❸并移动❹，如图20-5所示。

你还可以发现并更改窗口的最小化、最大化和激活状态。尝试在交互式环境中输入以下内容：

```
>>> import pyautogui
>>> fw = pyautogui.getActiveWindow()
❶ >>> fw.isMaximized # Returns True if window is maximized.
False
```

```
❷ >>> fw.isMinimized # Returns True if window is minimized.
   False
❸ >>> fw.isActive # Returns True if window is the active window.
   True
❹ >>> fw.maximize() # Maximizes the window.
   >>> fw.isMaximized
   True
❺ >>> fw.restore() # Undoes a minimize/maximize action.
❻ >>> fw.minimize() # Minimizes the window.
   >>> import time
   >>> # Wait 5 seconds while you activate a different window:
❼ >>> time.sleep(5); fw.activate()
❽ >>> fw.close() # This will close the window you're typing in.
```

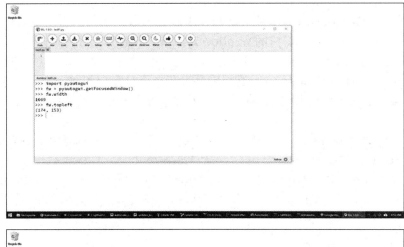

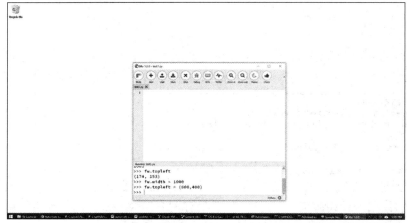

图 20-5　利用 Window 对象属性移动（并调整其大小）之前（上）和之后（下）的 Mu 编辑器窗口

isMaximized❶、isMinimized ❷和 isActive ❸属性包含指示窗口当前是否处于该状态的布尔值。maximize()❹、restore()❺、minimize()❻和 activate()❼方法更改窗口的状态。使用 maximum()或 minimal()最大化或最小化窗口后，restore()方法会将窗口还原到以前的大小和位置。

close()方法❽将关闭一个窗口。注意使用这种方法，因为它可能会绕过要求你在退出应用程序之前保存所做工作的所有消息对话框。

此外，你也可以通过 PyGetWindow 模块，将这些功能与 PyAutoGUI 分开使用。

20.10 控制键盘

PyAutoGUI 也有一些函数向计算机发送虚拟按键操作，让你能够填充表格，或在应用中输入文本。

20.10.1 通过键盘发送一个字符串

pyautogui.write() 函数向计算机发送虚拟按键操作。这些操作产生什么效果，取决于当前获得焦点的窗口和文本输入框。我们可能需要先向文本框发送一次鼠标单击事件，确保它获得焦点。

举一个简单的例子，让我们用 Python 自动化在文件编辑器窗口中输入 "Hello, world!"。首先，打开一个新的文件编辑器窗口，将它放在屏幕的左上角，以便 PyAutoGUI 单击正确的位置，让它获得焦点。然后，在交互式环境中输入以下内容：

```
>>> pyautogui.click(100, 200); pyautogui.write('Hello, world!')
```

请注意，在同一行中放两个命令，用分号隔开，这让交互式环境不会在两个指令之间提示输入。这防止了你在 click() 和 write() 调用之间，不小心让新的窗口获得焦点，从而让这个例子失败。

Python 首先在坐标（100, 200）处发出虚拟鼠标单击事件，这将单击文件编辑器窗口，让它获得焦点。write() 函数调用将向窗口发送文本 "Hello, world!"，结果如图 20-6 所示。现在有了替你打字的代码！

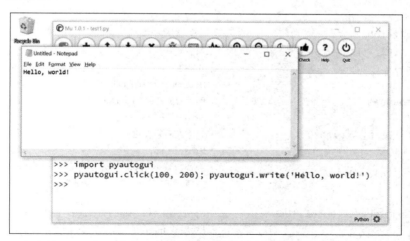

图 20-6　用 PyAutoGUI 单击文件编辑器窗口，在其中输入 Hello, world!

默认情况下，write() 函数将立即输出完整字符串。但是，你可以传入可选的第二个参数，在每个字符之间添加短时间暂停。例如，pyautogui.write('Hello, world!', 0.25)将在输出 H 后等待 0.25 秒，输出 e 以后再等待 0.25 秒，以此类推。这种渐进的打字机效果，对于较慢的应用可能有用，它们处理按键事件的速度不够快，跟不上 PyAutoGUI。

对于 A 或!这样的字符，PyAutoGUI 将自动模拟按住 Shift 键。

20.10.2 键名

不是所有的键都很容易用单个文本字符来表示。例如，如何把 Shift 键或左箭头键表示为单个字符？在 PyAutoGUI 中，这些键表示为短的字符串值：`'esc'` 表示 Esc 键，`'enter'` 表示 Enter 键。

除了单个字符串参数，还可以向 `write()` 函数传递这些键字符串的列表。例如，以下的调用表示按 a 键，然后是 b 键，然后是左箭头两次，最后是 X 和 Y 键：

```
>>> pyautogui.write(['a', 'b', 'left', 'left', 'X', 'Y'])
```

因为按下左箭头将移动键盘光标，所以这会输出 XYab。表 20-1 列出了 PyAutoGUI 的键盘按键字符串及其含义，你可以将它们传递给 `write()` 函数，模拟任何按键组合。

你也可以查看 pyautogui.KEYBOARD_KEYS 列表，看看 PyAutoGUI 接收的所有可能的键字符串。`'shift'` 字符串指的是左边的 Shift 键，它等价于 `'shiftleft'`。`'ctrl'`、`'alt'` 和 `'win'` 字符串也一样，它们都是指左边的键。

表 20-1 PyKeyboard 属性

键盘按键字符串	含义
`'a'`、`'b'`、`'c'`、`'A'`、`'B'`、`'C'`、`'1'`、`'2'`、`'3'`、`'!'`、`'@'`、`'#'` 等	单个字符的键
`'enter'` (or `'return'` or `'\n'`)	回车键
`'esc'`	Esc 键
`'shiftleft'`、`'shiftright'`	左右 Shift 键
`'altleft'`、`'altright'`	左右 Alt 键
`'ctrlleft'`、`'ctrlright'`	左右 Ctrl 键
`'tab'` (or `'\t'`)	Tab 键
`'backspace'`、`'delete'`	Backspace 键和 Delete 键
`'pageup'`、`'pagedown'`	Page Up 键和 Page Down 键
`'home'`、`'end'`	Home 键和 End 键
`'up'`、`'down'`、`'left'`、`'right'`	上下左右箭头键
`'f1'`、`'f2'`、`'f3'` 等	F1~F12 键
`'volumemute'`、`'volumedown'`、`'volumeup'`	静音、减小音量、放大音量键（有些键盘没有这些键，但你的操作系统仍能理解这些模拟的按键）
`'pause'`	Pause 键
`'capslock'`、`'numlock'`、`'scrolllock'`	Caps Lock 键、Num lock 键和 Scroll Lock 键
`'insert'`	Ins 键或 Insert 键
`'printscreen'`	Prtsc 键或 Print Screen 键
`'winleft'`、`'winright'`	左右 Win 键（在 Windows 操作系统上）
`'command'`	Command 键（在 macOS 上）
`'option'`	Option 键（在 macOS 上）

20.10.3 按下和释放键盘按键

就像 `mouseDown()` 和 `mouseUp()` 函数一样，`pyautogui.keyDown()` 和 `pyautogui.keyUp()` 将向计算发送虚拟的按键和释放命令。它们将根据参数发送键字符串（见表 20-1）。方便起见，PyAutoGUI 提供了 `pyautogui.press()` 函数，它调用这两个函数，模拟完整的按键事件。

运行下面的代码，它将输出美元字符（通过按住 Shift 键并按 4 得到）：

```
>>> pyautogui.keyDown('shift'); pyautogui.press('4'); pyautogui.keyUp('shift')
```

这行代码按住 `Shift` 键，按下（并释放）4 键，然后再释放 `Shift` 键。如果你需要在文本框内输入一个字符串，使用 `write()` 函数就更适合。但对于接收单个按键命令的应用，使用 `press()` 函数是更简单的方式。

20.10.4 快捷键组合

"快捷键"或"热键"是一种按键组合，它调用某种应用功能。复制选择内容的常用快捷键是 Ctrl-C（在 Windows 和 Linux 操作系统上）或 Command-C（在 macOS 上）。用户按住 Ctrl 键，然后按 C 键，然后释放 C 键和 Ctrl 键。要用 PyAutoGUI 的 `keyDown()` 和 `keyUp()` 函数来做到这一点，必须输入以下代码：

```
pyautogui.keyDown('ctrl')
pyautogui.keyDown('c')
pyautogui.keyUp('c')
pyautogui.keyUp('ctrl')
```

这相当复杂。作为替代，可以使用 `pyautogui.hotkey()` 函数，它接收多个键字符串参数，按顺序按下，再按相反的顺序释放。例如对于 Ctrl-C 快捷键，代码就像下面这样简单：

```
pyautogui.hotkey('ctrl', 'c')
```

这个函数对于较大的快捷组合特别有用。在 Word 中，Ctrl-Alt-Shift-S 快捷键组合可以显示样式窗格。不必进行 8 次不同的函数调用（4 次 `keyDown()` 调用和 4 次 `keyUp()` 调用），你只需要调用 `hotkey('ctrl','alt','shift','s')` 就可以了。

20.11 设置 GUI 自动化脚本

对于自动化那些繁琐的工作，使用 GUI 自动化脚本是一个很好的方法，但是你的脚本也可能过分挑剔。如果一个窗口在桌面上的位置不对，或者一些弹出式窗口意外地出现，你的脚本可能会在屏幕上单击错误的东西。以下是一些关于设置你的 GUI 自动化脚本的技巧。

- 每次运行脚本时使用相同的屏幕分辨率，这样窗口的位置就不会改变。
- 你的脚本单击的应用程序窗口应该最大化，这样每次运行脚本时，它的按钮和菜单都在同一个地方。
- 在等待内容加载的过程中，要加入足够的暂停时间；你不希望脚本在应用程序准备好之前就开始单击。

- 使用 `locateOnScreen()` 来找到要单击的按钮和菜单，而不是依赖 *x*、*y* 坐标。如果你的脚本找不到需要单击的东西，就停止程序，而不是让它继续瞎点。
- 使用 `getWindowsWithTitle()` 来确保你认为脚本正单击的应用程序窗口是存在的，并使用 `activate()` 方法将该窗口放在前台。
- 使用第 11 章中的日志模块来保存脚本所做事情的日志文件。这样一来，如果你不得不中途停止你的脚本，你就可以改变它，从它上次结束的地方重新开始。
- 在你的脚本中加入尽可能多的检查。想一想，如果出现一个意外的弹出窗口，或者你的计算机失去了网络连接，它可能会失败。
- 你可能需要在脚本刚开始时监督该脚本的执行，确保它正常工作。

你可能还需要在脚本的开始处设置一个暂停，这样用户可以设置脚本将单击的窗口。PyAutoGUI 有一个 `sleep()` 函数，它的作用与 `time.sleep()` 函数相同（它只是让你不必在脚本中添加 `import time`）。还有一个 `countdown()` 函数，它可以输出倒计时的数字，给用户一个视觉上的指示，说明脚本即将继续执行。在交互式环境中输入以下内容：

```
>>> import pyautogui
>>> pyautogui.sleep(3)  # Pauses the program for 3 seconds.
>>> pyautogui.countdown(10)  # Counts down over 10 seconds.
10 9 8 7 6 5 4 3 2 1
>>> print('Starting in ', end=''); pyautogui.countdown(3)
Starting in 3 2 1
```

这些技巧让你的 GUI 自动化脚本更容易使用，并能从不可预见的情况中恢复。

20.12　复习 PyAutoGUI 的函数

本章介绍了许多不同函数，下面是快速的汇总参考。

`moveTo(x, y)`：将鼠标指针移动到指定的 *x*、*y* 坐标。

`move(xOffset, yOffset)`：相对于当前位置移动鼠标指针。

`dragTo(x, y)`：按住左键移动鼠标指针。

`drag(xOffset, yOffset)`：按住左键，相对于当前位置移动鼠标指针。

`click(x, y, button)`：模拟单击（默认是左键）。

`rightClick()`：模拟右键单击。

`middleClick()`：模拟中键单击。

`doubleClick()`：模拟左键双击。

`mouseDown(x, y, button)`：模拟在 *x*、*y* 处按指定的鼠标按键。

`mouseUp(x, y, button)`：模拟在 *x*、*y* 处释放指定键。

`scroll(units)`：模拟滚动滚轮。正参数表示向上滚动，负参数表示向下滚动。

`write(message)`：输入指定 message 字符串中的字符。

`write([key1, key2, key3])`：输入指定键字符串。

`press(key)`：按下并释放指定键。

`keyDown(key)`：模拟按下指定键。

keyUp(key)：模拟释放指定键。
hotkey([key1, key2, key3])：模拟按顺序按下指定键，然后以相反的顺序释放。
screenshot()：返回屏幕快照的 Image 对象（参见第 19 章关于 Image 对象的信息）。
getActiveWindow()、getAllWindows()、getWindowsAt()和 getWindowsWithTitle()：返回 Window 对象，可通过该对象在桌面上调整应用程序窗口的大小和位置。
getAllTitles()返回桌面上每个窗口的标题栏文本的字符串列表。

> ### captchas 和计算机道德
>
> "用完全自动化的公共图灵测试来区分计算机和人类"或"captchas"是指那些小测试，要求你输入扭曲图片上的字母，或单击消防栓的图片。这些测试对人类来说很容易通过（尽管很烦人），但对软件来说几乎不可能解决。看完这一章，你就会知道写一个脚本是多么容易，例如，可以注册几十亿个免费的电子邮件账户，或者用大量骚扰信息攻击用户。captchas 要求完成只有人类才能通过的步骤，从而缓解这种情况。
>
> 然而，并不是所有的网站都能实现 captchas，而且这些很容易被不道德的程序员滥用。编程是一项强大而激动人心的技能，你可能受到诱惑去滥用这种能力，以谋取个人利益，甚至只是为了炫耀。但是，就像一扇没锁的门并不能成为非法入侵的理由一样，你的程序的责任也应该由你这个程序员来承担。绕过系统造成伤害，侵犯隐私，或者获得不正当的利益，这些并没有什么高明之处。我希望我在写这本书的过程中所做的努力，能让你成为最有成就感的自己，而不是唯利是图的自己。

20.13　项目：自动填表程序

在所有繁琐的任务中，填表是最烦人的。在最后一章的项目中，你将搞定它。假设你在电子表格中有大量的数据，必须重复将它输入另一个应用的表单界面中，没有实习生帮你完成。尽管有些应用有导入功能，让你上传包含信息的电子表格，但有时候似乎没有其他方法，只能重复地单击和输入几个小时。读到了本书的这一章，你"当然"知道会有其他方法。

本项目的表单是 Google Docs 表单，你可以在 autbor+form 的网站中找到，如图 20-7 所示。总的来说，程序应该完成以下任务。

1. 单击表单的第一个文本字段。
2. 遍历表单，在每个输入栏中输入信息。
3. 单击 Submit 按钮。
4. 用下一组数据重复这个过程。

这意味着代码需要执行以下操作。

1. 调用 pyautogui.click()函数，单击表单和 Submit 按钮。
2. 调用 pyautogui.write()函数，在输入栏中输入文本。
3. 处理 KeyboardInterrupt 异常，这样用户能按 Ctrl-C 快捷键退出。

打开一个新的文件编辑器窗口,将它保存为 formFiller.py。

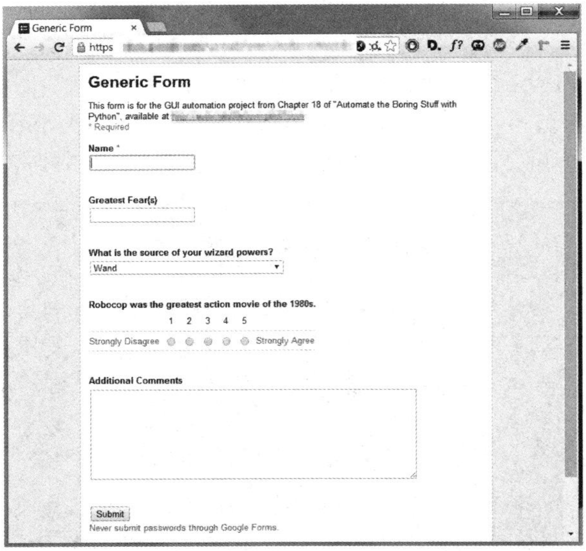

图 20-7 本项目用到的表单

第 1 步:弄清楚步骤

在编写代码之前,你需要弄清楚填写一次表格时需要的准确按键和鼠标单击事件。20.4 节中的 mouseNow.py 脚本可以帮助你弄清楚确切的鼠标指针坐标。你只需要知道第一个文本输入栏的坐标。在单击第一个输入栏之后,你可以按 Tab 键,将焦点移到下一个输入栏。这让你不必弄清楚每一个输入栏的 x、y 坐标。

下面是在表单中输入数据的步骤。
1. 将键盘焦点放在 Name 输入栏,使得按键输入文本进入该输入栏。
2. 输入一个名称,然后按 Tab 键。
3. 输入最大的恐惧(greatest fear),然后按 Tab 键。
4. 按向下键适当的次数,选择魔力源(wizard power source):一次是 Wand,两次是 Amulet,3 次是 Crystal ball,4 次是 money。然后按 Tab 键(注意,在 macOS 中,你必须为每次选择多按一次向下键。对于某些浏览器,你也需要按回车键)。
5. 按向右键,选择 Robocop 问题的答案。按一次是 2,两次是 3,3 次是 4,4 次是 5,或按空格键选择 1(它是默认加亮的)。然后按 Tab 键。
6. 输入附加的备注,然后按 Tab 键。
7. 按回车键,单击 Submit 按钮。
8. 在提交表单后,浏览器将转到一个页面。然后你需要单击一个链接,返回到表单页面。

不同操作系统上的不同浏览器,工作起来可能与这里的步骤稍有不同,所以在运行程序之前,要确保这些按键组合适合你的计算机。

第2步：建立坐标

访问第一步中的表单网站，在浏览器中载入你下载的示例表单（如图20-7所示）。
让你的源代码看起来像下面的样子：

```python
#! python3
# formFiller.py - Automatically fills in the form.

import pyautogui, time

# TODO: Give the user a chance to kill the script.

# TODO: Wait until the form page has loaded.

# TODO: Fill out the Name Field.

# TODO: Fill out the Greatest Fear(s) field.

# TODO: Fill out the Source of Wizard Powers field.

# TODO: Fill out the RoboCop field.

# TODO: Fill out the Additional Comments field.

# TODO: Click Submit.

# TODO: Wait until form page has loaded.

# TODO: Click the Submit another response link.
```

现在你需要实际想要输入这张表格的数据。在真实世界中，这些数据可能来自电子表格、纯文本文件或某个网站。可能需要编写额外的代码，将数据加载到程序中。但对于这个项目，只需要将这些数据硬编码给一个变量。在程序中加入以下代码：

```python
#! python3
# formFiller.py - Automatically fills in the form.

--snip--

formData = [{'name': 'Alice', 'fear': 'eavesdroppers', 'source': 'wand',
             'robocop': 4, 'comments': 'Tell Bob I said hi.'},
            {'name': 'Bob', 'fear': 'bees', 'source': 'amulet', 'robocop': 4,
             'comments': 'n/a'},
            {'name': 'Carol', 'fear': 'puppets', 'source': 'crystal ball',
             'robocop': 1, 'comments': 'Please take the puppets out of the
             break room.'},
            {'name': 'Alex Murphy', 'fear': 'ED-209', 'source': 'money',
             'robocop': 5, 'comments': 'Protect the innocent. Serve the public
             trust. Uphold the law.'},
           ]

--snip--
```

`formData`列表包含4个字典，针对4个不同的名字。每个字典都有文本字段的名字作为键，响应作为值。最后一点准备是设置PyAutoGUI的PAUSE变量，在每次函数调用后等待半秒。在程序的`formData`赋值语句后，添加下面的代码：

```python
pyautogui.PAUSE = 0.5
print('Ensure that the browser window is active and the form is loaded!')
```

第 3 步：开始输入数据

for 循环将迭代 formData 列表中的每个字典，将字典中的值传递给 PyAutoGUI 函数，它们会实际在文本输入区输入。

在程序中添加以下代码：

```
#! python3
# formFiller.py - Automatically fills in the form.

--snip--

for person in formData:
    # Give the user a chance to kill the script.
    print('>>> 5-SECOND PAUSE TO LET USER PRESS CTRL-C <<<')
❶ time.sleep(5)

--snip--
```

作为一个小的安全功能，该脚本有 5 秒暂停❶。如果发现程序在做一些预期之外的事，这让用户有机会按 Ctrl-C 快捷键（或将鼠标指针移到屏幕的左上角，触发 FailSafeException 异常），从而关闭程序。在等待页面加载时间的代码之后，添加以下代码：

```
#! python3
# formFiller.py - Automatically fills in the form.

--snip--

❶ print('Entering %s info...' % (person['name']))
❷ pyautogui.write(['\t', '\t'])

    # Fill out the Name field.
❸ pyautogui.write(person['name'] + '\t')

    # Fill out the Greatest Fear(s) field.
❹ pyautogui.write(person['fear'] + '\t')

--snip--
```

我们添加了临时的 print() 调用❶，在命令行窗口中显示程序的状态，让用户知道进展。

既然程序知道表格已经加载，就可以调用 pyautogui.write(['\t', '\t']) 按 Tab 键两次，让 Name 输入框取得焦点❷，然后调用 write()，输入 person['name'] 中的字符串❸。字符串末尾加上了 '\t' 字符，模拟按 Tab 键，它将输入焦点转向下一个输入框：Greatest Fear(s)。再一次调用 write()，将在这个输入框中输入 person['fear'] 中的字符串，然后按 Tab 键跳到表格的下一个输入框❹。

第 4 步：处理选择列表和单选按钮

"wizard powers"问题的下拉列表和 Robocop 字段的单选按钮处理起来比文本框输入需要更多技巧。要用鼠标点选这些选项，你必须搞清楚每个可能选项的 x、y 坐标。然而，用箭头键来选择会比较容易。

在程序中加入以下代码：

```python
#! python3
# formFiller.py - Automatically fills in the form.

--snip--

    # Fill out the Source of Wizard Powers field.
❶ if person['source'] == 'wand':
❷     pyautogui.write(['down', '\t'] , 0.5)
    elif person['source'] == 'amulet':
        pyautogui.write(['down', 'down', '\t'], 0.5)
    elif person['source'] == 'crystal ball':
        pyautogui.write(['down', 'down', 'down', '\t'] , 0.5)
    elif person['source'] == 'money':
        pyautogui.write(['down', 'down', 'down', 'down', '\t'] , 0.5)

    # Fill out the RoboCop field.
❸ if person['robocop'] == 1:
❹     pyautogui.write([' ', '\t'] , 0.5)
    elif person['robocop'] == 2:
        pyautogui.write(['right', '\t'] , 0.5)
    elif person['robocop'] == 3:
        pyautogui.write(['right', 'right', '\t'] , 0.5)
    elif person['robocop'] == 4:
        pyautogui.write(['right', 'right', 'right', '\t'] , 0.5)
    elif person['robocop'] == 5:
        pyautogui.write(['right', 'right', 'right', 'right', '\t'] , 0.5)

--snip--
```

在下拉列表获得焦点后（回忆一下，你写了代码，在填充 Greatest Fear(s)输入框后模拟了按 Tab 键），按向下键，就会移动到选择列表的下一项。根据 `person['source']` 中的值，你的程序知道应该发出几次按向下键的命令，然后切换到下一个输入区。如果这个用户词典中的 `'source'` 键的值是 `'wand'`❶，我们模拟按向下键一次（选择 Wand），并按 Tab 键❷。如果 `'source'` 键的值是 `'amulet'`，模拟按向下键两次，并按 Tab 键。对其他可能的值也是类似的。

Robocop 问题的单选按钮，可以用向右键来选择。或者，如果你想选择第一个选项❸，就按空格键❹。

第 5 步：提交表单并等待

可以用函数 `write()` 填写 Additional Comments 输入框，将 `person['comments']` 作为参数。你可以另外输入 `'\t'`，将焦点移到下一个输入框或 Submit 按钮。当 Submit 按钮获得焦点后，调用 `pyautogui.press('enter')`，模拟按回车键，提交表单。在提交表单之后，程序将等待 5 秒，等待下一页加载。

在新页面加载之后，它会有一个 Submit another response 链接，让浏览器转向一个新的、全空的表单页面。在第 2 步，你已将这个链接的坐标作为元组保存在 `submitAnotherLink` 中，所以将这些坐标传递给 `pyautogui.click()`，单击这个链接。

新的表单准备好后，脚本的外层 `for` 循环将继续下一次迭代，在表单中输入下一个人的信息。添加以下代码，完成你的程序：

```
#! python3
# formFiller.py - Automatically fills in the form.

--snip--

    # Fill out the Additional Comments field.
    pyautogui.write(person['comments'] + '\t')

    # "Click" Submit button by pressing Enter.
    time.sleep(0.5) # Wait for the button to activate.
    pyautogui.press('enter')

    # Wait until form page has loaded.
    print('Submitted form.')
    time.sleep(5)

    # Click the Submit another response link.
    pyautogui.click(submitAnotherLink[0], submitAnotherLink[1])
```

在主 for 循环完成后，程序应该已经插入了每个人的信息。在这个例子中，只有 4 个人要输入。但如果有 4000 个人，那么编程来完成这个任务将节省大量的输入时间。

20.14 显示消息框

到目前为止，你所编写的程序都使用纯文本输出（使用 `print()` 函数）和输入（使用 `input()` 函数）。然而，PyAutoGUI 程序会将你的整个桌面作为它的游乐场。你的程序运行的基于文本的窗口，无论是 Mu 还是命令行窗口，可能都会因为 PyAutoGUI 程序的单击及与其他窗口的交互而失去焦点。如果 Mu 或命令行窗口隐藏在其他窗口下，这可能会让用户的输入和输出变得困难。

为了解决这个问题，PyAutoGUI 提供了弹出式消息框来向用户提供通知并接收用户的输入。有以下 4 个消息框函数。

`pyautogui.alert(text)`：显示文本 text，并有一个确定按钮。

`pyautogui.confirm(text)`：显示文本，并有确定和取消按钮，根据单击的按钮返回 `'OK'` 或 `'Cancel'`。

`pyautogui.prompt(text)`：显示文本 text，并有一个文本字段供用户输入，它以字符串的形式返回。

`pyautogui.password(text)`：与 `prompt()` 相同，但会显示星号，这样用户可以输入敏感信息，如口令。

这些函数也有可选的第二个参数，它接收一个字符串值作为消息框标题栏中的标题。这些函数在用户单击按钮后才会返回，因此它们也可以用来在 PyAutoGUI 程序中引入暂停。在交互式环境中输入以下内容：

```
>>> import pyautogui
>>> pyautogui.alert('This is a message.', 'Important')
'OK'
>>> pyautogui.confirm('Do you want to continue?')   # Click Cancel
'Cancel'
>>> pyautogui.prompt("What is your cat's name?")
'Zophie'
```

```
>>> pyautogui.password('What is the password?')
'hunter2'
```

这些行所产生的弹出消息框如图 20-8 所示。

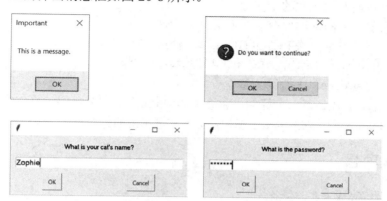

图 20-8　从左上方到右下方，分别为由 `alert()`、`confirm()`、`prompt()` 和 `password()` 创建的窗口

这些函数可用于提供通知或向用户提问，而程序的其他部分通过鼠标和键盘与计算机进行交互。

20.15　小结

用 `pyautogui` 模块实现 GUI 自动化，通过控制键盘和鼠标，让你与计算机上的应用程序交互。虽然这种方式相当灵活，可以做任何人类用户做的事情，但也有不足之处，即这些程序对它们的单击和输入是相当盲目的。在编写 GUI 自动化程序时，请试着确保它们在得到错误指令时快速崩溃。崩溃很烦人，但比程序继续错误地执行要好得多。

利用 PyAutoGUI，你可以在屏幕上移动鼠标指针，模拟鼠标单击、按键和按快捷键。`pyautogui` 模块也能检查屏幕上的颜色，让 GUI 自动化程序对屏幕内容有足够的了解，知道它是否有偏差。甚至可以向它提供一个屏幕快照，让它找出你希望单击的区域坐标。

可以组合使用所有这些 PyAutoGUI 功能，在计算机上自动化执行重复任务。实际上，看看鼠标指针自己移动，看着文本自动出现在屏幕上，这是彻头彻尾的催眠。为什么不用节省下来的时间，舒舒服服地坐着，看着程序为你工作？看着你的聪明才智帮你完成繁琐的工作，肯定会让你感到满意。

20.16　习题

1. 如何触发 PyAutoGUI 的失效保护来停止程序？
2. 什么函数返回当前的分辨率？
3. 什么函数返回鼠标指针当前位置的坐标？
4. `pyautogui.moveTo()` 和 `pyautogui.move()` 函数之间的区别是什么？

5. 什么函数用于拖放鼠标指针?
6. 调用什么函数将替你输入字符串"Hello, world!"?
7. 如何模拟按向左键这样的特殊键?
8. 如何将当前屏幕的内容保存为图形文件并命名为 screenshot.png?
9. 什么代码能够设置每次 PyAutoGUI 函数调用后暂停两秒?
10. 如果你想在网页浏览器内自动单击和按键,应该使用 PyAutoGUI 还是 Selenium?
11. 是什么让 PyAutoGUI 容易出错?
12. 如何在屏幕上找到每一个标题中包含文本 Notepad 的窗口的大小?
13. 如何使 Firefox 浏览器成为活动窗口,显示在屏幕上的其他每一个窗口前面?

20.17 实践项目

作为实践,编程完成下面的任务。

20.17.1 看起来很忙

许多即时通信程序通过一段时间内鼠标指针不动(例如 10 分钟),来判断你空闲或离开了计算机。也许你想从计算机旁边溜走一段时间,但不想让别人看到你的即时通信软件转为空闲状态。请编写一段脚本,每隔 10 秒稍微动一下鼠标指针。这种移动应该相当小,以便在脚本运行时,如果你需要使用计算机,它也不会给你制造麻烦。

20.17.2 使用剪贴板读取文本字段

虽然你可以用 pyautogui.write() 向应用程序的文本字段发送按键命令,但你不能单独使用 PyAutoGUI 来读取已经在文本字段内的文本。这时候 pyperclip 模块就可以提供帮助。你可以使用 PyAutoGUI 来获取一个文本编辑器(如 Mu 或记事本)的窗口,通过单击它,让它取得焦点,在文本字段内单击,然后按 Ctrl-A 或 Command-A 快捷键 "选择全部内容",按 Ctrl-C 或 Command-C 快捷键 "复制到剪贴板"。然后你的 Python 脚本可以通过运行 import pyperclip 和 pyperclip.paste() 来读取剪贴板文本。

编写一个程序,按照这个过程从窗口的文本字段复制文本。使用 pyautogui.getWindowsWithTitle('Notepad')(或你选择的任何一个文本编辑器)获得一个 Window 对象。这个 Window 对象的 top 和 left 属性可以告诉你这个窗口在哪里,而 activate() 方法将确保它在屏幕前面。然后,你可以用 pyautogui.click() 方法在文本编辑器的主文本输入框中单击,例如在顶部和左侧的属性值上加 100 像素或 200 像素处,将键盘的焦点放在那里。调用 pyautogui.hotkey('ctrl', 'a') 和 pyautogui. hotkey('ctrl', 'c') 来选择所有的文本并复制到剪贴板上。最后,调用 pyperclip.paste() 从剪贴板中获取文本,并将它粘贴到你的 Python 程序中。在那里,你可以随意使用这个字符串,但现在只需将它传递给 print()。

请注意，PyAutoGUI 的窗口函数只在 PyAutoGUI 1.0.0.0 版本的 Windows 操作系统上工作，在 macOS 或 Linux 操作系统上不能工作。

20.17.3 即时通信机器人

Google Talk、Skype、Yahoo Messenger、AIM 和其他即时通信应用通常使用专有协议，让其他人很难通过编写 Python 模块与这些程序交互。但即使是这些专有协议，也不能阻止你编写 GUI 自动化工具。

Google Talk 应用有一个搜索条，让你在输入朋友列表中的用户名并按回车键时，打开一个消息窗口。键盘焦点自动移到那个新的窗口。其他即时通信应用也有类似的方式来打开新的消息窗口。请编写一个应用程序，向朋友列表中选定的一组人发出一条通知消息。程序应该能够处理异常情况，例如朋友离线，聊天窗口出现在屏幕上不同的位置，或确认对话框打断输入消息。程序必须使用屏幕快照，指导它的 GUI 交互，并在虚拟按键发送之前采用各种检测方式。

注意：你可能需要建立一些假的测试账户，这样就不会在编写这个程序时不小心打扰真正的朋友。

20.17.4 玩游戏机器人指南

有一个很不错的指南，其名为 *How to Build a Python Bot That Can Play Web Games*，可以在 No Starch 出版社官网本书对应页面中找到。这份指南解释了如何用 Python 创建一个 GUI 自动化程序，玩一个名为 *Sushi Go Round* 的 Flash 游戏。玩这个游戏需要单击正确的 Submit 按钮，填写客户的寿司订单。填写无错且订单越快，得分就越高。这个任务特别适合 GUI 自动化程序，因为可以作弊得到高分。

这份指南包含了本章介绍的许多主题，也涉及 PyAutoGUI 的基本图像识别功能。这个机器人的源代码和机器人玩游戏的视频可以分别在 GitHub 和 YouTube 找到。

附录 A 安装第三方模块

除了 Python 自带的标准库，许多开发者自己还写了一些模块，进一步扩展了 Python 的功能。安装第三方模块的主要方法是使用 Python 的 pip 工具。这个工具可从 Python 软件基金会的网站安全地下载 Python 模块，并安装到你的计算机上。PyPI（即 Python 包索引）就像是 Python 模块的免费应用程序商店。

A.1 pip 工具

视频讲解

虽然在 Windows 操作系统和 macOS 上 pip 会随 Python3.4 自动安装，但在 Linux 操作系统上，必须单独安装。你可以通过在命令窗口中运行 pip3 来查看 Linux 操作系统上是否已经安装了 pip。如果已经安装了，你会看到 pip3 的位置显示；否则，什么也不会显示。要在 Ubuntu Linux 或 Debian Linux 操作系统上安装 pip3，就打开一个新的命令行窗口，输入 `sudo apt-get install python3-pip`。要在 Fedora Linux 操作系统上安装 pip3，就在命令行窗口输入 `sudo yum install python3-pip`。为了安装这个软件，需要输入计算机的管理员密码。

pip 工具在命令行（也叫终端）窗口中运行，而不是在 Python 的交互式环境中运行。在 Windows 操作系统上，从开始菜单中运行"命令提示符"程序。在 macOS 上，从 Spotlight 中运行 Terminal。在 Ubuntu Linux 操作系统上，从 Ubuntu Dash 中运行 Terminal，或者按 Ctrl-Alt-T 快捷键。

如果 pip 的文件夹没有在 PATH 环境变量中列出，你可能需要在运行 pip 之前在命令行窗口中用 cd 命令更改目录。如果你需要知道你的用户名，那么可以在 Windows 操作系统上运行 `echo echo %USERNAME%`，在 macOS 和 Linux 操作系统上运行 `whoami`。然后运行 `cd <pip's folder>`，其中 `pip's folder` 在 Windows 操作系统上是 C:\Users\Users<USERNAME>\ AppData\Local\Programs\Python\Python37\Scripts。在 macOS 上，它在 /Library/ Frameworks/Python.framework/Versions/3.7/bin/。在 Linux 操作系统上，它在 /home/<USERNAME>/.local/bin/。然后你就可以在正确的文件夹中运行 pip 工具了。

A.2 安装第三方模块

pip 工具的可执行文件在 Windows 操作系统上叫 pip，在 macOS 和 Linux 操作系统上叫 pip3。在命令行中，你可以向它传入命令 `install`，并在后面加上你要安装的模块名称。在 Windows 操作系统上，你可以输入 `pip install --user MODULE`，其中 MODULE 是模块的名称。

由于未来对这些第三方模块的修改可能会出现向后不兼容的情况，因此我建议你安装本书中使用的确切版本，如本节后面给出的版本。你可以在模块名称的末尾加上 MODULE==VERSION 来安装特定的版本。请注意，在这个命令行选项中有两个等号。例如，`pip install --user send2trash==1.5.0` 表示安装了 1.5.0 版本的 send2trash 模块。

你可以从 No Starch 出版社官网本书对应页面中下载你的操作系统 "需要的" 文件，并运行以下命令之一，从而安装本书中涉及的所有模块。

❑ 在 Windows 操作系统上：

```
pip install --user -r automate-win-requirements.txt --user
```

❑ 在 macOS 上：

```
pip3 install --user -r automate-mac-requirements.txt --user
```

❑ 在 Linux 操作系统上：

```
pip3 install --user -r automate-linux-requirements.txt --user
```

下面的列表包含了本书使用的第三方模块及其版本。如果你只想在计算机上安装其中的几个模块，可以单独输入这些命令。

❑ `pip install --user send2trash==1.5.0`
❑ `pip install --user requests==2.21.0`
❑ `pip install --user beautifulsoup4==4.7.1`
❑ `pip install --user selenium==3.141.0`
❑ `pip install --user openpyxl==2.6.2`
❑ `pip install --user PyPDF2==1.26.0`
❑ `pip install --user python-docx==0.8.10`（安装 python-docx，而不是 docx）
❑ `pip install --user imapclient==2.1.0`
❑ `pip install --user pyzmail36==1.0.4`
❑ `pip install --user twilio`
❑ `pip install --user ezgmail`
❑ `pip install --user ezsheets`
❑ `pip install --user pillow==6.0.0`
❑ `pip install --user pyobjc-framework-Quartz==5.2`（仅 macOS）
❑ `pip install --user pyobjc-core==5.2`（仅 macOS）

- `pip install --user pyobjc==5.2`（仅 macOS）
- `pip install --user python3-xlib==0.15`（仅 Linux）
- `pip install --user pyautogui`

> 注意：对于macOS用户：pyobjc模块需要20分钟或更长的时间来安装，因此，如果它安装了较长时间，不要惊慌。应该先安装pyobjc-core模块，这将减少整体安装时间。

在安装模块后，你可以在交互式环境中运行 `import ModuleName` 来测试它是否安装成功。如果没有显示错误信息，就可以认为模块安装成功了。

如果你已经安装了模块，但想将其升级到PyPI上的最新版本，请运行`pip install --user -U MODULE`（或在 macOS 和 Linux 操作系统上运行 `pip3 install --user --U MODULE`）。`--user` 选项会将模块安装在你的主目录下。这样可以避免在为所有用户安装时可能遇到的潜在权限错误。

最新版本的`selenium`和`openpyxl`模块往往会有一些变化，与本书中使用的版本不兼容。另一方面，`twilio`、`ezgmail` 和 `ezsheets` 模块会与在线服务交互，你可能需要使用 `pip install --user -U` 命令安装这些模块的最新版本。

> 警告：本书的第一版建议，如果你在运行pip时遇到权限错误，可以使用sudo命令：`sudo pip install module`。这是一种糟糕的操作，因为它将模块安装到你的操作系统使用的Python安装中。你的操作系统可能会运行Python脚本来执行系统相关的任务，如果你在这个Python安装中安装的模块与它的现有模块相冲突，可能会产生难以修复的bug。因此在安装Python模块时，千万不要使用sudo。

A.3 为 Mu 编辑器安装模块

Mu 编辑器有自己的 Python 环境，该环境与典型的 Python 安装环境不同。要安装模块，以便在 Mu 启动的脚本中使用它们，你必须单击 Mu 编辑器右下角的齿轮图标来打开管理面板。在出现的窗口中，单击第三方软件包选项卡，然后按照提示安装模块。在 Mu 中安装模块的功能还在开发中，因此这些说明可能会有变化。

如果你无法使用管理员面板安装模块，也可以打开一个命令行窗口，运行 Mu 编辑器专用的 pip 工具。必须使用 pip 的 `-target` 命令行选项来指定 Mu 的模块文件夹。在 Windows 操作系统中，这个文件夹是 C:\Users\<USERNAME>\AppData\Local\Mu\ pkgs。在 macOS 操作系统上，这个文件夹是/Applications/mu-editor.app/Contents/Resources/app_ packages。在 Linux 操作系统上，你不需要输入 `-target` 参数，只需正常运行 `pip3` 命令即可。

例如，当你下载了操作系统需要的文件后，运行下面的命令。

- 在 Windows 操作系统上：

```
pip install –r automate-win-requirements.txt --target "C:\Users\USERNAME\AppData\Local\Mu\pkgs"
```

- 在 macOS 上：

```
pip3 install -r automate-mac-requirements.txt --target /Applications/
mu-editor.app/Contents/Resources/app_packages
```

- 在 Linux 操作系统上：

```
pip3 install --user -r automate-linux-requirements.txt
```

如果你只想安装部分模块，你可以运行普通的 pip（或 pip3）命令，并添加 --target 参数。

附录 B 运行程序

如果你在 Mu 中打开了一个程序，运行它很简单，按 F5 键或单击窗口顶部的 Run 按钮均可以。这是在编程时运行程序的最简单方法，但打开 Mu 来运行已完成的程序可能有点麻烦。根据你用的操作系统，执行 Python 脚本还有更方便的方法。

视频讲解

B.1　从命令行窗口运行程序

当你打开一个命令行窗口（如 Windows 操作系统上的 Command Prompt 或 macOS 和 Linux 操作系统上的 Terminal），你会看到一个基本空白的窗口，你可以在其中输入文本命令。你可以在命令行窗口中运行程序，但如果你不习惯的话，通过命令行使用计算机可能会让人望而生畏：与图形化的用户界面不同，它不提供任何提示来告诉你应该做什么。

在 Windows 操作系统上，要打开命令行窗口，请单击"开始"按钮，进入"命令提示符"，然后按回车键。在 macOS 上，单击右上角的 Spotlight 图标，输入 Terminal，然后按回车键。在 Ubuntu Linux 操作系统上，你可以按 win 键调出 Dash，输入 Terminal，然后按回车键。在 Ubuntu Linux 操作系统上，按快捷键 Ctrl-Alt-T 也会打开一个命令行窗口。

就像交互式 shell 有一个">>>"提示符一样，命令行也会显示一个提示符供你输入命令。在 Windows 操作系统中，它是你当前所在文件夹的完整路径：

```
C:\Users\Al>your commands go here
```

在 macOS 上，提示符显示的是你的计算机名称、冒号、当前工作目录（你的主文件夹表示为~）和你的用户名，后面是美元符号（$）：

```
Als-MacBook-Pro:~ al$ your commands go here
```

在 Ubuntu Linux 操作系统上，提示符与 macOS 类似，只是它以用户名和@开头：

```
al@al-VirtualBox:~$ your commands go here
```

可以自定义这些提示，但这超出了本书的范围。

当你输入一个命令时，例如 Windows 操作系统上的 python 或 macOS 和 Linux 操作系统上的 python3，命令行会检查你当前所在的文件夹中是否有这个名字的程序。如果没有找到它，它将检查 PATH 环境变量中列出的文件夹。你可以把"环境变量"看成整个操作系统的变量。它们会包含一些系统设置。要查看存储在 PATH 环境变量中的值，请在 Windows 操作系统上运行 `echo %PATH%`，在 macOS 和 Linux 操作系统上运行 `echo $PATH`。下面是 macOS 上的一个例子：

```
Als-MacBook-Pro:~ al$ echo $PATH
/Library/Frameworks/Python.framework/Versions/3.7/bin:/usr/local/bin:/usr/ bin:/
bin:/usr/sbin:/sbin
```

在 macOS 上，python3 程序文件位于 /Library/Frameworks/Python.framework/Versions/3.7/bin 文件夹中，因此你不需要输入 /Library/Frameworks/Python.framework/Versions/3.7/bin/python3，也不需要先切换到该文件夹，就可以运行它；你可以从任何文件夹中输入 python3，命令行会在 PATH 环境变量的文件夹中找到它。将程序的文件夹添加到 PATH 环境变量中是一种方便的快捷方式。

如果你想运行一个 .py 程序，你必须在 .py 文件名后面输入 python（或 python3）。这将运行 Python，同时，Python 将运行它在 .py 文件中找到的代码。在 Python 程序运行完成后，你将返回到命令行提示符。例如，在 Windows 操作系统上，一个简单的 "Hello, world!" 程序会是这样的：

```
Microsoft Windows [Version 10.0.17134.648]
(c) 2018 Microsoft Corporation. All rights reserved.

C:\Users\Al>python hello.py
Hello, world!

C:\Users\Al>
```

在不带任何文件名的情况下运行 python（或 python3），会导致 Python 启动交互式环境。

B.2 在 Windows 操作系统上运行 Python 程序

还有一些其他的方法可以在 Windows 操作系统上运行 Python 程序。你可以不打开命令行窗口来运行 Python 脚本，而是按 win-R 快捷键来打开"运行"对话框，然后输入 `py C:\path\to\your\pythonScript.py`，如图 B-1 所示。py.exe 程序安装在 C:\Windows\py.exe，它已经在 PATH 环境变量中，运行程序时 .exe 扩展名是可省略的。

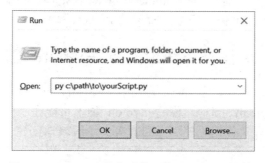

图 B-1　Windows 操作系统上的"运行"对话框

这种方法的缺点是，你必须输入脚本的完整路径。另外，虽然从对话框中运行你的 Python 脚本会打开一个新的命令行窗口来显示它的输出，但当程序结束时，这个窗口会自动关闭，你可能会错过一些输出。

你可以通过创建一个批处理脚本来解决这些问题，批处理脚本是一个带有.bat 文件扩展名的小文本文件，可以运行多个命令行命令，很像 macOS 和 Linux 操作系统中的 shell 脚本。你可以使用记事本等文本编辑器来创建这些文件。

要创建一个批处理文件，请创建一个新的文本文件，其中包含一行文字，就像这样：

```
@py.exe C:\path\to\your\pythonScript.py %*
@pause
```

用你自己的程序的绝对路径替换这个路径，并以.bat 作为扩展名保存这个文件（例如 pythonScript.bat）。每个命令开头的@号可以防止它在命令行窗口中显示，而%*则将在批处理文件名之后输入的所有命令行参数转发到 Python 脚本中。而 Python 脚本则会读取 `sys.argv` 列表中的命令行参数。这个批处理文件让你不必每次运行 Python 程序时都输入完整的绝对路径。此外，@pause 会在 Python 脚本结束后添加"Press any key to continue..."，以防止程序窗口过快消失。建议将所有的批处理文件和.py 文件放在一个已经在 PATH 环境变量中的文件夹中，例如 C:\Users\<USERNAME>。

如果你设置了一个批处理文件来运行 Python 脚本，就不需要打开一个命令行窗口来输入完整的文件路径和 Python 脚本的名字。相反，只需按 win-R 快捷键，输入 `pythonScript`（不需要完整的 pythonScript.bat 名称），然后按回车键运行你的脚本。

B.3　在 macOS 上运行 Python 程序

在 macOS 上，你可以创建一个文本文件，并使用.command 扩展名，从而创建一个 shell 脚本来运行 Python 脚本。在文本编辑器（如 TextEdit）中创建一个新文件，然后添加以下内容：

```
#!/usr/bin/env bash
python3 /path/to/your/pythonScript.py
```

以.command 作为扩展名，将这个文件保存在你的主文件夹中（例如，在我的计算机上是 /Users/al）。在命令行窗口中，运行 `chmod u+x yourScript.command` 使这个 shell 脚本可执行。现在你可以单击 Spotlight 图标（或按 Command-Space 快捷键）并输入 `yourScript.command` 来运行该 shell 脚本，而该 shell 脚本又会运行你的 Python 脚本。

B.4　在 Ubuntu Linux 操作系统上运行 Python 程序

在 Ubuntu Linux 操作系统中，从 Dash 菜单中运行你的 Python 脚本需要大量的设置。假设我们有一个/home/al/example.py 脚本（你的 Python 脚本可能在不同的文件夹里有不同的文件名），我们要在 Dash 中运行。首先，使用 gedit 等文本编辑器创建一个新文件，内容如下：

```
[Desktop Entry]
Name=example.py
```

```
Exec=gnome-terminal -- /home/al/example.sh
Type=Application
Categories=GTK;GNOME;Utility;
```

将此文件保存到/home/<al>/.local/share/applications 文件夹（用你自己的用户名替换 al），名为 example.desktop。如果你的文本编辑器没有显示.local 文件夹（因为以句点开头的文件夹被隐藏了），那么可能必须将它先保存到主文件夹（例如/home/al），再打开一个命令行窗口，用 `mv /home/al/example.desktop /home/al/.local/share/applications` 命令移动该文件。

如果 example.desktop 文件位于/home/al/.local/share/applications 文件夹中，你就可以按键盘上的 win 键以显示 Dash，并输入 example.py（或你在 `Name` 字段中输入的任何内容）。这将打开一个新的命令行窗口（具体来说，是 `gnome-terminal` 程序），该窗口运行 shell 脚本/home/al/example.sh，我们接下来就创建它。

在文本编辑器中，创建一个包含以下内容的新文件：

```
#!/usr/bin/env bash
python3 /home/al/example.py
bash
```

将此文件保存为/home/al/example.sh。这是一个 shell 脚本：运行一系列命令行命令的脚本。这个 shell 脚本将运行我们的 Python 脚本/home/al/example.py，然后运行 bash shell 程序。如果没有最后一行的 `bash` 命令，Python 脚本完成后，命令行窗口将关闭，你会错过调用 `print()` 函数在屏幕上显示的所有文本。

需要为这个 shell 脚本添加执行权限，因此请在命令行窗口中运行以下命令：

```
al@ubuntu:~$ chmod u+x /home/al/example.sh
```

设置好 example.desktop 和 example.sh 文件后，现在可以通过按 win 键并输入 example 来运行 example.py 脚本了。（或你在 example.desktop 文件的 `Name` 字段中输入的任何名称。）

B.5 运行 Python 程序时禁用断言

你可以禁用 Python 程序中的 `assert` 语句，从而稍稍提高性能。从命令行窗口运行 Python 时，在 `python` 或 `python3` 之后和.py 文件之前加上 `-O` 开关。这将运行程序的优化版本，跳过断言检查。

学习指南

当你打开这本手册的时候，相信你一定做好了学习《Python编程快速上手（第2版）》的准备。我们知道，好的学习方法和努力一样重要，所以下面是为你准备的一些学习建议，希望能帮助你更好地进行接下来8周的学习。

一、制定学习计划

制定学习计划时，一定要从自己的实际情况出发，做出对学习中所涉及的各个事项的全面安排，如学习时间和学习内容。本手册为你规划了以下板块：

【8周计划】在正式开始学习《Python编程快速上手（第2版）》前，写下你期望完成的"8周学习任务单"和需要重点关注的"8个关键要点"，并将你的学习任务分配到8周内的每一天。此处的计划是为了让你对接下来8周的学习有一个全局的掌控，无须太详细和具体。

【每周计划】在每周开始前安排本周的学习计划，明确列出本周中每天要学习的内容和要解决的问题，合理规划学习步调，保证进度一目了然。

【每日笔记】首先在每天学习开始之前，根据周计划列出今日的具体学习事项，然后在学习过程中书写相应的学习笔记，并在完成每项学习后打钩。所有学习内容完成后，对今日的学习进行总结，并为明天的学习提出建议。

【每周总结】每周学习完成后，要及时对本周的学习内容和学习情况进行总结反馈，并据此周节下一周的学习计划，保证学习进度的灵活推进。

二、坚持每日打卡

每天学习完成后，可在手册第3页的"每日打卡"表格中进行打卡。看着空白的表格被一点点填满，一定特别有成就感呢！

你还可以关注微信公众号【异步图书】并回复"Python读书会"，根据指引加入《Python编程快速上手（第2版）》的社群读书会，与一众学友共同学习，一起打卡，并参加免费的直播课程和群内互动答疑活动。

三、领取学习奖励

在学习开始前，为自己制定几个学习目标，再设置一些学习完成后的奖励，等8周学习结束、完成全部打卡、实现学习目标后，即可兑现自己预先设置的奖励。这样的奖励机制，是不是立刻就点燃了你的学习热情呢！

此外，完成本书的学习后，在《Python编程快速上手（第2版）》的豆瓣读书页面发表你的书评和学习感悟，并分享到本书社群读书会，即可在群内@*异步小助手*领取异步社区任意e读版电子书1本。

最后，祝大家学习顺利，心想事成！

| 8周学习任务单 |

| 8个关键要点 |

我的学习目标

每日打卡

	星期一	星期二	星期三	星期四	星期五	星期六	星期日
第1周							
第2周							
第3周							
第4周							
第5周							
第6周							
第7周							
第8周							

关注微信【异步图书】回复"Python读书会",还可入群打卡哦

完成全部学习任务后奖励自己

学习计划表

	第一周	第二周	第三周	第四周
星期一				
星期二				
星期三				
星期四				
星期五				
星期六				
星期日				

学习计划表

第五周	第六周	第七周	第八周	
				星期一
				星期二
				星期三
				星期四
				星期五
				星期六
				星期日

第一周

___月___日 ~ ___月___日 　本周计划　　学习内容：_____

星期一

星期二

星期三

星期四

星期五

星期六

星期日

预期成果

学习奖励

日期：___月___日　　　　星期一　　　学习时长：_____

☐

☐

☐

☐

☐

☐

☐

今日总结

对明天说

（记得打卡呦）

第一周

日期：__月__日　　　　星期二　　　学习时长：_____

- [ ]
- [ ]
- [ ]
- [ ]
- [ ]
- [ ]
- [ ]

今日总结

对明天说

（记得打卡呦）

日期：__月__日　　　　星期三　　　学习时长：_____

- [ ]
- [ ]
- [ ]
- [ ]
- [ ]
- [ ]
- [ ]

今日总结

对明天说

（记得打卡呦）

第一周

日期：___月___日　　　星期四　　　学习时长：_____

☐
☐
☐
☐
☐
☐
☐

今日总结

对明天说

　　　　　　　　　　　　　　　　　　　　　　（记得打卡呦）

日期：___月___日　　　星期五　　　学习时长：_____

☐
☐
☐
☐
☐
☐
☐

今日总结

对明天说

　　　　　　　　　　　　　　　　　　　　　　（记得打卡呦）

| 第一周 |

日期: ___月___日　　　星期六　　　学习时长: _____

- [ ]
- [ ]
- [ ]
- [ ]
- [ ]
- [ ]
- [ ]
- [ ]
- [ ]
- [ ]
- [ ]
- [ ]
- [ ]
- [ ]
- [ ]
- [ ]
- [ ]
- [ ]
- [ ]
- [ ]

今日总结

对明天说

(记得打卡呦)

第一周

日期： ___月___日　　　　星期日　　　学习时长：_____

- [ ]
- [ ]
- [ ]
- [ ]
- [ ]
- [ ]
- [ ]
- [ ]
- [ ]
- [ ]
- [ ]
- [ ]
- [ ]
- [ ]
- [ ]
- [ ]
- [ ]
- [ ]

今日总结

对明天说

（记得打卡呦）

第一周

本周学习总结

计划完成情况

下周改进事项

第二周

___月___日 ~ ___月___日   本周计划   学习内容:_____

星期一
星期二
星期三
星期四
星期五
星期六
星期日
预期成果

学习奖励

日期:___月___日   星期一   学习时长:_____

☐
☐
☐
☐
☐
☐
☐

今日总结

对明天说

(记得打卡呦)

第二周

日期：___月___日　　　　星期二　　　学习时长：_____

☐
☐
☐
☐
☐
☐
☐

今日总结

对明天说

（记得打卡呦）

日期：___月___日　　　　星期三　　　学习时长：_____

☐
☐
☐
☐
☐
☐
☐

今日总结

对明天说

（记得打卡呦）

第二周

日期：　　月　　日　　　　　　星期四　　　学习时长：

☐
☐
☐
☐
☐
☐
☐

今日总结

对明天说

（记得打卡呦）

日期：　　月　　日　　　　　　星期五　　　学习时长：

☐
☐
☐
☐
☐
☐
☐

今日总结

对明天说

（记得打卡呦）

第二周

日期：___月___日　　　星期六　　　学习时长：_____

- [ ]
- [ ]
- [ ]
- [ ]
- [ ]
- [ ]
- [ ]
- [ ]
- [ ]
- [ ]
- [ ]
- [ ]
- [ ]
- [ ]
- [ ]
- [ ]
- [ ]
- [ ]
- [ ]

今日总结

对明天说

（记得打卡呦）

第二周

日期： ___月___日　　　　星期日　　　学习时长：_____

- [ ]
- [ ]
- [ ]
- [ ]
- [ ]
- [ ]
- [ ]
- [ ]
- [ ]
- [ ]
- [ ]
- [ ]
- [ ]
- [ ]
- [ ]
- [ ]
- [ ]
- [ ]

今日总结

对明天说

（记得打卡呦）

第二周

本周学习总结

计划完成情况

下周改进事项

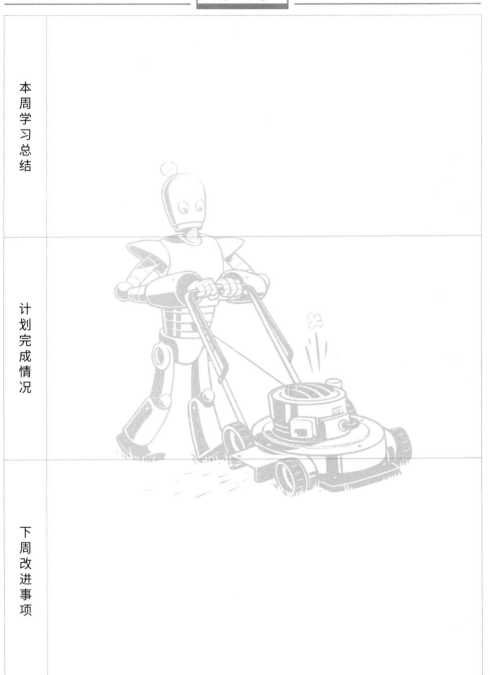

第三周

___月___日 ~ ___月___日   本周计划   学习内容:___

星期一

星期二

星期三

星期四

星期五

星期六

星期日

预期成果

学习奖励

日期:___月___日   星期一   学习时长:___

☐
☐
☐
☐
☐
☐
☐

今日总结

对明天说

(记得打卡呦)

第三周

日期：___月___日　　　星期二　　学习时长：_____

☐
☐
☐
☐
☐
☐
☐

今日总结

对明天说

（记得打卡呦）

日期：___月___日　　　星期三　　学习时长：_____

☐
☐
☐
☐
☐
☐
☐

今日总结

对明天说

（记得打卡呦）

第三周

日期：___月___日　　　　　星期四　　　学习时长：_____

☐
☐
☐
☐
☐
☐
☐

今日总结

对明天说

（记得打卡呦）

日期：___月___日　　　　　星期五　　　学习时长：_____

☐
☐
☐
☐
☐
☐
☐

今日总结

对明天说

（记得打卡呦）

| 第三周 |

日期：____月____日　　　　星期六　　　学习时长：_____

- [ ]
- [ ]
- [ ]
- [ ]
- [ ]
- [ ]
- [ ]
- [ ]
- [ ]
- [ ]
- [ ]
- [ ]
- [ ]
- [ ]
- [ ]
- [ ]
- [ ]
- [ ]

今日总结

对明天说

（记得打卡呦）

第三周

日期：____月____日　　　星期日　　　学习时长：_____

- [ ]
- [ ]
- [ ]
- [ ]
- [ ]
- [ ]
- [ ]
- [ ]
- [ ]
- [ ]
- [ ]
- [ ]
- [ ]
- [ ]
- [ ]
- [ ]
- [ ]
- [ ]
- [ ]

今日总结

对明天说

（记得打卡呦）

第三周

本周学习总结	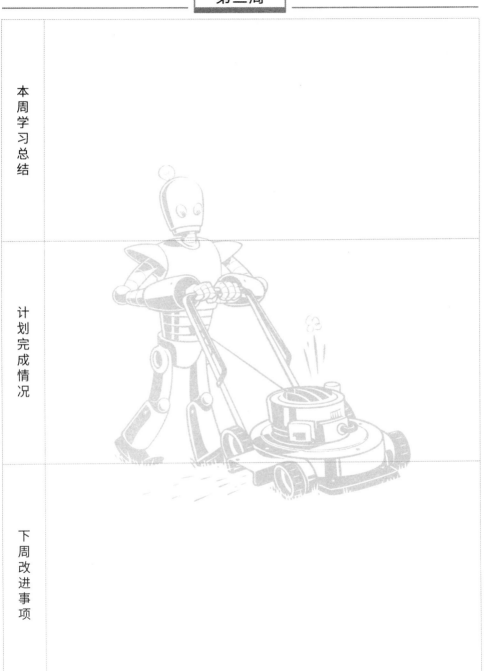
计划完成情况	
下周改进事项	

第四周

___月___日 ~ ___月___日   本周计划   学习内容：_____

星期一

星期二

星期三

星期四

星期五

星期六

星期日

预期成果

学习奖励

日期：___月___日   星期一   学习时长：_____

☐
☐
☐
☐
☐
☐
☐

今日总结

对明天说

（记得打卡呦）

第四周

日期：___月___日　　　星期二　　　学习时长：_____

☐
☐
☐
☐
☐
☐
☐

今日总结

对明天说

（记得打卡呦）

日期：___月___日　　　星期三　　　学习时长：_____

☐
☐
☐
☐
☐
☐
☐

今日总结

对明天说

（记得打卡呦）

第四周

日期：___月___日　　　　星期四　　　学习时长：_____

☐
☐
☐
☐
☐
☐
☐

今日总结

对明天说

（记得打卡呦）

日期：___月___日　　　　星期五　　　学习时长：_____

☐
☐
☐
☐
☐
☐
☐

今日总结

对明天说

（记得打卡呦）

| 第四周 |

日期： ___月___日　　　　星期六　　　学习时长：_____

☐
☐
☐
☐
☐
☐
☐
☐
☐
☐
☐
☐
☐
☐
☐
☐
☐
☐

今日总结

对明天说

（记得打卡呦）

| 第四周 |

日期: ___月___日　　　星期日　　　学习时长: _____

☐
☐
☐
☐
☐
☐
☐
☐
☐
☐
☐
☐
☐
☐
☐
☐
☐
☐
☐

今日总结

对明天说

（记得打卡呦）

第四周

本周学习总结

计划完成情况

下周改进事项

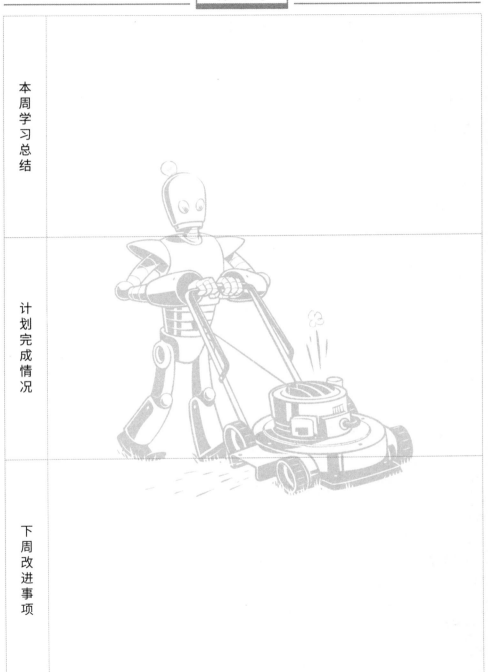

第五周

___月___日 ~ ___月___日   本周计划   学习内容：_____

星期一

星期二

星期三

星期四

星期五

星期六

星期日

预期成果

学习奖励

日期：___月___日   星期一   学习时长：_____

☐

☐

☐

☐

☐

☐

☐

今日总结

对明天说

（记得打卡呦）

第五周

日期:____月____日　　　　星期二　　　　学习时长:_____

- [ ]
- [ ]
- [ ]
- [ ]
- [ ]
- [ ]
- [ ]

今日总结

对明天说

(记得打卡呦)

日期:____月____日　　　　星期三　　　　学习时长:_____

- [ ]
- [ ]
- [ ]
- [ ]
- [ ]
- [ ]
- [ ]

今日总结

对明天说

(记得打卡呦)

第五周

日期： 月 日　　　　星期四　　　学习时长：

- [ ]
- [ ]
- [ ]
- [ ]
- [ ]
- [ ]
- [ ]

今日总结

对明天说

（记得打卡呦）

日期： 月 日　　　　星期五　　　学习时长：

- [ ]
- [ ]
- [ ]
- [ ]
- [ ]
- [ ]
- [ ]

今日总结

对明天说

（记得打卡呦）

第五周

日期：___月___日　　　星期六　　　学习时长：_____

- [ ]
- [ ]
- [ ]
- [ ]
- [ ]
- [ ]
- [ ]
- [ ]
- [ ]
- [ ]
- [ ]
- [ ]
- [ ]
- [ ]
- [ ]
- [ ]
- [ ]
- [ ]
- [ ]

今日总结

对明天说

（记得打卡呦）

第五周

日期: ___月___日　　　星期日　　　学习时长:___

- [ ]
- [ ]
- [ ]
- [ ]
- [ ]
- [ ]
- [ ]
- [ ]
- [ ]
- [ ]
- [ ]
- [ ]
- [ ]
- [ ]
- [ ]
- [ ]
- [ ]
- [ ]
- [ ]
- [ ]

今日总结

对明天说

（记得打卡呦）

第五周

本周学习总结

计划完成情况

下周改进事项

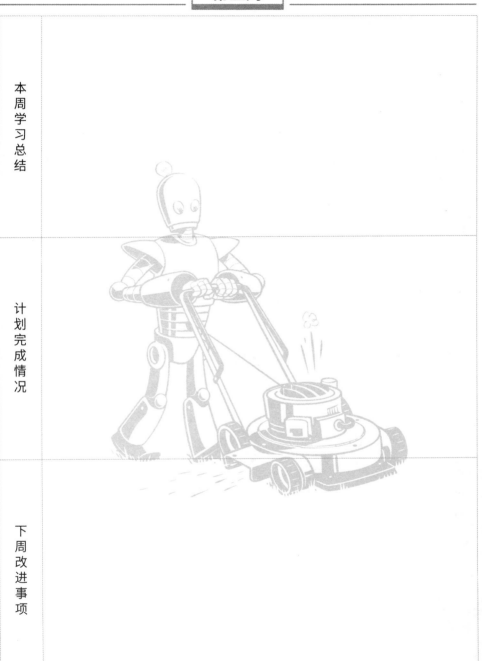

第六周

___月___日 ~ ___月___日　　本周计划　　学习内容:_____

星期一

星期二

星期三

星期四

星期五

星期六

星期日

预期成果

学习奖励

日期:　___月___日　　　　星期一　　　学习时长:_____

☐

☐

☐

☐

☐

☐

☐

今日总结

对明天说

（记得打卡呦）

第六周

日期：___月___日　　　星期二　　　学习时长：_____

☐
☐
☐
☐
☐
☐
☐

今日总结

对明天说

(记得打卡呦)

日期：___月___日　　　星期三　　　学习时长：_____

☐
☐
☐
☐
☐
☐
☐

今日总结

对明天说

(记得打卡呦)

第六周

日期： 月 日　　　　星期四　　　学习时长：

- [ ]
- [ ]
- [ ]
- [ ]
- [ ]
- [ ]
- [ ]

今日总结

对明天说

（记得打卡呦）

日期： 月 日　　　　星期五　　　学习时长：

- [ ]
- [ ]
- [ ]
- [ ]
- [ ]
- [ ]
- [ ]

今日总结

对明天说

（记得打卡呦）

第六周

日期：___月___日　　　星期六　　　学习时长：_____

☐
☐
☐
☐
☐
☐
☐
☐
☐
☐
☐
☐
☐
☐
☐
☐

今日总结

对明天说

(记得打卡呦)

第六周

日期：___月___日　　　星期日　　　学习时长：_____

☐
☐
☐
☐
☐
☐
☐
☐
☐
☐
☐
☐
☐
☐
☐
☐
☐
☐

今日总结

对明天说

（记得打卡呦）

第六周

本周学习总结

计划完成情况

下周改进事项

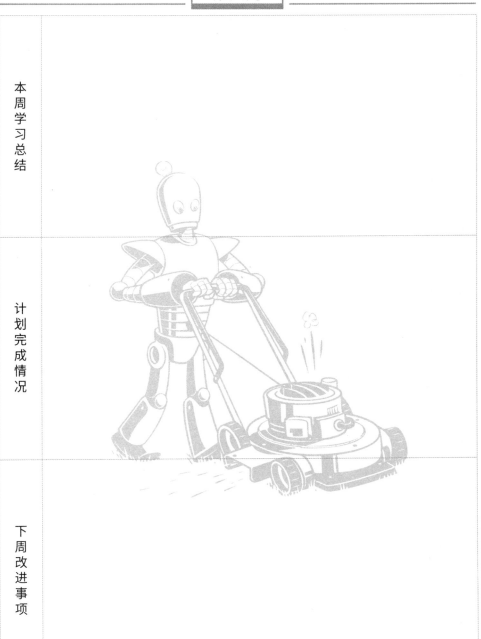

第七周

___月___日 ~ ___月___日   本周计划   学习内容：___

星期一
星期二
星期三
星期四
星期五
星期六
星期日
预期成果

学习奖励

日期：___月___日   星期一   学习时长：

☐
☐
☐
☐
☐
☐
☐

今日总结

对明天说

（记得打卡呦）

第七周

日期：___月___日　　星期二　　学习时长：_____

- [ ]
- [ ]
- [ ]
- [ ]
- [ ]
- [ ]
- [ ]

今日总结

对明天说

（记得打卡呦）

日期：___月___日　　星期三　　学习时长：_____

- [ ]
- [ ]
- [ ]
- [ ]
- [ ]
- [ ]
- [ ]

今日总结

对明天说

（记得打卡呦）

第七周

日期： 　月　 　日　　　　　星期四　　　学习时长：

☐
☐
☐
☐
☐
☐
☐

今日总结

对明天说

（记得打卡呦）

日期： 　月　 　日　　　　　星期五　　　学习时长：

☐
☐
☐
☐
☐
☐
☐

今日总结

对明天说

（记得打卡呦）

第七周

日期：___月___日　　　星期六　　　学习时长：_____

- [ ]
- [ ]
- [ ]
- [ ]
- [ ]
- [ ]
- [ ]
- [ ]
- [ ]
- [ ]
- [ ]
- [ ]
- [ ]
- [ ]
- [ ]
- [ ]
- [ ]
- [ ]
- [ ]

今日总结

对明天说

（记得打卡呦）

第七周

日期：___月___日　　　星期日　　　学习时长：_____

- ☐
- ☐
- ☐
- ☐
- ☐
- ☐
- ☐
- ☐
- ☐
- ☐
- ☐
- ☐
- ☐
- ☐
- ☐
- ☐
- ☐
- ☐

今日总结

对明天说

（记得打卡呦）

第七周

本周学习总结	
计划完成情况	
下周改进事项	

第八周

___月___日 ~ ___月___日　　本周计划　　学习内容:_____

星期一

星期二

星期三

星期四

星期五

星期六

星期日

预期成果

学习奖励

日期:　___月___日　　　星期一　　　学习时长:

☐
☐
☐
☐
☐
☐
☐

今日总结

对明天说

（记得打卡呦）

第八周

日期：___月___日　　　星期二　　　学习时长：_____

- [ ]
- [ ]
- [ ]
- [ ]
- [ ]
- [ ]
- [ ]

今日总结

对明天说

（记得打卡呦）

日期：___月___日　　　星期三　　　学习时长：_____

- [ ]
- [ ]
- [ ]
- [ ]
- [ ]
- [ ]
- [ ]

今日总结

对明天说

（记得打卡呦）

第八周

日期：___月___日　　　　星期四　　　学习时长：_____

- [ ]
- [ ]
- [ ]
- [ ]
- [ ]
- [ ]
- [ ]

今日总结

对明天说

（记得打卡呦）

日期：___月___日　　　　星期五　　　学习时长：_____

- [ ]
- [ ]
- [ ]
- [ ]
- [ ]
- [ ]
- [ ]

今日总结

对明天说

（记得打卡呦）

第八周

日期：___月___日　　　星期六　　　学习时长：_____

- [ ]
- [ ]
- [ ]
- [ ]
- [ ]
- [ ]
- [ ]
- [ ]
- [ ]
- [ ]
- [ ]
- [ ]
- [ ]
- [ ]
- [ ]
- [ ]
- [ ]
- [ ]
- [ ]

今日总结

对明天说

（记得打卡呦）

第八周

日期: ___月___日   星期日   学习时长: _____

今日总结

对明天说

（记得打卡呦）

第八周

本周学习总结

计划完成情况

下周改进事项

我的Python学习思维导图

温故而知新，记得勤学多练、常来复习呦~

8周学习计划盘点

在这8周里,我

学习《Python编程快速上手》并打卡_____天

读了_____页_____章

实践书中示例项目_____个

学会了

为这8周画上句号,我的学习心得是

为Python学习画上省略号,我的计划是

活动:在《Python编程快速上手(第2版)》的豆瓣读书页面发表你的书评和学习感悟,并分享到本书社群读书会,即可在群内@*异步小助手*领取异步社区任意e读版电子书1本。